辽宁省“十二五”规划教材
普通高等教育“十二五”规划教材

测量学

李巍 主编

化学工业出版社
·北京·

全书共13章，分为五大部分：第一部分（第1～5章）主要介绍了测量学的基础知识，基本理论以及测量仪器的基本构造和使用方法；第二部分（第6～8章）介绍了小地区控制测量及大比例尺地形图的测图、识图和用图的相关知识；第三部分（第9～12章）为施工测量部分，详细介绍了建筑施工测量、道路工程测量、管道工程测量、矿山测量等内容，各专业可以根据需要选用；第四部分为新技术介绍（第13章）；第五部分（附录）为实验、实习指导书。本书按照国家最新测量规范编写，力求做到简明、扼要、实用，并较多地融入当前的测绘新技术、新仪器、新方法。为满足教学需要，各章之后附有习题。

本书具有较宽的专业适应面，可作为高等院校土木工程专业本科测量学课程通用教材，也可用作其他非测绘工程专业（交通、道桥、建环、建筑学、矿物、地质、水利等）测量学本科课程的教材，并可供广大工程技术人员阅读参考。

图书在版编目（CIP）数据

测量学/李巍主编. —北京：化学工业出版社，2012.8
(2020.1重印)
辽宁省“十二五”规划教材，普通高等教育“十二五”规划教材
ISBN 978-7-122-14623-6

Ⅰ.①测… Ⅱ.①李… Ⅲ.①测量学-教材 Ⅳ.①P2

中国版本图书馆CIP数据核字（2012）第138324号

责任编辑：满悦芝　石　磊　　文字编辑：刘莉珺
责任校对：蒋　宇　　装帧设计：尹琳琳

出版发行：化学工业出版社（北京市东城区青年湖南街13号　邮政编码100011）
印　　装：北京七彩京通数码快印有限公司
787mm×1092mm　1/16　印张17　字数444千字　2020年1月北京第1版第3次印刷

购书咨询：010-64518888　　售后服务：010-64518899
网　　址：http://www.cip.com.cn
凡购买本书，如有缺损质量问题，本社销售中心负责调换。

定　　价：46.00元

前　　言

为满足我国高校从精英教育向大众化教育转移阶段社会对高校应用型人才培养的各类要求，编者依据高等学校土木工程专业教学指导委员会编制的测量学课程教学大纲的要求，结合多年教学和实践经验，本着既满足土木工程及各相关专业测量教学的需要，又应适应宽口径、复合型人才培养的需要，注重学生基本素质、基本能力培养的原则，在参阅大量文献并广泛征求同行、专家意见的基础上精心编写了本教材。本书按照国家最新测量规范编写，力求做到简明、扼要、实用，并较多地融入当前的测绘新技术、新仪器、新方法。本书各部分的内容组织分为基本知识技能培养、知识技能拓宽与提高两个层次；综合考虑教学需求多样性的要求，内容具有多层次、系统而全面的特点；在总结已有教学经验的基础上，把握好技术发展与教学需要的关系，在体系和内容上争取达到先进性和实用性兼备的要求。为方便教学，各章之后附有习题，书后附有实习、实验指导书。

本书由辽宁科技大学李巍主编并统稿，杨铁利（辽宁科技大学）、宫雨生（辽宁科技大学）任副主编，其中李泽（辽宁科技学院）编写第1章，隋惠权（大连民族学院）编写第5章，李巍编写第3、6、11章，李卉（辽宁科技大学）编写第2、10章，张军（辽宁科技大学）编写第9章，杨铁利编写第4、8、12章，宫雨生编写第7、13章，张杰编写附录，全书插图和表格均由王昶（辽宁科技大学）编绘。

本书承蒙辽宁工程技术大学徐爱功教授审阅，他对本书提出了许多宝贵意见。在本书编写过程中得到了很多测绘生产单位及相关科研院所的领导、专家和工程技术人员的大力支持，在此一并表示衷心感谢。

由于编者水平有限，书中难免存在缺点和疏漏，恳请读者和同仁批评指正。

编者

2012年8月

目　录

第1章　绪　　论

1.1　测量学的任务及其作用

测量学是研究地球的形状和大小以及确定地面点位的科学。它的内容包括两部分，即测定和测设。测定是指使用测量仪器和工具，通过测量和计算，得到一系列测量数据或成果，将地球表面的地形缩绘成地形图，供经济建设、国防建设、规划设计及科学研究使用。测设（放样）是指用一定的测量方法和精度，把设计图纸上规划设计好的建（构）筑物的平面位置和高程标定在实地上，作为施工的依据。

测量学按其研究的范围和对象的不同，可分为大地测量学、普通测量学、摄影测量学与遥感学、海洋测量学、工程测量学及地图制图学等。本教材主要介绍普通测量学及部分工程测量学的内容，以便能应用所学的土木工程测量知识为其专业工作服务。

测量学是一门历史悠久的科学，早在几千年前，由于当时社会生产发展的需要，中国、埃及、希腊等国家的劳动人民就开始创造与运用测量工具进行测量。我国在古代就发明了指南针、浑天仪等测量仪器，为天文、航海及测绘地图作出了重要的贡献。随着人类社会需求和近代科学技术的发展，测绘技术已由常规的大地测量发展到空间卫星大地测量，由航空摄影测量发展到航天遥感技术的应用；测量对象由地球表面扩展到空间星球，由静态发展到动态；测量仪器已广泛趋向精密化、电子化和自动化。新中国成立以来，我国测绘事业得到了蓬勃发展，在天文大地测量、人造卫星大地测量、航空摄影与遥感、精密工程测量、近代平差计算、测量仪器研制及测绘人才培养等方面，都取得了令人鼓舞的成就。我国的测绘科学技术已居世界先进行列。

测量技术是了解自然、改造自然的重要手段，也是国民经济建设中一项基础性、前期和超前期的工作，应用广泛。它能为城镇规划、市政工程、土地与房地产开发、农业、防灾、科研等方面提供各种比例尺的现状地形图或专用图和测绘资料；同时按照规划设计部门的要求，进行道路规划定线和拨地测量，以及市政工程、工业与民用建筑工程等土木建筑工程的勘察测量，直接为建设工程项目的设计与施工服务。在工程施工过程和运营管理阶段，对高层、大型建（构）筑物进行沉降、位移、倾斜等变形观测，以确保建（构）筑物的安全，并为建（构）筑物结构和地基基础的研究提供各种可靠的测量数据。所以测量工作将直接关系到工程的质量和预期效益的实现，是我国现代化建设不可缺少的一项重要工作。随着测绘科技的发展以及新技术的研究开发与应用，必将为各个行业及时提供更多更好的信息服务与准确的、适用的测绘成果。

1.2　地球的形状和大小

测绘工作是在地球的自然表面上进行的，而地球自然表面是极不平坦和不规则的，其中有高达8844.43m的珠穆朗玛峰，也有深至11022m的马里亚纳海沟，尽管它们高低起伏悬殊，但与半径为6371km的地球比较，还是可以忽略不计的。此外，地球表面海洋面积约占71%，陆地面积仅占29%。因此，人们设想以一个静止不动的海水面延伸穿越陆地，形成一个闭合的曲面包围整个地球，那么这个闭合的曲面称为水准面。可见，水准面可有无数个，其中通过平均海水面的一个水准面称为大地水准面（即一个假设的与处于流体静平衡状态的海洋面重合并延伸向大陆且包围整个地球的重力等位面），它是测量工作的基准面。由大地水准面所包围的地球形体，称为大地体，如图 1-1（a）所示。

水准面是受地球重力影响而形成的，它的特点是水准面上任意一点的铅垂线（重力作用线）都垂直于该点的曲面。由于地球内部质量分布不均匀，重力也受其影响，故引起了铅垂线方向的变动，致使大地水准面成为一个有微小起伏的复杂曲面，如图 1-1（b）所示。如果将地球表面的图形投影到这个复杂曲面上，对于地形制图或测量计算工作都是非常困难的，为此，人们经过几个世纪的观测和推算，选用一个既非常接近大地体、又能用数学式表示的规则几何形体来代表地球的总形状，这个几何形体是由一个椭圆 NWSE 绕其短轴 NS 旋转而成的形体，称为地球椭球体或旋转椭球体。

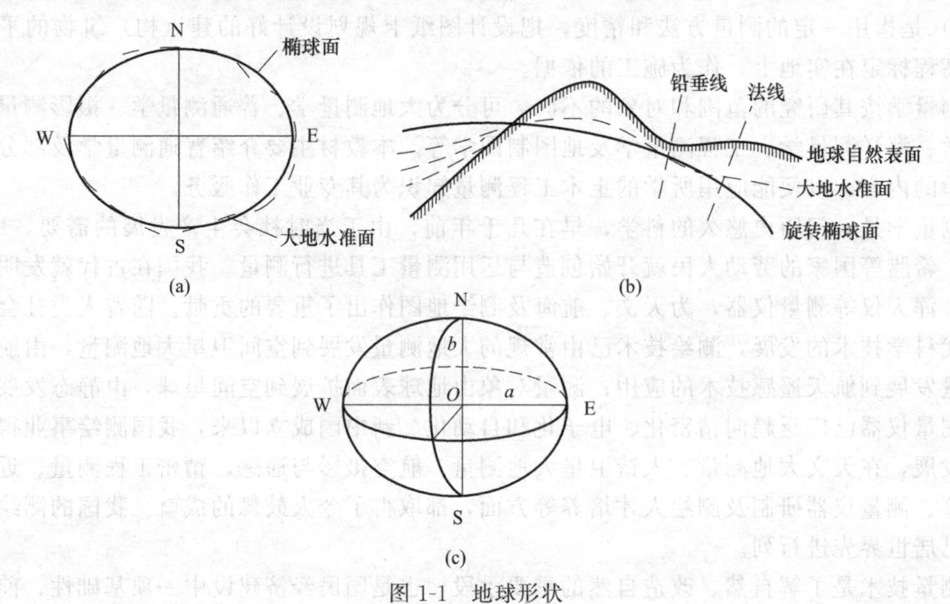

图 1-1 地球形状

决定地球椭球体形状和大小的元素为椭圆的长半径 a，短半径 b 及扁率 α，其关系式为

$$\alpha=\frac{a-b}{a} \tag{1-1}$$

我国目前采用的元素数据为：长半径 $a=6378140\text{m}$，短半径 $b=6356755.3\text{m}$，扁率 $\alpha=1:298.257$，并以陕西省泾阳县永乐镇某点为大地原点，进行了大地定位，由此建立了新的全国统一坐标系，即目前使用的“1980 年国家大地坐标系”。

由于地球椭球体的扁率 α 很小，当测区面积不大时，可以把地球当作圆球来看待，其圆球半径 $R=\frac{1}{3}(2a+b)$，R 的近似值可取 6371km。

1.3 地面点位的确定

测量工作的实质是确定地面点的位置，而地面点的位置通常需要用三个量表示，即该点的平面（或球面）坐标以及该点的高程。因此，必须首先了解测量的坐标系统和高程系统。

1.3.1 坐标系统

坐标系统是用来确定地面点在地球椭球面或投影在水平面上的位置。表示地面点位在球面或平面上的位置，通常有下列三种坐标系统。

1.3.1.1 地理坐标

地面点在球面（水准面）上的位置用经度和纬度表示，称为地理坐标。按照基准面和基准线及求算坐标方法的不同，地理坐标又可分为天文地理坐标和大地地理坐标两种。图 1-2 所示为天文地理坐标，它表示地面点 A 在大地水准面上的位置，用天文经度 λ 和天文纬度 φ 表示。天文经度和天文纬度是用天文测量的方法直接测定的。

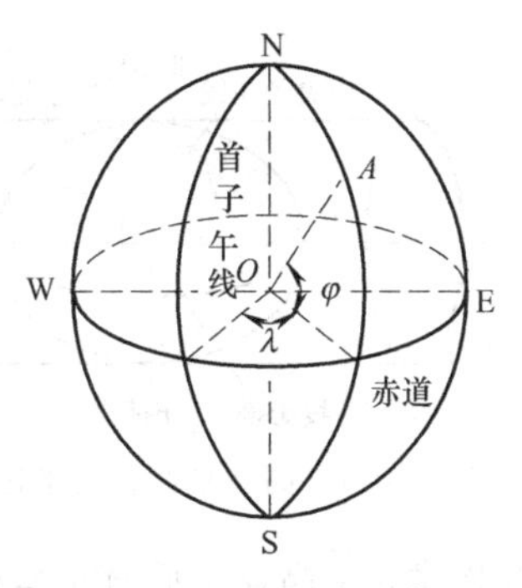

图 1-2 天文地理坐标

大地地理坐标是表示地面点在地球椭球面上的位置，用大地经度 L 和大地纬度 B 表示。大地经度和大地纬度是根据大地测量所得数据推算得到的。经度是从首子午线（首子午面）向东或向西自 0°起算至 180°，向东者为东经，向西者为西经；纬度是从赤道（赤道面）向北或向南自 0°起算至 90°，分别称为北纬和南纬。我国国土均在北纬，例如南京市中心区的大地地理坐标为东经 118°47′，北纬 32°03′。

1.3.1.2 高斯平面直角坐标

上述地理坐标只能确定地面点在大地水准面或地球椭球面上的位置，不能直接用来测图。测量上的计算最好是在平面上进行，而地球椭球面是一个曲面，不能简单地展开成平面，那么如何建立一个平面直角坐标系呢？我国是采用高斯投影来实现。

高斯投影首先是将地球按经线分为若干带，称为投影带。它从首子午线（零子午线）开始，自西向东每隔 6°划为一带，每带均有统一编排的带号，用 N 表示，位于各投影带中央的子午线称为中央子午线（L_0），也可由东经 1°30′开始，自西向东每隔 3°划为一带，其带号用 n 表示，如图 1-3 所示。我国国土所属范围大约为 6°带第 13 号带至第 23 号带，即带号 $N=13-23$。相应 3°带大约为第 24 号带至第 46 号带，即带号 $n=24-46$。

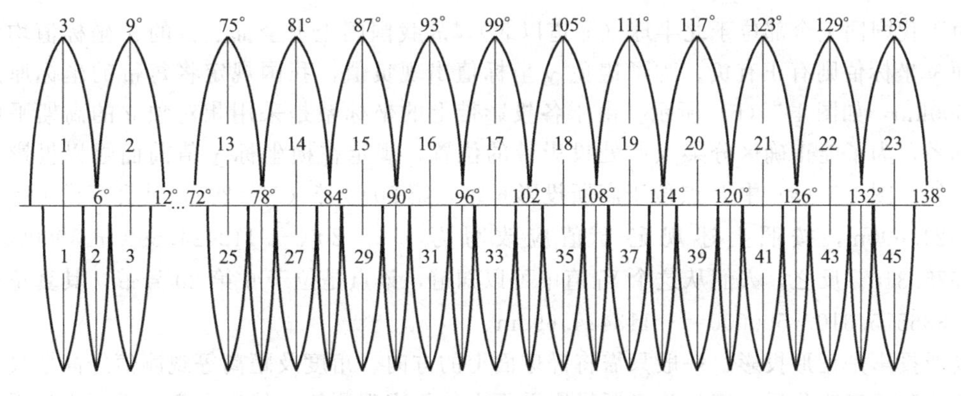

图 1-3 投影分带：6°带与 3°带

6°带中央子午线经度 $L_0=6N-3$，3°带中央子午线经度 $L_0=3n$。例如，南京市为东经 118°47′，它属于 6°带第 20 号带，即 $N=\dfrac{118°47'+3°}{6°}=20$（四舍五入取整数值），相应 6°带中央子午线经度 $L_0=6N-3=6\times20-3=117°$；它属于 3°带第 40 号带，即 $n=\dfrac{118°47'}{3°}=40$（四舍五入取整数值），相应 3°带中央子午线经度 $L_0=3n=3\times40=120°$。

设想一个横圆柱体套在椭球外面，使横圆柱的轴心通过椭球的中心，并与椭球面上某投影带的中央子午线相切，然后将中央子午线附近（即本带东西边缘子午线构成的范围）的椭

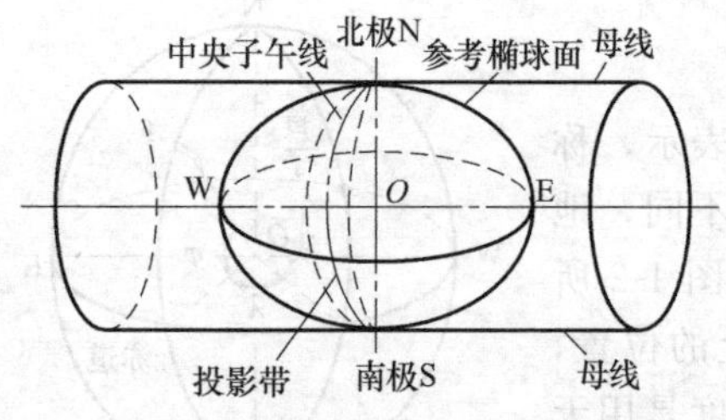

图 1-4 高斯平面直角坐标的投影

球面上的点、线投影到横圆柱面上，如图 1-4 表示。再顺着过南北极的母线将圆柱面剪开，并展开为平面，这个平面称为高斯投影平面。

在高斯投影平面上，中央子午线和赤道的投影是两条相互垂直的直线。我们规定中央子午线的投影为高斯平面直角坐标系的 x 轴，赤道的投影为高斯平面直角坐标系的 y 轴，两轴交点 O 为坐标原点，并令 x 轴上原点以北为正，y 轴上原点以东为正，由此建立了高斯平面直角坐标系，如图 1-5（a）所示。

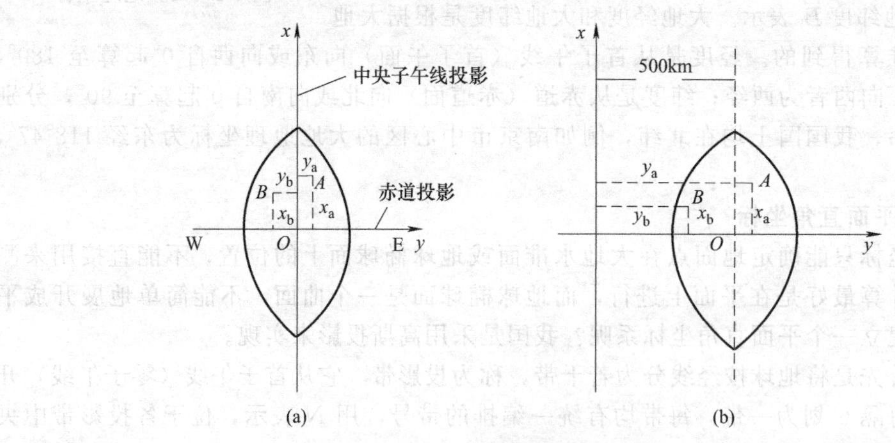

图 1-5 高斯平面直角坐标

在图 1-5（a）中，地面点 A、B 在高斯平面上的位置，可用高斯平面直角坐标 x、y 来表示。

由于我国国土全部位于北半球（赤道以北），故我国国土上全部点位的 x 坐标值均为正值，而 y 坐标值则有正有负。为了避免 y 坐标值出现负值，我国规定将每带的坐标原点向西移 500km，如图 1-5（b）所示。由于各投影带上的坐标系是采用相对独立的高斯平面直角坐标系，为了能正确区分某点所处投影带的位置，规定在横坐标 y 值前面冠以投影带带号。例如，图 1-5（a）中 B 点位于高斯投影 6°带，第 20 号带（$N=20$），其真正横坐标 $y_b=-113424.690$m，按照上述规定 y 值应改写为 $Y_b=20(-113424.690+500000)=20386575.310$。反之，人们从这个 Y_b 值中可以知道，该点是位于 6°第 20 号带，其真正横坐标 $y_b=386575.310-500000=-113424.690$m。

高斯投影是正形投影，一般只需将椭球面上的方向、角度及距离等观测值经高斯投影的方向改化和距离改化后，归化为高斯投影平面上的相应观测值。然后在高斯平面坐标系内进行平差计算，从而求得地面点位在高斯平面直角坐标系内的坐标。

1.3.1.3 独立平面直角坐标

当测量范围较小时（如半径不大于 10km 的范围），可以将该测区的球面看作为平面，直接将地面点沿铅垂线方向投影到水平面上，用平面直角坐标来表示该点的投影位置。在实际测量中，一般将坐标原点选在测区的西南角，使测区内的点位坐标均为正值（第一象限），并以该测区的子午线（或磁子午线）的投影为 x 轴，向北为正，与之相垂直的为 y 轴，向东为正，由此建立了该测区的独立平面直角坐标系，如图 1-6 所示。

上述三种坐标系统之间也是相互联系的，例如地理坐标与高斯平面直角坐标之间可以互相换算，独立平面直角坐标也可与高斯平面直角坐标（国家统一坐标系）之间连测和换算。它们都是以不同的方式来表示地面点的平面位置。

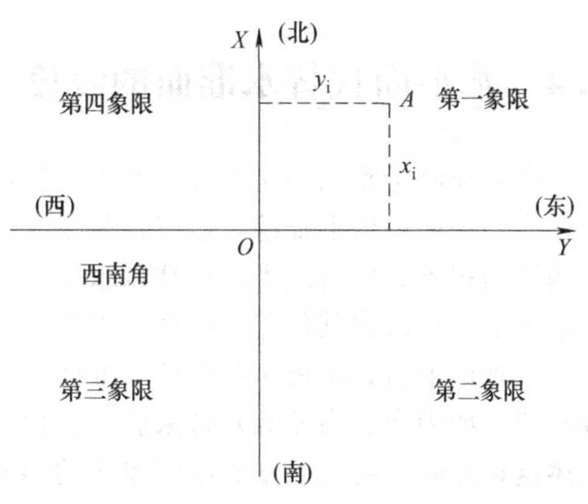

图 1-6 独立平面直角坐标

1.3.2 高程系统

新中国成立以来，我国曾以青岛验潮站多年观测资料求得黄海平均海水面作为我国的大地水准面（高程基准面），由此建立了“1956 年黄海高程系”，并在青岛市观象山上建立了国家水准基点，其基点高程 $H=72.289$m。以后，随着几十年来验潮站观测资料的积累与计算，更加精确地确定了黄海平均海水面，于是在 1987 年启用“1985 国家高程基准”，此时测定的国家水准基点高程 $H=72.260$m。根据国家测绘总局国测发［1987］198 号文件通告，此后全国都应以“1985 国家高程基准”作为统一的国家高程系统。现在仍在使用的“1956 年黄海高程系统”及其他高程系统（如吴淞高程系统）均应统一到“1985 国家高程基准”的高程系统上。在实际测量中，特别要注意高程系统的统一。

所谓地面点的高程（绝对高程或海拔）就是地面点到大地水准面的铅垂距离，一般用 H 表示，如图 1-7 所示。图中地面点 A、B 的高程分别为 H_A、H_B。

在个别的局部测区，若远离已知国家高程控制点或为便于施工。也可以假设一个高程起算面（即假定水准面），这时地面点到假定水准面的铅垂距离，称为该点的假定高程或相对高程。如图 1-7 中 A、B 两点的相对高程为 H'_A、H'_B。

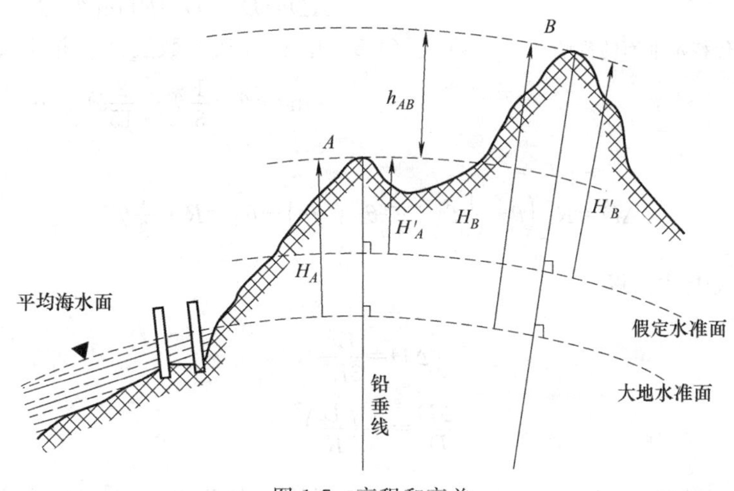

图 1-7 高程和高差

地面上两点间的高程之差，称为高差，一般用 h 表示。图 1-7 中 A、B 两点间高差 h_{AB} 为

$$h_{AB}=H_B-H_A=H'_B-H'_A \tag{1-2}$$

式中，h_{AB} 有正有负，表示 A 点至 B 点的高差。上式也表明两点间高差与高程起算面无关。

综上所述，当通过测量与计算，求得表示地面点位置的三个量，即 x、y、H，那么地面点的空间位置也就可以确定了。

1.4 水平面代替水准面的限度

在普通测量范围内是将大地水准面近似地看作圆球面，将地面点投影到圆球面上，然后再投影到平面图纸上描绘，显然这是很复杂的工作。在实际测量工作中，在一定的精度要求和测区面积不大的情况下，往往以水平面代替水准面，即把较小一部分地球表面上的点投影到水平面上来决定其位置，这样可以简化计算和绘图工作。

从理论上讲，将极小部分的水准面（曲面）当作水平面也是要产生变形的，必然对测量观测值（如距离、高差等）带来影响。但是由于测量和制图本身会有不可避免的误差，如当上述这种影响不超过测量和制图本身的误差范围时，认为用水平面代替水准面是可以的，而且是合理的。本节主要讨论用水平面代替水准面对距离和高差的影响（或称地球曲率的影响），以便给出限制水平面代替水准面的限度。

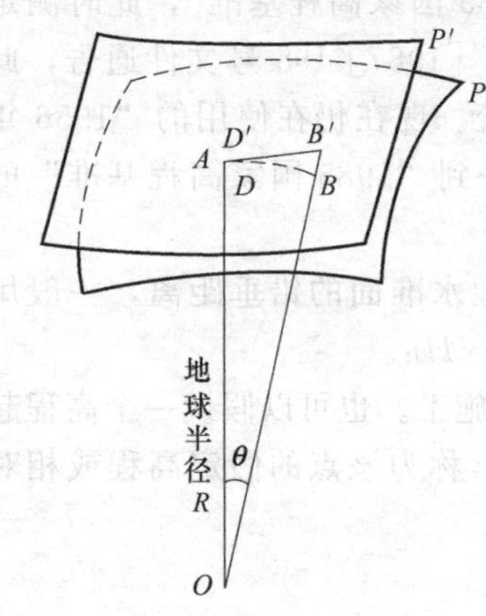

图 1-8 水平面代替水准面的影响

1.4.1 对距离的影响

如图 1-8 所示，设球面（水准面）p 与水平面 P' 在 A 点相切，A、B 两点在球面上弧长为 D，在水平面上的距离（水平距离）为 D'，即

$$D=R\cdot\theta \tag{1-3}$$

$$D'=R\cdot\tan\theta \tag{1-4}$$

式中，R 为球面 P 的半径；θ 为弧长 D 所对角度。

以水平面上距离 D' 代替球面上弧长 D 所产生的误差为 ΔD，则

$$AD=D'-D=R(\tan\theta-\theta) \tag{1-5}$$

将式（1-5）中 $\tan\theta$ 按级数展开，并略去高次项，得

$$\tan\theta=\theta+\frac{1}{3}\theta^3+\frac{2}{15}\theta^5+\cdots \tag{1-6}$$

因此

$$\Delta D=R\left[\left(\theta+\frac{1}{3}\theta^3+\frac{2}{15}\theta^5+\cdots\right)-\theta\right]=R\cdot\frac{1}{3}\theta^3 \tag{1-7}$$

以 $\theta=\frac{1}{3}\theta^3$ 等代入上式，得

$$\Delta D=\frac{D^3}{3R^2} \tag{1-8}$$

$$\frac{\Delta D}{D}=\frac{1}{3}\left(\frac{D}{R}\right)^2 \tag{1-9}$$

若取地球平均曲率半径 $R=6371\text{km}$，并以不同的 D 值代入式（1-8）或式（1-9），则可得出距离误差 ΔD 和相应相对误差 $\Delta D/D$，如表 1-1 所列。

表 1-1 水平面代替水准面的距离误差和相对误差

距离 D/km	距离误差 ΔD/mm	相对误差 $\Delta D/D$
10	8	1/1220000
25	128	1/200000
50	1026	1/49000
100	8212	1/12000

由表1-1可知，当距离为10km时，用水平面代替水准面（球面）所产生的距离相对误差为1/1220000，这样小的距离误差就是在地面上进行最精密的距离测量也是允许的。因此，可以认为在半径为10km的范围内（相当面积320km²），用水平面代替水准面所产生的距离误差可忽略不计，也就是可不考虑地球曲率对距离的影响。当精度要求较低时，还可以将测量范围的半径扩大到25km（相当面积2000km²）。

1.4.2 对高差的影响

在图1-8中，A、B两点在同一球面（水准面）上，其高程应相等（即高差为零）。B点投影到水平面上得B'点。则BB'，即为水平面代替水准面产生的高差误差。设$BB'=\Delta h$，则

$$(R+\Delta h)^2=R^2+D^2 \tag{1-10}$$

即

$$2R\Delta h+\Delta h^2=D'^2 \tag{1-11}$$

$$\Delta h=\frac{D'^2}{2R+\Delta h} \tag{1-12}$$

上式中，可以用D代替D'，同时Δh与$2R$相比可略去不计，则

$$\Delta h=\frac{D^2}{2R} \tag{1-13}$$

以不同的D代入式（1-13），取$R=6371$km，则得相应的高差误差值，如表1-2所列。

表1-2 水平面代替水准面的高差误差

距离D/km	0.1	0.2	0.3	0.4	0.5	1	2	5	10
Δh/mm	0.8	3	7	13	20	78	314	1962	7848

由表1-2可知，用水平面代替水准面，在1km的距离上高差误差就有78mm，即使距离为0.1km（100m）时，高差误差也有0.8mm。所以，在进行水准（高程）测量时，即使很短的距离都应考虑地球曲率对高差的影响，也就是说，应当用水准面作为测量的基准面。

1.5 测量工作概述

测量工作的主要任务是测绘地形图和施工放样，本节扼要介绍测图和放样的大概过程，为学习后面各章建立起初步的概念。

1.5.1 测量工作的基本原则

地球表面复杂多样的形态，在测量工作中将其分为地物和地貌两大类。地面上固定性物体，如河流、房屋、道路、湖泊等称为地物；地面的高低起伏的形态，如山岭、谷地和陡崖等称为地貌。地物和地貌统称为地形。

测绘地形图或放样建筑物位置时，要在某一个点上测绘出该测区全部地形或者放样出建筑物的全部位置是不可能的。如图1-9（a）中所示A点，在该点只能测绘附近的地形或放样附近的建筑物的位置（如图中建筑物P），对于位于山后面的部分以及较远的地形就观测不到，因此，需要在若干点（站）上分区施测，最后将各分区地形拼接成一幅完整的地形图，如图1-9（b）所示。施工放样也是如此。但是，任何测量工作都会产生不可避免的误差，故每点（站）上的测量都应采取一定的程序和方法，遵循测量的基本原则，以防误差积累，保证测绘成果的质量。

因此，在实际测量工作中应当遵守以下基本原则。

① 在测量布局上，应遵循"由整体到局部"的原则。
② 在测量精度上，应遵循"由高级到低级"的原则。
③ 在测量程序上，应遵循"先控制后碎部"的原则。
④ 在测量过程中，应遵循"随时检查，杜绝错误"的原则。

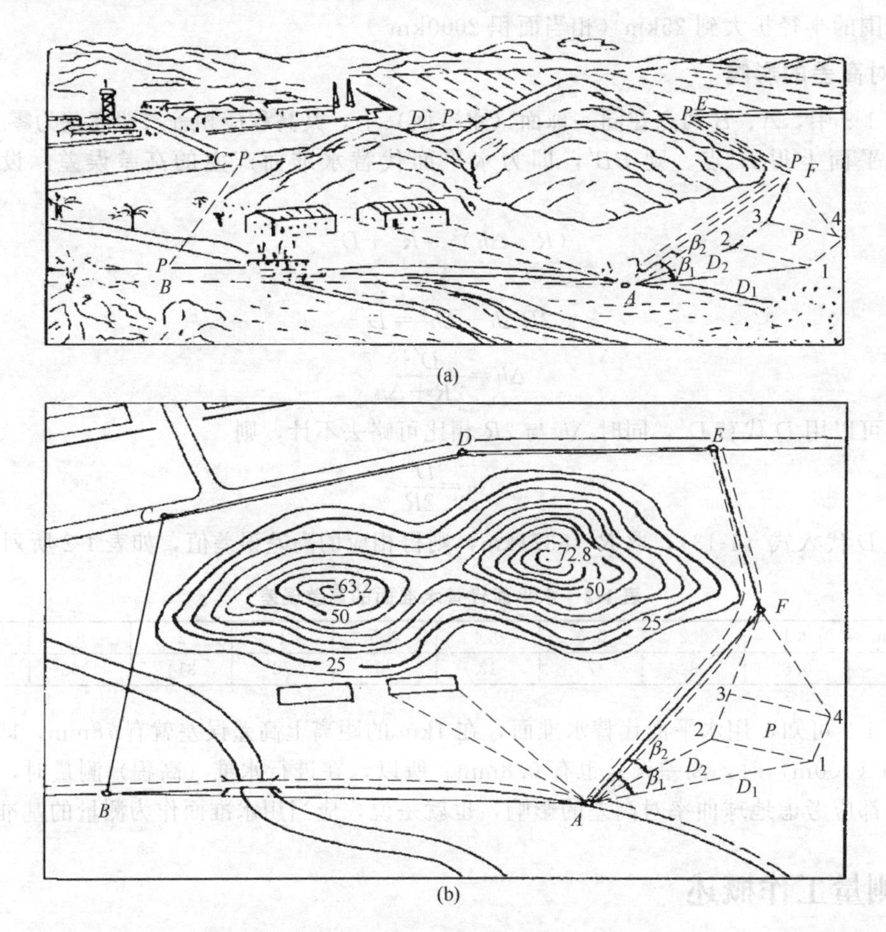

图 1-9　地形和地形图示意图

1.5.2　控制测量的概念

遵循"先控制后碎部"的测量原则，就是先进行控制测量，测定测区内若干个具有控制意义的控制点的平面位置（坐标）和高程，作为测绘地形图或施工放样的依据。控制测量分为平面控制测量和高程控制测量。平面控制测量的形式有导线测量、三角测量及交会定点等，其目的是确定测区中一系列控制点的坐标 x、y；高程控制测量的形式有水准测量、光电测距三角高程测量等，其目的是测定各控制点间的高差，从而求出各控制点高程 H。如图 1-9（a）所示的测区，图中 A、B、C、D、E、F 为平面控制点，由这一系列控制点连接而成的几何网形，称为平面控制网，图 1-9（a）为闭合导线网。通过导线测量（包括测角度、量距离等）和计算，求得 A、B、C、D、E、F 等控制点的坐标 x、y 值。同时，由测区内某一已知高程的水准点开始，经过 A、B、C、D、E、F 等控制点构成闭合水准路线，进行水准测量和计算，从而求得这些控制点的高程 H。

1.5.3　碎部测量的概念

在控制测量的基础上就可以进行碎部测量。碎部测量就是以控制点为依据，测定控制点至碎部点（地形的特征点）之间的水平距离、高差及其相对于某一已知方向的角度来确定碎部点的位置，运用碎部测量的方法，在测区内测定一定数量的碎部点位置后，按一定的比例尺将这些碎部点位标绘在图纸上，绘制成图，如图 1-9（b）所示。图上表示的道路、桥梁及房屋等为地物，是用规定的图式和地物符号绘出的。图中央部分的一组闭合曲线表示实地测区内两座相连接的山头及其高低起伏的形态，这些闭合曲线称为等高线。它是将高程相同的相邻碎部点连成为闭合曲线。用等高线表示地貌是最常用的方法，其原理参见第 7.1.2 节。

在普通测量工作中，碎部测量常用平板仪测绘或经纬仪测绘法。图 1-10 所示为用经纬仪测绘法进行碎部测量，在控制点 A 上安置经纬仪，以另一控制点 B 定向，使水平度盘读数为 $0°00'$，然后依次瞄准在房屋角点 1、2、3 处竖立的标尺，读得相应角度 β_1、β_2、β_3及距离 D_1、D_2、D_3。根据角度和距离在图板的图纸上用量角器和直尺按比例尺标绘出房屋角 1、2、3 点的平面位置，同时还可求得这些碎部点的高程。

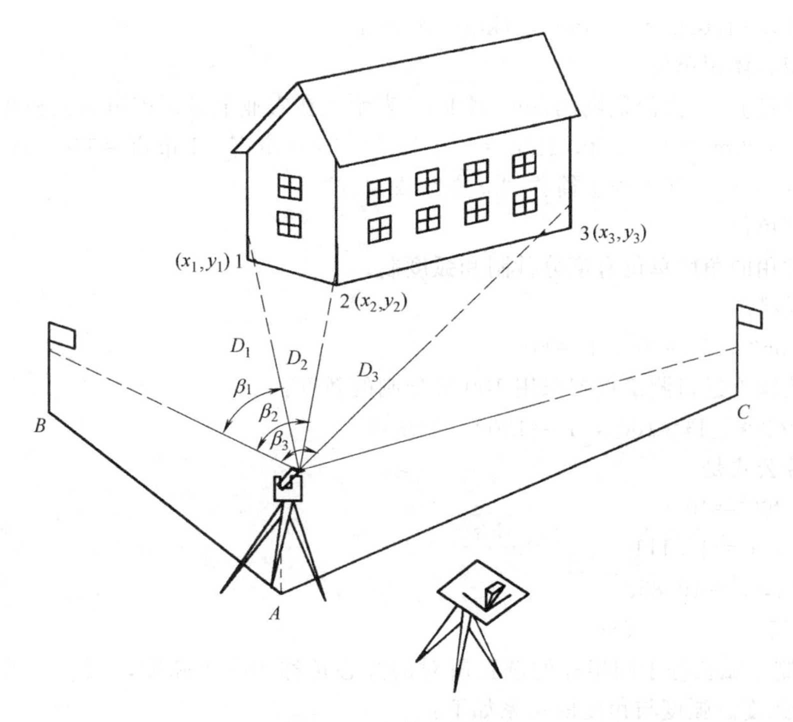

图 1-10 经纬仪测绘法

1.5.4 施工放样的概念

施工放样（测设）是把设计图上建（构）筑物位置在实地标定出来，作为施工的依据。为了使地面定出的建筑物位置成为一个有机联系的整体，施工放样同样需要遵循“先控制后碎部”的基本原则。

如图 1-9（b）所示，在控制点 A、F 附近设计了建筑物 P（图中用虚线表示），现要求把它在实地标定下来。根据控制点 A、F 及建筑物的设计坐标，计算水平角 β_1、β_2和水平距离 D_1、D_2 等放样数据，然后在控制点 A 上，用仪器测设出水平角 β_1、β_2所指的方向，并沿这些方向测设水平距离 D_1、D_2，即在实地定出 1、2 等点，这就是该建筑物的实地位置。上述所介绍的方法是施工放样中常用的极坐标法，此外还有直角坐标法，方向（角度）交会法和距离交会法等。

由于施工放样中施工控制网是一个整体，并具有相应的精度和密度，因此不论建（构）筑物的范围多大，由各个控制点放样出的建（构）筑物各个点位位置，也必将联系为一个整体。

同样，根据施工控制网点的已知高程和建筑物的图上设计高程，可用水准测量方法测设出建（构）筑物的实地设计高程。

1.5.5 测量的基本工作

综上所述，控制测量和碎部测量以及施工放样等，其实质都是为了确定点的位置。碎部测量是将地面上的点位测定后标绘到图纸上或为用户提供测量数据与成果，而施工放样则是把设计图上的建（构）筑物点位测设到实地上，作为施工的依据。可见，所有要测定的点位都离不开距离、角度及高差这三个基本观测量。因此，距离测量、角度测量和高差测量（水准测量）是测量的三项基本工作。

1.5.6 测量的度量单位

（1）长度单位

1m＝10dm＝100cm＝1000mm，1km＝1000m

（2）面积、体积单位

面积单位是 m^2，大面积则用 hm^2 或 km^2 表示。在农业上常用市亩为面积单位。

$1hm^2=10000m^2=15$ 市亩，$1km^2=100hm^2=1500$ 市亩，1 市亩 $=666.67m^2$。

体积单位为 m^3，在工程上简称“立方”或“方”。

（3）角度单位

测量上常用的角度单位有度分秒制和弧度制。

① 度分秒制

1 圆周 $=360°$，$1°=60'$，$1'=60''$

此外某些国外进口测量仪器采用 100 等分制的新度：

1 圆周 $=400^g$，$1^g=100^c$，$1^c=100^{cc}$

两者换算公式是

1 圆周 $=360°=400^g$

$1^g=0°.9$，$1°=1^g.111$

$1^c=0°.54$，$1'=10.852$

$1^{cc}=0''.324$，$1''=3^{cc}.086$

② 弧度制　弧长等于圆半径的圆弧所对的圆心角称为一个弧度，用 ρ 表示。因此，整个圆周为 2π 弧度。弧度与角度的关系如下：

$$\rho=\frac{180°}{\pi} \tag{1-14}$$

则一个弧度的角度值为

$$\rho°=\frac{180°}{\pi}=57°.2957795\approx57°.3 \tag{1-15}$$

$$\rho'=\frac{180°}{\pi}\times60=3437'.74677\approx3438' \tag{1-16}$$

$$\rho''=\frac{180°}{\pi}\times60\times60=206264''.806\approx206.265 \tag{1-17}$$

弧度值 $\hat{\beta}$ 与其角度值 $\rho°$的关系式为

$$\hat{\beta}=\frac{\beta^{\circ}}{\rho^{\circ}}=\frac{\beta'}{\rho'}=\frac{\beta''}{\rho''} \tag{1-18}$$

测量工作中，有时需要按圆心角 β° 及半径 R 计算该圆心角所对的弧长 L，则

$$L=\left(\frac{\beta^{\circ}}{\rho^{\circ}}\right)\cdot R=\frac{\beta^{\circ}\cdot\pi}{180^{\circ}}\cdot R \tag{1-19}$$

习 题

1. 测定与测设有何区别？
2. 何谓大地水准面？它有什么特点和作用？
3. 何谓绝对高程、相对高程及高差？
4. 为什么高差测量（水准测量）必须考虑地球曲率的影响？
5. 测量上的平面直角坐标系和数学上的平面直角坐标系有什么区别？
6. 高斯平面直角坐标系是怎样建立的？
7. 已知某点位于高斯投影 6°带第 20 号带，若该点在该投影带高斯平面直角坐标系中的横坐标 $y=-306579.210$m，写出该点不包含负值且含有带号的横坐标 Y 及该带的中央子午线经度 L_0。
8. 某宾馆首层室内地面±0 的绝对高程为 45.300m，室外地面设计高程为－1.500m，女儿墙设计高程为＋88.200m，问室外地面和女儿墙的绝对高程分别为多少？
9. 如图 1-11 所示，$AB=100$m，$BC=1.75$m，试求 BC 所对的角度 β 为多少秒？

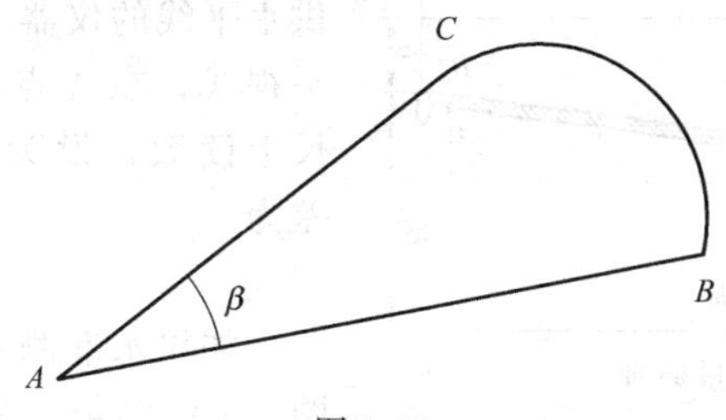

图 1-11

第2章 水准测量

测量地面上各点高程的工作称为高程测量。高程测量根据所使用的仪器和施测方法不同，分为水准测量、三角高程测量和气压高程测量。水准测量是高程测量中最基本的和精度较高的一种测量方法，在国家高程控制测量、工程勘测和施工测量中被广泛采用。本章将着重介绍水准测量原理、微倾式水准仪的构造和使用、水准测量的施测方法及成果检核和计算等内容。

2.1 水准测量原理

水准测量是利用一条水平视线，并借助水准尺，来测定地面两点间的高差，这样就可由已知点的高程推算出未知点的高程。如图 2-1 所示，欲测定 A、B 两点之间的高差 h_{AB}，可在 A、B 两点上分别竖立有刻度的尺子——水准尺，并在 A、B 两点之间安置一台能提供水平线的仪器——水准仪。根据仪器的水平视线，在 A 点尺上读数，设为 a；在 B 点尺上读数，设为 b；则 A、B 两点间的高差为

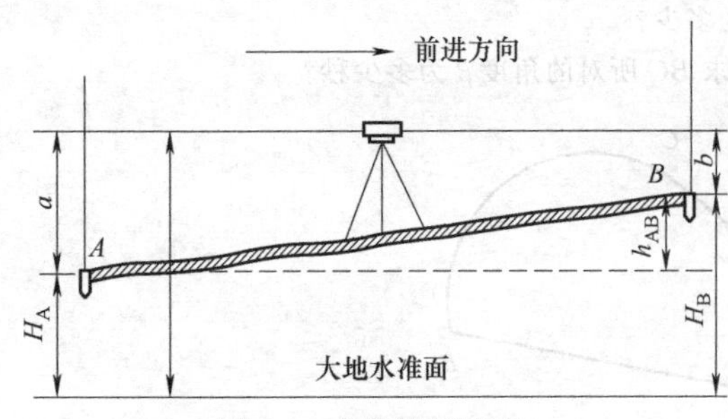

图 2-1 水准测量原理

$$h_{AB}=a-b \tag{2-1}$$

如果水准测量是由 A 到 B 进行的，如图 2-1 中的箭头所示，A 点为已知高程点，A 点尺上读数 a 称为后视读数；B 点为欲求高程的点，则 B 点尺上读数 b 为前视读数。高差等于后视读数减去前视读数。$a>b$ 高差为正；反之，为负。

若已知 A 点的高程 H_A，则 B 点的高程为

$$H_B=H_A+h_{AB}=H_A+(a-b) \tag{2-2}$$

还可通过仪器的视线高 H_i 计算 B 点的高程，即

$$\left.\begin{aligned}H_i&=H_A+a\\H_B&=H_i-b\end{aligned}\right\} \tag{2-3}$$

式（2-2）是直接利用高差 h_{AB} 计算 B 点高程的，称高差法，式（2-3）是利用仪器视线高程 H_i 计算 B 点高程的，称仪高法。当安置一次仪器要求测出若干个前视点的高程时，仪高法比高差法方便。

2.2 水准测量的仪器和工具

水准测量所使用的仪器为水准仪，工具为水准尺和尺垫。

水准仪按其精度可分为 DS_{05}、DS_1、DS_3 和 DS_{10} 等四个等级。“D”和“S”分别为“大地测量”和“水准仪”汉语拼音的第一个字母，其下标的数值表示仪器的精度等级，即每千

米往返测高差中数的中误差，以毫米计。工程测量广泛使用DS_3级水准仪。因此，本章着重介绍这类仪器。

2.2.1　水准仪的基本构造（DS_3级微倾式水准仪）

根据水准测量的原理，水准仪的主要作用是提供一条水平视线，并能照准水准尺进行读数。因此，水准仪主要由望远镜、水准器及基座三部分构成。图2-2所示是我国生产的DS_3级微倾式水准仪。

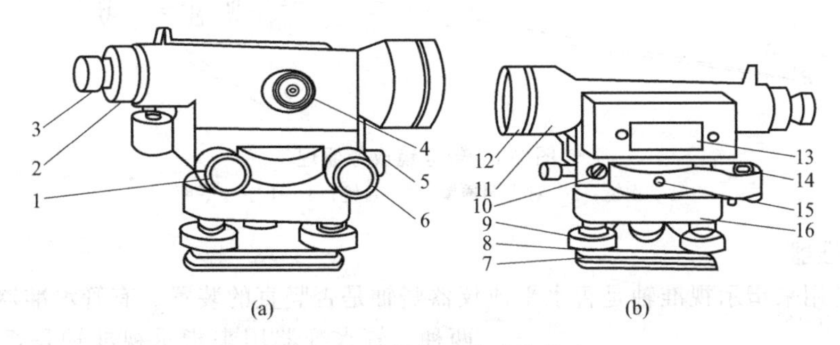

图2-2　DS_3微倾式水准仪构造

1—微倾螺旋；2—分划板护罩；3—目镜；4—物镜对光螺旋；5—制动螺旋；6—微动螺旋；7—底板；8—三角压板；9—脚螺旋；10—弹簧帽；11—望远镜；12—物镜；13—管水准器；14—圆水准器；15—连接小螺钉；16—轴座

2.2.1.1　望远镜

图2-3是DS_3水准仪望远镜的构造图，它主要由物镜1、目镜2、对光透镜3和十字丝分划板4所组成。物镜和目镜多采用复合透镜组，十字丝分划板上刻有两条互相垂直的长线，如图2-3中的7，竖直的一条称竖丝，横的一条称为中丝，是为了瞄准目标和读取读数用的。在中丝的上下还对称地刻有两条与中丝平行的短横线，是用来测量距离的，称为视距丝。十字丝分划板是由平板玻璃圆片制成的，平板玻璃片装在分划板座上，分划板座由止头螺钉8固定在望远镜筒上。

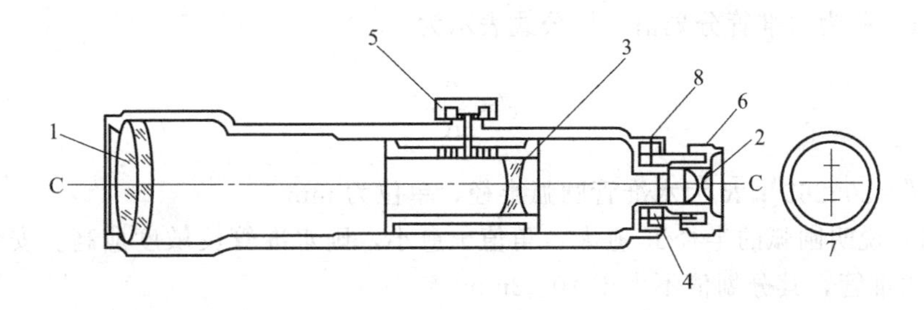

图2-3　DS_3水准仪望远镜构造

1—物镜；2—目镜；3—对光凹透镜；4—十字丝分划板；5—物镜对光螺旋；6—目镜对光螺旋；7—十字丝放大像；8—分划板座止头螺钉

十字丝交点与物镜光心的连线，称为视准轴或视准线（图2-3中的C—C）。水准测量是在视准轴水平时，用十字丝的中丝截取水准尺上的读数。

图2-4为望远镜成像原理图。目标AB经过物镜后形成一个倒立而缩小的实像ab，移动对光凹透镜可使不同距离的目标均能成像在十字丝平面上。再通过目镜，便可看清同时放大的十字丝和目标影像a_1b_1。

从望远镜内所看到的目标影像的视角与肉眼直接观察该目标的视角之比，称为望远镜的放大率。如图 2-4 所示，从望远镜内看到目标的像所对视角为 β，用肉眼看目标所对的视角可近似地认为是 α，故放大率 $V=\beta/\alpha$。DS_3 级水准仪望远镜的放大率一般为 28 倍。

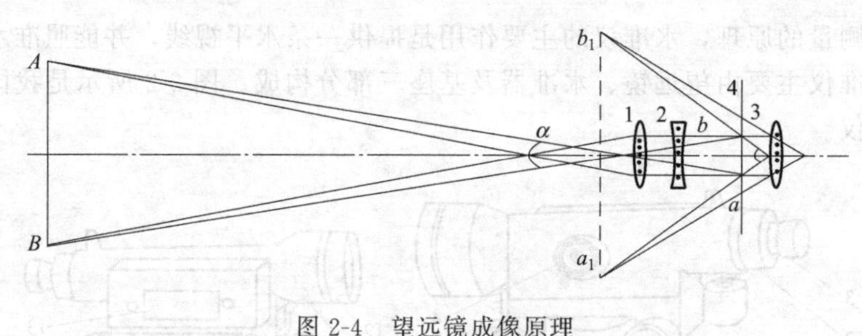

图 2-4 望远镜成像原理

1—物镜；2—对光凹透镜；3—目镜；4—十字丝平面

2.2.1.2 水准器

水准器是用来指示视准轴是否水平或仪器竖轴是否竖直的装置。有管水准器和圆水准器两种。管水准器用来指示视准轴是否水平；圆水准器用来指示竖轴是否竖直。

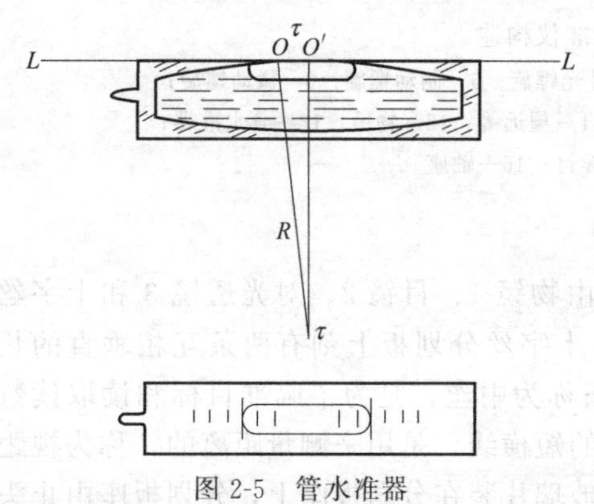

图 2-5 管水准器

(1) 管水准器 又称水准管，是一纵向内壁磨成圆弧形（圆弧半径一般为 7～20m）的玻璃管，管内装酒精和乙醚的混合液，加热融封冷却后留有一个气泡（见图 2-5）。由于气泡较轻，气泡总是处于管内最高位置。

水准管上一般刻有间隔为 2mm 的分划线，分划线的中点 O，称为水准管零点（见图 2-5）。通过零点作水准管圆弧的切线，称为水准管轴（图 2-5 中 LL）。当水准管的气泡中点与水准管零点重合时，称为气泡居中；这时水准管轴 LL 处于水平位置。水准管圆弧 2mm（$O'O=2$mm）所对的圆心角 τ，称为水准管分划值。用公式表示为

$$\tau''=\frac{2}{R}\rho'' \tag{2-4}$$

式中，$\rho''=206265''$；R 为水准管圆弧半径，单位为 mm。

式（2-4）说明圆弧的半径 R 愈大，角值 τ 愈小，则水准管灵敏度愈高。安装在 DS_3 级水准仪上的水准管，其分划值不大于 $20''/2$mm。

微倾式水准仪在水准管的上方安装一组符合棱镜，如图 2-6（a）所示。通过符合棱镜的反射作用，使气泡两端的像反映在望远镜旁的符合气泡观察窗中。若气泡两端的半像吻合时，就表示气泡居中，如图 2-6（b）。若气泡的半像错开，则表示气泡不居中，如图 2-6（c）。这时，应转动微倾螺旋，使气泡的半像吻合。

(2) 圆水准器 如图 2-7 所示，圆水准器顶面的内壁是球面，其中有圆分划圈，圆圈的中心为水准器的零点。通过零点的球面法线为圆水准器轴线，当圆水准器气泡居中时，该轴线处于竖直位置。当气泡不居中时，气泡中心偏移零点 2mm，轴线所倾斜的角值，称为圆水准器的分划值，一般为 $8'\sim10'$。由于它的精度较低，故只用于仪器的概略整平。

2.2.1.3 基座

基座的作用是支撑仪器的上部并与三脚架连接。它主要由轴座、脚螺旋、底板和三角压板构成（见图 2-2）。

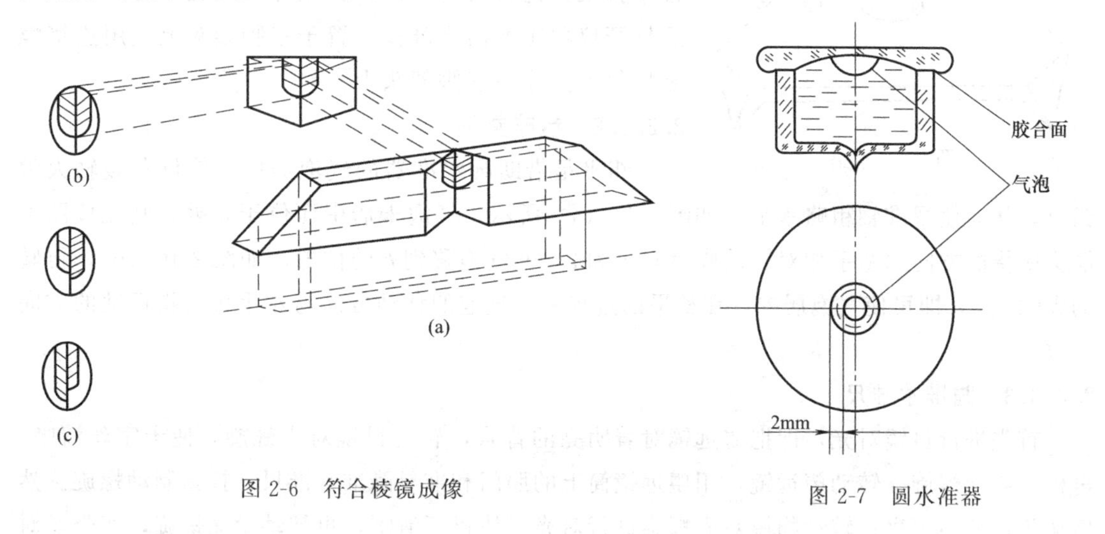

图 2-6 符合棱镜成像

图 2-7 圆水准器

2.2.2 水准尺和尺垫

水准测量所使用的仪器为水准仪，与其配套的工具为水准尺和尺垫。水准尺是用干燥优质木材、铝合金或玻璃钢等材料制成，长度有 2m、3m、5m 等。根据其构造分为整尺和套尺（塔尺），如图 2-8 所示，(a) 为整尺，(b) 为套尺。整尺和套尺中又分为单面分划（单面尺）和双面分划（双面尺）。

水准尺的尺面上每隔 1cm 印刷有黑、白或红、白相间的分划，每分米处注有分米数，其数字有正与倒两种，分别与水准仪的正像望远镜和倒像望远镜相配合。双面水准尺的一面为黑白分划，称为黑色面；另一面为红白分划，称为红色面。双面尺的黑色面分划的零是从尺底开始，红色面的尺底是从某一数值（一般为 4687mm 或 4787mm）开始，称为零点差。水准仪的水平视线在同一根水准尺的红、黑面读数差应等于双面尺的零点差，可作为水准测量时读数的检核。

尺垫是在转点处放置水准尺用的。它用生铁铸成，一般为三角形，中央有一突起的半球体，下方有三个支脚，如图 2-9 所示。用时将支脚牢固地插入土中，以防下沉，上方突起的半球形顶点作为竖立水准尺和标志转点之用。

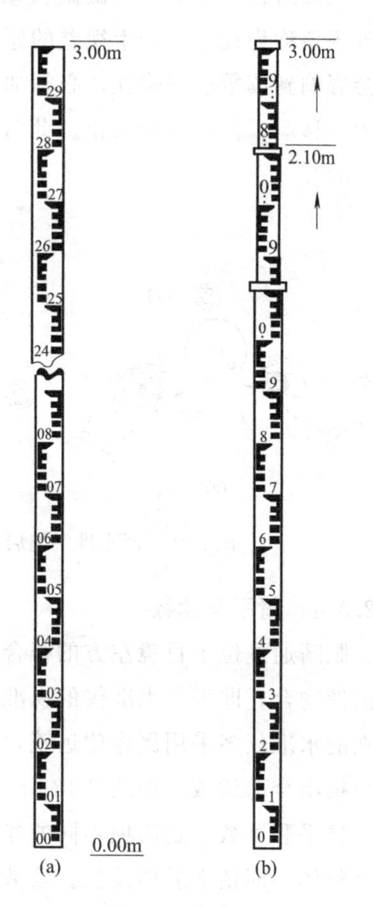

图 2-8 水准尺

2.2.3 水准仪的使用

在水准测量中，如使用微倾式水准仪，则其基本操作步骤包括仪器的安置、粗略整平、瞄准水准尺、精平和读数等操作步骤。

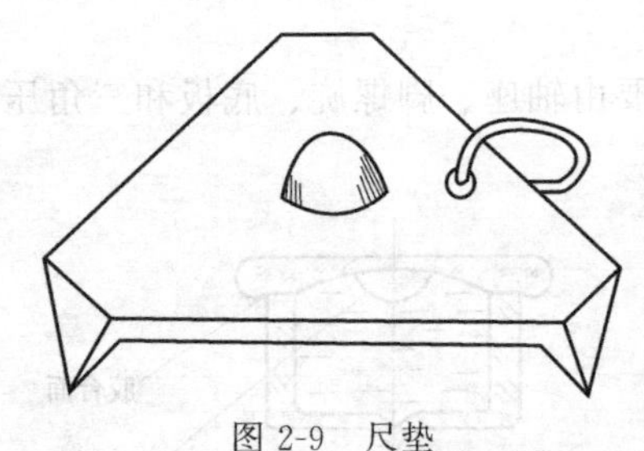
图 2-9 尺垫

2.2.3.1 安置水准仪

打开三脚架并使高度适中，目估使架头大致水平，检查脚架腿是否安置稳固，脚架伸缩螺旋是否拧紧，然后打开仪器箱取出水准仪，置于三脚架头上，用连接螺旋将仪器固连在三脚架头上。

2.2.3.2 粗略整平

粗平是借助圆水准器的气泡居中，使仪器竖轴大致铅直，从而使视准轴粗略水平。如图 2-10（a）所示，气泡未居中而位于 a 处，则先按图上箭头所指的方向用两手相对转动脚螺旋 1 和 2，使气泡移到 b 的位置，如图 2-10（b），再转动脚螺旋 3，即可使气泡居中。在整平的过程中，气泡的移动方向与左手大拇指运动的方向一致。

2.2.3.3 瞄准水准尺

首先进行目镜对光，即把望远镜对着明亮的背景，转动目镜对光螺旋，使十字丝清晰。再松开制动螺旋，转动望远镜，用望远镜筒上的照门和准星瞄准水准尺，拧紧制动螺旋。然后从望远镜中观察；转动物镜对光螺旋进行对光，使目标清晰，再转动微动螺旋，使竖丝对准水准尺。

当眼睛在目镜端上下微微移动时，若发现十字丝与目标像有相对运动［图 2-11（b）］，这种现象称为视差。产生视差的原因是目标成像的平面和十字丝平面不重合。由于视差的存在会影响到读数的正确性，必须加以消除。消除的方法是重新仔细地进行物镜对光，直到眼睛上下移动，读数不变为止。此时，从目镜端见到十字丝与目标的像都十分清晰［如图 2-11（a）］。

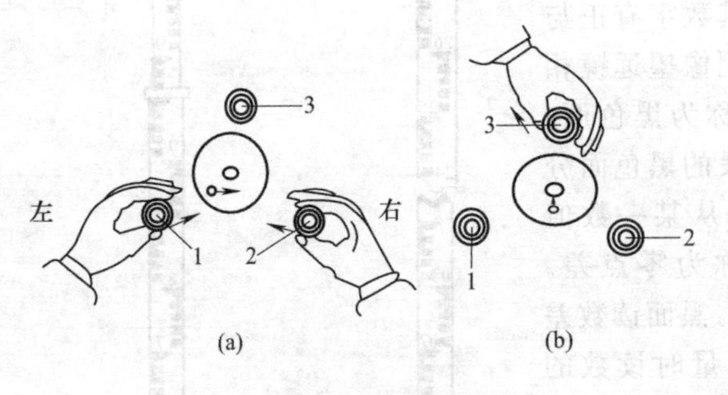

图 2-10 圆水准气泡居中

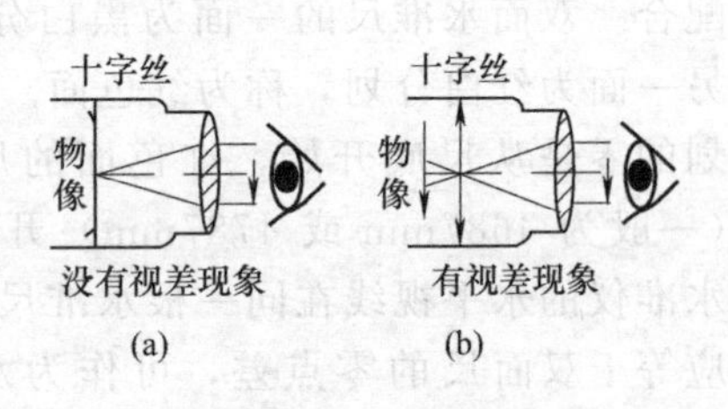

图 2-11 视差

2.2.3.4 精平与读数

眼睛通过位于目镜左方的符合气泡观察窗看水准管气泡，右手转动微倾螺旋，使气泡两端的像吻合，即表示水准仪的视准轴已精确水平。这时，即可用十字丝的中丝在尺上读数。现在的水准仪多采用倒像望远镜，因此读数时应从小往大，即从上往下读。先估读毫米数，然后报出全部读数。如图 2-12 所示，读数分别为 0.825m 和 1.260m。

精平和读数虽是两项不同的操作步骤，但在水准测量的实施过程中，却把两项操作视为一个整体，即精平后再读数。读数后还要检查管水准气泡是否完全符合，只有这样，才能取得准确的读数。

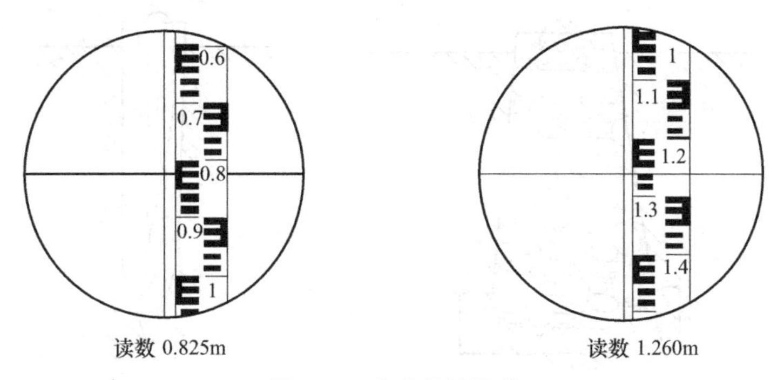

图 2-12　水准尺的读数

2.3　水准测量的实施及成果整理

2.3.1　水准点和水准路线

2.3.1.1　水准点

为了统一全国的高程系统和满足各种测量的需要，测绘部门在全国各地埋设并测定了很多高程点，这些点称为水准点（Bench Mark），简记 BM。水准测量通常是从水准点引测其他点的高程。水准点有永久性和临时性两种。国家等级水准点如图 2-13 所示，一般用石料或钢筋混凝土制成，深埋到地面冻结线以下。在标石的顶面设有用不锈钢或其他不易锈蚀的材料制成的半球状标志。有些水准点也可设置在稳定的墙脚上，称为墙上水准点，如图 2-14 所示。

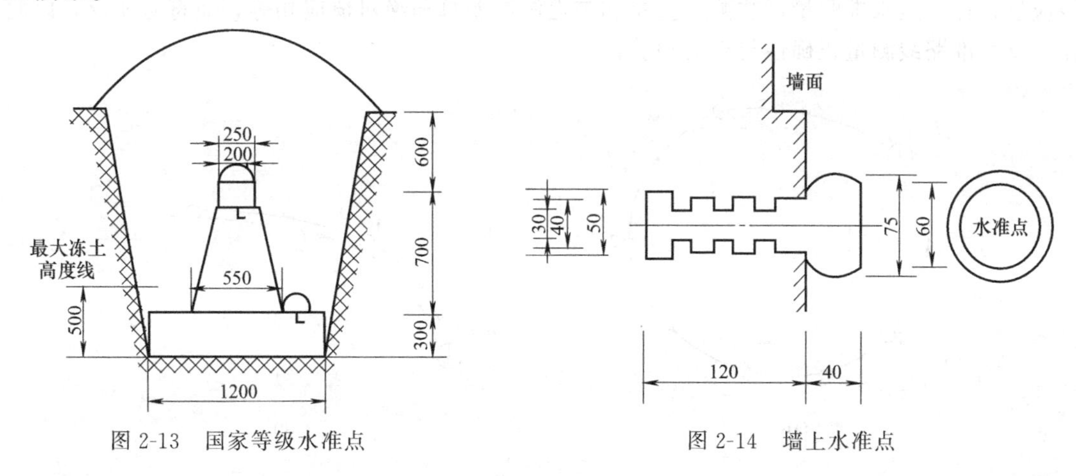

图 2-13　国家等级水准点　　图 2-14　墙上水准点

工地上的永久性水准点一般用混凝土或钢筋混凝土制成，其式样如图 2-15（a）所示。临时性的水准点可用地面上突出的坚硬岩石或用大桩打入地下，桩顶钉以半球形铁钉，如图 2-15（b）所示。

埋设水准点后，应绘出水准点与附近固定建筑物或其他地物的关系图，在图上还要写明水准点的编号和高程，称为点之记，以便日后寻找水准点位置之用。水准点编号前通常加 BM 字样，作为水准点的代号。

2.3.1.2　水准路线

在两水准点之间进行水准测量所经过的路线称为水准路线。根据测区的情况不同，水准路线可布设成以下几种形式。

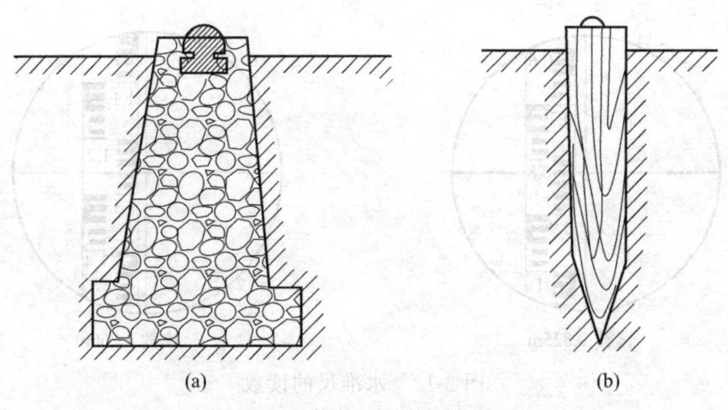

图 2-15　建筑工地常用水准点

(1) 闭合水准路线　如图 2-16 (a) 所示，从某一已知水准点 BM_1 开始，沿各高程待定的水准点 1、2、3、4 进行水准测量，最后仍回到原水准点 BM_1，称为闭合水准路线。沿闭合环进行水准测量时，各段高差的总和理论上应等于零，可以作为水准测量正确性与否的检验。

(2) 附合水准路线　如图 2-16 (b) 所示，从已知水准点 BM_1 出发，沿各高程待定的水准点 1、2、3 进行水准测量，最后附合到另一个已知高程的水准点 BM_2 上，称为附合水准路线。在附合水准路线上进行水准测量所得各段的高差总和理论上应等于两端已知水准点间的高差，可以作为水准测量正确性与否的检验。

(3) 支水准路线　如图 2-16 (c) 所示，从一个已知高程的水准点 BM_1 出发，沿各高程待定的水准点 1、2 进行水准测量，其路线既不闭合又不附合，称为支水准路线。支水准路线应进行往、返水准测量，往测高差总和与返测高差总和绝对值应相等，而符号相反，以此作为支水准路线测量正确性与否的检验。

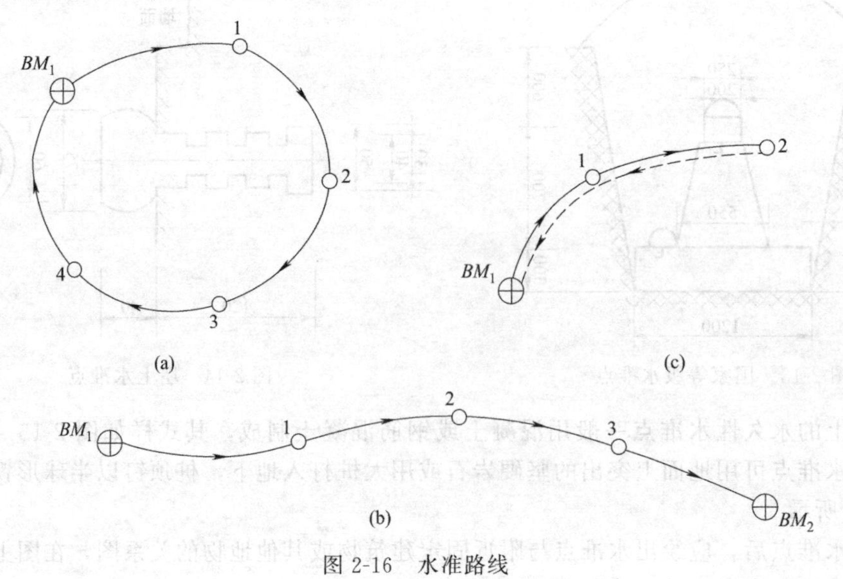

图 2-16　水准路线

2.3.2　水准测量的实施

当欲测的高程点距水准点较远或高差很大时，就需要连续多次安置仪器以测出两点的高差。如图 2-17，水准点 A 的高程为 27.354m，现拟测量 B 点的高程，其观测步骤如下。

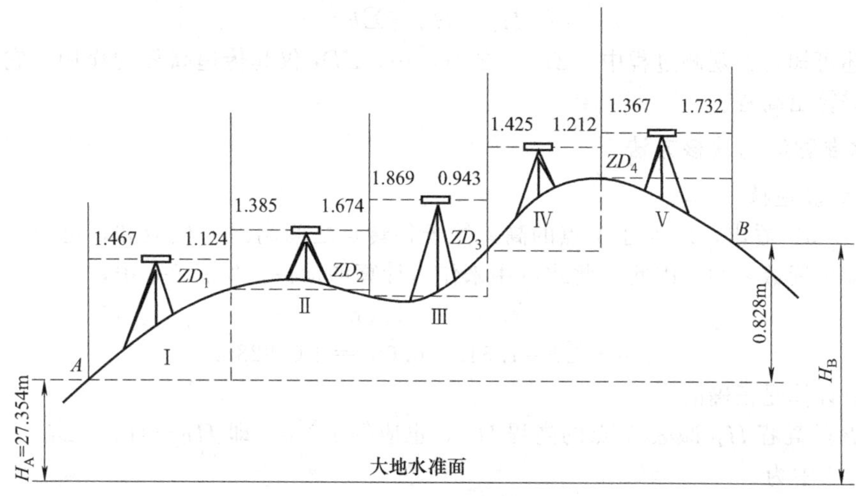

图 2-17　水准路线的施测

在离 A 点约 100m 处选定转点 1，简写为 ZD_1，在 A、ZD_1 两点上分别立水准尺。在距点 A 和 ZD_1 等距离的Ⅰ处，安置水准仪。用圆水准器将仪器粗略整平后，后视 A 点上的水准尺，精平后读数得 1.467，记入表 2-1 观测点 A 的后视读数栏内。旋转望远镜照准 ZD_1 上的水准尺，同法读取读数为 1.124，记入 ZD_1 的前视读数栏内。后视读数减去前视读数得到高差为+0.343，记入高差栏内。此为一个测站上的工作。

表 2-1　水准测量手簿

日　期＿＿＿＿＿　仪　器＿＿＿＿＿　观　测＿＿＿＿＿

天　气＿＿＿＿＿　地　点＿＿＿＿＿　记　录＿＿＿＿＿

测点		水准尺读数		高差/m		高程/m	备注
		后视 (a)	前视 (b)	+	−		
BM_A		1.467				27.354	
ZD_1		1.385	1.124	0.343			
ZD_2		1.869	1.674		0.289		
ZD_3		1.425	0.943	0.926			
ZD_4		1.367	1.212	0.213			
B			1.732		0.365	28.182	
计算校核	Σ	7.513	6.685	1.482	0.654	H_B-H_A	
		$\Sigma a-\Sigma b=+0.828$		$\Sigma h=+0.828$		$=+0.828$	

ZD_1 上的水准尺不动，把 A 点上的水准尺移到 ZD_2，仪器安置在点 1 和点 2 之间，同法进行观测和计算，依次测到 B 点。

显然，每安置一次仪器，便可测得一个高差，即

$$h_1=a_1-b_1$$

$$h_2=a_2-b_2$$

$$\cdots\cdots$$

$$h_5=a_5-b_5$$

将各式相加，得

$$\Sigma h=\Sigma a-\Sigma b$$

则 B 点的高程为

$$H_B = H_A + \sum h \tag{2-5}$$

由上述可知，在观测过程中，ZD_1，ZD_2，…，ZD_4 仅起传递高程的作用，它们无固定标志，无需算出高程。

2.3.3 水准测量的检核方法

2.3.3.1 计算检核

由式（2-5）看出，B 点对 A 点的高差等于各转点之间高差的代数和，也等于后视读数之和减去前视读数之和，因此，此式可用来作为计算的检核。如表 2-1 中，

$$\sum h = +0.828\text{m}$$

$$\sum a - \sum b = 7.513 - 6.685 = +0.828\text{m}$$

这说明高差计算是正确的。

终点 B 的高程 H_B 减去 A 点的高程 H_A，也应等于 $\sum h$，即 $H_B - H_A = \sum h$

在表 2-1 中为

$$28.182 - 27.354 = +0.828\text{m}$$

这说明高程计算也是正确的。

计算检核只能检查计算是否正确，并不能检核观测和记录时是否产生错误。

2.3.3.2 测站检核

如上述所述，B 点的高程是根据 A 点的已知高程和转点之间的高差计算出来的。若其中测错任何一个高差，B 点高程就不会正确。因此，对每一站的高差，都必须采取措施进行检核测量。这种检核称为测站检核。测站检核通常采用变动仪器高法或双面尺法。

（1）变动仪器高法　是在同一个测站上用两次不同的仪器高度，测得两次高差以相互比较进行检核。即测得第一次高差后，改变仪器高度（应大于 10cm）重新安置，再测一次高差。两次所测高差之差不超过容许值（例如等外水准测量容许值为 6mm），则认为符合要求，取其平均值作为最后结果，否则必须重测。

（2）双面尺法　是仪器的高度不变，而立在前视点和后视点上的水准尺分别用黑面和红面各进行一次读数，测得两次高差，相互进行检核。若同一水准尺红面与黑面读数（加常数后）之差，不超过 3mm；且两次高差之差，又未超过 5mm，则取其平均值作为该测站观测高差，否则，需要检查原因，重新观测。

2.3.4 水准测量的成果整理

水准测量外业工作结束后，要检查手簿，再计算各点间的高差。经检核无误后，才能计算和调整高差闭合差，最后计算各点的高程。以上工作，称为水准测量的内业。

2.3.4.1 附合水准路线闭合差的计算和调整

如图 2-18，A、B 为两个水准点。A 点高程为 56.345m，B 点高程为 59.039m。各测段的高差，分别为 h_1、h_2、h_3 和 h_4。

显然，各测段高差之和的理论值应等于 A、B 两点高程之差，即

$$\sum h_{理} = H_B - H_A \tag{2-6}$$

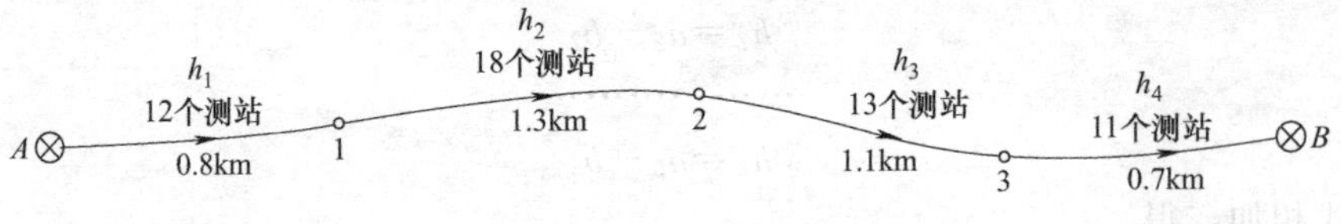

图 2-18　附合水准路线

实际上，由于测量工作中存在着误差，使式（2-6）不相等，其差值即为高差闭合差，

以符号 f_h 表示，即

$$f_h=\sum h_{测}-(H_B-H_A) \tag{2-7}$$

高差闭合差可用来衡量测量成果的精度，等外水准测量的高差闭合差容许值，规定为

$$\left.\begin{aligned}&平地\quad f_{h容}=\pm 40\sqrt{L}\ \mathrm{mm}\\&山地\quad f_{h容}=\pm 12\sqrt{n}\ \mathrm{mm}\end{aligned}\right\} \tag{2-8}$$

式中，L 为水准路线长度，以 km 计；n 为测站数。

若高差闭合差不超过容许值，说明观测精度符合要求，可进行闭合差的调整。现以图2-18 中的观测数据为例，记入表 2-2 中进行计算说明。

表 2-2　水准测量成果计算表

测段编号	点名	距离/km	测站数	实测高差/m	改正数/m	改正后的高差/m	高程/m	备注
1	2	3	4	5	6	7	8	9
	A						56.345	
1		0.8	12	+2.785	−0.010	+2.775		
	1						59.120	
2		1.3	18	−4.369	−0.016	−4.385		
	2						54.735	
3		1.1	13	+1.980	−0.011	+1.969		
	3						56.704	
4		0.7	11	+2.345	−0.010	+2.335		
	B						59.039	
$\sum$		3.9	54	+2.741	−0.047	+2.694		
辅助计算	$f_h=+0.047\mathrm{mm}$　$n=54$　$-f_h/n=-0.87\mathrm{mm}$ $f_{h容}=\pm 12\sqrt{54}=\pm 88\mathrm{mm}$							

（1）高差闭合差的计算

$$f_h=\sum h_{测}-(H_B-H_A)=2.741-(59.039-56.345)=+0.047\mathrm{m}$$

设为山地，故 $f_{h容}=\pm 12\sqrt{n}=\pm 12\sqrt{54}=\pm 88\mathrm{mm}$

$|f_h|<|f_{h容}|$，其精度符合要求。

（2）闭合差的调整　在同一条水准路线上，假设观测条件是相同的，可认为各站产生的误差机会是相同的，故闭合差的调整按与测站数（或距离）成正比例反符号分配的原则进行。本例中，测站数 $n=54$，故每一站的高差改正数为

$$-\frac{f_h}{n}=-\frac{47}{54}=-0.87\mathrm{mm}$$

各测段的改正数，按测站数计算，分别列入表 2-2 中的第 6 栏内，改正数总和的绝对值应与闭合差的绝对值相等。第 5 栏中的各实测高差分别加改正数后，便得到改正后的高差，列入第 7 栏。最后求改正后的高差代数和，其值应与 A、B 两点的高差（H_B-H_A）相等，否则，说明计算有误。

（3）高程的计算　根据检核过的改正后高差，由起始点 A 开始，逐点推算出各点的高程，列入第 8 列栏中。最后算的 B 点高程应与已知的高程 H_B 相等，否则说明高程计算有误。

2.3.4.2　闭合水准路线闭合差的计算与调整

闭合水准路线各段高差的代数和理论值应等于零，即

$$\sum h_{理}=0$$

由于存在着测量误差，必然产生高差闭合差

$$f_h=\sum h_{测} \tag{2-9}$$

闭合水准路线高差闭合差的调整、容许值的计算，均与附合水准路线相同。

2.3.4.3 支水准路线闭合差的计算与调整

为了检核成果，采用往、返观测，往返高差的代数和理论值应为零，其高差闭合差 f_h 为

$$f_h=\sum h_{往}+\sum h_{返} \tag{2-10}$$

当 $|f_h|\leqslant|f_{h容}|$ 时，按下式计算高差，其符号同往测。

$$h_{平}=(\sum h_{往}-\sum h_{返})/2 \tag{2-11}$$

2.4 水准仪的检验与校正

根据水准测量原理，水准仪必须提供一条水平视线，才能正确地测出两点间的高差。为此，水准仪应满足的条件是：

① 圆水准器轴 $L'L'$ 应平行于仪器的竖轴 VV；

② 十字丝的中丝（横丝）应垂直于仪器的竖轴；

③ 如图 2-19 所示，水准管轴 LL 应平行于视准轴 CC。

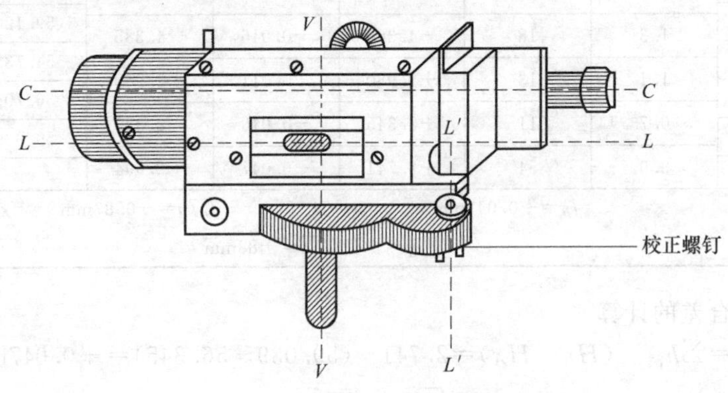

图 2-19 水准仪的轴线

水准仪应满足的各项条件，在仪器出厂时已经过检验与校正而得到满足，但由于仪器在长期使用和运输过程中受到震动和碰撞等原因，使各轴线之间的关系发生变化，若不及时检验校正，将会影响测量成果的质量。所以，在水准测量之前，应对水准仪进行认真的检验和校正。检校的内容有以下三项。

2.4.1 圆水准器轴平行于仪器竖轴的检验与校正

（1）检验 如图 2-20（a）所示，用脚螺旋使圆水准器气泡居中，此时圆水准器轴 $L'L'$ 处于竖直位置。如果仪器竖轴 VV 与 $L'L'$ 不平行，且交角为 α，那么竖轴 VV 与竖直位置便偏差 α 角。将仪器绕竖轴旋转 180°，如图 2-20（b）所示，圆水准器转到竖轴的左面，$L'L'$ 不但不竖直，而且与竖直线 ll 的交角为 2α，显然气泡不再居中，而离开零点的弧长所对的圆心角为 2α。这说明圆水准器轴 $L'L'$ 不平行于竖轴 VV，需要校正。

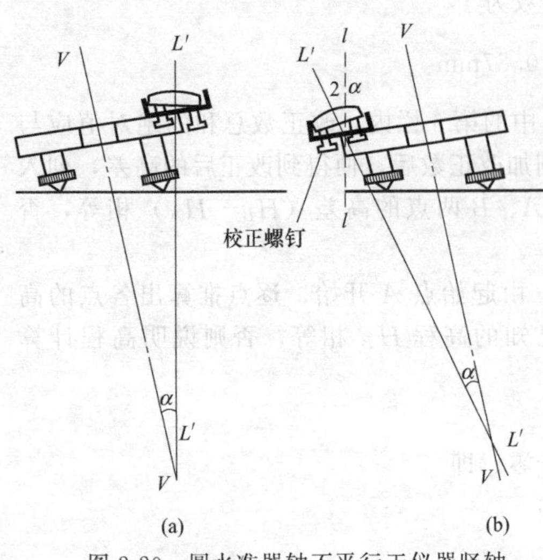

图 2-20 圆水准器轴不平行于仪器竖轴

（2）校正 如图 2-20（b），通过检验证明了 $L'L'$ 不平行于 VV。则应调整圆水准器下面的三个校正螺钉，圆水准器校正结构如图 2-21

所示，校正前应先稍松中间的固紧螺钉，然后调整三个校正螺钉，使气泡向居中位置移动偏离量的一半，如图2-22（a）所示。这时，圆水准器轴$L'L'$与VV平行。然后再用脚螺旋整平，使圆水准器气泡居中，竖轴VV则处于竖直状态，如图2-22（b）所示。校正工作一般都难于一次完成，需反复进行直到仪器旋转到任何位置圆水准器气泡皆居中时为止。最后应注意拧紧固紧螺钉。

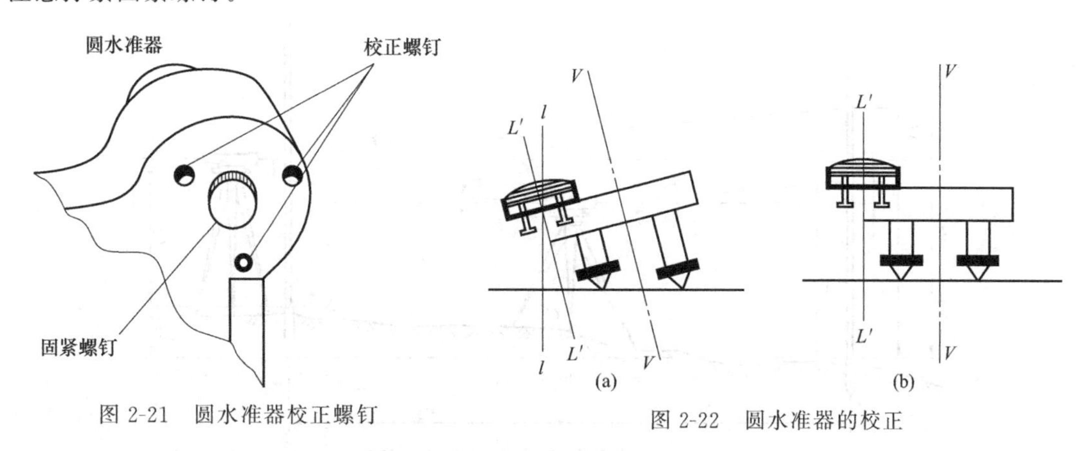

图2-21　圆水准器校正螺钉

图2-22　圆水准器的校正

2.4.2　十字丝横丝应垂直于仪器竖轴的检验与校正

（1）检验　安置仪器后，先将横丝一端对准一个明显的点目标P，如图2-23（a）所示。然后固定制动螺旋，转动微动螺旋，如果标志点P不离开横丝，如图2-23（b），则说明横丝垂直竖轴，不需要校正。否则，如图2-23（c）、（d）所示，则需要校正。

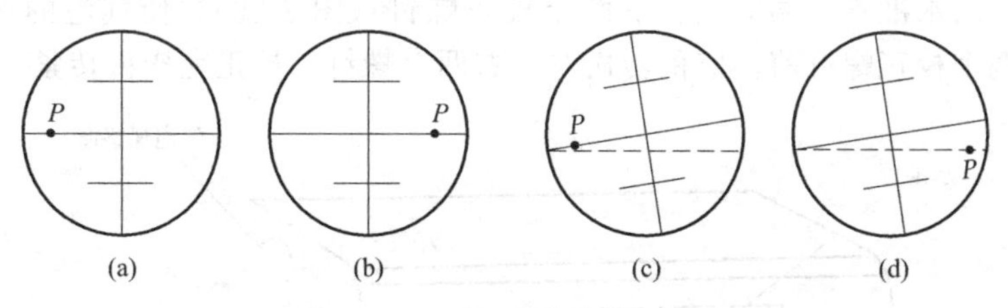

图2-23　十字丝横丝垂直于仪器竖轴的检验

（2）校正　校正方法因十字丝分划板座装置的形式不同而异。对于图2-24形式，用螺丝刀松开分划板座固定螺钉，转动分划板座，改正偏离量的一半，即满足条件。

2.4.3　视准轴平行于水准管轴的检验与校正

① 如图2-25所示，选择比较平坦场地，A、B两点相距约80～100m，立尺。

② 安置水准仪于两尺中间（用目估或步测的方法确定），采用双面尺法或双仪器高法测量两点间的高差

$$h_{AB}=a_1-b_1 \tag{2-12}$$

由于前后视距基本相等，无论水准管轴与视准轴是否平行，所测高差为正确高差。

③ 安置水准仪距B点2～3m处，分别读取B，A两点的尺上读数，因仪器距B点很近，i角误差的影响可忽略，则b_2为正确读数，则可计算A点尺上正确读数

$$a_2'=h_{AB}+b_2 \tag{2-13}$$

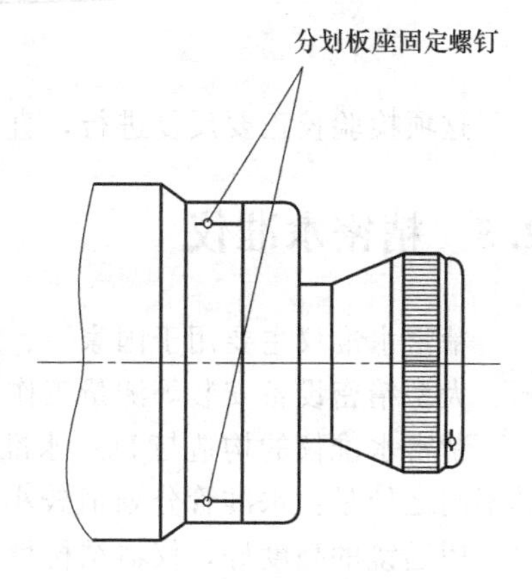

图2-24　十字丝横丝垂直于仪器竖轴的校正

若 A 点尺上实际读数 a_2 与计算所得正确读数相等，则表明水准管轴与视准轴平行，否则，两者不平行，其夹角为

$$i''=\frac{a_2-a_2'}{D_{AB}}\rho'' \tag{2-14}$$

$\rho''=206265''$，弧秒值。i''应小于 20″，否则应校正。

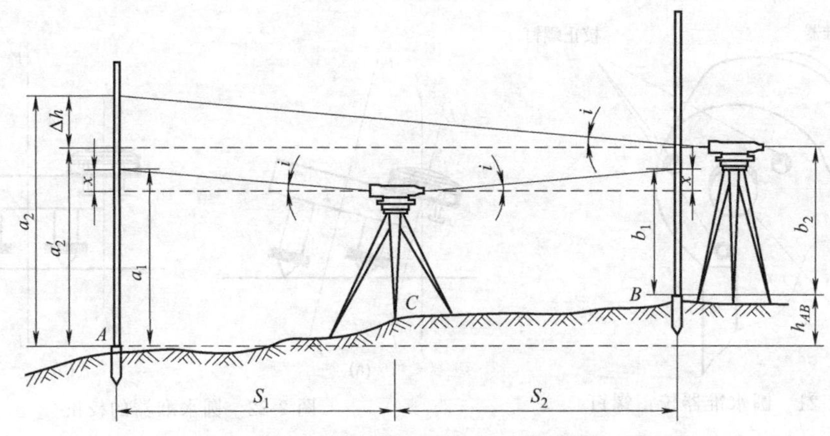

图 2-25 水准管轴平行于视准轴的检验

(1) 检验 对于 DS_3 级微倾水准仪，i 值不得大于 20″，如果超限，则需要校正。

(2) 校正 转动微倾螺旋使中丝对准 A 点尺上正确读数 a_2，此时视准轴处于水平位置，但管水准气泡必然偏离中心。为了使水准管轴处于水平位置，达到视准轴平行水准管轴的目的，可用拨针拨动水准管一端的上、下两个校正螺钉（图 2-26），使气泡的两个半像符合。在松紧上、下两个校正螺钉前，应稍转松左、右两个螺钉，校正完毕再转紧。

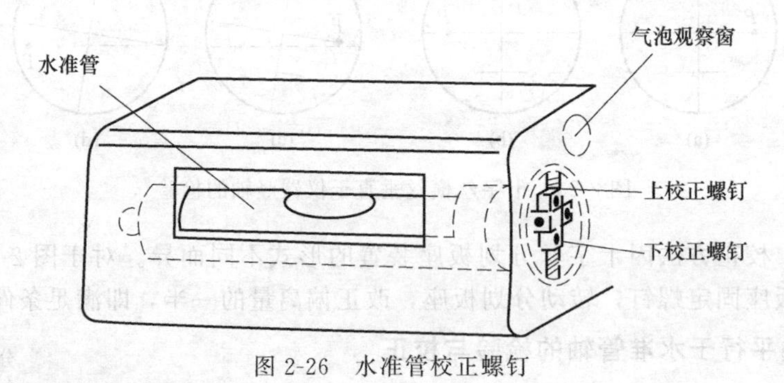

图 2-26 水准管校正螺钉

这项检验校正要反复进行，直至 i 角小于 20″为止。

2.5 精密水准仪

精密水准仪主要用于国家一、二等水准测量和高精度的工程测量中，例如建筑物沉降观测、大型精密设备安装等测量工作。

精密水准仪的构造与 DS_3 水准仪基本相同，也是由望远镜、水准器和基座三部分组成。其不同之处是：水准管分划值较小，一般为 10″/2mm；望远镜放大率较大，一般不小于 40 倍；望远镜的亮度好，仪器结构稳定，受温度的变化影响小等。

为了提高读数精度，精密水准仪上设有光学测微器，图 2-27 是其工作原理示意图，它

由平行玻璃板P、传动杆、测微轮和测微尺等部件组成。平行玻璃板装置在望远镜物镜前，其旋转轴A与平行玻璃板的两个平面相平行，并与望远镜的视准轴成正交。平行玻璃板通过传动杆与测微尺相连。测微尺上有100个分格，它与水准尺上一个分格（1cm或5mm）相对应，所以测微尺能直接读到0.1mm（或0.05mm）。当平行玻璃板与视线正交时，视线将不受平行玻璃板的影响，对准水准尺上B处，读数为148(cm)$+a$。转动测微轮带动传动杆，使平行玻璃板绕A轴俯仰一个小角，这时视线不再与平行玻璃板面垂直，而受平行玻璃板折射影响，使得视线上下平移。当视线下移对准水准尺上148cm分划时，从测微分划尺上可读出a的数值。

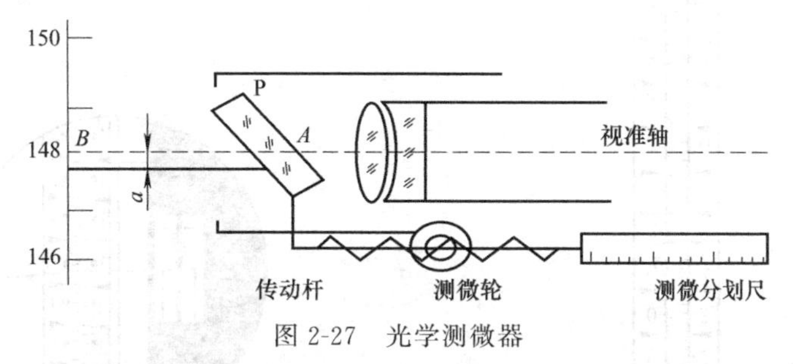

图2-27　光学测微器

图2-28是我国靖江测绘仪器厂生产的DS_1级水准仪，光学测微器最小读数为0.05mm。

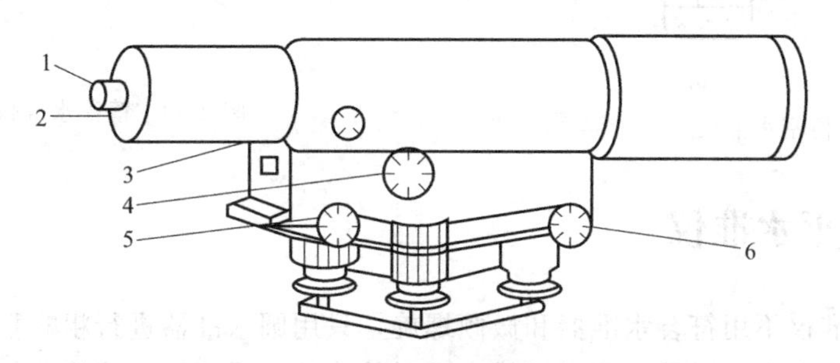

图2-28　DS_1型精密水准仪

1—目镜；2—测微尺读数目镜；3—物镜对光螺旋；4—测微轮；5—倾斜螺旋；6—微动螺旋

精密水准仪必须配有精密水准尺。这种水准尺一般都是在木质尺身的槽内引张一根铟瓦合金带，在带上标有刻度，数字注在木尺上，如图2-29所示。精密水准尺的分划值有1cm和0.5cm两种。Wild N_3水准仪的精密水准尺分划值为1cm，如图2-29（a）所示，水准尺全长约3.2m，铟瓦合金带上有两排分划，右边一排的注记数字自0cm至300cm，称为基本分划；左边一排注记数字自300cm至600cm，称为辅助分划。基本分划和辅助分划有差数K，K等于3.01550m，称为基辅差。靖江DS_1级水准仪和Ni_{004}水准仪配套用的精密水准尺，为0.5cm分划，该尺只有基本分划而无辅助分划，如图2-29（b）所示。左面一排分划为奇数值，右面一排分划为偶数值；右边注记为米数，左边注记为分米数。小三角形表示半分米处，长三角形表示分米的起始线。厘米分划的实际间隔为5mm，尺面值为实际长度的两倍；所以，用此水准尺观测高差时，须除以2才是实际高差值。

精密水准仪的操作方法与一般水准仪基本相同，不同之处是用光学测微器测出不足一个分格的数值。即在仪器精确整平（用微倾螺旋使目镜视场左面的符合水准气泡半像吻合）后，十字丝横丝往往不恰好对准水准尺上某一整分划线，这时就要转动测微轮使视线上、下平行移动，使十字丝的楔形丝正好夹住一个整分划线，如图2-30被夹住的分划线读数为1.97m。视线在对准整分划过程中平移的距离显示在目镜右下方的测微尺读数窗内，读数

1.50mm。所以水准尺的全读数为 1.97+0.0015=1.9715m，而其实际读数是全读数除以 2，即 0.98575m。

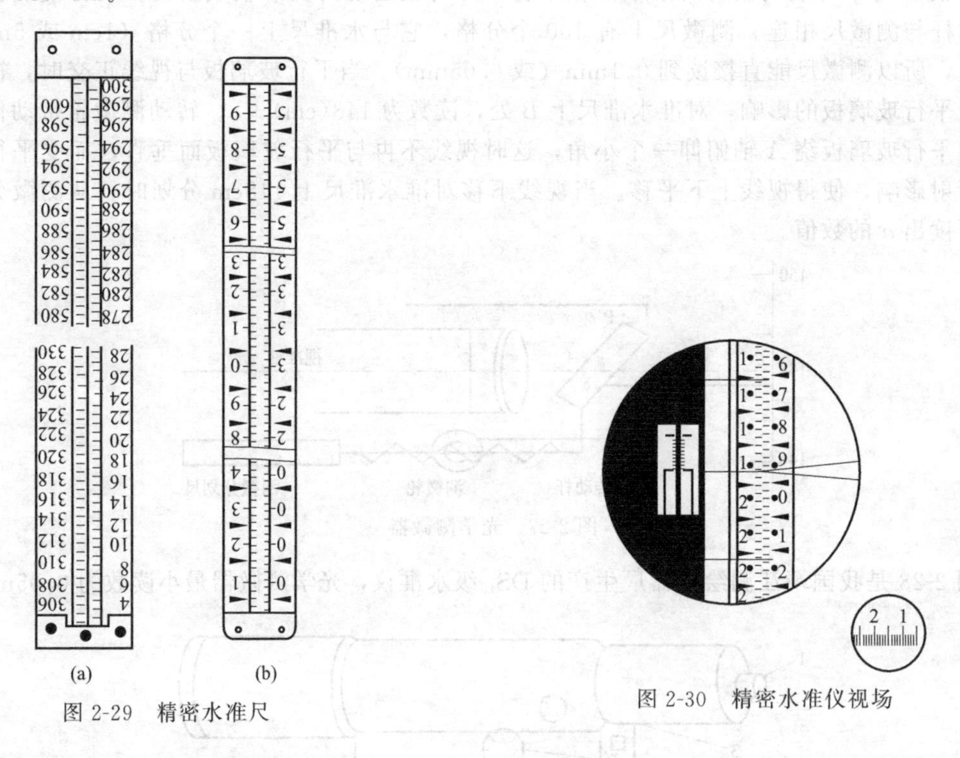

图 2-29　精密水准尺

图 2-30　精密水准仪视场

2.6　自动安平水准仪

自动安平水准仪不用符合水准器和微倾螺旋，只用圆水准器进行粗略整平，然后借助安平补偿器自动地把视准轴置平，读出视线水平时的读数。据统计，该仪器与普通水准仪比较能提高观测速度约 40%，从而显示了它的优越性。

2.6.1　自动安平原理

如图 2-31（a）所示，当望远镜视准轴倾斜了一个小角 α 时，由水准尺上的 a_0 点过物镜光心所形成的水平线，不再通过十字丝中心 Z，而在离 Z 为 l 的 A 点处，显然

$$l=f\alpha \tag{2-15}$$

式中，f 为物镜的等效焦距；α 为视准轴倾斜的小角。

在图 2-31（a）中，若在距十字丝分划板 S 处，安装一个补偿器 K，使水平光线偏转 β 角，以通过十字丝中心 Z，则

$$l=S\beta \tag{2-16}$$

故有

$$f\alpha=S\beta \tag{2-17}$$

这就是说，式（2-17）的条件若能得到保证，虽然视准轴有微小倾斜，但十字丝中心 Z 仍能读出视线水平时的读数 a_0，从而达到自动补偿的目的。

还有另一种补偿［图 2-31（b）］，借助补偿器 K 将 Z 移至 A 处，这时视准轴所截取尺上的读数仍为 a_0。这种补偿器是将十字丝分划板悬吊起来，借助重力，在仪器微倾的情况下，十字丝分划板回到原来的位置，安平的条件仍为式（2-17）。

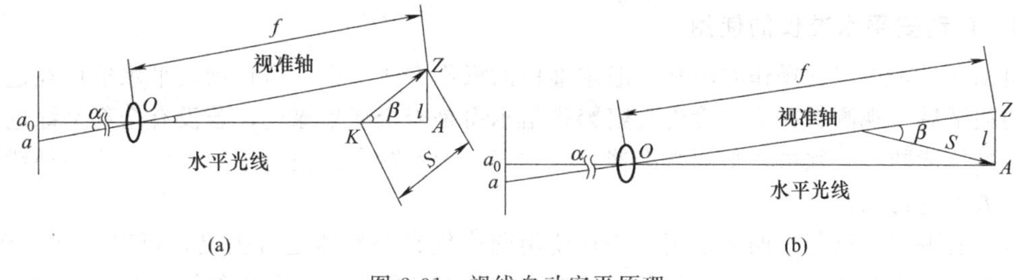

图 2-31　视线自动安平原理

2.6.2　自动安平补偿器

自动安平补偿器的种类很多，但一般都是采用吊挂光学零件的方法，借助重力的作用达到视线自动补偿的目的。

图 2-32 (a)，是 DSZ_3 自动安平水准仪。该仪器是在对光透镜与十字丝分划板之间装置一套补偿器。其构造是：将屋脊棱镜固定在望远镜筒内，在屋脊棱镜的下方，用交叉的金属丝吊挂着两个直角棱镜，该直角棱镜在重力作用下，能与望远镜作相对的偏转。为了使吊挂的棱镜尽快地停止摆动，还设置了阻尼器。

如图 2-32 (a) 所示，当仪器处于水平状态，视准轴水平时，尺上读数 a_0 随着水平光线进入望远镜，通过补偿器到达十字丝中心 Z。则读得视线水平时的读数 a_0。

当望远镜倾斜了微小角度 α 时，如图 2-32 (b) 所示。此时，吊挂的两个直角棱镜在重力作用下，相对于望远镜的倾斜方向作反向偏转，如图 2-32 (b) 中的虚线所画直角棱镜，它对于虚线直角棱镜偏转了 α 角。这时，原水平光线（虚线所示）通过偏转后的直角棱镜（起补偿作用的棱镜）的反射，到达十字丝的中心 Z，所以仍能读得视线水平时的读数 a_0，从而达到了补偿的目的。这就是自动安平水准仪为什么在仪器偏斜了一个小角 α 时，十字丝中心在水准尺上仍能读得正确读数的道理。

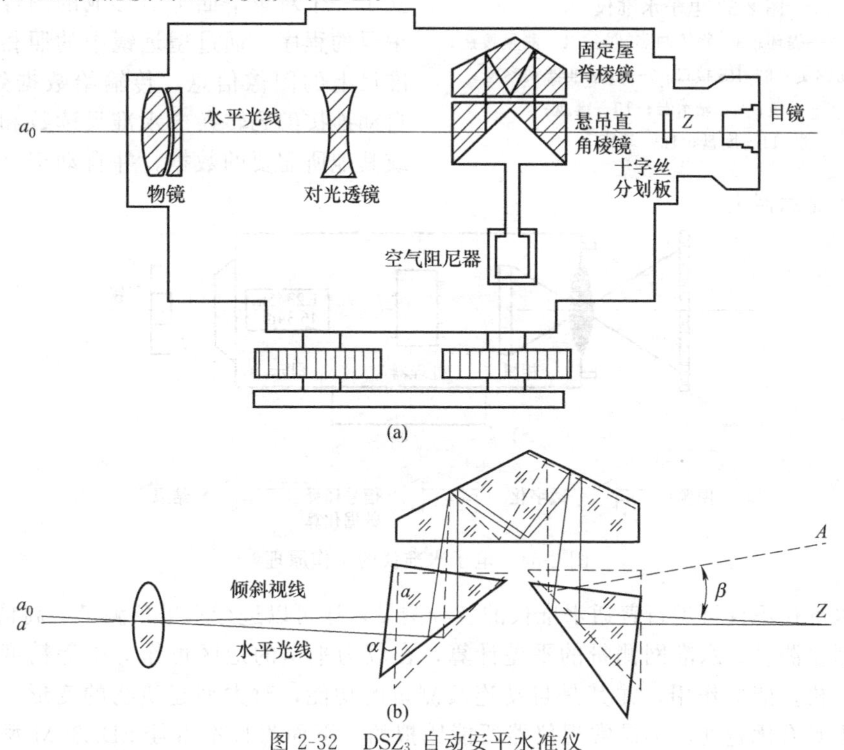

图 2-32　DSZ_3 自动安平水准仪

2.6.3 自动安平水准仪的使用

自动安平水准仪的操作方法和一般水准仪的操作方法一样，当自动安平水准仪经过圆水准器的粗平后，观测者在望过镜内观察警告指示窗是否全部呈绿色，若没有全部呈绿色，不能对水准尺读数，必须再调整圆水准器，直到警告指示窗全部呈绿色后，即视线在补偿器范围内，方可进行测量。

自动安平水准仪若长期未使用，则在使用前应检查补偿器是否失灵，可以转动脚螺旋，如果警告指示窗两端能分别出现红色，反转脚螺旋红色能消除，并由红转为绿，说明补偿器摆动灵敏，阻尼器没有卡死，可以进行水准测量。

2.7 电子水准仪

2.7.1 构造与工作原理

电子水准仪是一种自动化程度很高的智能水准仪器，如图 2-33 所示。它由基座、水准器、望远镜及数据处理系统组成。电子水准仪具有内藏应用软件和良好的操作界面，可以自动完成读数、记录和计算处理等工作，并通过数据通信将数据传输到计算机内进行后续处理，还可以通过远程通信系统将测量成果直接传输给其他用户。若使用普通水准尺，也可当普通水准仪使用。

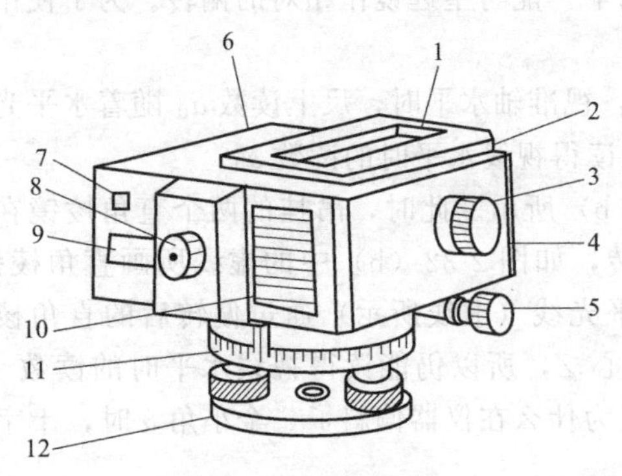

图 2-33 电子水准仪

1—物镜；2—提环；3—物镜调焦螺旋；4—测量按钮；5—微动螺旋；6—RS 接口；7—圆水准器观察窗；8—目镜；9—显示器；10—键盘；11—度盘；12—基座

电子水准仪的工作原理如图 2-34 所示，在仪器的中央处理器（数据处理系统）中建立了一个对单平面上所形成的图像信息自动编码的程序，通过望远镜中的照相机摄取水准尺上的图像信息，传输给数据处理系统，自动地按编码转换成水准尺读数和水平距离或其他所需要的数据，并自动记录储存在记录器中或在显示器上。

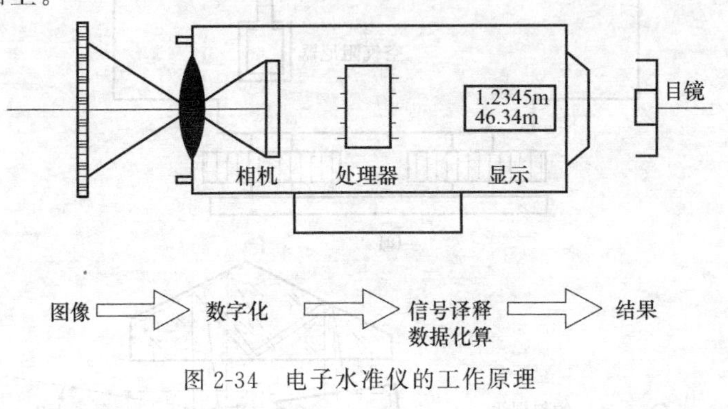

图 2-34 电子水准仪的工作原理

电子水准仪不仅可进行普通水准仪的各种测量，还可以进行水平角测量、高精度距离测量、坐标增量测量、水准网测量的平差计算，在较为平坦的地区可作为中等精度全站仪使用，具有一机多能的作用。尤其是自动连续测量的功能，对大型建筑物的变形（瞬时变化值）观测更具有优越性，不是常规仪器所能比拟的。下面为日本索佳 SDL30M 型电子水准仪的主要技术参数：

每公里往返测高差中误差：	±0.4mm
测距精度：	±10mm
最小视距：	1.6m
最大测程：	100m
最小显示（单次/重复/均值）：	高程：0.0001m，距离：0.01m
望远镜放大倍率：	32倍
安平补偿精度：	±15″
测量时间：	单次模式：小于3s，跟踪模式：小于1s

2.7.2　条码水准尺

条码水准尺是与电子水准仪配套的专用尺，如图2-35所示，它由玻璃纤维塑料制成，或用铟钢制成尺面镶嵌在基尺上形成。尺面上刻有宽度不同的水平黑白相间的分划（条码）。该条码相当于普通水准尺上的分划和注记，全长为2～4.05m。条码水准尺上附有安平水准器和扶手，在尺的顶端留有撑杆固定螺孔，以便用撑杆固定条码尺，使之长时间保持竖直位置，减轻作业人员的劳动强度。

图2-35　条码水准尺

2.7.3　技术操作方法

电子水准仪用于测量时，其技术操作方法与自动安平水准仪类似，分为粗平、照准、读数三步。下面以日本索佳SDL30M型电子水准仪为例介绍其操作方法。

（1）粗平　转动脚螺旋，使圆水准气泡居中即可，气泡居中的状况可在观察窗中看到。而后打开仪器电源开关（开机），使仪器进行自检。当仪器自检合格后显示器上显示程序清单，此时即可进行测量工作。

（2）照准　先转动目镜调焦螺旋，看清十字丝；照准标尺，旋转水平微动手轮使标尺进入视场中央，再利用调焦手轮进行物镜对光，并制动望远镜。

（3）读数　按［Measure］测量开始，测量中显示屏闪烁。测量完成后，显示屏上显示出水准尺读数和仪器至条码尺的水平距离。若在“测量并记录”模式下，则仪器将自动记录测量数据。

电子水准仪可以直接进行高程测量，其操作步骤如下：

在菜单模式下选取“Elev.”选项，输入后视点高程，测量后视点，选取“Yes”确认点号、属性（仅对前视点——中视、已知点、前视、中视，如果不对属性进行设置，除后视点外的各点都被作为前视点记录）和测量值并将测量结果记入内存；测量前视点，仪器自动计算出前视点高程并显示在屏幕上；选取“Yes”确认点号、属性和测量值并将测量结果记入内存；按［MENU］键，显示出是否要迁站的提示信息，若要迁站选取“Yes”，前视测量结果将作为转点高程记入内存。如此连续进行，直至观测到终点。

2.8　水准测量的误差及注意事项

2.8.1　水准测量误差来源

水准测量误差包括仪器误差、观测误差和外界条件的影响三个方面。

2.8.1.1　仪器误差

(1) 仪器校正后的残余误差　例如水准管轴与视准轴不平行，虽经校正但仍然残存少量误差等。这种误差的影响与距离成正比，只要观测时注意使前、后视距离相等，便可消除或减弱此项误差的影响。

(2) 水准尺误差　由于水准尺刻画不准确、尺长变化、弯曲等影响，会影响水准测量的精度，因此，水准尺须经过检验才能使用。至于尺的零点差，可在一水准测段中使测站为偶数的方法予以消除。

2.8.1.2　观测误差

(1) 水准管气泡居中误差　设水准管分划值为τ''，居中误差一般为$\pm 0.15\tau''$，采用符合式水准器时，气泡居中精度可提高一倍，故居中误差为

$$m_\tau = \pm \frac{0.15\tau''}{2\rho''} D \tag{2-18}$$

式中，D为水准仪到水准尺的距离。

(2) 读数误差　在水准尺上估读毫米数的误差，与人眼的分辨能力、望远镜的放大倍率以及视线长度有关，通常按下式计算

$$m_V = \pm \frac{60'' D}{V\rho''} \tag{2-19}$$

式中，V为望远镜的放大倍率；$60''$为人眼的极限分辨能力。

(3) 视差影响　当存在视差时，十字丝平面与水准尺影像不重合，若眼睛观察的位置不同，便读出不同的读数，因而也会产生读数误差。

(4) 水准尺倾斜影响　水准尺倾斜将使尺上读数增大，如水准尺倾斜$3°30'$，在水准尺上1m处读数时，将会产生2mm的误差；若读数大于1m，误差超过2mm。

2.8.1.3　外界条件的影响

(1) 仪器下沉　由于仪器下沉，使视线降低，从而引起高差误差。若采用“后、前、前、后”的观测程序，可减弱其影响。

(2) 尺垫下沉　如果在转点发生尺垫下沉，将使下一站后视读数增大，这将引起高差误差。采用往返观测的方法，取成果的中数，可以减弱其影响。

(3) 地球曲率及大气折光影响　如图2-36所示，用水平视线代替大地水准面在尺上读数产生的误差为Δh，见式(1-13)，此处用C代替Δh，则

$$C = \frac{D^2}{2R} \tag{2-20}$$

式中，D为仪器到水准尺的距离；R为地球的平均半径，为6371km。

实际上，由于大气折光，视线并非是水平的，而是一条曲线（见图2-36），曲线的曲率

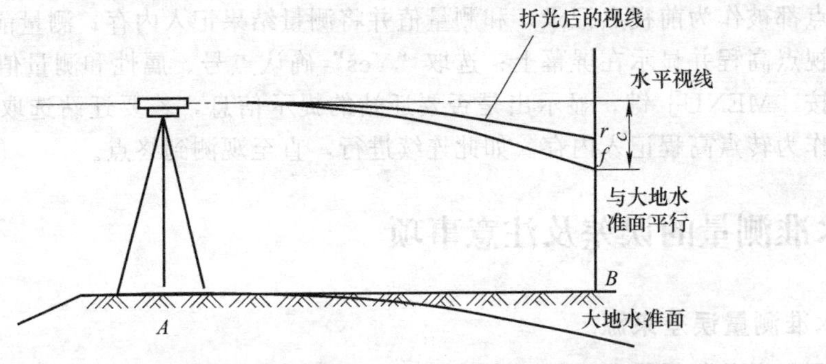

图2-36　地球曲率及大气折光影响

半径约为地球半径的7倍，其折光量的大小对水准尺读数产生的影响为

$$r=\frac{D^2}{2\times 7R} \tag{2-21}$$

折光影响与地球曲率影响之和为

$$f=C-r=\frac{D^2}{2R}-\frac{D^2}{14R}=0.43\frac{D^2}{R} \tag{2-22}$$

如果使前后视距离 D 相等，由式（2-22）计算的 f 值则相等，地球曲率和大气折光的影响将得以消除或大大减弱。

（4）温度影响　温度的变化不仅引起大气折光的变化，而且当烈日照射水准管时，由于水准管本身和管内液体温度的升高，气泡向着温度高的方向移动，从而影响仪器水平，产生气泡居中误差，观测时应注意撑伞遮阳。

2.8.2 水准测量时应注意的事项

水准测量成果不合要求，多数是由于测量人员疏忽大意造成的。为此，除要求测量人员对工作认真负责外，在测量时注意以下事项，可以减少不必要的返工重测。

① 读数前观察符合水准气泡居中后，方可读数，读完数后应检查符合水准气泡是否居中。

② 读尺时不能误读整米数，或误把6读成9。

③ 未读下一站的后视，立尺员不能将转点上的尺垫碰撞或拔起。

④ 用塔尺进行水准测量时，尺节自动下滑未被发现。

⑤ 记录人听错、记错，或把前、后视读数位置搞错。

⑥ 误把十字丝的上、下视距丝当作十字丝横丝在水准尺上读数。

习　题

1. 设 A 为后视点，B 为前视点，A 点高程是 20.016m。当后视读数为 1.124m，前视读数为 1.428m 时，A、B 两点高差是多少？B 点比 A 点高还是低？B 点的高程是多少？并绘图说明。

2. 何谓视准轴？何谓视差？产生视差的原因是什么？怎样消除视差？

3. 水准测量时应注意前、后视距离相等，它可消除哪几项误差？

4. 试述水准测量的计算校核，它主要校核哪两项计算？

5. 调整表2-3中附合路线等外水准测量观测成果，并求出各点的高程。

表 2-3

测段	点名	测站数	实测高差/m	改正数/m	改正后高差/m	高程/m	备注
	BM_A					57.967	
A-1		7	+4.363				
	1						
1-2		3	+2.413				
	2						
2-3		4	−3.121				
	3						
3-4		5	+1.263				
	4						
4-5		6	+2.716				
	5						
5-B		8	−3.715				
	BM_B					61.819	
辅助计算							

6. 如图 2-37 所示的闭合水准路线的观测成果，并求出各点的高程。

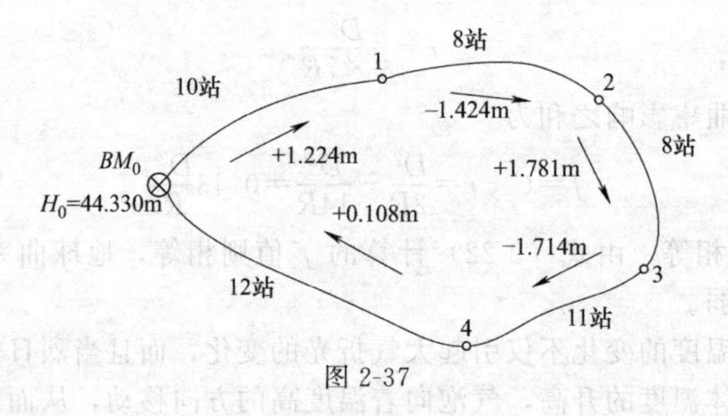

图 2-37

7. 水准仪有哪几条轴线？它们之间应满足什么条件？

8. 设 A、B 两点相距 80m，水准仪安置于中点 C，测得 A 点尺上读数 $a_1 = 1.321$m，B 点尺上的读数 $b_1 = 1.117$m；仪器搬至 B 点附近，又测得 B 点尺上的读数 $b_2 = 1.466$m，A 点尺上读数 $a_2 = 1.695$m。试问该仪器水准管轴是否平行于视准轴？如不平行，应如何校正？

第3章 角度测量

角度测量是测量的基本工作之一。常用的角度测量仪器是光学经纬仪，它既能测量水平角，又能测量竖直角。水平角用于求算地面点的平面位置（坐标），竖直角用于求算高差或将倾斜距离换算成水平距离。

3.1 角度测量原理

3.1.1 水平角及其测量原理

水平角是指一点到两个目标点的方向线垂直投影到水平面上所形成的夹角。水平角一般用β表示，数值范围在0～360°之间。如图3-1所示，A、B、C为地面上高度不同的三点，三点沿铅垂线方向投影到水平面上，得到相应的a、b、c点，则水平线ab、ac的夹角$\angle bac$即为B、C两点对A点所形成的水平角β。可以看出，β也就是过AB、AC所作的两个铅垂面之间两面角。

为了测量水平角，在A点上方架设一仪器。仪器上有一个水平安置的刻有度数的圆度盘，称为水平度盘。水平度盘的中心O安放在通过A点的铅垂线上。仪器上具备瞄准远处目标的望远镜，它不但能在水平方向旋转，而且也能在竖直面内旋转。这样，通过望远镜瞄准地面上的目标B，读出B点对应的水平度盘读数，再瞄准地面上的目标C，读出C点对应的水平度盘读数，即读出AB、AC的水平方向值m和n，则水平角β就是AB、AC的水平方向值之差，即$\beta=n-m$。

3.1.2 垂直角及其测量原理

垂直角是指观测目标的方向线与同一铅垂面内的水平线之间的夹角，也称为竖直角。垂直角一般用α表示。垂直角有正、负之分，如图3-2所示，倾斜视线OA与水平线的夹角位于水平线上方，形成仰角，符号为正。而倾斜视线OB与水平线的夹角位于水平线的下方，为俯角，符号为负。垂直角的角值范围在0～±90°之间。

为了测量垂直角，我们可以在测量水平角仪器的望远镜旋转轴的一端安装一个刻有度数

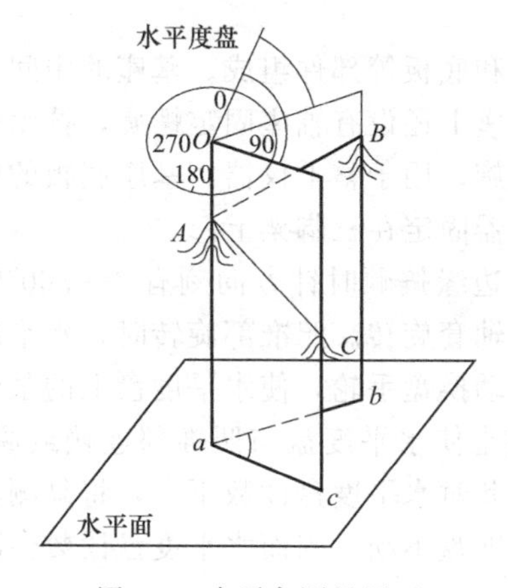

图3-1 水平角测量原理

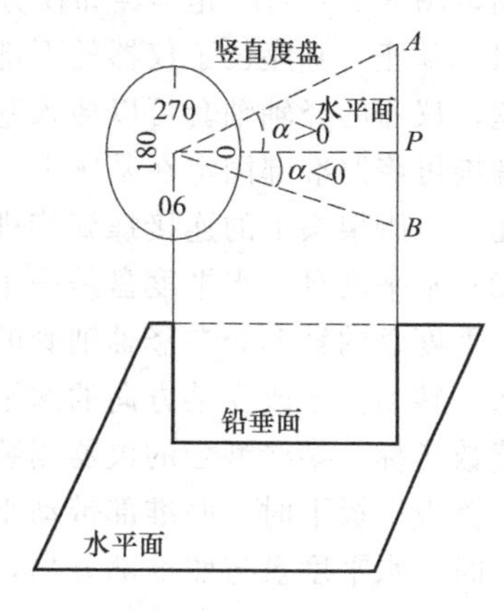

图3-2 竖直角测量原理

的圆度盘，称为垂直度盘。垂直度盘中心与望远镜旋转轴中心重合，且与望远镜旋转轴固定在一起。当望远镜上下转动时，垂直度盘连同望远镜一起转动。另外再设置一个不随望远镜转动的垂直度盘读数指标，并使视线水平时的垂直度盘读数为某一固定的整数。同水平角观测相似，用望远镜照准目标点，读出目标点对应的垂直度盘读数，根据该读数与望远镜水平时的垂直度盘读数就可以计算出垂直角的值。

经纬仪就是根据上述角度测量的原理和要求而制造的角度测量仪器，它既可用于测量水平角，也可用于测量垂直角。

3.2 光学经纬仪及其使用

经纬仪按测角原理可以分为光学经纬仪和电子经纬仪。与电子经纬仪相比，光学经纬仪具有原理简单、性能稳定等特点，在地形测量和工程测量中广泛使用。光学经纬仪按精度等级可以分为 DJ_{07}、DJ_1、DJ_2、DJ_6 等，“D”、“J” 分别为大地测量和经纬仪的汉语拼音的第一个字母，07、1、2、6 表示该仪器一测回方向观测值中误差的秒数。一测回方向观测值中误差为 2″及 2″以内的经纬仪属于精密经纬仪，一测回方向观测值中误差为 6″及 6″以上的经纬仪属于普通经纬仪。表 3-1 为 DJ_2 和 DJ_6 光学经纬仪的主要技术参数。

表 3-1 DJ_2、DJ_6 光学经纬仪的主要技术参数

项目 \ 型号		DJ_2	DJ_6
水平方向测量一测回中误差不超过/(″)		±2	±6
物镜有效孔径不小于/mm		40	35
望远镜放大倍率不小于/倍		28	25
水准管分划值不大于(″/2mm)	水平度盘	20	30
	竖直度盘	20	30
主要用途		三、四等三角测量及精密工程测量	一般工程测量、图根及地形测量

一般工程测量和地形测量中经常用到 DJ_6 光学经纬仪，由于生产厂家的不同，仪器部件和结构也不完全一样，但主要部件和结构大致相同。

3.2.1 DJ_6 光学经纬仪的基本构造

DJ_6 光学经纬仪由基座、水平度盘和照准部三部分组成。图 3-3 为 DJ_6 光学经纬仪外形示意图，图 3-4 为 DJ_6 光学经纬仪分解图。

(1) 基座　基座位于仪器的下部，由轴座、脚螺旋和底板等部件组成。基座的中间为基座轴座，仪器的竖轴轴套可以插入基座轴座内旋转，基座上还设有轴座固定螺旋，拧紧轴座固定螺旋可将照准部固定在基座上。基座上的三个脚螺旋，用于整平仪器。基座底板的中央有螺孔，三脚架头上的连接螺旋旋进螺孔内，可以将仪器固定在三脚架上。

(2) 水平度盘　水平度盘是一个光学玻璃圆盘，其边缘按顺时针方向刻有 0～360°的刻度。水平度盘的轴套套在竖轴轴套的外面，可以绕竖轴轴套旋转。照准部旋转时，水平度盘并不随之转动。要改变某方向的水平度盘读数，可以转动换盘手轮，使水平度盘上的某刻度对准读数指标。某些型号的仪器则装置复测器扳手，用来使水平度盘与照准部连接或脱开。将复测器扳手扳下时，照准部带动水平度盘一起转动，此时水平度盘读数不变，将复测器扳手扳上时，水平度盘与照准部分离，照准部转动时水平度盘不动，因而水平度盘读数会随着照准部转动而改变。

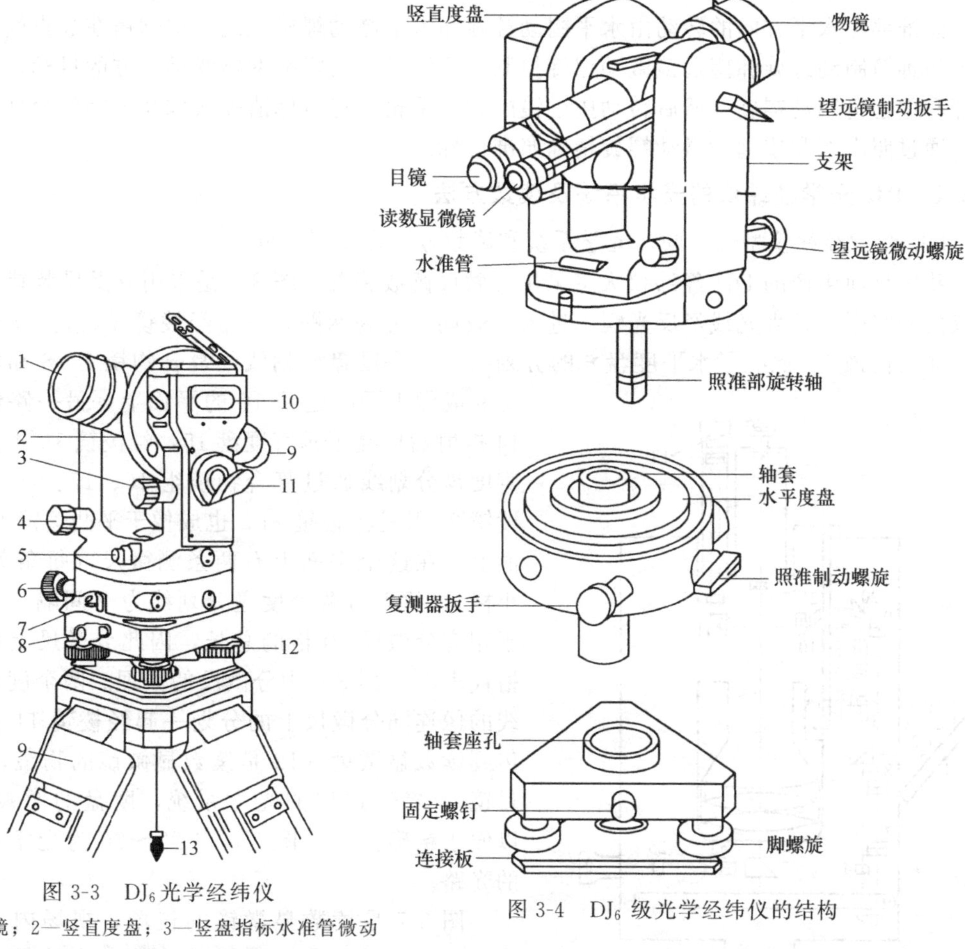

图 3-3 DJ_6光学经纬仪

1—物镜；2—竖直度盘；3—竖盘指标水准管微动螺旋；4—望远镜微动螺旋；5—光学对中器；6—水平微动螺旋；7—水平制动螺旋；8—基座；9—目镜；10—竖盘指标水准管；11—反光镜；12—脚螺旋；13—垂球

图 3-4 DJ_6 级光学经纬仪的结构

(3) 照准部 照准部是基座之上能绕竖轴旋转的部分的总称，它由望远镜、垂直度盘、水准器、光学读数设备、横轴、支架、水平制动与微动螺旋、望远镜制动与微动螺旋等部件组成。照准部的旋转轴即为仪器的竖轴，见图 3-4。

望远镜通过横轴安置在照准部两侧的支架上，其构造与水准仪上的望远镜基本相同，也是由物镜、目镜、十字丝分划板和调焦透镜组成。但为了便于照准目标，经纬仪望远镜十字的竖丝一般设计为一半为单丝、一半为双丝的形式，有些仪器横丝亦如此。垂直度盘安装在横轴的一侧，望远镜旋转时，垂直度盘随之一起转动。与垂直度盘配套的还有垂直度盘指标水准管及其调节螺旋。

照准部上安装有水准管，它的作用是精确整平仪器，使仪器的竖轴处于铅垂位置，并根据仪器内部应具备的几何关系使水平度盘和横轴处于水平位置。照准部上还设有光学对中器，用于光学对中。

反光镜的作用是将外部光线反射进入仪器，通过一系列透镜和棱镜，将度盘和分微尺的影像反映到读数显微镜内，以便读出水平度盘或竖直度盘的读数。

照准部在水平方向的转动由水平制动螺旋和水平微动螺旋控制，望远镜在竖直面内的转动由望远镜制动螺旋和望远镜微动螺旋控制。观测时，用粗瞄准器瞄准远方的目标，拧紧照准部和望远镜制动螺旋。然后转动望远镜的调焦手轮，将目标清晰成像在十字丝分划板平面上，通过照准部和望远镜微动螺旋精确照准目标。

3.2.2 DJ_6 光学经纬仪的光学系统及读数方法

DJ_6 光学经纬仪型号不同，光学系统和读数方法也不尽相同。

我国目前生产的 DJ_6 经纬仪大多采用分微尺读数装置。图 3-5 是采用分微尺装置光学经纬仪的光路图，外来光线经反光镜 1 进入毛玻璃 2 分为两路，一路经棱镜 3 转折 90°通过聚光镜 4 及棱镜 5。照亮了水平度盘 6 的分划线。水平度盘分划线经复合物镜 7、8 和转向棱镜 9 成像于平凸透镜 10 的平面上。另一路经棱镜 14 折射后照亮了垂直度盘 15，经棱镜 19 折射，竖直度盘分划线通过复合物镜组 16、17、18 和转向棱镜 20 及菱形棱镜 21，也成像于平凸透镜 10 的平面上。在这个平面上有两条测微尺（每条刻有 60 小格），放大后两个度盘分划线为 1°间隔，正好等于相应分微尺 60 格的总长，因此分微尺上的一小格代表 1′，图 3-6 为分微尺的原理。两个度盘分划线的像连同分微尺上的分划一起经棱镜 11 折射后传到读数显微镜（12 是读数显微镜的物镜，13 是目镜）。经过这样的光学系统，度盘的像被放大，以便于精确读数。图 3-5 中 22～26 为光学对中器的光路。

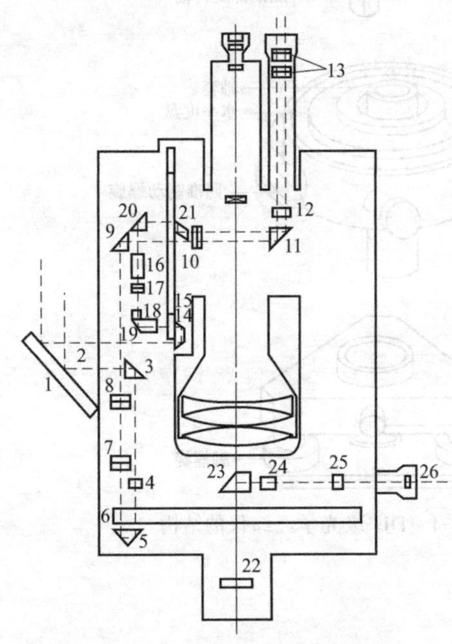

图 3-5 DJ_6 型经纬仪度盘读数光路

图 3-7 是读数显微镜的视场，视场内有 2 个读数窗，标有“H”字样的读数窗内的是水平度盘分划线及其分微尺的像，标有“V”字样的读数窗内的是垂直度盘的分划线及其分微尺的像。某些型号的仪器也可能用“水平”表示水平度盘读数窗，用“竖直”表示垂直度盘读数窗。读数方法如下：先读取位于分微尺 0～60 条分划之间的度盘分划线的“度”数，再从分微尺上读取该度盘分划线对应的“分”数，估读至 0.1′。图 3-7 中的水平度盘读数为 129°02′42″(129°2.7′)，垂直度盘读数为 85° 57′90″（85° 57.5′）。

3.2.3 DJ_6 级经纬仪的基本操作

经纬仪的基本操作包括仪器安置、瞄准和读数等步骤。

3.2.3.1 安置经纬仪

将仪器安置在待测角的顶点上，该点称为测站点。在测站点上安置经纬仪，包括仪器的对中和整平两项内容。

3.2.3.2 对中

对中就是使水平度盘的中心与地面测站点的标志中心位于同一铅垂线上。对中的方法有垂球对中和光学对中两种。

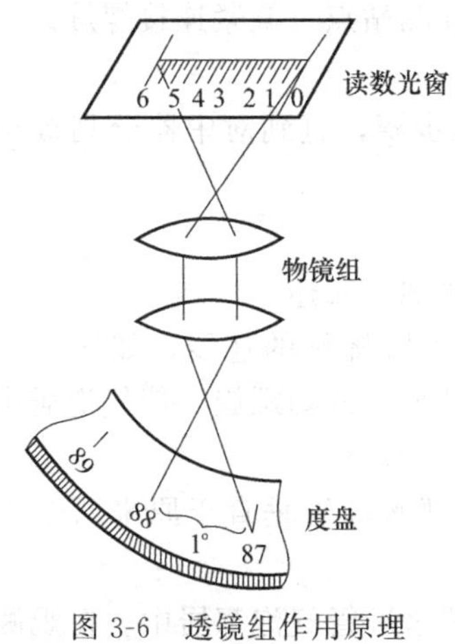

图 3-6　透镜组作用原理

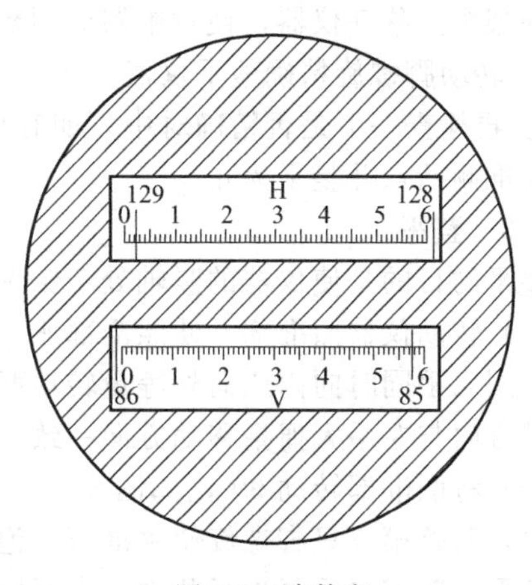

图 3-7　读数窗

（1）垂球对中　见图 3-8。首先，根据观测者身高调整好三脚架腿的长度，张开后安置在测站上，使架头大致水平，高度适合于人体观测，架头中心初步对准地面点位。然后从仪器箱中取出经纬仪放在三脚架架头上，旋紧连接螺旋，挂上垂球，使垂球尖接近地面点位，挂钩上的垂线应打活结，便于随时调整长度。如果垂球中心离测站点较远，可平移三脚架使垂球大致对准点位，并用力将脚架踩入土中。如果还有较小的偏离，可将仪器大致整平，稍松连接螺旋，用双手扶住仪器基座，在架头上移动仪器，使垂球尖精确对准测站点后，再将连接螺旋旋紧。用垂球对中的误差一般控制在 3mm 以内。

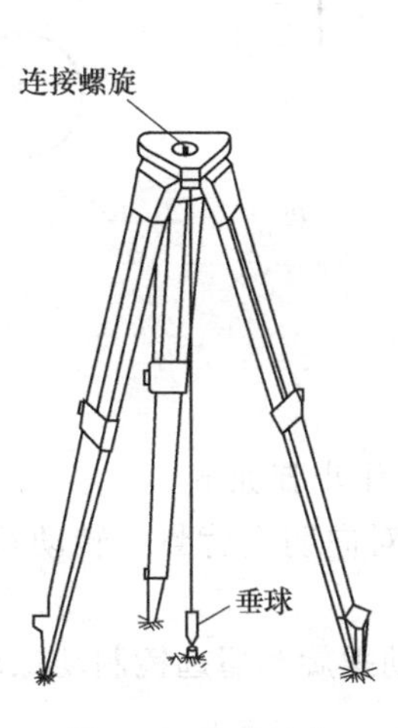

图 3-8　垂球对中

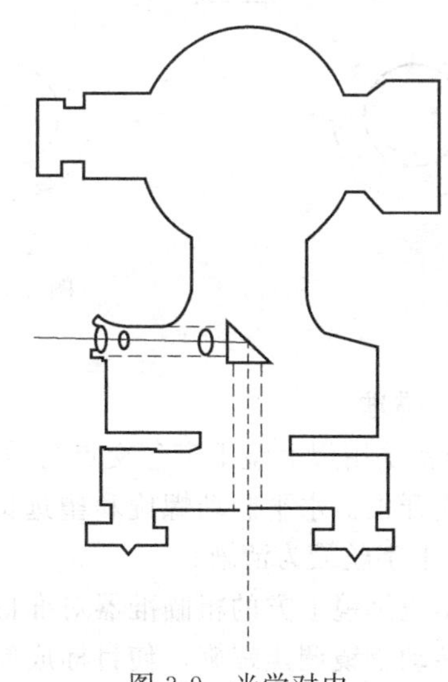

图 3-9　光学对中

（2）光学对中　光学对中器是装在经纬仪内轴中心的小望远镜，中间有一个反光棱镜，可以使铅垂的光线折射成水平方向，以便观察（见图 3-9）。光学对中的方法如下所述。

① 将仪器安置在三脚架架头上，调节光学对中器目镜，使视场中的分划圆清晰，再拉动整个对中器镜筒进行调焦，使地面标志点的影像清晰。此时，如果测站点偏离光学对中器中心圆较远，可根据地形安置好三脚架一支腿，两手分别持其他两条腿，眼对光学对中器目镜观察，移动这两支腿使对中器的分划板小圆圈对准标志为止，用脚把三支腿踩稳。

② 伸缩脚架支腿使圆气泡居中。

③ 观察对中器分划板小圆圈中心是否与测站点对准，如果尚未对准，稍松仪器连接螺

旋，在架头上移动仪器，使对中器分划板小圆中心精确对准测站点，旋紧连接螺旋。

④ 转动脚螺旋精确整平仪器。

⑤ 再检查一下是否精确对中，如有偏离可重复③、④步骤，直到对中器分划板小圆圈中心对准测站点并整平为止。

3.2.3.3 整平

整平的目的是使仪器的竖轴处于铅垂方向。整平的方法如下所述。

(1) 转动仪器照准部，使照准部水准管平行于任意两个脚螺旋的连线，如图 3-10 (a) 所示，用双手同时向内或向外等量转动两个与照准部水准管平行的脚螺旋，使气泡居中，气泡移动方向与左手大拇指移动方向一致。

(2) 将照准部转动 90°，如图 3-10 (b) 所示，使照准部水准管垂直于原来两个脚螺旋的连线，调整第三只脚螺旋使水准管气泡居中。

整平一般需要反复进行几次，直至照准部转到任何位置水准管气泡都居中。在观测水平角过程中，可允许气泡偏离中心位置不超过 1 格。

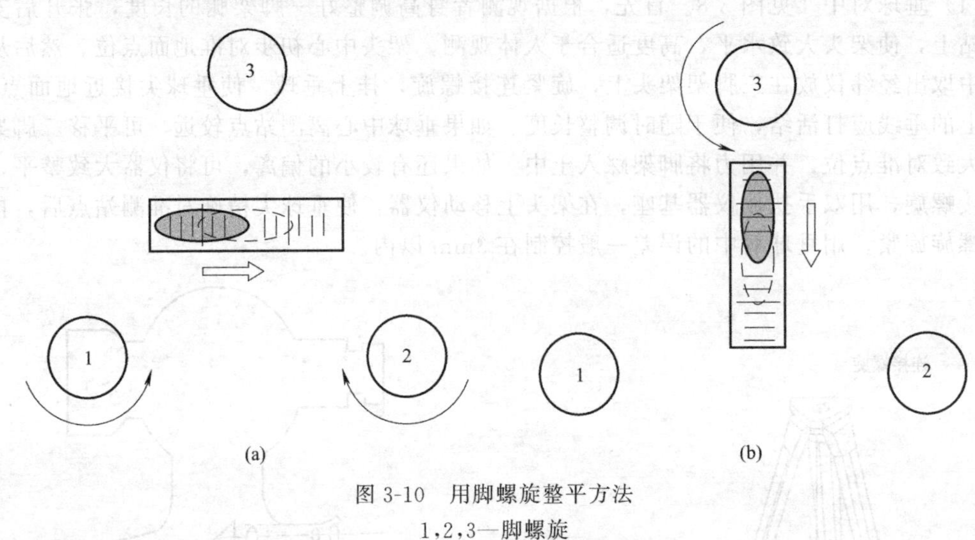

图 3-10 用脚螺旋整平方法

1,2,3—脚螺旋

3.2.3.4 瞄准

瞄准就是用望远镜十字丝交点与被测目标精确对准，其操作步骤如下：

① 松开仪器水平制动螺旋和望远镜制动螺旋，将望远镜对向明亮背景，转动目镜调焦螺旋，使十字丝最为清晰；

② 用望远镜上方的粗瞄准器对准目标，然后拧紧水平制动螺旋和望远镜制动螺旋；

③ 转动物镜调焦螺旋，使目标成像清晰，并注意消除视差；

④ 转动水平微动螺旋和望远镜微动螺旋，使十字丝分划板的竖丝精确的瞄准目标点。观测水平角时，将目标影像夹在双纵丝内且与双纵丝对称，或用单纵丝平分目标，如图 3-11 (a) 所示；观测垂直角时，则应使用十字丝中丝与目标顶部相切，如图 3-11 (b) 所示。

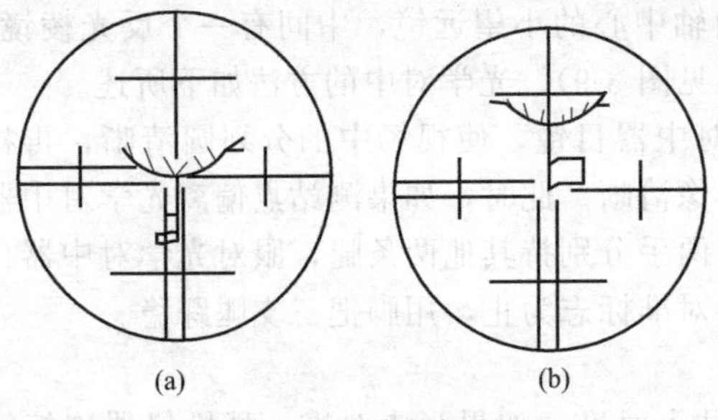

图 3-11 瞄准方法

3.2.3.5 读数

打开反光镜，并调整其位置，使进光明亮均匀，然后进行读数显微镜调焦，使读数窗分划清晰，并消除视差。对于采用分微尺读数装置的仪器，直接进行读数；对于采用平行玻璃测微器的仪器，应先旋转测微手轮，使度盘上的某分划线位于双丝指标线中间后再进行读数。在垂直角读数前，首先要看清仪器是采用指标水准器还是采用指标自动补偿器，如是采用指标水准器，则转动指标水准器微动螺旋使指标水准器气泡居中后读数，如是采用自动补偿装置，则在读数前按一下补偿控制按钮，同时观察指标线是否左右摆动，如左右摆动，等静止后直接读数，否则，可能是自动补偿器卡固，要进行调校。

3.3 水平角观测

水平角的观测方法，一般根据观测目标的多少和测角的精度要求确定。常用的观测水平角的方法有测回法和全圆方向法。

3.3.1 测回法

测回法适用于观测只有两个方向的单个角度，是水平角观测的基本方法。采用测回法观测时，先进行盘左位置观测，再进行盘右位置观测，最后取盘左、盘右两次测得角度的平均值作为观测结果。如图 3-12 所示，要测出 OA、OB 两方向之间的水平角，具体操作步骤如下。

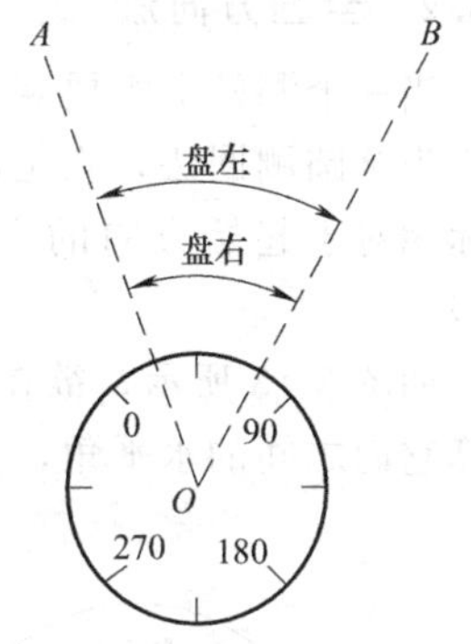

图 3-12 测回法观测水平角

① 将仪器安置在 O 点，对中、整平。

② 盘左位置（从望远镜目镜向物镜方向看，垂直度盘位于望远镜左边）照准观测目标 A，将水平度盘读数设置为略大于零，读取水平度盘读数 $a_{左}$。

③ 顺时针转动照准部，照准目标 B，读取水平度盘读数 $b_{左}$。则上半测回所得水平角值为：

$$\beta_{左}=b_{左}-a_{左} \tag{3-1}$$

④ 倒转望远镜成盘右（从望远镜目镜向物镜方向看，垂直度盘位于望远镜右边）位置，仍照准目标 B，读取水平度盘度数 $b_{右}$。

⑤ 逆时针转动照准部，照准目标 A，读取水平度盘读数 $a_{右}$，则下半测回所得角值为：

$$\beta_{右}=b_{右}-a_{右} \tag{3-2}$$

上、下半测回合称为一测回。采用盘左、盘右两个位置观测水平角，可以抵消某些仪器构造误差对测角的影响，同时可以检核观测中有无错误。

对于 DJ_6 光学经纬仪，如果 $\beta_{左}$ 与 $\beta_{右}$ 的差值不大于 40″，则取盘左、盘右的平均值作为最后结果：

$$\beta=\frac{1}{2}(\beta_{左}+\beta_{右}) \tag{3-3}$$

如果 $\beta_{左}$ 与 $\beta_{右}$ 的差值大于 40″，应该找出原因并重测。

为了提高测量精度，往往需对某角度观测多个测回，这时为减少度盘的刻画不均匀误差，各测回起始方向的度盘读数应均匀变换，其预定值可按下式计算：

$$\delta=(i-1)\frac{180^{\circ}}{n} \tag{3-4}$$

式中，n 为总测回数；$i=1, 2, \cdots, n$ 为测回顺序数。显然，不论 n 为多少，第一个测回预定值总是零，若 $n=2$，则第二个测回的预定值为 90°。若以 $n=5$，则各测回的预定值依次为 0°、36°、72°、108°、144°。

测回法观测记录见表 3-2。

表 3-2　测回法观测手簿

观测日期：2001 年 7 月 10 日　　天气：晴　　仪器：DJ_6-06

测站：0　　观测者：××　　记录者：××

测站	测回	垂直度盘位置	目标	度盘读数 /(° ′ ″)	半测回角值 /(° ′ ″)	一测回角值 /(° ′ ″)	各测回平均角值 /(° ′ ″)	备注
0	1	左	*A*	0 02 00	65 30 18	65 30 21	65 30 22	
			B	65 32 18				
		右	*A*	180 02 12	65 30 24			
			B	245 32 36				
0	2	左	*A*	90 02 24	65 30 24	65 30 24		
			B	155 32 48				
		右	*A*	270 01 48	65 30 24			
			B	335 32 12				

3.3.2　全圆方向法

当一个测站上需要观测三个以上方向时，通常采用全圆方向法观测水平角。全圆方向法也称为全圆测回法，它是以某一个目标作为起始方向（又称零方向），依次观测出其余各个目标相对于起始方向的方向值，则每个角度的角值就是组成该角度的两个方向的方向值之差。

如图 3-13 所示，欲在测站 *O* 上观测 *A*、*B*、*C*、*D* 四个方向，测出它们的方向值，然后计算它们之间的水平角，其观测步骤及记录、计算方法如下。

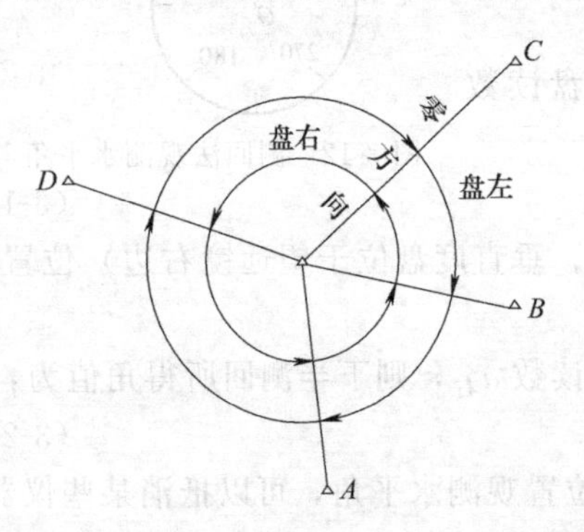

图 3-13　方向观测法

3.3.2.1　观测步骤

（1）将仪器安置于测站点 *O*，对中、整平。

（2）选择视线条件好，成像清晰、稳定与 *O* 点相对较远的目标点作为零方向，这里假设选择 *C* 点作为零方向。

（3）用盘左位置，照准目标点 *C*，将水平度盘读数设置为略大于 0°，读取该读数 *C*。如表 3-3 中的 0°02′00″。

（4）顺时针方向转动照准部依次照准目标 *B*、*A*、*D*，读取相应水平度盘读数 b_1、a_1、d_1，记入手簿中。

（5）顺时针方向瞄回零方向 *C*，读取水平度盘读数c'_1。这一步骤称为归零。两次零方向读数 c_1 与 c'_1之差称为半测回归零差。使用 DJ_6 经纬仪观测，半测归零差不应大于 18″；使用 DJ_2 经纬仪观测，半测回归零差不应大于 8″。

（6）倒转望远镜成盘右位置，照准零方向 *C*，读取读数 c_2。

（7）逆时针方向转动照准部依次照准目标 *D*、*A*、*B*，读取相应水平度盘读数 d_2、a_2、b_2。

（8）逆时针方向瞄回目标点 *C*，读取水平度盘读数 c'_2，并计算归零差 $c_2-c'_2$是否超限，其限差规定同上半测回。

当观测方向为三个时，可以不归零，超过三个时必须归零。

全圆方向法观测记录见表 3-3。

表3-3 全圆方向法观测手簿

观测日期：2001年7月15日　　天气：晴　　仪器 DJ_6-28

测站：O　　观测者：××　　记录者：××

测站	测回	目标	水平度盘读数		2C /(″)	平均读数 /(° ′ ″)	归零方向值 /(° ′ ″)	各测回归零方向值的平均值 /(° ′ ″)	角值 /(° ′ ″)
			盘左 /(° ′ ″)	盘右 /(° ′ ″)					
0	1	C	0 02 00	180 02 12	−12	(0 02 09) 0 02 06	0 00 00		
		B	52 33 36	232 33 42	−6	52 33 39	52 31 30		
		A	110 23 18	290 23 30	−12	110 23 24	110 21 15		
		B	235 22 24	55 22 42	−18	235 22 33	235 20 24		
		D	0 02 06	180 02 18	−12	0 02 12			
	2	C	90 01 36	270 01 42	−6	(90 01 36) 90 01 39	0 00 00	0 00 00	52 31 36
		D	142 33 12	322 33 24	−12	142 33 18	52 31 42	52 31 36	
		A	200 22 54	20 23 06	−12	200 23 00	110 21 24	110 21 20	124 59 06
		B	325 21 54	145 22 12	−18	325 22 03	235 20 27	235 20 26	
		C	90 01 30	270 01 36	−6	90 01 33			124 39 34

3.3.2.2 全圆方向法的计算及限差规定

（1）2C的计算　2C是2倍视准轴误差，它在数值上等于同一测回同一方向的盘左读数L与盘右读数$R\pm180°$之差。即：

$$2C=L-(R\pm180°) \tag{3-5}$$

如果观测目标大致在水平方向，则2C值应该为一常数。但实际观测中，由于观测误差的产生不可避免，各方向的2C值不可能相等，它们之间的差值，称为2C变动范围。规范规定，DJ_2经纬仪的2C变动范围不应超过13″；对于DJ_6经纬仪，2C变动范围的大小仅供观测者自检，不作限差规定。

（2）计算各方向的平均读数　取每一方向盘左读数与盘右读数180°的平均值，作为该方向的平均读数。即：

$$平均读数=\frac{1}{2}[L+(R\pm180°)] \tag{3-6}$$

由于归零，起始方向有两个平均读数，应再取其平均值，作为起始方向的平均读数。

（3）归零方向值的计算　将零方向的平均读数化为0°00′00″，而其他各目标的平均读数都减去零方向的平均读数，得到各方向的归零方向值。即：

$$归零方向值=平均读数-零方向平均读数 \tag{3-7}$$

如果进行多个测回观测，同一方向各测回观测得到的归零方向值理论上应该相等，它们之间的差值称为“同一方向各测回互差”，规范规定，DJ_6经纬仪同一方向各测回互差不应大于24″，DJ_2经纬仪不应大于9″。

（4）各测回平均方向值的计算　将各测回同一方向的归零方向值相加并除以测回数，即得该方向各测回平均方向值。

（5）水平角计算　将组成该角度的两方向的方向值相减即可求得。

DJ_6经纬仪与DJ_2经纬仪的半测回归零差，一测回2C互差，同一方向值各测回互差的限差见表3-4。

表 3-4 全圆方向法观测水平角限差

仪器	半测回归零差	一测回 2C 互差	同一方向各测回互差
DJ_2	8″	13″	9″
DJ_6	18″		24″

3.3.2.3 观测中应注意的问题

(1) 记簿六不准　不得连环改，即不得同时改动观测值与半测回方向值的分、秒；不准就字改字，允许改动的数字应用横线整齐划去，在上面写正确的数字；不准使用橡皮；不准转抄结果；水平角观测结果中间不准留空页；不准改动零方向。

(2) 重测和补测规定　重测是指因超限而重测完整的测回。对由于对错度盘、测错方向、读记错误、上半测回归零差超限、碰动仪器、气泡偏离过大及其他原因造成误差，均应重测。

零方向 2C 差超限，或补测方向数超过总方向数一半时应重测整个测回。

2C 差超限或各测回互差超限时，应补测该方向并联测零方向。

3.4 垂直角观测

3.4.1 经纬仪竖直度盘的构造

竖直度盘也称为竖盘，经纬仪上的竖直度盘安装在横轴的一端，垂直度盘的刻画中心与横轴的旋转中心重合，竖直度盘的刻画面与横轴垂直。图 3-14 是 DJ_6 光学经纬仪的竖直度盘结构示意图。它的主要部件包括：竖直度盘、竖直度盘指标（读数窗内的零分划线）、竖直度盘指标水准管和竖直度盘指标水准管微动螺旋。

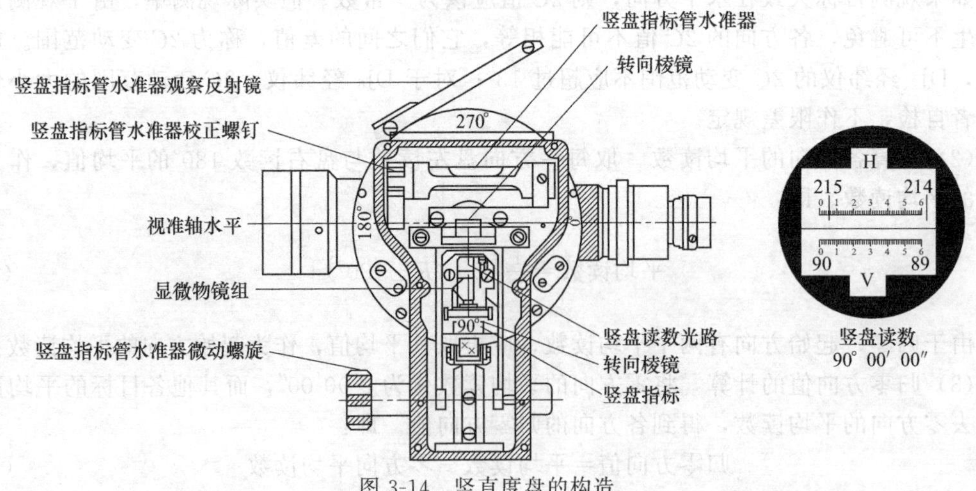

图 3-14　竖直度盘的构造

当望远镜在竖直面内上下转动时，竖直度盘也随之转动，而用来读取竖直度盘读数的指标，并不随望远镜转动，因此可以读出不同的竖直度盘读数。

竖直度盘指标与竖直度盘指标水准管连接在一个微动架上，转动竖直度盘指标水准管微动螺旋，可以改变竖直度盘分划线影像与指标线之间的相对位置。在正常情况下，当竖直度盘指标水准管气泡居中时，竖直度盘指标就处于正确位置。因此，在观测垂直角时，每次读取竖直度盘读数之前，都应先调节竖直度盘指标水准管的微动螺旋，使竖直度盘指标水准管气泡居中。

另有一些型号的经纬仪，其竖直度盘指标装有自动补偿装置，能自动归零，因而可直接读数。自动补偿装置有悬挂透镜式补偿器、悬挂平板玻璃补偿器等多种，但不管哪种补偿器，它们的作用都是相同的，都能使指标处于正确位置，达到自动归零的目的。

光学经纬仪的竖直度盘是一个玻璃圆盘，其注记有多种形式。DJ_6 光学经纬仪通常采用0～360°顺时针方向注记或逆时针方向注记两种形式，如图3-15所示。当望远镜视线水平且指标水准器气泡居中或自动补偿器归零时，盘左位置垂直度盘读数应为90°，盘右位置垂直度盘读数应为270°。

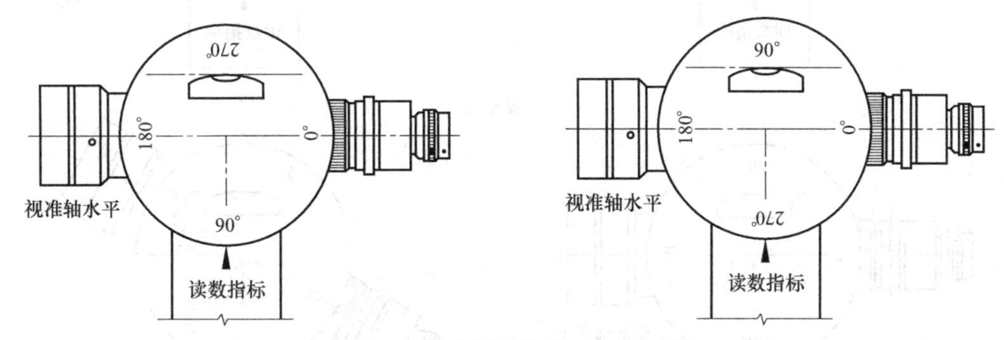

图3-15 竖盘刻度注记（盘左位置）

3.4.2 竖直角的计算

竖直度盘注记形式不同，根据竖直度盘读数计算垂直角的公式也不同。根据竖直角的定义和竖直度盘的结构可知：竖直角大小可由瞄准目标时的竖直度盘读数与望远镜视线水平时的竖直度盘读数之差求得（望远镜视线水平时的竖直度盘读数是一个定值）。下面以图3-16为例，按仰角为正、俯角为负的原则，可得出竖直角的计算公式。

图3-16所示仪器的竖直度盘按顺时针形式注记，目前我国生产的经纬仪大多采用这种形式。图3-16（a）为盘左位置望远镜视准轴水平时的情况，此时竖直度盘读数为90°。设望远镜上仰瞄准目标时竖直度盘读数为L，如图3-16（b）所示，竖直度盘读数减小，则盘左位置竖直角a_L的计算公式为

$$a_L=90°-L \tag{3-8}$$

图3-16（c）为盘右位置望远镜视准轴水平时的情况，竖直度盘读数为270°。设望远镜上仰瞄准目标时读数为R，如图3-16（d）所示，竖直度盘读数增大，则盘右位置竖直角a_R的计算公式为：

$$a_R=R-270° \tag{3-9}$$

由于观测中不可避免地存在误差，盘左与盘右观测得到的竖直角往往不完全相等，应取盘左、盘右的平均值作为竖直角的观测结果，即

$$a=\frac{1}{2}(a_L+a_R) \tag{3-10}$$

式（3-8）、式（3-9）是竖直度盘按顺时针方向注记时的竖直角计算公式，若竖直度盘按逆时针方向注记，用类似的方法可推得竖直角的计算公式应为

$$a_L=L-90° \tag{3-11}$$

$$a_R=270°-R \tag{3-12}$$

从以上公式可以归纳出竖直角计算的一般公式。根据竖直度盘读数计算竖直角时，首先应看清望远镜向上抬高时竖直度盘读数是增大还是减小，然后规定：

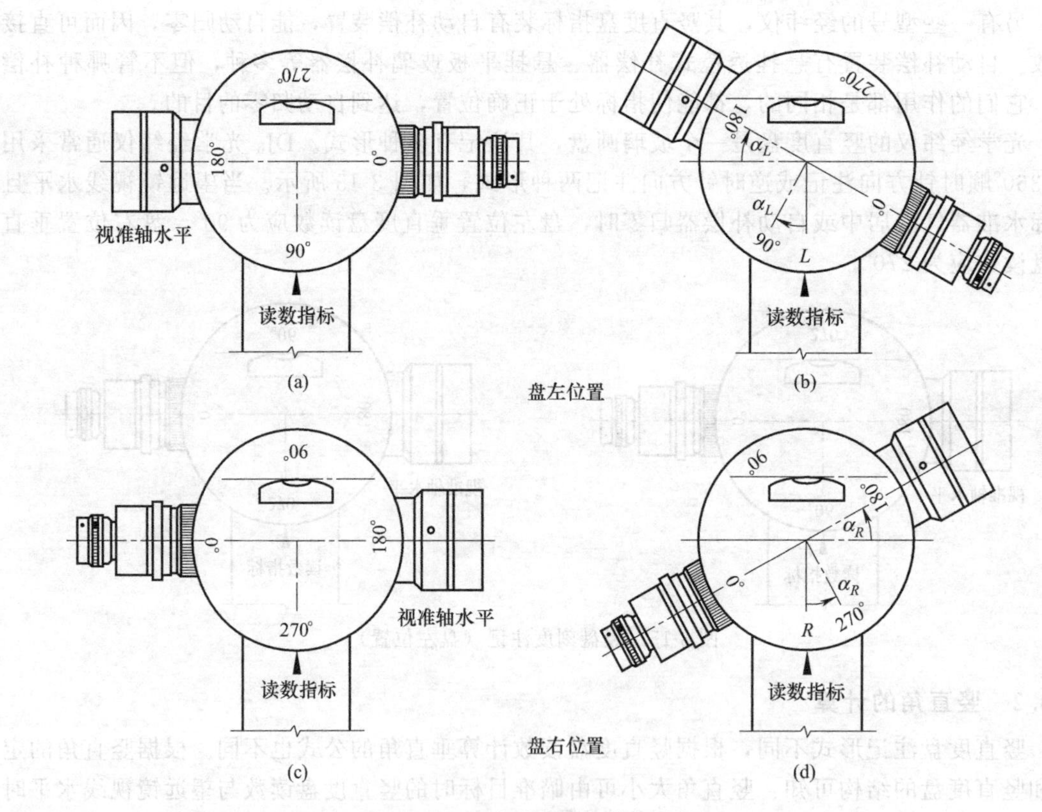

图 3-16　竖盘读数与竖直角计算

望远镜抬高时竖直度盘读数增加，则

$$a=\text{瞄准目标时竖直度盘读数}-\text{视线水平时竖直度盘读数} \tag{3-13}$$

望远镜抬高时竖直度盘读数减小，则

$$a=\text{视线水平时竖直度盘读数}-\text{瞄准目标时竖直度盘读数} \tag{3-14}$$

以上规定，适合任何竖直度盘注记形式和盘左盘右观测。

3.4.3　竖直度盘指标差的计算

上述竖直角计算公式的推导是在望远镜视线水平、竖直度盘指标水准管气泡居中或自动补偿器归零时，竖直度盘读数为 90°或 270°的条件下得出的。但实际上由于种种原因，这个条件往往不能满足，即存在一定的指标偏差。当竖直度盘指标水准管气泡居中或自动补偿器归零时，指标线偏离正确位置的角度值就称为竖直度盘指标差，如图 3-17 中的 x。

由于指标差的存在，使观测所得的竖直度盘读数比正确读数增大或减小了一个 x 值。图 3-17（a）所示为盘左位置，由于指标差存在，当指标水准管气泡居中或自动补偿器归零、视线瞄准某一目标时，竖直度盘读数比正确读数大了一个 z 值，则正确的竖直角应为

$$a=a_L+x=90°-(L-x) \tag{3-15}$$

同样盘右时正确的竖直角应为

$$a=a_R-x=(R-x)-270° \tag{3-16}$$

将两式相加可得

$$2a=a_L+a_R=R-L-180° \tag{3-17}$$

即

$$a=\frac{1}{2}(a_L+a_R)=\frac{1}{2}(R-L-180°) \tag{3-18}$$

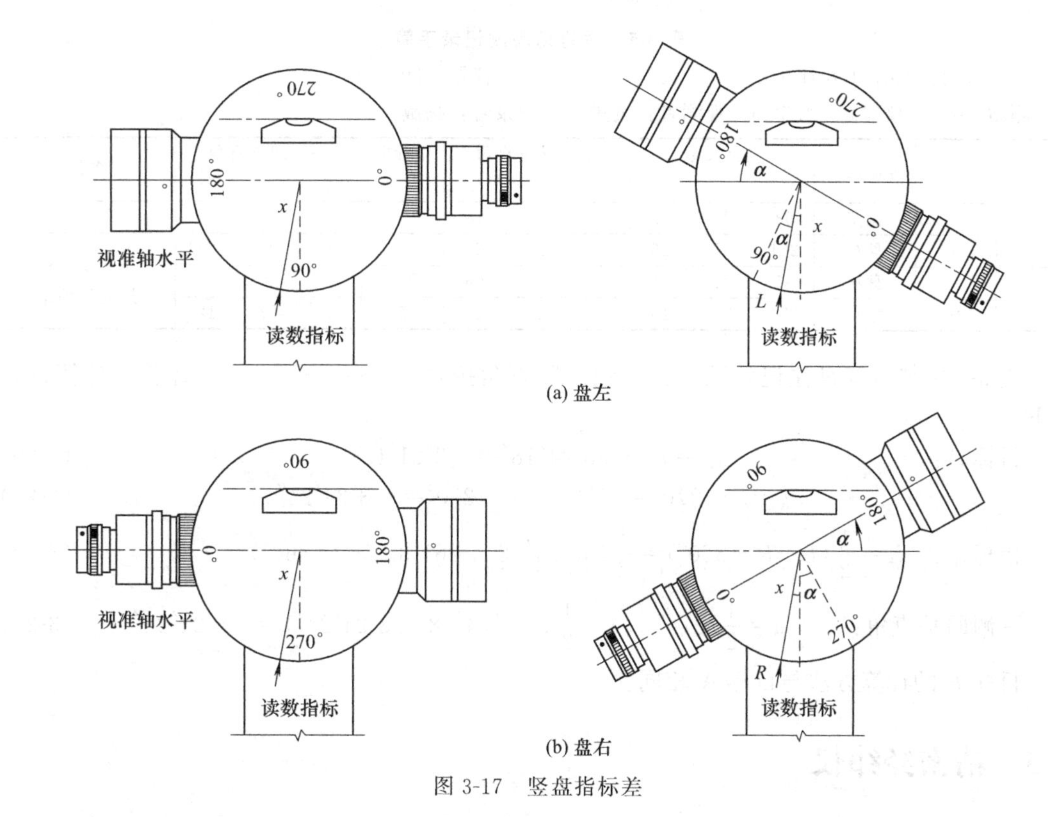

图 3-17　竖盘指标差

由此可见，在测量竖直角时，用盘左盘右观测，取平均值作为竖直角的观测结果，可以消除竖直度盘指标差的影响。

将式（3-15）和式（3-16）相减并除以 2 则有

$$x=\frac{1}{2}(L+R-360°) \tag{3-19}$$

式（3-19）即为竖直度盘指标差的计算公式。竖直度盘按顺时针注记时，指标偏左时 x 为正，偏右时 x 为负。如果竖直度盘按逆时针方向注记，取指标偏右时 x 为正，偏左时 x 为负，指标差计算公式仍为式（3-19）。

同一架仪器在某一时间段内连续观测，指标差应为一常数，但由于观测误差的存在，使指标差有所变化。因此，指标差的变化反映了观测成果的质量。对于 DJ_6 经纬仪，各测回指标差互差不应超过±25″，如果超限，必须重测。

3.4.4　竖直角观测

竖直角观测时利用横丝瞄准目标的特定位置，例如觇标的顶部或标尺上的某一位置。竖直角的观测步骤如下：

① 将仪器安置于测站点，对中、整平，用钢尺量出仪器高（从地面桩顶量到横轴中心的高度）。

② 盘左位置瞄准目标。如果仪器竖直度盘指标为自动归零装置，则直接读取盘左读数 L；如果是采用指标水准管，调整指标水准管的微动螺旋使水准气泡居中，读取读数 L。

③ 盘右照准目标同一位置。读取盘右读数 R。

④ 根据确定的竖直角计算公式，计算半测回竖直角、指标差和一测回竖直角。

竖直观测记录见表 3-5。

表 3-5 垂直角观测记录手簿

观测日期：2001 年 8 月 5 日　　天气：晴　　仪器：DJ_6—18

测站：0　仪器高：1.59m　观测者：吴进　记录者：杨威

测站	目标	竖盘位置	竖盘读数 /(° ′ ″)			半测回垂直角 /(° ′ ″)			指标差 /(″)	一测回垂直角 /(° ′ ″)			备注
0	A	盘左	98	24	18	−8	24	18					垂直度盘按顺时针注记
		盘右	261	35	36	−8	24	24	−3	−8	24	21	
	B	盘左	85	32	54	4	27	06					
		盘右	274	27	18	4	27	18	6	4	27	12	

表 3-5 中仪器度盘注记为顺时针注记，竖直角按式（3-8）、式（3-9）计算。计算过程如下。

目标 A：
$$\alpha_L=90°-98°24'18''=-8°21'18'' \tag{3-20}$$
$$\alpha_R=R-270°=261°35'36''-270°=-8°24'24'' \tag{3-21}$$

指标差：
$$X=\frac{1}{2}(L+R-360°)=\frac{1}{2}(98°24'18''+261°35'36''-360°)=-3'' \tag{3-22}$$

一测回垂直角：
$$\alpha=\frac{1}{2}(\alpha_L+\alpha_R)=\frac{1}{2}(-8°24'18''-8°24'24'')=-8°24'21'' \tag{3-23}$$

目标 B 的计算方法与目标 A 相同。

3.5 精密经纬仪

精密经纬仪是指一测回方向观测值中误差为 2″或 2″以内的经纬仪，如 DJ_{07}、DJ_1、DJ_2 经纬仪都属于精密经纬仪，工程中应用较为广泛的是 DJ_2 经纬仪。

3.5.1 DJ_2 光学经纬仪的结构特点

DJ_2 光学经纬仪主要应用于三、四等三角测量及精密工程测量中，它与 DJ_6 经纬仪相比主要有以下特点。

① 结构稳定、精度高。DJ_2 经纬仪的望远镜、轴系、水准器、度盘等部件的制造精度都要高于 DJ_6 经纬仪。

② 光学系统复杂。DJ_2 光学经纬仪水平度盘和竖直度盘采用单独运行的光路，然后共用一个测微器进入公共光路，在读数显微镜中只能看到水平度盘或竖直度盘其中的一种影像，要读另一种度盘的读数，必须通过转动换像手轮在二者之间切换。

③ 采用对径符合读数装置。DJ_2 光学经纬仪采用对径符合读数装置，相当于取度盘对径相差 180°处的两个读数的平均值，以消除照准部偏心误差的影响，提高读数精度。

图 3-18 是 DJ_2 光学经纬仪的外形示意图。

3.5.2 DJ_2 光学经纬仪的度盘读数设备及读数方法

DJ_2 光学经纬仪型号不同，读数方法一般也有差异，但仪器的光路基本相同。DJ_2 光学经纬仪在仪器的光路上设置固定光楔组和活动光楔组，活动光楔与测微分划相连，入射光经过一系列棱镜、透镜后，将度盘直径两端刻画的像，同时反映到读数显微镜内，使度盘上处于对径位置的分划线，成像在同一个平面上，并被横线隔开分成正像和倒像。转动测微器，度盘两端分划影像可作等距反向移动。水平度盘的直径为 90mm，竖直度盘的直径为 70mm，两度盘的最小刻画都是 20′，整度数处有数字注记。测微器中测微尺的最小刻画为 1″，可以估读到 0.1″，全尺 600 小格共计 10′，正好等于度盘最小刻画的一半。

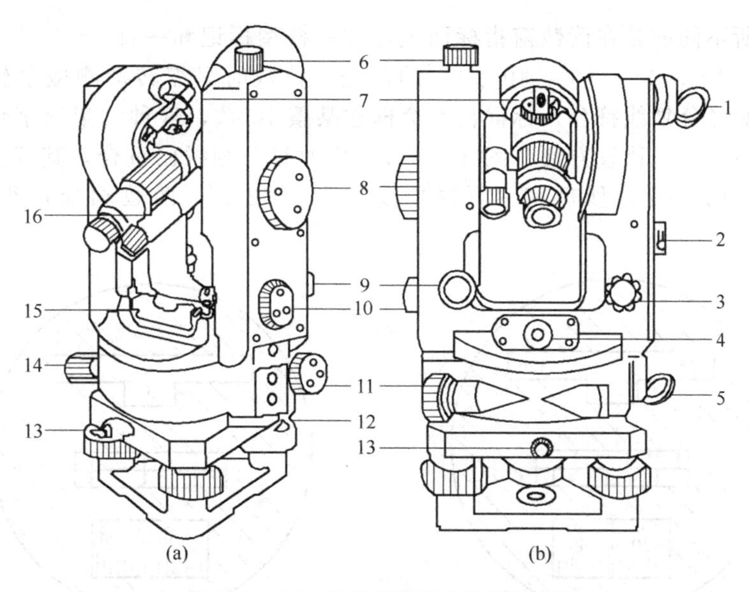

图 3-18 DJ_2 光学经纬仪的外形示意图

1—竖盘照明镜；2—竖盘水准管观察镜；3—竖盘水准微动螺旋；4—光学对中器；5—水平度盘照明镜；
6—望远镜制动螺旋；7—光学瞄准器；8—测微轮；9—望远镜微动螺旋；10—换像手轮；
11—照准部微动螺旋；12—水平度盘变换手轮；13—纵轴套固定螺旋；14—照准部制动螺旋；
15—照准部水准管（水平度盘水准管）；16—读数显微镜

读数前，先转动换像手轮选择水平度盘或竖直度盘进行读数。图 3-19 是 DJ_2 仪器的读数视场，图 3-19（a）为水平度盘读数，图 3-19（b）为竖直度盘读数。视场中的大窗口为度盘对径分划线的影像，横线为对径符合线，符合线上方数字正置的为主像，下方数字倒置的为副像，小窗口为测微分划尺的影像，转动测微手轮，可以看到小窗 E1 测微尺的像向上或向下移动，同时大窗口主、副像分划线相对反向移动。转动测微手轮，使主、副像分划线重合，找出主像与副像注记相差 180°的分划线（主像分划线在左，副像分划线在右），读取主像注记的度数，并将该两分划线之间的度盘分划数乘以度盘分划格值的一半（10′），得到整十分数，不足 10′的分、秒数在小窗中的测微分划尺上读取。图 3-19 中水平度盘的读数为 154°02′06.5″，垂直度盘的读数为 92°34′26.7″。

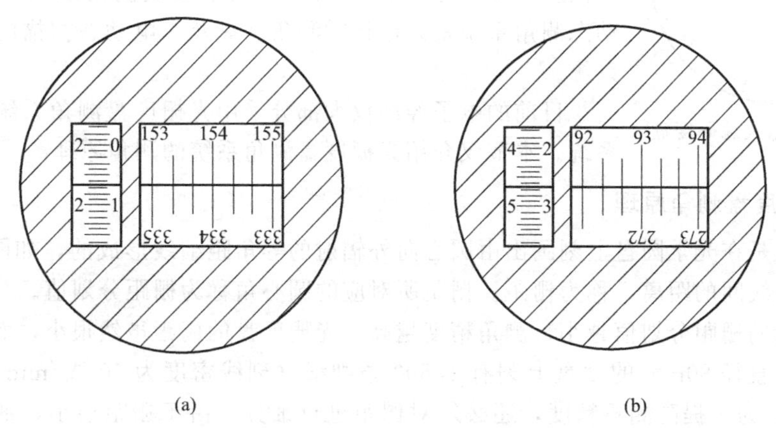

图 3-19 TDJ_2 光学经纬仪的读数视场

图 3-20 是 TDJ_2 光学经纬仪的读数视场。图 3-20（a）是分划线未符合前视场。图 3-20（b）是分划线已符合视场。它与 DJ_2 经纬仪的测微装置、度盘对径分划符合和读数方

法基本一样，所不同的是在读数窗指标面上增加一框型标记和一排 0～5 的注记，框型标记正好框住 0′、10′、20′、30′、40′、50′的注记。读数时只需转动测微手轮，使中部小窗（符合窗）对径分划线符合，标框自然会框住某整 10′数，这种“半数字化”的设计可以避免读数差错，而且比较方便。图 3-20（b）中对径分划线已重合，其读数为：数字窗（上窗）读数是 126°10′，秒盘窗（下窗）读数为 5′22.3″，两数相加可得总的读数为 126°15′22.3″。

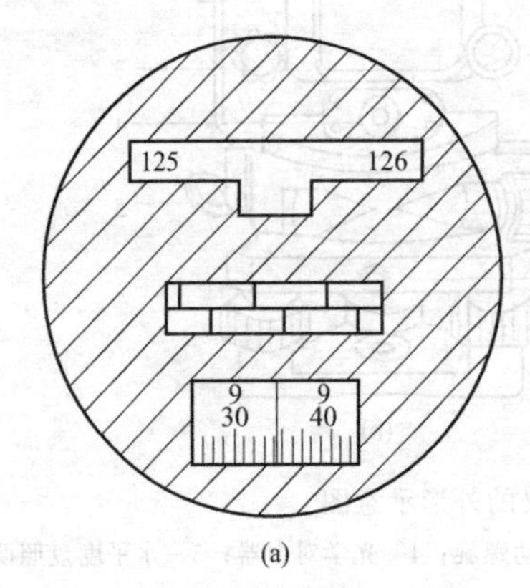

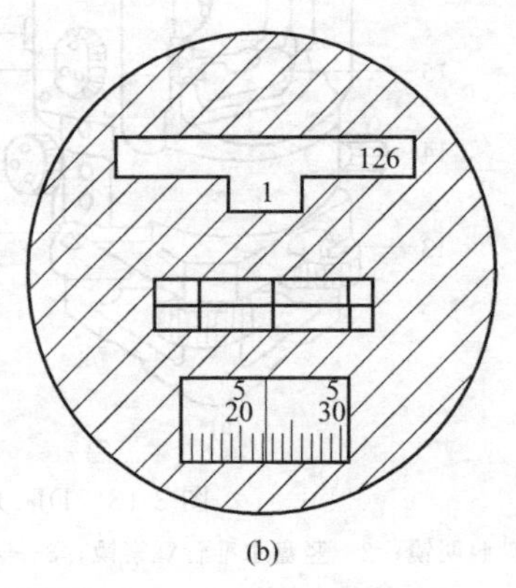

图 3-20 水平度盘读数

3.6 电子经纬仪

随着微电子技术及计算机技术的发展和综合运用，新一代的具有数字显示、自动记录、自动传输数据功能的电子经纬仪在国内外已经大量生产和使用。由于电子经纬仪能自动显示并记录角度值，因而大大减轻了测量工作人员的劳动强度，同时也提高了工作效率。

电子经纬仪与光学经纬仪的外形结构相似，但测角系统有很大的区别。电子经纬仪的测角系统主要有编码度盘测角系统、光栅度盘测角系统和动态测角系统三种。编码度盘测角系统是采用编码度盘及编码测微器的绝对式测角系统；光栅度盘系统是采用光栅度盘及莫尔干涉条纹技术的增量式测角系统（见图 3-21）；动态测角系统是采用计时测角度盘及光电动态扫描的绝对式测角系统。

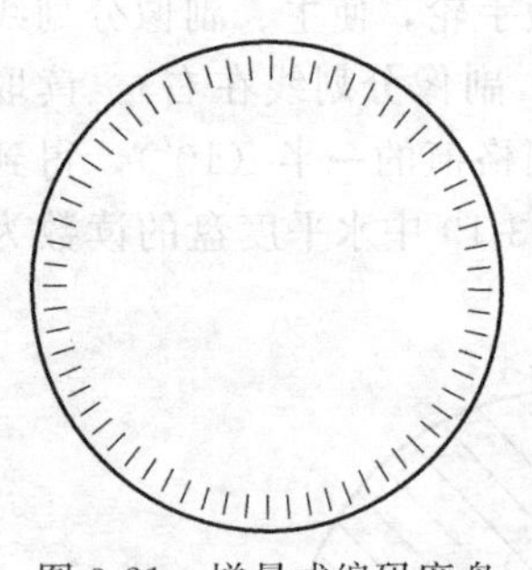

图 3-21 增量式编码度盘

目前的电子经纬仪大部分采用光栅度盘测角系统或动态测角系统。本节仅介绍光栅度盘测角系统的测角原理。

3.6.1 光栅度盘测角原理

光栅度盘是在光学圆盘上刻画出由圆心向外辐射的等角距细线形成的，如图 3-22 所示。相邻两条分划线间的距离，称为栅距。栅距所对应的圆心角称为栅距分划值。

光栅度盘的栅距分划值越小，测角精度越高。光栅度盘的栅距虽然很小，而分划值仍然较大。例如在直径 80mm 的度盘上刻有 12500 条细线（刻线密度为 50 线/mm），栅距分划值仍有 1′44″。为了提高测角精度，还必须对栅距进行细分。由于栅距很小，细分和记数都不易准确，所以在光栅度盘测角系统中都采用莫尔条纹技术，将栅距放大，然后再进行细分和计数。产生莫尔条纹的方法是取一块与光栅度盘具有相同密度的光栅，称为指示光栅，将指示光栅与光栅盘重叠，并使它们的刻线相互倾斜一个很小的角度，此时便会出现放大的明暗相间的条纹（栅距由 d 放大到 W），这些条纹称为莫尔条纹（图3-23）。根据光学原理，莫尔条纹纹距 W 与栅距 d 之间满足如下关系：

$$W=\frac{d}{\theta}\rho \tag{3-24}$$

式中，$\rho=3438'$；θ 为指示光栅与光栅度盘之间的倾角。例如，当 $\theta=20'$，纹距 $W=172d$，即纹距比栅距放大了172倍，从而可以对纹距进行进一步的细分，以达到提高测角精度的目的。

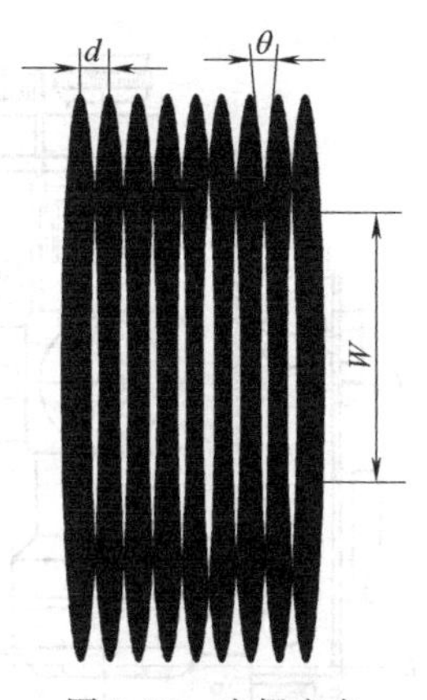

图3-22　光栅度盘

采用光栅度盘的电子经纬仪在光栅度盘的上下对称位置分别安装光源和接收二极管。指示光栅、光源、接收二极管的位置固定，而光栅度盘与经纬仪照准部一起转动，如图3-23所示。光源发出的光信号通过莫尔条纹落到接收二极管上，度盘每转动一栅距，莫尔条纹就移动一个周期。当望远镜从一个方向转动到另一个方向时，莫尔条纹光信号强度变化的周期数，就是两方向间的光栅数。由于栅距的分划值是已知的，所以通过自动数据处理，就可以算出并显示两方向间的夹角。为了提高测角精度和角度分辨率，仪器工作时，在每个周期内再均匀地填充 n 个脉冲信号，计数器对脉冲计数，可将角度分辨率提高 n 倍。

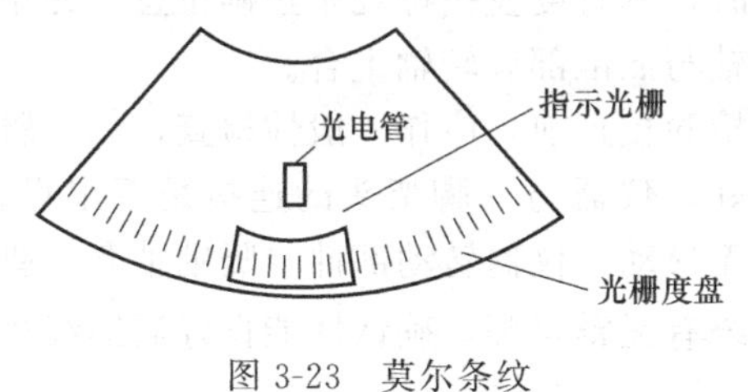

图3-23　莫尔条纹

3.6.2　DJD$_2$ 电子经纬仪

图3-24是DJD$_2$ 电子经纬仪的外形示意图，主要特点如下：

① DJD$_2$ 电子经纬仪采用光栅度盘测角系统，测角精度为±2″；垂直度盘指标采用自动补偿器，可实现垂直度盘指标自动归零。

② 可以单次测量，也可以重复测量。

③ 设有360°、400gon两种不同的度制，可以根据测量的需要选择角度显示单位。

④ 竖直角测量模式有天顶角、竖直角、高度角、坡度角四种规格，可以根据作业需要在功能设置中选择。

⑤ 仪器可以自动显示错误信息，如仪器的充电电池用完、操作者操作错误、仪器竖轴倾斜超过自动补偿器的补偿范围等，从而使操作者可以及时纠正，保证操作的正常进行。

⑥ 配有RS-232C串行通信口，方便与电子计算机或电子手簿连接；另外还设有EDM数据通信口，可以与测距仪组合成全站仪使用。

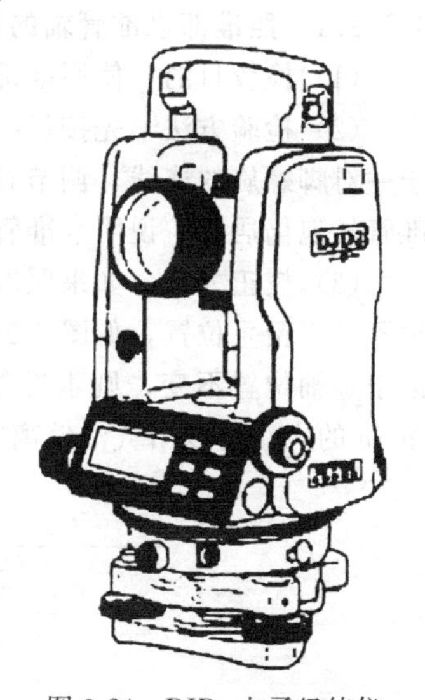
图3-24　DJD$_2$ 电子经纬仪

3.7　经纬仪的检验与校正

根据角度测量原理，经纬仪各轴线之间必须满足一定的几何条件。一般经纬仪在出厂时，轴线间的几何条件都能满足，但由于在运输或长时间使用中的振动等原因，各项条件往往会发生变化。因此，在使用仪器前，必须对仪器进行检验校正，以消除或减少仪器自身引起的误差。

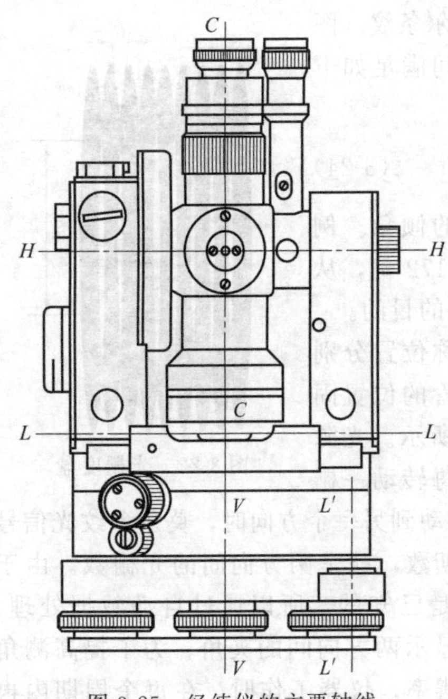

图 3-25 经纬仪的主要轴线

3.7.1 经纬仪应满足的几何条件

如图 3-25 所示，经纬仪的主要轴线有竖轴 VV、水准管轴 LL、横轴 HH 及视准轴 CC。

根据角度测量原理的要求，经纬仪首先应满足以下几何条件：① 照准部水准管轴应垂直于竖轴（$LL \perp VV$），以保证水准管气泡居中时，竖轴竖直，水平度盘水平。② 望远镜视准轴应垂直于横轴（$CC \perp HH$），使望远镜绕横轴上下转动时视准轴能扫出一个竖直面。③ 横轴应垂直于竖轴（$HH \perp VV$），确保竖轴铅垂时，横轴水平。

另外，经纬仪还应满足以下条件：十字丝纵丝垂直于横轴；垂（竖）直度盘指标水准管气泡居中或自动补偿器归零时，垂直度盘指标处于正确位置；光学对中器的视准轴与照准部旋转轴重合。

在经纬仪检验校正前，应作一般性检查，如三脚架是否稳定完好，仪器与三脚架头的连接是否牢靠，仪器各部件有无松动，仪器转动部件（竖轴轴套、脚螺旋、微动螺旋、调焦螺旋）是否灵活有效，光学系统有无霉点等，确认性能良好后继续进行检验与校正，否则应查明原因并及时修理。

3.7.2 检验与校正的项目与顺序

3.7.2.1 照准部水准管轴的检验与校正

(1) 检校目的　使照准部水准管轴垂直于仪器竖轴。

(2) 检验方法　先按经纬仪的整平方法将仪器大致整平，然后转动照准部使水准管平行于一对脚螺旋的连线，调节这一对脚螺旋使水准管气泡居中。将照准部旋转 180°，如果水准管气泡仍居中，说明水准管轴垂直于仪器竖轴，否则，必须进行校正。

(3) 校正方法　如果照准部水准管轴与仪器竖轴不垂直，那么，当水准管轴水平时，竖轴不处于铅垂位置，如图 3-26 所示，设竖轴与铅垂线的夹角为 α。将仪器绕竖轴旋转 180°，由于竖轴位置不变，则水准管轴不再水平，且与水平方向的夹角为 2α，此时气泡不居中，角 2α 的大小可以由气泡偏离零点的格数度量。

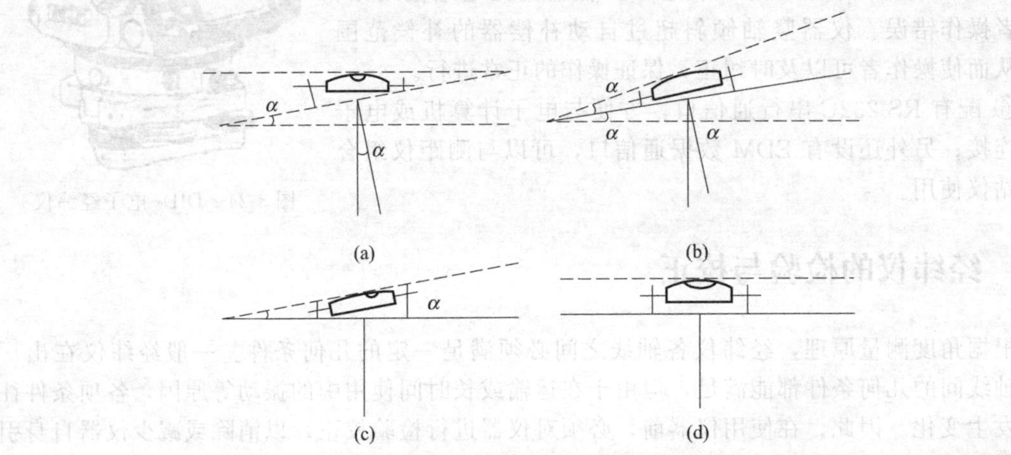

图 3-26 照准部水准管轴检校

校正时，用双手相对地旋转与水准管平行的一对脚螺旋，使气泡退回偏离值的一半，此时仪器竖轴处于铅垂位置，再用校正针拨动水准管一端的校正螺钉，使水准管气泡居中。此项检验与校正应反复进行。

经纬仪基座上圆水准器的检验与校正是在照准部水准管校正好后进行的，将仪器精确整平，若圆水准器气泡居中，说明圆水准器位置正确，不必校正，若气泡不居中，可用校正针调整圆水准器的三个校正螺钉，使气泡居中即可。

3.7.2.2 望远镜十字丝分划板的检校

(1) 检校目的　使十字丝纵丝在仪器整平后处于铅垂位置。

(2) 检验方法　架设好仪器并整平，用望远镜十字丝交点瞄准远处一明显标志点 P（见图 3-27)，转动望远镜微动螺旋观察目标点，如 P 点始终沿着纵丝上下移动没有偏离十字丝纵丝，说明十字丝位置正确。如果 P 点偏离十字丝纵丝，说明十字丝纵丝不铅垂，需进行校正。

(3) 校正方法　卸下目镜处的外罩，松开四颗十字丝固定螺钉，转动整个十字丝环，直到 P 点与十字丝纵丝严密重合，然后对称地、逐步地拧紧四颗十字丝固定螺钉（见图 3-28)。

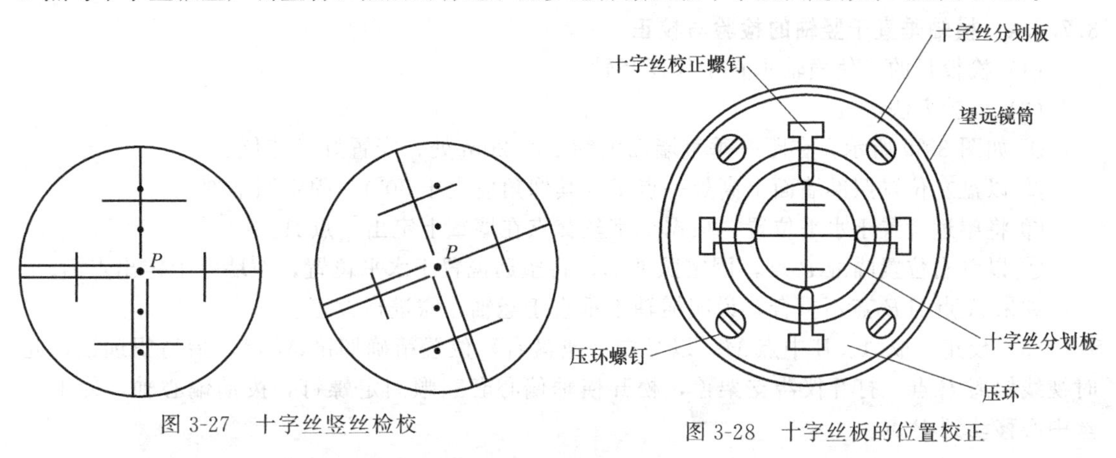

图 3-27　十字丝竖丝检校

图 3-28　十字丝板的位置校正

3.7.2.3 视准轴垂直于横轴的检验与校正

(1) 检校目的　使望远镜的视准轴垂直于横轴。

(2) 检验方法

① 如图 3-29 所示，在一平坦的场地上，选相距约 60m 的 A、B 两点。在其中点安置经纬仪，在 A 点设瞄准标志，在 B 点横放一把有毫米分划的直尺，并使其与 AB 方向垂直，标志和直尺的安放高度大致与仪器同高。

② 以盘左位置瞄准 A 点标志，固定照准部，倒转望远镜对准 B 点处直尺，在直尺上读得读数为 B_1。

③ 以盘右位置瞄准 A 点标志，固定照准部，倒转望远镜对准 B 点处直尺，在直尺上读得读数为 B_2。

如果 $B_1=B_2$，则说明视准轴垂直于横轴，否则就需进行校正。

(3) 校正方法　由 B_2 向 B_1 方向量出 $1/4B_1B_2$ 长度得 B_3 点，此时 OB_3 便垂直于横轴。打开望远镜目镜断护盖，用校正针先稍松上、下的十字丝校正螺钉，再拨动左右两个校正螺钉，一松一紧，左右移动十字丝分划板，使十字丝交点对准 B_3。此项检验与校正也要反复进行。

(4) 校正原理　设视准轴误差为 C，如图 3-29 所示。盘左瞄准 A 点，纵转望远镜后定

出 B_1 点，则 OB_1 直线偏离 AO 延长线的夹角为 $2C$。盘右瞄准 A 点，纵转望远镜后，OB_2 直线偏离 AO 延长线的夹角也为 $2C$，但其偏离方向与 OB_1 相反。因此 $\angle B_1OB_2=4C$，也就是说，B_1B_2 的长度是 4 倍视准轴误差的反映，因此校正时取其 1/4 长度来校正视准轴。

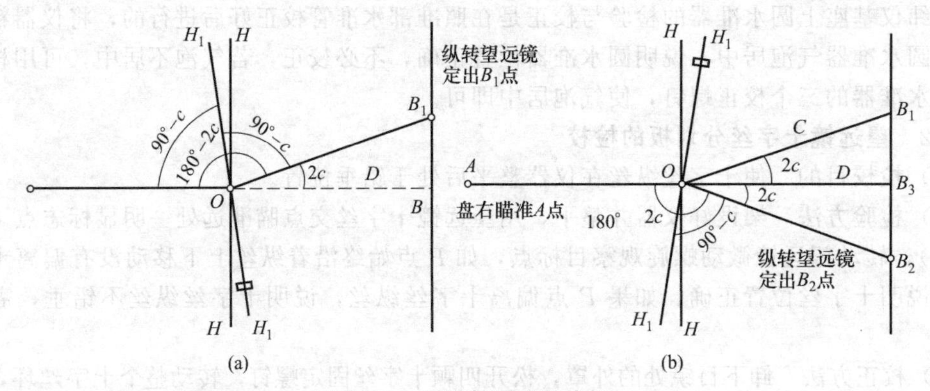

图 3-29 视准轴误差的检校

3.7.2.4 横轴垂直于竖轴的检验与校正

(1) 检校目的 使横轴垂直于仪器竖轴。

(2) 检验方法

① 如图 3-30 所示，在距一垂直墙面大约 10～20m 处，安置好经纬仪。

② 以盘左位置照准墙面上高处一点 P（其仰角应大于 30°），固定照准部。

③ 将望远镜置于水平位置，根据十字丝交点在墙壁上定出一点 A。

④ 以盘右位置瞄准 P 点，固定照准部，将望远镜置于水平位置，在墙壁上定出点 B。

如果 A 点与 B 点不重合，说明横轴不垂直于竖轴，需进行校正。

(3) 校正 取 A、B 中点 M，以盘左（或盘右）位置精确照准 M 点，抬高望远镜，此时视线偏离 P 点。打开仪器支架盖，松开横轴偏心套三颗固定螺钉，拨动偏心轴，使十字丝中心移动到 P 点。

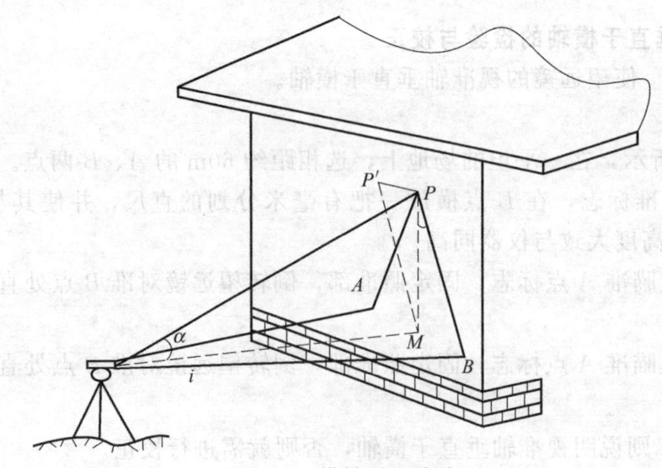

图 3-30 横轴误差检验

(4) 校正原理 如果横轴垂直于竖轴，当竖轴铅垂时，横轴水平，此时，望远镜绕横轴旋转，视准轴在一个铅垂面内。盘左、盘右分别瞄准高处一点 P 时，PA、PB 应在同一铅垂面内，因此，A、B 点应重合。如果横轴不垂直于竖轴，而倾斜了一个 i 角，这时，望远镜绕横轴上下转动时，视准轴在一个倾斜面内。由于在盘左、盘右观测时，横轴误差 i 角大小相同，方向相反，所以 P 点和 AB 中点 M 的连线就在铅垂面内。因此，校正时先瞄准 M 点，抬高望远镜后，校正横轴一端，使十字丝对准 P 点，横轴就与竖轴垂直。

3.7.2.5 竖直度盘指标差的检验与校正

（1）检校目的 消除竖直度盘指标差。

（2）检验方法 仪器整平后，盘左、盘右分别用横丝瞄准高处一目标，在竖直度盘指标水准器气泡居中时读取盘左读数 L 和盘右读数 R。根据指标差计算公式计算出指标差 x，如果指标差为零或符合限差要求，不必校正，如果超出相应的限差要求，则需进行校正。

（3）校正方法 设盘左读数 $L=85°24'18''$，盘右读数为 $R=274°37'06''$，将 L、R 代入指标差计算公式可求得：

$$x=\frac{1}{2}(L+R-360°) \tag{3-25}$$

如果指标差为零，则盘右的正确读数应为：

$$R'=R-x=274°37'06''-42''=274°36'24'' \tag{3-26}$$

校正时，原盘右照准目标 A 不动，调节竖直度盘水准器微动螺旋，使竖直度盘读数为 R'，此时，竖直度盘指标水准器气泡偏离中心位置，拧下指标水准器校正螺钉护盖，用校正针调整上、下两颗校正螺钉使气泡居中。此项检校需反复进行，直至指标差符合限差要求为止。

上述是微动式结构垂直度盘指标的校正方法，目前有些型号的经纬仪采用竖直度盘指标自动归零补偿装置，其竖直度盘指标差的检验方法和计算公式与微动式相同。但校正方法不同，而且采用不同结构自动归零补偿装置的仪器的指标差校正方法也各不相同。校正时首先要弄清仪器采用的是哪种自动补偿装置，再根据其原理，找准校正部位进行校正。

3.8 角度测量的误差来源及注意事项

3.8.1 仪器误差

3.8.1.1 照准部偏心差和度盘分划误差

经纬仪的照准部旋转中心与水平度盘分划中心在理论上要求完全重合，但是由于仪器加工精度的限制，实际上它们有可能不完全重合，存在照准部偏心差。如图 3-31 所示，C 为照准部旋转中心，C_1 为度盘分划中心，如果两者重合，照准 A、B 两目标的正确读数应为 a_L、a_R、b_L、b_R。若 C 与 C_1 不重合，读数为 a'_L、a'_R、b'_L、b'_R，与正确读数分别相差 x_a 和 x_b，x_a 和 x_b 称为偏心读数误差。

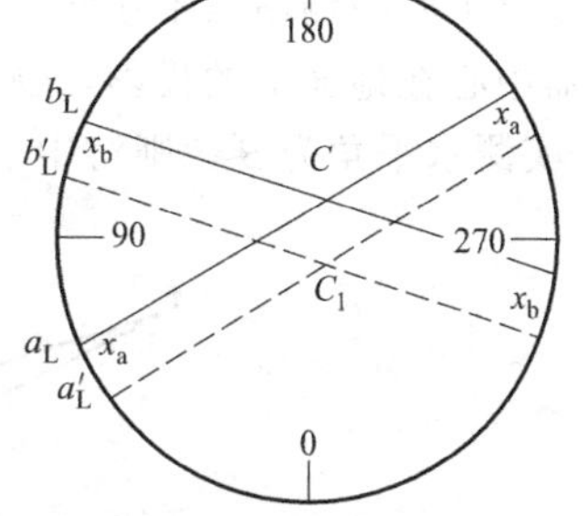

图 3-31 照准部偏心差的影响

在度盘的不同位置上读数，偏心读数误差是不同的。如盘左位置瞄准 A 和 B 的正确读数分别为 $a_L=a'_L+x_a$、$b_L=b'_L+x_b$，正确的水平角应为：

$$\beta=b_L-a_L=(b'_L+x_b)-(a'_L+x_a)=\beta'+(x_b-x_a) \tag{3-27}$$

式中，(x_b-x_a) 即为照准部偏心差对水平角的影响。

从图中可以看出：照准部偏心差对度盘对径方向读数的影响大小相等，而符号相反。因此采用对径方向两个读数取平均值的方法，可以消除照准部偏心差对水平角的影响。DJ_2 经纬仪采用对径分划符合读数，在一个位置就可以读取度盘对径方向读数的平均值，消除照准部偏心差的影响。DJ_6 经纬仪取同一方向盘左、盘右读数的平均值，也相当于同一方向在度盘对径读数，因此也可以消除照准部偏心差的影响。

对于光学经纬仪的度盘分划误差，一般在进行多测回观测时，通过各测回起始方向配置不同的度盘位置，使读数均匀地分布在度盘的不同区间，来减小度盘分划误差的影响。

3.8.1.2　视准轴误差

视准轴是望远镜物镜中心与十字丝交点的连线，理论上视准轴应与横轴垂直。但由于十字丝安装不正确或外界温度变化引起十字丝与物镜位置变动等原因，视准轴就会不垂直于横轴而产生视准轴误差。视准轴与横轴不垂直，望远镜绕横轴旋转时所形成的轨迹就不是一个垂直平面，而是一个圆锥面。当望远镜处在不同高度时，它的视线在水平面上的投影方向值不同，从而引起水平方向观测时的测量误差。通过校正十字丝位置，使视准轴与横轴垂直，可以消除或减少视准轴误差。校正后残余误差可通过盘左、盘右观测同一目标，取盘左、盘右观测的平均值作为结果的方法消除。

3.8.1.3　横轴误差

横轴在理论上应与竖轴垂直，这样当竖轴铅垂时，横轴就处于水平位置。如果视准轴与横轴已垂直，则横轴不水平会使视准轴绕横轴旋转所形成的轨迹为一斜面，从而在水平方向观测时产生误差。在大多数光学经纬仪中，横轴的一端采用偏心轴装置结构，通过校正偏心轴可以使横轴水平，从而消除或减少横轴误差。由于盘左、盘右观测同一目标时，横轴不水平引起的水平度盘读数误差大小相等、符号相反，所以，取盘左、盘右读数的平均值，可以消除横轴误差对水平方向读数的影响。

3.8.1.4　竖轴误差的影响

竖轴误差是由于照准部水准管轴不垂直于竖轴或照准部水准管气泡不严格居中而引起的误差，此时，竖轴偏离垂直方向一个小角度，从而引起横轴倾斜和水平度盘倾斜，产生测角误差。由于在一个测站上竖轴的倾斜角度不变，竖轴的倾斜误差不能通过盘左、盘右观测取平均值的方法消除。减小或消除竖轴倾斜误差的方法是观测前对水准管进行严格的检验校正，观测时应仔细整平，并始终保持照准部水准管气泡居中，气泡偏离中心不可超过一格。

3.8.2　观测误差

3.8.2.1　仪器对中误差

在安置仪器时，如果仪器的光学对中器分划圆中心或垂球中心没有对准测站点，将使水平度盘中心与测站点不在同一铅垂线上，引起测角误差。如图 3-32 所示，O 为测站，O' 为仪器中心在地面上的投影，OO' 为偏心距，以 P 表示。O 与两目标 A、B 间的正确水平角为 β，实测水平角为 β'，则对中引起的测角误差 $\Delta\beta$ 为：

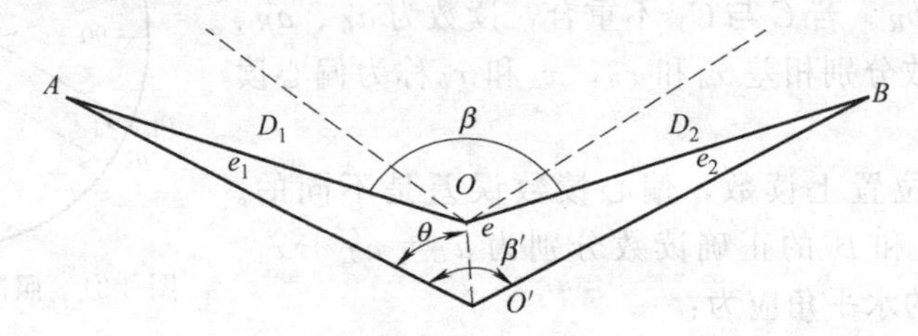

图 3-32　仪器对中误差影响

由于 ε_1 和 ε_2 很小，则

$$\varepsilon_1 \approx \frac{e}{D_1}\sin\theta \cdot \rho \tag{3-28}$$

$$\varepsilon_2 \approx \frac{e}{D_2}\sin\theta(\beta' - \theta) \cdot \rho \tag{3-29}$$

$$\Delta\beta=\varepsilon_1+\varepsilon_2=e\rho[\frac{\sin\theta}{D_1}+\frac{\sin(\beta'-\theta)}{D_2}] \tag{3-30}$$

分析上式可知，对中误差对水平角的影响有以下特点：①$\Delta\beta$与偏心距e成正比，$e\rho$越大，$\Delta\beta$越大。②$\Delta\beta$与测站点到目标点的距离成反比，距离越短，测角误差越大。③$\Delta\beta$与β'及θ的大小有关，当β'等于180°，θ等于90°时，$\Delta\beta$最大。

例如，当$\beta'=180°$，$\theta=90°$，$e=0.003\text{m}$，$D_1=D_2=50\text{m}$时：

$$\Delta\beta=0.003\times206265\times1/25=24''.8 \tag{3-31}$$

对中误差引起的角度误差不能通过观测方法消除，所以观测水平角时应仔细对中，尤其当观测短边或两目标与仪器接近在一条直线上时，要特别注意仪器的对中，避免引起较大的误差。用垂球对中时，要求对中误差不超过3mm。

3.8.2.2　目标偏心误差

目标偏心误差是由于仪器照准的目标点偏离地面标志中心的铅垂线引起的。瞄准标杆时，如果标杆倾斜，又没有瞄准标杆的底部，就会引起目标偏心误差。如图3-33所示，A为测站点，B为地面目标点，若B点的标杆倾斜了α角，B'为瞄准中心，B''为B'的投影，此时偏心距：

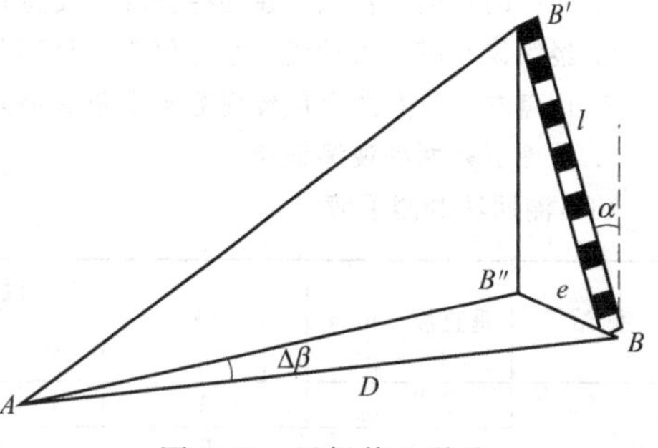

图3-33　目标偏心误差

$$e=l\sin\alpha \tag{3-32}$$

目标偏心对观测方向的影响为：

$$\Delta\beta=\frac{e}{D}\rho=\frac{l\sin\alpha}{D}\rho \tag{3-33}$$

由上式可知，目标偏心误差对水平方向的影响与e成正比，与距离成反比。为了减小目标偏心差，瞄准标杆时，标杆应竖直，并尽可能瞄准标杆的下部。

3.8.2.3　照准误差

测角时由人眼通过望远镜照准目标产生的误差称为照准误差。影响照准误差的因素很多，如望远镜的放大倍数、人眼的分辨率、十字丝的粗细、标志的形状和大小、目标影像的宽度、颜色等。通常用人眼的最小分辨视角（60″）和望远镜的放大倍率ν来衡量仪器的照准精度，即：

$$m_\nu=\pm\frac{60''}{\nu} \tag{3-34}$$

如$\nu=28$，则$m_\nu=\pm2.2''$。

在观测水平角时，除适当选择一定放大倍率的经纬仪外，还应尽量选择适宜的标志、有利的观测气候条件和观测时间，以减少照准误差的影响。

3.8.2.4　读数误差

读数误差主要取决于仪器的读数设备，与观测者的判断经验、仪器内部光路的照明亮度和清晰度也有关系。DJ_6经纬仪读数误差一般在6″以内；DJ_2经纬仪读数误差一般不超过1″。

3.8.3　外界条件的影响

角度观测是在一定的外界条件下进行的，外界环境对测角精度有直接的影响。如刮风、土质松软会影响仪器的稳定，光线不足、目标阴暗、大气透明度低会影响照准精度，阳光照射会使水准器气泡位置变化等。为了减少这些因素的影响，观测时应踩实三脚架，强阳光下

(特别是夏秋季）必须撑伞保护仪器，尽量避免在不良气候条件下进行观测，以把外界条件的影响减少到最低程度。

习 题

1. 什么是水平角？在同一铅垂面内瞄准不同高度的点在水平度盘上的读数是否一样？

2. 什么是垂直角？在同一铅垂面内瞄准不同高度的点在竖直度盘上的读数是否一样？

3. 经纬仪的操作步骤有哪些？

4. 试述测回法和全圆方向法的观测步骤。

5. 对中的目的是什么？在哪些情况下要特别注意对中对角度测量的影响？

6. 经纬仪有哪几条轴线？经纬仪应满足哪些几何条件？

7. 用盘左、盘右两个位置观测水平角能消除哪些误差？

8. 整理下列两种观测记录：

(1) 测回法观测手簿

测站	垂直度盘位置	目标	度盘读数 /(° ′ ″)	半测回角值 /(° ′ ″)	一测回角值 /(° ′ ″)	备 注
0	左	A	0 03 12			
		B	72 21 18			
	右	A	180 03 18			
		B	252 21 30			

(2) 全圆方向法观测手簿

测站	测回	目标	水平度盘读数 盘左 /(° ′ ″)	水平度盘读数 盘右 /(° ′ ″)	2C /(″)	平均读数 /(° ′ ″)	归零方向值 /(° ′ ″)	各测回归零方向值的平均值 /(° ′ ″)	角值 /(° ′ ″)
0	1	A	0 01 00	180 01 12					
		B	62 15 24	242 15 48					
		C	107 38 42	287 39 06					
		D	185 29 06	5 29 12					
		A	0 01 06	180 01 18					
0	2	A	90 01 36	270 01 42					
		B	152 15 54	332 16 06					
		C	197 39 24	17 39 30					
		D	275 29 42	95 29 48					
		A	90 01 36	270 01 48					

9. 有一台经纬仪，当望远镜置于水平位置时，垂直度盘读数为 90°；当望远镜往上观测时，垂直度盘读数减小。根据下表记录，计算垂直角和指标差。

垂直角观测记录手簿

测站	目标	垂直度盘位置	垂直度盘读数 /(° ′ ″)	半测回垂直角 /(° ′ ″)	指标差 /(″)	一测回垂直角 /(° ′ ″)
0	A	盘左	95 12 36			
		盘右	264 47 42			
	B	盘左	82 53 24			
		盘右	277 07 00			

第4章　距离测量与直线定向

距离测量是测量的三项基本工作之一。测量学中所测定的距离是指地面上两点之间的水平距离，所谓水平距离是指地面上两点垂直投影到水平面上的直线距离。

为了确定地面上两点间的相对位置关系，还要测量两点连线的方向。上章学过角度的测量，这角度是从什么方向开始的，这就是本章要解决的另外一个问题，测量两点连线的方向，即直线定向。

实际工作中，需要测定距离的两点一般不在同一水平面上，沿地面直接测量所得距离往往是倾斜距离，需将其换算为水平距离（图4-1）。

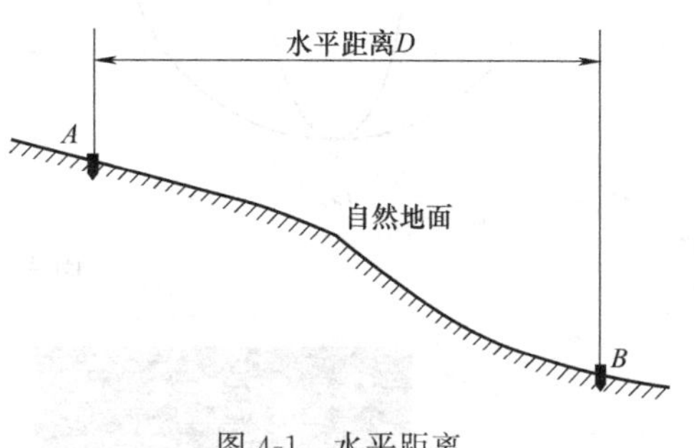

图4-1　水平距离

按照所使用的测量仪器和测量方法的不同，距离测量可分为钢尺量距、视距测量和电磁波测距等。

4.1　直线定向

4.1.1　标准方向线

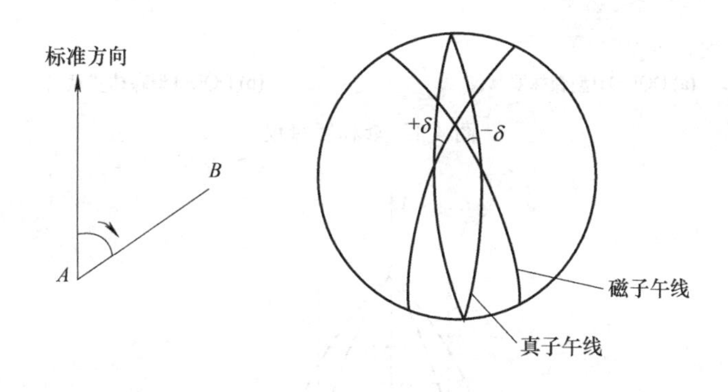

图4-2　标准方向线

(1) 真子午线方向——用于天文观测　通过地球表面某点的真子午线的切线的方向（即通过地面上一点指向地球两极的方向线），称为该点的真子午线方向，指北为正。真子午线方向可用天文测量方法或用陀螺经纬仪（图4-3）测定的。

(2) 磁子午线方向——罗盘仪　磁子午线方向是磁针在地球磁场的作用下，磁针自由静止时其轴线所指的方向。它指向地球的南北两磁极，称为磁子午线。P—北极，P'—磁北极，指磁北为正。磁针静止时所指的方向线，磁子午线方向可用罗盘仪（图4-4）测定。

(3) 坐标纵轴方向　我国采用高斯平面直角坐标系，6°带或3°带都以该带的中央子午线为坐标纵轴，因此取坐标纵轴方向作为标准方向（图4-5）。高斯平面直角坐标系指北为正。

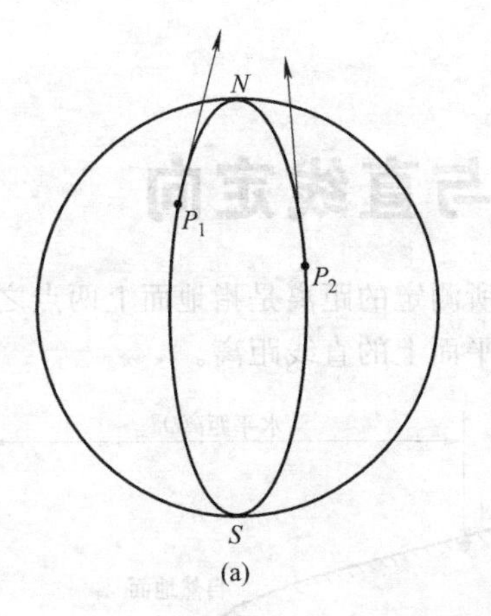

(a)

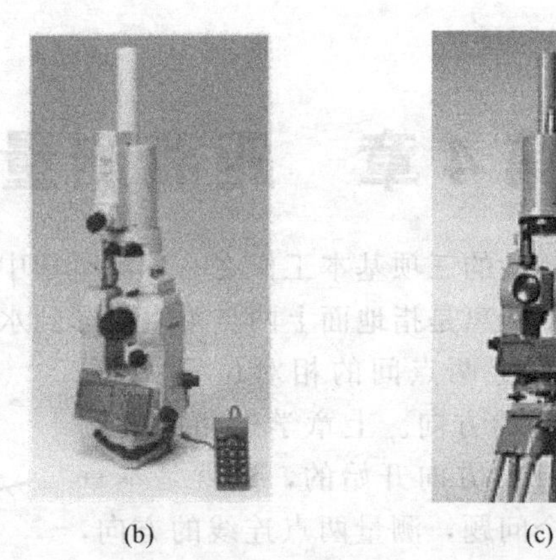

(b)

(c)

图 4-3 陀螺经纬仪

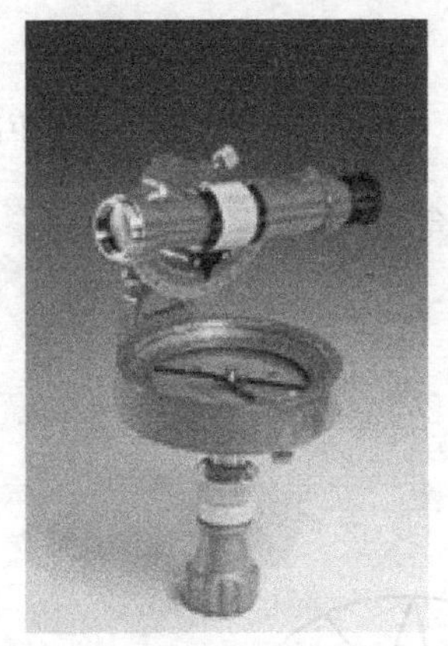

(a) DQL-1B型森林罗盘仪

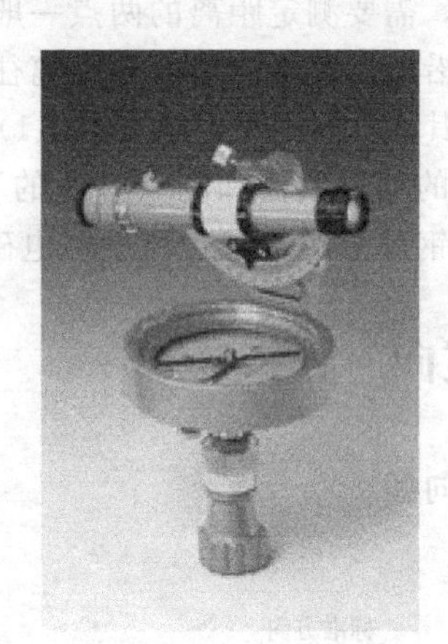

(b) DQL-1型森林罗盘仪

图 4-4 森林罗盘仪

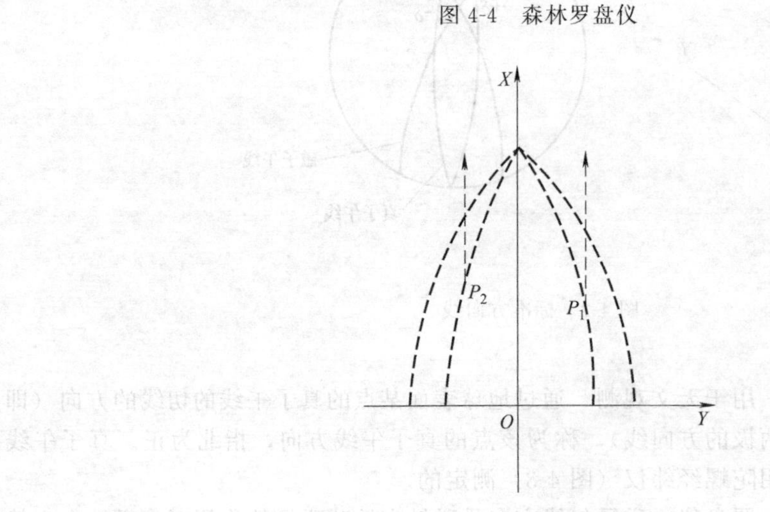

图 4-5 坐标纵轴方向

4.1.2 三北方向线之间的偏角

(1) 磁偏角 磁子午线与真子午线之间的夹角 δ，偏于真子午线以东为“+”，以西则为“-”。

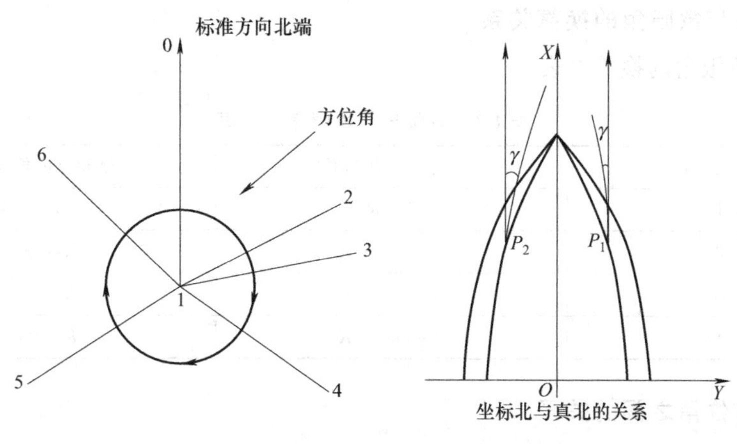

图 4-6　标准方向

(2) 磁坐偏角　磁子午线与坐标纵轴的夹角。磁子午线位于坐标纵轴以东为“+”，以西则为“－”。

(3) 子午线收敛角　坐标纵线与真子午线之间的夹角。真子午线是以东为“+”，以西为“－”。

4.1.3　方位角、坐标方向角、象限角

(1) 方位角定义　从直线起点的标准方向北端起，顺时针方向量至直线的水平夹角，称为该直线的方位角。标准方向北端其角值范围为 0°～360°，见图 4-6。

(2) 方位角的分类　实际应用中常用以下三种角度来表示直线的方向，见表 4-1。

表 4-1　方位角

标　准　方　向	方位角名称	测　定　方　法
真北方向(真子午线方向)	真方位角 A	天文或陀螺仪测定
磁北方向(磁子午线方向)	磁方位角 A_m	罗盘仪测定
坐标纵轴(轴子午线方向)	坐标方位角 α	测量计算得到

① 真方位角 A。从直线一端的子午线北端开始顺时针至该直线的水平角，称为真方位角。角度从 0°～360°。在同一直线的两端点测量，其方位角不同。

② 坐标方位角 A (0°～360°)。由纵坐标轴的北端按顺时针方向量到一直线的水平角称为坐标方位角，一条直线的正反相差 180°。

③ 象限角 R。从子午线的一端（N 或 S）量到直线的锐角。角度从 0°～90°。如图 4-7 所示。

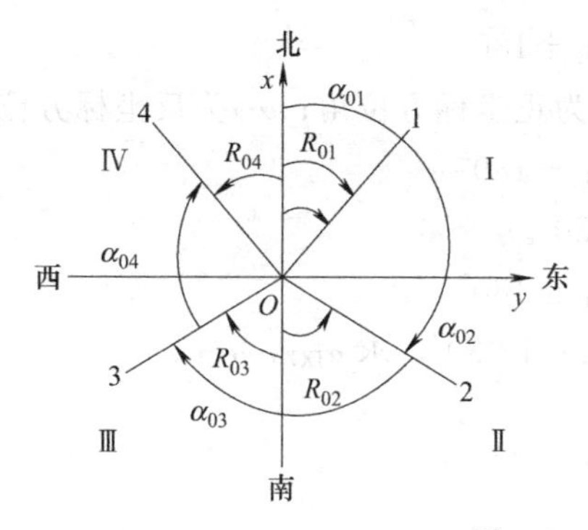

直线	R与α的关系
01	$\alpha_{01}=R_{01}$
02	$\alpha_{02}=180°-R_{02}$
03	$\alpha_{03}=180°+R_{03}$
04	$\alpha_{04}=360°-R_{04}$

图 4-7　象限角

4.1.4 方位角与象限角的换算关系

方位角与象限角的换算见表 4-2。

表 4-2 方位角与象限角的换算

直线方向	已知象限角求方位角	已知方位角求象限角
北东Ⅰ	$A=R$	$R=A$
南东Ⅱ	$A=180°-R$	$R=180°-A$
南西Ⅲ	$A=180°+R$	$R=A-180°$
北西Ⅳ	$A=360°-R$	$R=360°-A$

4.1.5 几种方位角之间的关系

磁偏角“δ”——真北方向与磁北方向之间的夹角；

子午线收敛角“γ”——真北方向与坐标北方向之间的夹角。

图 4-8 所示为三个方位角的关系。

$$A=\alpha+\gamma \tag{4-1}$$

$$A=A_m+\delta \tag{4-2}$$

$$\alpha=A_m+\delta-\gamma \tag{4-3}$$

当磁北方向或坐标北方向偏于真北方向东侧时，δ 和 γ 为正；偏于西侧时，δ 和 γ 为负，见图 4-9。

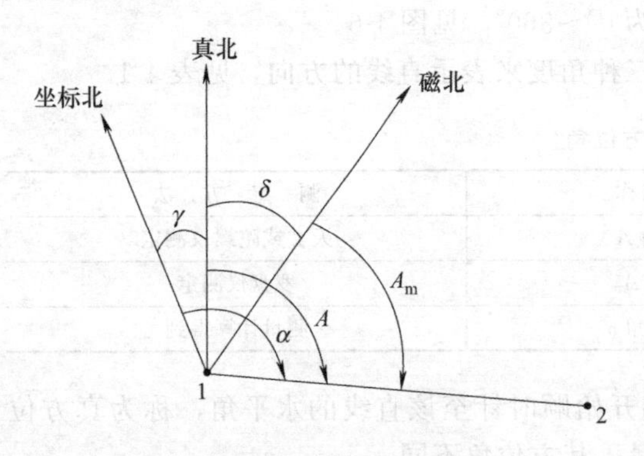

图 4-8 三个方位角的关系

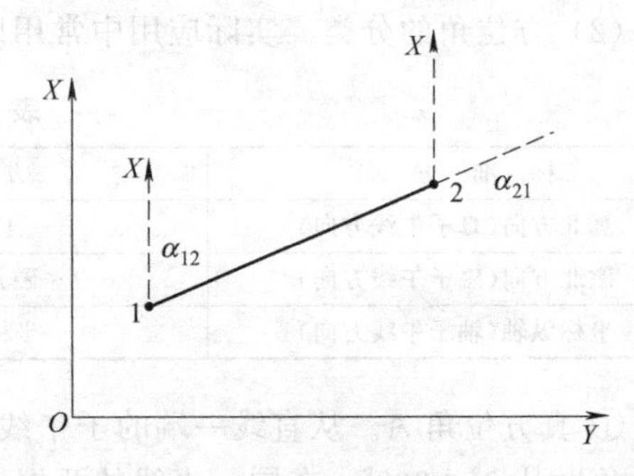

图 4-9 正反坐标方位角

4.1.6 正、反坐标方位角

直线 1-2：点 1 是起点，点 2 是终点。α_{12} 为正坐标方位角；α_{21} 为反坐标方位角。

$$\alpha_{反}=\alpha_{正}+180° \tag{4-4}$$

直线 2-1：点 2 是起点，点 1 是终点。α_{21} 为正坐标方位角；α_{12} 为反坐标方位角。

$$\alpha_{反}=\alpha_{正}-180° \tag{4-5}$$

所以一条直线的正、反坐标方位角互差 180°。

$$\alpha_{反}=\alpha_{正}\pm180° \tag{4-6}$$

【例 4-1】 已知 $\alpha_{CD}=258°20'24''$，$\alpha_{JK}=326°12'30''$，求 α_{DC}，α_{KJ}。

解： $\alpha_{DC}=788°20'24''$ $\alpha_{KJ}=146°12'30''$

4.1.7 坐标方位角的推算

推算坐标方位角的通用公式：

$$\alpha_{前}=\alpha_{后}\pm180^\circ\pm\beta_{右}^{左} \tag{4-7}$$

当 β 角为左角时，取“＋”；若为右角时，取“－”。

注意：计算中，若推算的 $\alpha_{前}>360^\circ$，减 360°；若推算的 $\alpha_{前}<0^\circ$，加 360°。

如图 4-10 所示，α_{12} 已知，通过测量水平角，求得 12 边与 23 边的转折角为 β_2（右角）；求得 23 边与 34 边的转折角为 β_3（左角），现推算 α_{23}、α_{34}。由图中分析可知：

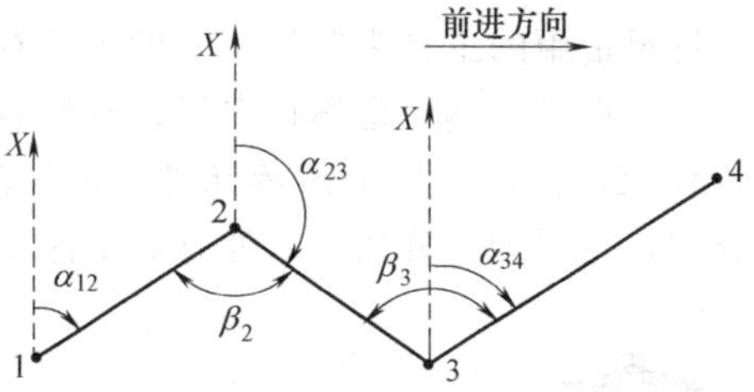

图 4-10　坐标方位角的推算

$$\alpha_{23}=\alpha_{21}-\beta=\alpha_{12}+180^\circ-\beta_2 \tag{4-8}$$

$$\alpha_{34}=\alpha_{32}+\beta_3-360^\circ=\alpha_{23}-180^\circ+\beta_3 \tag{4-9}$$

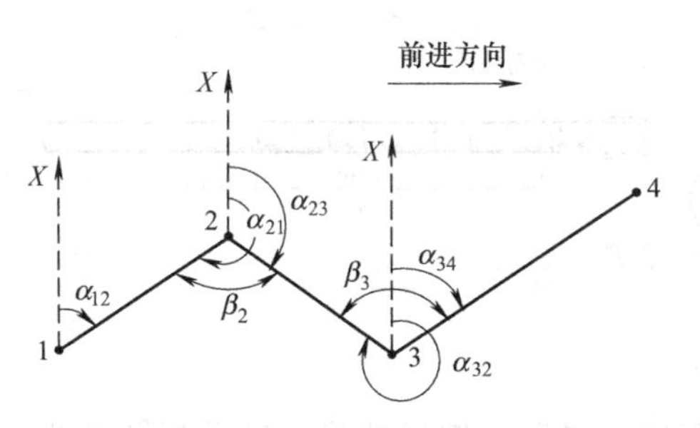

图 4-11　坐标方位角的推算

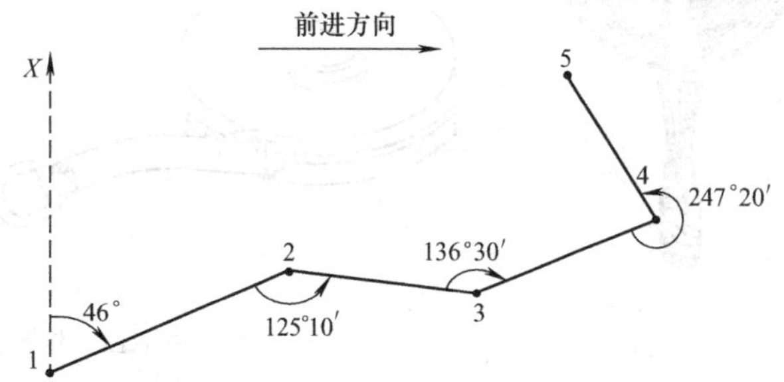

图 4-12　坐标方位角的计算

【例 4-2】 已知 $\alpha_{12}=46^\circ$，β_2、β_3 及 β_4 的角值均注于图 4-12 上，试求其余各边坐标方位角。

解：

$$\alpha_{23}=\alpha_{12}+180^\circ-\beta_2=46^\circ+180^\circ-125^\circ10'=100^\circ50'$$

$$\alpha_{34}=\alpha_{23}-180^\circ+\beta_3=100^\circ50'-180^\circ+136^\circ30'=57^\circ20'$$

$$\alpha_{45}=\alpha_{34}+180^\circ-\beta_4=57^\circ20'+180^\circ-247^\circ20'=-10^\circ<0=350^\circ(-10^\circ+360^\circ)$$

坐标方位角的范围是 0°～360°，见图 4-12，所以 α_{45} 应该为 $-10^\circ+360^\circ=350^\circ$

4.2　钢尺量距

钢尺量距是利用具有标准长度的钢尺直接量测地面两点的距离，又称为距离丈量。

钢尺量距时，根据不同的精确要求，所用的工具和方法也不同。普通钢尺是钢制带尺，尺宽 10～15mm，长度有 20m、30m、50m 等多种。为了便于携带和保护，将钢尺卷放在圆形皮盒内或金属尺架上。有三种分划的钢尺：一种钢尺基本分划为厘米；另一种基本分划虽为厘米，但在尺端 10cm 内为毫米分划；第三种基本分划为毫米。钢尺的零分划位置有两种，一种是在尺前端有一条分划线作为尺长的零分划线称为刻线尺；另一种是零点位于尺端，即拉环外沿，这种尺称为端点尺。钢尺上在分米和米处都刻有注记，便于量距时读数。

一般钢尺量距最高精度可达到 1/10000。由于其在短距离量距中使用方便，常在工程中使用。

量距的工具还有皮尺，用麻皮制成，基本分划为厘米，零点在尺端。皮尺精度低。

钢尺量距中辅助工具还有测钎、标杆、垂球、弹簧秤和温度计。测钎是用直径 5mm 左右的粗铁丝磨尖制成，长约 30cm，用来标志所量尺段的起始点。标杆长 2～3m，杆上涂以

20mm 间隔的红白漆，用于标定直线。弹簧秤和温度计用于控制拉力和测定温度。

4.2.1　钢尺量距的工具

钢尺量距的工具为钢尺。辅助工具有标杆、测钎、垂球等。

(1) 钢尺　钢尺也称钢卷尺，有架装和盒装两种，如图 4-13 所示。尺宽约 1～1.5mm，长度有 20m、30m 及 50m 等几种。钢尺的刻画方式有多种，目前使用较多的为全尺刻有毫米分划，在厘米、分米、米处有数字注记。

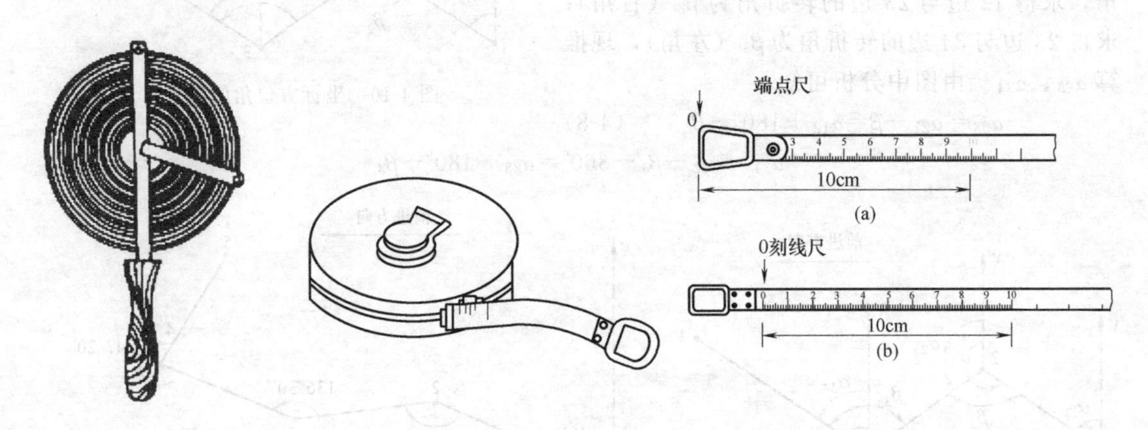

图 4-13　钢尺

钢尺抗拉强度高，不易拉伸，在工程测量中常用钢尺量距。钢尺性脆，容易折断和生锈，使用时要避免扭折、受潮湿和车轧。由于尺的零点位置不同，有端点尺和刻线尺的区别，端点尺以尺的最外端为尺的零点，从建筑物墙边量距比较方便，刻线尺以尺前端的第一个刻线为尺的零点，使用时注意区别。

(2) 标杆　标杆木料或合金材料制成，直径约 3cm、全长有 2m、2.5m 及 3m 等几种。杆上油漆成红白相间的 20cm 色段，标杆下端装有尖头铁脚（图 4-14），以便插入地面，作为照准标志。合金材料制成的标杆重量轻且可以收缩，携带方便。

(3) 测钎　测钎用钢筋制成，上部弯成小圈，下部尖形。直径 3～6mm，长度 30～40cm。钎上可用油漆涂成红、白相间的色段，如图 4-15 所示。量距时，将测钎插入地面，用以标定尺段端点的位置，也可作为照准标志。

(4) 垂球　如图 4-16 所示，在量距时用于投点。

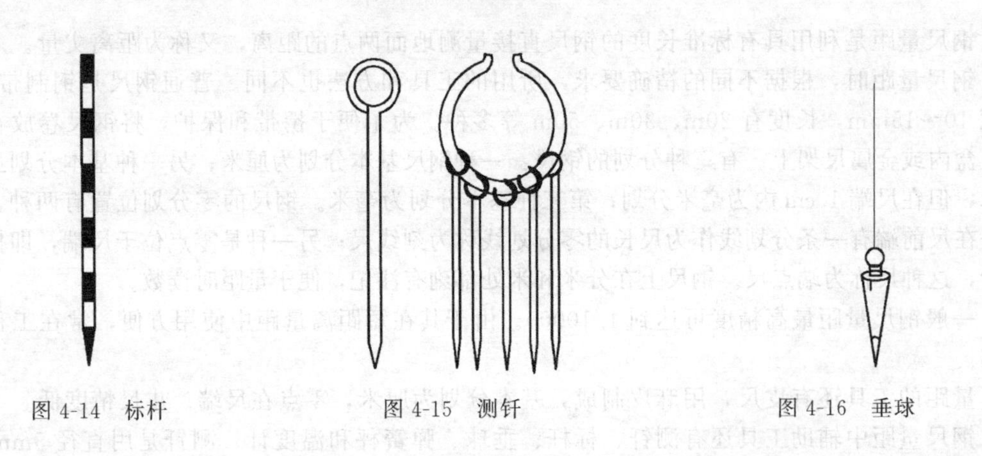

图 4-14　标杆　　图 4-15　测钎　　图 4-16　垂球

4.2.2　钢尺量距的一般方法

如果地面两点之间的距离较长或地面起伏较大，需要分段进行量测。为了使所量线段在一条直线上，需要将每一尺段首尾的标杆定在待测直线上，这一工作称为直线定线。

一般量距用目视定线，精密量距用经纬仪定线。

在用钢尺进行距离测量时，若地面上两点间的距离超过一整尺段，或地势起伏较大，此时要在直线方向上设立若干中间点，将全长分成几个等于或小于尺长的分段，以便分段丈量，这项工作称为直线定线。在一般距离测量中常用拉线定线法，而在精密距离测量中则采用经纬仪定线法。

4.2.2.1　拉线定线

定线时，先在 A、B 两点间拉一细绳，沿着线绳定出各中间点。

4.2.2.2　经纬仪定线

当量距精度要求较高时，应采用经纬仪定线法。如图 4-17 所示，欲在 A、B 两点闻精确定出 1、2……点的位置，可将经纬仪安置于 B 点，用望远镜瞄准 A 点，固定照准部制动螺旋，然后将望远镜向下俯视，将十字丝交点投到木桩上，并钉小钉确定出 1 点的位置。同法可定出其余各点的位置。

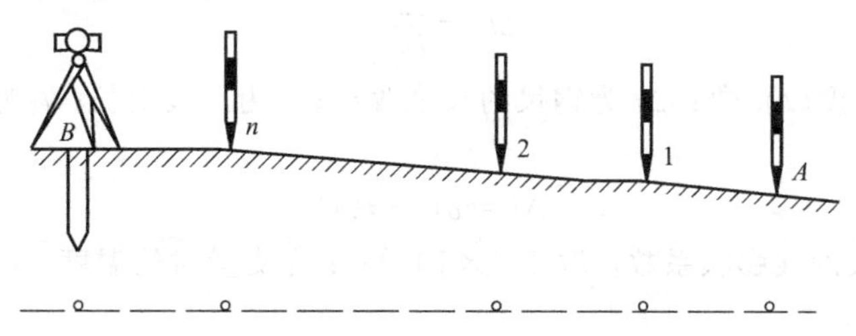

图 4-17　经纬仪定线法

钢尺量距一般采用整尺法量距，在精密量距时用串尺法量距。根据不同地形可采用水平量距法和倾斜量距法。

（1）整尺量距法　在平坦地区，量距精度要求不高时，可采用整尺法量距，直接将钢尺沿地面丈量，不加温度改正和不用弹簧秤施加拉力。量距前，先在待测距离的两个端点 A、B 用木桩（桩上钉一小钉）标志，或直接在路面钉铁钉标志。后尺手持钢尺零端对准地面标志点，前尺手持钢尺末端和拿一组杆。丈量时前、后尺手按定线方向沿地面拉紧钢尺，前尺手在尺末端分划处垂直插下一个测杆，这样就量定一个尺段。然后前、后尺手同时将钢尺抬起前进。后尺手走到第一根测杆处，用零点对准测杆，前尺手拉紧钢尺在整尺端处插下第二根测杆。依次继续丈量。每量完一尺段，后测手要注意收回测杆，最后一尺段不足一整尺时，前测手在 B 点标志处读取尺上刻画值，后测手中测杆数为整尺段数。不到一个整尺段距离为余长 ΔL，则水平距离 D 可按下式计算：

$$D=nL+\Delta L \tag{4-10}$$

式中，n 为尺段数；L 为钢尺长度；ΔL 为不足一整尺的余长。为了提高量距精度，一般采用往、返丈量。返测时是从 $B\rightarrow A$，要重新定线。取往、返距离平均值为丈量结果。

（2）水平量距和倾斜量距　当地面起伏不大时，可将钢尺拉平，用垂球尖尺端投于地面进行丈量，称为水平量距法。要注意后测手将零端点对准地面点，前测手目估，使钢尺水平，并拉紧钢尺在垂球尖处插上尺杆。如此测量直到 B 点。

当倾斜地面的坡度均匀时，可以将钢尺贴在地面上量斜距 L。用水准测量方法测出高差 h，再将量得的斜距换算成平距，称为倾斜量距法。

为了提高测量精度，防止丈量错误，通常采用往、返测量，取平均值为丈量结果。用相对误差 K 衡量测量精度，即

$$K=\frac{|D_{往}-D_{返}|}{\frac{1}{2}(D_{往}+D_{返})}=\frac{1}{\frac{D}{\Delta D}}=\frac{1}{M} \tag{4-11}$$

两点间的水平距离：

$$D=\frac{1}{2}(D_{往}+D_{返}) \tag{4-12}$$

式中，$D_{往}$、$D_{返}$ 分别为往返测程。

平坦地区钢尺量距的相对误差不应大于 1/3000，在困难地区相对误差不应大于 1/1000。

4.2.3 精密量距法

精密量距的精度可达 1/10000～1/40000。

应该进行的三项改正：尺长改正、温度改正、倾斜改正。

成果计算：

4.2.3.1 尺段计算

（1）尺长改正

$$\Delta l_d=\frac{\Delta l}{l_0}\times l \tag{4-13}$$

式中，Δl_d为长度改正数；Δl 为钢尺的长度改正；l 为尺段斜长；l_0为钢尺名义长度。

（2）温度改正

$$\Delta l_t=\alpha(t-t_0)l \tag{4-14}$$

式中，α 为钢尺的线膨胀系数，取 1.2×10^{-5}；t 为丈量时的温度；t_0 为检定时的温度；l 为尺段斜长。

（3）倾斜改正

$$\Delta l_h=-\frac{h^2}{2l} \tag{4-15}$$

永为负值。

式中，h 为两点间高差。

（4）水平距离

$$D=l+\sum\Delta=l+\Delta l_d+\Delta l_t+\Delta l_k \tag{4-16}$$

4.2.3.2 计算全长，计算往返精度，精度评定。

另外几项改正如下所述。

（1）拉力改正

$$\Delta l_p=\frac{l\cdot(p-p_0)}{E\cdot S} \tag{4-17}$$

S 为钢尺截面积；E 为钢尺的弹性模量，$2\times10^6\,\mathrm{kgf/cm^2}$。

（2）垂曲改正

$$\Delta l_f=\frac{l^3\cdot q^2}{24\cdot p^2} \tag{4-18}$$

q 为钢尺自重，kg/m。

（3）投影到高斯投影面的改正

$$\Delta s_y=\frac{{y_m}^2}{2R^2}\cdot s' \tag{4-19}$$

R 为地球半径；y 为平均 Y 坐标。

(4) 投影到大地水准面改正

$$\Delta s_h = \frac{H_m}{R} \cdot s \tag{4-20}$$

H_m为边的平均高程。

4.2.4 钢尺的检定

4.2.4.1 尺长方程式

钢尺上注记的长度称为钢尺的名义长度，如注记的 30m、50m 等。因材料、制造工艺或长时期使用的影响，钢尺的实际长度往往不等于名义长度，这样就需要进行检定。钢尺的实际长度主要受三个因素的影响：尺长本身误差；拉力的大小；温度的变化。三个因素中，拉力的大小比较容易控制，只要在使用时，施加规定的拉力，则拉力影响就可以忽略不计。剩下尺长本身误差和温度的变化就成为影响钢尺长度的主要因素了。它们之间的关系可用一函数来表示，称为尺长方程式。其一般形式为：

$$l_t = l_0 + \Delta l + a \cdot l_0 (t - t_0) \tag{4-21}$$

式中，l_t为在温度 T 时的实际长度；l_0为钢尺名义长度；Δl 为在温度 T 时尺长改正数，等于实际长度与名义长度之差；a 为钢尺的膨胀系数，指温度变化 1 度单位长度的变化量；t_0为钢尺检定时的温度；t 为钢尺使用时的温度。

较精确的钢尺出厂时必须经过检定，注明钢尺检定时的温度、拉力和尺长方程式。但钢尺经过一段时间的使用后，尺长方程式中的 ΔL 会发生变化，所以尺子使用一个时期后必须重新检定，以求得新的尺长方程式，钢尺检定也称为比。

4.2.4.2 钢尺的检定方法

(1) 用已知的尺长方程式的钢尺进行检定　以检定过的已有尺长方程式的钢尺作标准尺，将标准尺与被检定钢尺并排放在平坦地面上，每根钢尺都施以标准拉力，并将两把尺子的末端分划对齐，在零分划附近读出两尺的差值。这样就能根据标准尺的尺长方程式计算出被检定钢尺的尺长方程式。两根钢尺的膨胀系数以为是相同的。

(2) 利用比长台进行检定　比长台是在平坦的地面上按一定时间距埋设固定的标志，作为基准线。用高精度的标准尺精确测量其间的长度当作真长。检定钢尺时，用待检定的钢尺，多次精确测量次长台两标志间的长度，将次结果平均值与比台真长进行比较，求出检定的钢尺的尺长改正数 ΔL，进行求出该尺长方程式。

【例 4-3】 某单位的 50m 钢尺，尺长台的实际长度 $l=49.7986$m，用名义长度为 50m 的钢尺多次丈量比长台的长度，某平均值 $l'=49.8102$m，检定时平均为 $+14$℃，拉力为 150N，求被检定钢尺的尺长方程式。

解： 钢尺在 14℃时的尺长改正数为：

$$l = \frac{(l-l')}{l'} \times l_0 = \frac{49.7986-49.8102}{49.8102} \times 50\text{m} = -0.0116(\text{m})$$

钢尺在 14℃时的尺长方程式为

$$l_t = 50\text{m} - 0.0116\text{m} + 1.2 \times 10^{-5}(t - 14℃) \times 50\text{m}$$

钢尺在 20℃时的尺长改正数为

$$l_{20℃} = 50\text{m} - 0.0116\text{m} + 1.2 \times 10^{-5}(20℃ - 14℃) \times 50\text{m} - 50\text{m} = -0.0080(\text{m})$$

被检定钢尺在 20℃时的尺长方程式为

$$l_t = 50\text{m} - 0.0080 + 1.25 \times 10^{-5}(t - 20℃) \times 50\text{m}$$

【例 4-4】 钢尺的名义长度为 30m，标准拉力下，在某检定场进行检定。已知两固定标尺间的实际长度为 180.0552m，丈量结果为 180.0214m，检定时的温度为 12℃，求该钢尺在 20℃时的尺长方程式

解： 钢尺在 12℃时的尺长改正数

$$l=(l-l')/l'\times l_0=(180.0552-180.0214)/180.0214\times 30\text{m}=0.0056(\text{m})$$

钢尺在 12℃时的尺长方程式

$$l_t=30\text{m}+0.0056\text{m}+1.25\times 10^{-5}(20℃-12℃)\times 30\text{m}-30\text{m}=0.0085(\text{m})$$

钢尺在 20℃时的尺长方程式为

$$l_t=30\text{m}+0.0085+1.25\times 10^{-5}(t-20℃)\times 30\text{m}$$

4.2.5 距离丈量的注意事项

① 钢尺用前要将零点位置、刻画和注记弄清；

② 不能被辗压；

③ 定线要直，钢尺要平，拉力要均匀，测钎应保持铅直状态；

④ 钢尺应保持顺直，不能扭转；

⑤ 不能在地面上拖着走，并且注意保护设备。

4.3 视距测量

4.3.1 概述

视距测量是利用望远镜内的视距装置配合视长，根据光学和三角学原理，同时测定距离和高差的方法。

视距丝是望远镜十字丝划板上刻制的上、下对称的两条短线。

普通视距测量的精度为 1/200～1/300；精密视距测量的精度可达 1/2000。

视距测量不受地形起伏限制，常用于较低级的平面控制，高程控制和碎部测量。

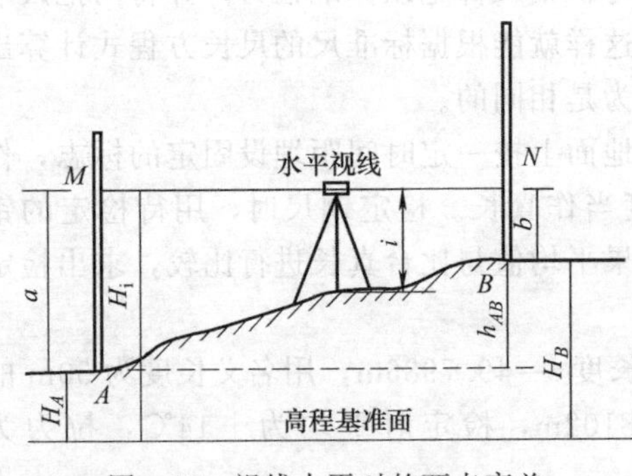

图 4-18 视线水平时的两点高差

4.3.2 视线水平时的视距与高差

(1) 水平距离

$$D=k\cdot n+C \tag{4-22}$$

式中，k 在一般的设计中为 100，而常数 C 值一般为 25cm 左右，但对于内调焦的望远镜 C 为 0，n 为上下丝的尺间隔值（视距间隔）。

$$D=100\cdot n \tag{4-23}$$

(2) 高差　如图 4-18 所示，测站点 O 与 A、B 两点的高差，分别为 $h_{OA}=i-a$，$h_{OB}=i-b$。

4.3.3 视线倾斜时的视距与高差

当视线倾斜时两点的水平距离与高差如图 4-19 所示。

$$D=D\cos\alpha=kn'\cos\alpha=kn\cos^2\alpha \tag{4-24}$$

$$h=D\tan\alpha+i-V=\frac{1}{2}k_n\sin 2\alpha+i-V \tag{4-25}$$

4.3.4 视距测量的方法（步骤）

① 将经纬仪安在测线一端 A，进行对中、整平。

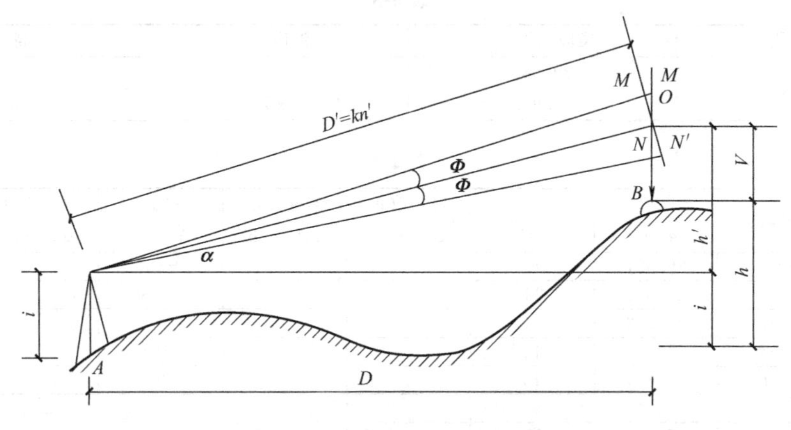

图 4-19　视线倾斜时的视距测量

② 量取仪器高 i（单位为 cm）。

③ 将视距尺立于测线另一端 B，使十字丝中丝对准某一整数，分别读出上、下、中丝的读数，并得出尺间隔数。

④ 中丝不变的情况下读出竖盘读数，并换算为竖直角。

⑤ 由公式计算出水平距离 D 和高差 h，并由已知高程推算出未知高程。

习　题

1. 距离测量的方法主要有哪几种？

2. 用钢尺丈量倾斜地面的距离有哪些方法？各适用于什么情况？

3. 何谓直线定线？目估定线通常是如何进行的？

4. 用目估定线，在距离 30m 处标杆中心偏离直线 0.40m，由此产生的量距误差为多少？

5. 用钢尺往、返丈量了一段距离，其平均值为 184.26m，要求量距的相对误差为 1/5000，则往、返丈量距离之差不能超过多少？

6. 用钢尺丈量了 AB、CD 两段距离，AB 的往测值为 206.32m，返测值为 206.17m；CD 的往测值为 102.83m，返测值为 102.74m。问这两段距离丈量的精度是否相同？为什么？

7. 怎样衡量距离丈量的精度？设丈量了 AB，CD 两段距离：AB 的往测长度为 246.68m，返测长度为 246.61m；CD 的往测长度为 435.888m，返测长度为 435.98m。问哪一段的量距精度较高？

8. 下列情况使得丈量结果比实际距离增大还是减少？

（1）钢尺比标准尺长；

（2）定线不准；

（3）钢尺不平；

（4）拉力偏大；

（5）温度比检定时低。

9. 某钢尺的尺长方程式为 $l_t=30.0000\text{m}+0.0070\text{m}+1.25\times10^{-5}\times30(t-20℃)$ m。用此钢尺在 10℃ 条件下丈量一段坡度均匀，长度为 170.380m 的距离。丈量时的拉力与钢尺检定拉力相同，并测得该段距离两端点高差为－1.8m，试求其水平距离。

10. 某钢尺的尺长方程式为 $l_t=30\text{m}-0.002\text{m}+1.25\times10^{-5}\times30(t-20℃)$ m，现用它丈量了两个尺段的距离，所用拉力为 10kg，丈量结果如表 4-3 所示，试进行尺长、温度及倾斜改正，求出各尺段的实际水平长度。

11. 试整理表 4-4 中的观测数据，并计算 AB 间的水平距离。已知钢尺为 30m，尺长方程式为 $30+0.005+1.25\times10^{-5}\times30(t-20℃)$。

表 4-3

尺　段	尺段长度/m	温度/℃	高差/m
12	29.987	16	0.11
23	29.905	25	0.85

表 4-4

线段	尺段	距离 d_i'/m	温度 /℃	尺长改正 Δd_l/mm	温度改正 Δd_t/mm	高差 h/mm	倾斜改正 Δd_h/mm	水平距离 d_i/m
A	A～1	29.391	10			+860		
	1～2	23.390	11			+1280		
	2～3	27.682	11			−140		
	3～4	28.538	12			−1030		
	4～B	17.899	13			−940		
B							$\sum_{往}$	
B	B～1	25.300	13			+860		
	1～2	23.922	13			+1140		
	2～3	25.070	11			+130		
	3～4	28.581	10			−1100		
	4～A	24.050	10			−1180		
A							$\sum_{返}$	

12. 完成表 4-5 中所列视距测量观测成果的计算。

表 4-5

测站：A　测站高程：45.86m　仪器高：1.42m　指标差：0

点号	视距间隔	中丝	竖盘读数	竖直角	高差	高程	平距	备注
1	0.874	1.42	86°43′					竖盘为顺时针分划注记
2	0.922	1.42	88°07′					
3	0.548	1.42	93°13′					
4	0.736	2.42	85°22′					
5	1.038	0.42	90°07′					
6	0.689	1.42	94°51′					
7	0.817	1.42	87°36′					
8	0.952	2.00	89°38′					

13. 为什么要进行直线定向？怎样确定直线的方向？

14. 何谓直线定向？在直线定向中有哪些标准方向线？它们之间存在什么关系？

15. 如图 4-20 所示，已知 $\alpha_{12}=49°20'$，求其余各边的坐标方位角。

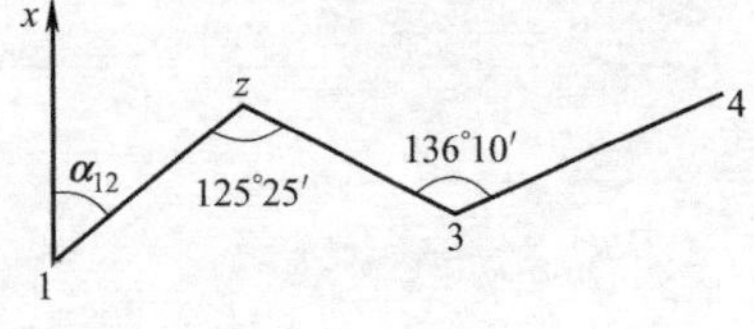

图 4-20

16. 四边形内角值如图 4-21 所示，已知 $\alpha_{12}=149°20'$，求其余各边的坐标方位角。

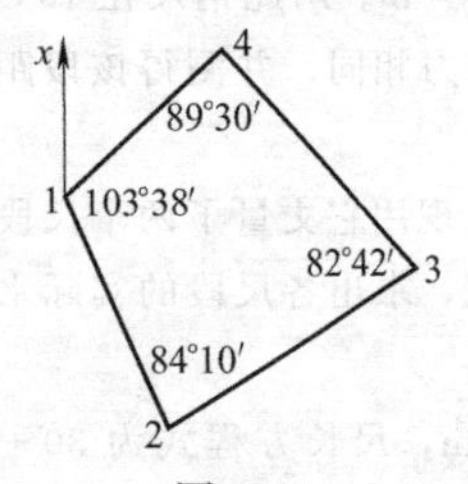

图 4-21

第5章　测量误差基本知识

5.1　测量误差概念

5.1.1　测量误差产生的原因

测量工作的实践表明，对于某一客观存在的量，如地面某两点之间的距离或高差、某三点之间构成的水平角等，尽管采用了合格的测量仪器和合理的观测方法，测量人员的工作态度也是认真负责的，但是多次重复测量的结果总是有差异，这说明测量中存在测量误差，或者说，测量误差是不可避免的。产生测量误差的原因，概括起来有以下三方面。

（1）仪器的原因　测量工作是需要用经纬仪、水准仪等测量仪器进行的，而测量仪器的构造不可能十分完善，从而使测量结果受到一定影响。例如经纬仪的视准轴与横轴不垂直，度盘刻画误差都会使所测角度产生误差；水准仪的视准轴不平行于水准管轴的残余误差会对高差产生影响。

（2）观测者的原因　由于观测者的感觉器官的鉴别能力存在局限性，所以对仪器的各项操作，如经纬仪对中、整平、瞄准、读数等方面都会产生误差。此外，观测者的技术熟练程度也会对观测成果带来不同程度的影响。

（3）外界环境的影响　测量时所处的外界环境（包括温度、风力、日光、大气折光等）时刻在变化，使测量结果产生误差。例如温度变化会使钢尺产生伸缩，风吹和日光照射会使仪器的安置不稳定，大气折光使瞄准产生偏差等。

人、仪器和外界环境是测量工作的观测条件，由于受到这些条件的影响，测量中的误差是不可避免的。观测条件相同的各次观测称为等精度观测；观测条件不相同的各次观测称为不等精度观测。

5.1.2　测量误差的分类

测量误差按其对观测结果影响性质的不同可以分为系统误差与偶然误差两类。

（1）系统误差　在相同的观测条件下对某一量进行一系列的观测，若误差的出现在符号和数值上均相同，或按一定的规律变化，这种误差称为系统误差。例如用名义长度为30.000m，而实际正确长度为30.006m的钢卷尺量距，每量一尺段就有0.006m的误差，其量距误差的影响符号不变，且与所量距离的长度成正比，因此系统误差具有积累性，对测量结果的影响较大；另一方面，系统误差对观测值的影响具有一定的规律性，且这种规律性总能想办法找到，因此系统误差对观测值的影响可用计算公式加以改正，或用一定的测量措施加以消除或削弱。

（2）偶然误差　在相同的观测条件下对某一量进行一系列的观测，若误差出现的符号和数值大小均不一致，表面上没有规律，这种误差称为偶然误差。偶然误差是由人力所不能控制的因素（例如人眼的分辨能力、气象因素等）共同引起的测量误差，其数值的正负、大小纯属偶然。例如在厘米分划的水准尺上读数，估读毫米数时，有时估读过大，有时过小；大气折光使望远镜中成像不稳定，引起目标瞄准有时偏左，有时偏右。多次观测取其平均，可以抵消掉一些偶然误差，因此偶然误差具有抵偿性，对测量结果影响不大；另一方面，偶然误差是不可避免的，且无法消除，但应加以限制。在相同的观测条件下观测某一量，所出现的大量偶然误差具有统计的规律，或称之为具有概率论的规律，关于这方面的内容将在下一节讨论。

(3) 错误　歪曲测量成果或计算出的结果与实际不符，都是错误。产生原因多半是观测者不正确操作，或粗心大意，或过分疲劳等使测出的成果产生错误。如在水准测量时，由于粗心，误把上丝或下丝当成中丝去读数，测出的高差将是错误的。记录时听错、笔误等都是错误。错误不算作误差，会给工作带来难以估量的损失，为了发现和消除错误，除采取必要地检核外，测量工作者应有严肃、认真的工作态度。

除了上述两种误差以外，在测量工作中还可能发生错误，例如瞄错目标，读错读数等。错误是由于观测者的粗心大意所造成的。测量工作中，错误是不允许的，含有错误的观测值应该舍弃，并重新进行观测。

5.1.3 多余观测

为了防止错误的发生和提高观测成果的质量，在测量工作中一般要进行多过必要的观测，称为多余观测。例如一段距离采用往返丈量，如果往测属于必要观测，则返测就属于多余观测；又如对一个水平角观测了3个测回，如果第一个测回属于必要观测，则其余2个测回就属于多余观测。有了多余观测可以发现观测值中的错误，以便将其剔除或重测。由于观测值中的偶然误差不可避免，有了多余观测，观测值之间必然产生差值（不符值、闭合差），因此我们可根据差值的大小来评定测量的精度（精确程度），差值如果大到一定的程度，就认为观测值中有错误（不属于偶然误差），称为误差超限。差值如果不超限，则按偶然误差的规律加以处理，称为闭合差的调整，以求得最可靠的数值。

5.1.4 偶然误差的特性

设某一量的真值为 x，对此量进行 n 次观测，得到的观测值为 l_1，l_2，…，l_n，在每次观测中发生的偶然误差（又称真误差）为 Δ_1，Δ_2，…，Δ_n，则定义：

$$\Delta_i = X - l_i \qquad i=1,2,\cdots,n \tag{5-1}$$

测量误差理论主要讨论在具有偶然误差的一系列观测值中，如何求得最可靠的结果和评定观测成果的精度。为此需要对偶然误差的性质作进一步的讨论。

从某个偶然误差来看，其符号的正负和数值的大小没有任何规律性。但是如果观测的次数很多，观察其大量的偶然误差，就能发现隐藏在偶然性下面的必然性规律。进行统计的数量越大，规律性也越明显。下面结合某观测实例，用统计方法进行分析。

某一测区，在相同的观测条件下共观测了365个三角形的全部内角。由于每个三角形内角之和的真值（180°）已知，因此可以按式（5-1）计算三角形内角之和的偶然误差 Δ_i（三角形闭合差），再将正误差、负误差分开，并按其绝对值由小到大进行排列。以误差区间 $d_\Delta - 2''$ 进行误差个数 k 的统计，顺便计算其相对个数 $k/n(k=365)$，k/n 称为误差出现的频率。结果见表5-1。

表5-1 偶然误差的统计

误差区间 d_Δ	负误差		正误差	
	k	k/n	k	k/n
0″～2″	47	0.129	46	0.126
2″～4″	42	0.115	41	0.112
4″～6″	32	0.088	34	0.093
6″～8″	22	0.060	22	0.060
8″～10″	16	0.044	18	0.050

续表

误差区间 d_{Δ}	负误差		正误差	
	k	k/n	k	k/n
10″～12″	12	0.033	14	0.039
12″～14″	6	0.016	7	0.019
14″～16″	3	0.008	3	0.008
16″以上	0	0	0	0
Σ	180	0.493	185	0.507

按表5-1的数据作图（图5-1）可以直观地看出偶然误差的分布情况。图中以横坐标表示误差的正负与大小，以纵坐标表示误差出现于各区间的频率（相对个数）除以区间的间隔 d_{Δ}，每一区间按纵坐标作成矩形小条，则小条的面积代表误差出现在该区间的频率，而各小条的面积总和等于1，该图称为频率直方图。

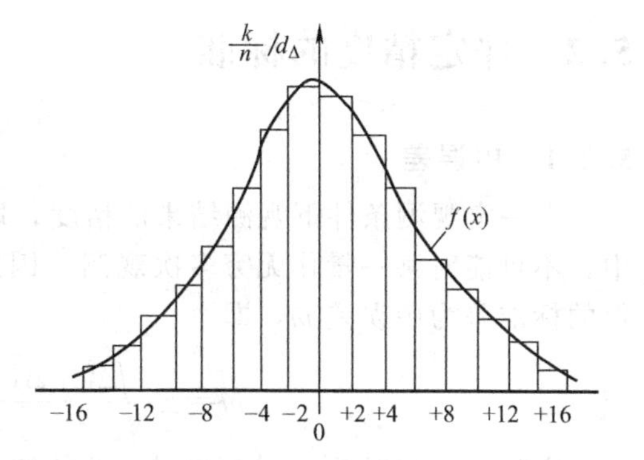

图5-1　频率直方图

从表5-1的统计中可以归纳出偶然误差的四个特性：

① 在一定观测条件下的有限次观测中，绝对值超过一定限值的误差出现的频率为零；

② 绝对值较小的误差出现的频率大，绝对值较大的误差出现的频率小；

③ 绝对值相等的正、负误差出现的频率大致相等；

④ 当观测次数无限增大时，偶然误差的算术平均值趋近于零，即偶然误差具有抵偿性。

用公式表示：

$$\lim_{n\to\infty}\frac{[\Delta]}{n}=0 \tag{5-2}$$

式中，“[　]”表示取括号中数值的代数和，即 $[\Delta]=\Delta_1+\Delta_2+\cdots+\Delta_n$；$n$ 为 Δ 的个数。

以上根据365个三角形角度闭合差作出的误差出现频率直方图的基本图形（中间高、两边低并向横轴逐渐逼近的对称图形），并不是一种特例而是统计偶然误差出现的普遍规律，并且可以用数学公式来表示。

当误差的个数 $n\to\infty$，同时又无限缩小误差的区间 d_{Δ}，则图5-1中各小长条的顶边的折线就逐渐成为一条光滑的曲线。该曲线在概率论中称为正态分布曲线，它完整地表示了偶然误差出现的概率 P（当 $n\to\infty$ 时，上述误差区间内误差出现的频率趋于稳定，成为概率）。

正态分布的数学方程式为

$$y=f(\Delta)=\frac{1}{\sqrt{2\pi}\sigma}e^{-\frac{\Delta^2}{2\sigma^2}} \tag{5-3}$$

式中 $\pi=3.1416$ 为圆周率；$e=2.7183$ 为自然对数的底；σ 为标准差；标准差的平方 σ^2 称为方差。方差为偶然误差平方的理论平均值

$$\sigma^2=\lim_{n\to\infty}\frac{\Delta_1^2+\Delta_2^2+\cdots+\Delta_n^2}{n}=\lim_{n\to\infty}\frac{[\Delta\Delta]}{n} \tag{5-4}$$

标准差为

$$\sigma=\pm\lim_{n\to\infty}\sqrt{\frac{[\Delta\Delta]}{n}} \tag{5-5}$$

由式（5-5）可知，标准差的大小决定于在一定条件下偶然误差出现的绝对值的大小。由于在计算时取各个偶然误差的平方和，当出现有较大绝对值的偶然误差时，在标准差 σ 中会得到明显的反应。式（5-3）称为正态分布的密度函数，以偶然误差 Δ 为自变量，标准差 σ 为密度函数的唯一参数。

5.2　评定精度的标准

5.2.1　中误差

在一定观测条件下观测结果的精度，取标准差 σ 是比较合适的。但是在实际测量工作中，不可能对某一量作无穷多次观测，因此定义按有限次观测的偶然误差（真误差）求得的标准差为中误差 m，即

$$m=\pm\sqrt{\frac{\Delta_1^2+\Delta_2^2+\cdots+\Delta_n^2}{n}}=\pm\sqrt{\frac{[\Delta\Delta]}{n}} \tag{5-6}$$

实际上，中误差 m 是标准差 σ 的估值。

【例 5-1】 *对三角形的内角进行两组观测（各测 10 次），根据两组观测值中的偶然误差（真误差），分别计算其中误差列于表 5-2。*

表 5-2　按观测值的真误差计算中误差

序号	第一组观测			第二组观测		
	观测值 l_i	真误差 Δ_i	Δ_i^2	观测值 l_i	真误差 Δ_i	Δ_i^2
1	179°59′59″	+1″	1	180°00′08″	−8″	64
2	179°59′58″	+2″	4	179°59′54″	+6″	36
3	180°00′02″	−2″	4	180°00′03″	−3″	9
4	179°59′57″	+3″	9	180°00′00″	0″	0
5	180°00′03″	−3″	9	179°59′53″	+7″	49
6	180°00′00″	0″	0	179°59′51″	+9″	81
7	179°59′56″	+4″	16	180°00′08″	−8″	64
8	180°00′03″	−3″	9	180°00′07″	−7″	49
9	179°59′58″	+2″	4	179°59′54″	+6″	36
10	180°00′02″	−2″	4	180°00′04″	−4″	16
Σ		−2″	60		−2″	404
中误差	$[\Delta\Delta]=60, n=10$			$[\Delta\Delta]=404, n=10$		
	$m_1=\pm\sqrt{\frac{[\Delta\Delta]}{n}}=\pm 2.5''$			$m_2=\pm\sqrt{\frac{[\Delta\Delta]}{n}}=\pm 6.4''$		

从表 5-2 中可见，第二组观测值的中误差大于第一组观测值的中误差，虽然这两组观测值的真误差之和［Δ］是相等的，但是在第二组观测值中出现了较大的误差（−8″，+9″），因此相对来说其精度较低。

在一组观测值中，当中误差 m 确定以后，就可以画出它所对应的误差正态分布曲线。根据式（5-3），当 $\Delta=0$ 时，$f(\Delta)$ 有最大值。当以中误差 m 代替标准差 σ 时，最大值为 $\frac{1}{\sqrt{2\pi}m}$。因此，当 m 较小时，曲线在纵轴方向的顶峰表示小误差比较集中；当 m 较大时，曲线在纵轴方向的顶峰较低，曲线形状平缓，表示误差分布比较离散。如图 5-2 所示（$m_1<m_2$）。

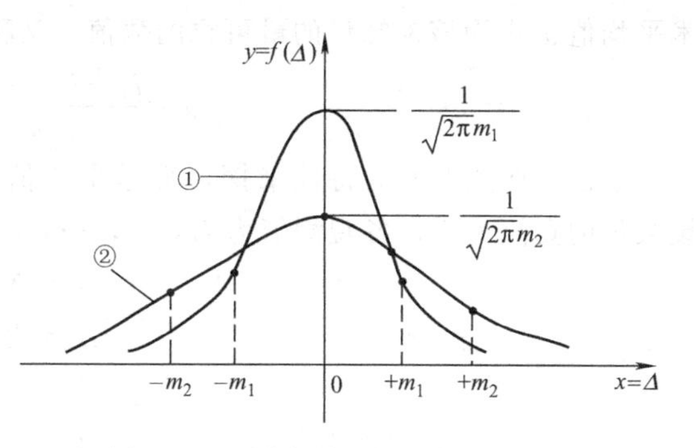

图 5-2　不同中误差的正态分布曲线

5.2.2　相对误差

在某些测量工作中，用中误差这个标准还不能反映出观测的质量，例如用钢尺丈量 200m 及 80m 两段距离，观测值的中误差都是±20mm，但不能认为两者的精度一样；因为量距误差与其长度有关，为此，用观测值的中误差绝对值与观测值之比化为分子为 1 的分数的形式称为相对中误差。上例中，前者的相对中误差为 $K_1=0.02/200=1/10000$；而后者的相对中误差则为 $K_2=0.02/80=1/4000$。前者精度高于后者。

5.2.3　极限误差

由频率直方图（图 5-1）知道，各矩形小条的面积代表误差出现在该区间中的频率；当统计误差的个数无限增加、误差区间无限减小时，频率逐渐稳定而成为概率，直方图的顶边即形成正态分布曲线。因此根据正态分布曲线可以求得出现在小区间 dΔ 中的概率，即

$$p(\Delta)=f(\Delta)\mathrm{d}\Delta=\frac{1}{\sqrt{2\pi}m}\mathrm{e}^{-\frac{\Delta^2}{2m^2}}\cdot\mathrm{d}\Delta \tag{5-7}$$

根据上式的积分可以得到偶然误差在任意区间出现的概率。设以 k 倍中误差作为区间，则在此区间中误差出现的概率：

$$p(|\Delta|<k\cdot m)=\int_{-km}^{+km}\frac{1}{\sqrt{2\pi}m}\mathrm{e}^{-\frac{\Delta^2}{2m^2}}\cdot\mathrm{d}\Delta \tag{5-8}$$

上式经积分后，以 $k=1$、2、3 代入，可得到偶然误差的绝对值不大于 1 倍中误差、2 倍中误差和 3 倍中误差的概率：

$$\begin{aligned}P(|\Delta|<m)&=0.683=68.30\%\\P(|\Delta|<2m)&=0.954=95.40\%\\P(|\Delta|<3m)&=0.997=99.7\%\end{aligned} \tag{5-9}$$

由此可见，偶然误差的绝对值大于 2 倍中误差的约占误差总数的 5%，而大于 3 倍中误差的仅占误差总数的 0.3%。由于一般进行测量的次数有限，上述情况很少遇到，因此以 2 倍或 3 倍中误差作为容许误差的极限，称为容许误差或称极限误差。

$$\Delta_{容}=2m\ 或\ \Delta_{容}=3m \tag{5-10}$$

前者要求较严，而后者要求较宽。测量中出现的误差如果大于容许值，是不正常的，即认为观测值中存在错误，该观测值应该放弃或重测。

5.3　观测值的精度评定

5.3.1　算术平均值

对某未知量进行几次等精度观测，其观测值分别为 l_1，l_2，…，l_n，将这些观测值取算

术平均值 x 作为该未知量的最可靠的数值，又称最或然值（也称为最或是值），即

$$x=\frac{l_1+l_2+\cdots+l_n}{n}=\frac{[l]}{n} \tag{5-11}$$

下面以偶然误差的特性来探讨算术平均值 x 作为某量的最或然值的合理性和可靠性。设某量的真值为 X，各观测值为 l_1，l_2，…，l_n，其相应的真误差为 Δ_1，Δ_2，…，Δ_n，则

$$\begin{aligned}\Delta_1&=X-l_1\\ \Delta_2&=X-l_2\\ &\vdots\\ &\vdots\\ \Delta_n&=X-l_n\end{aligned} \tag{5-12}$$

将等式两端分别相加并除以 n，则

$$\frac{[\Delta]}{n}=X-\frac{[l]}{n}=X-x \tag{5-13}$$

根据偶然误差第 4 特性，当观测次数 n 无限增大时，$\frac{[\Delta]}{n}$近于零，即

$$\lim_{n\to\infty}\frac{[\Delta]}{n}=0 \tag{5-14}$$

由此看出，当观测次数无限大时，算术平均值 x 趋近于该量的真值 X。但在实际工作中不可能进行无限次的观测，这样，算术平均值就不等于真值，因此，我们就把有限个观测值的算术平均值认为是该量的最或然值。

5.3.2 观测值的改正值

观测值的改正值（以 ν 表示），是算术平均值与观测值之差，即

$$\begin{aligned}\nu_1&=x-l_1\\ \nu_2&=x-l_2\\ &\vdots\\ &\vdots\\ \nu_n&=x-l_n\end{aligned} \tag{5-15}$$

将等式两端分别相加，得

$$[\nu]=nx-[l] \tag{5-16}$$

将 $x=\frac{[l]}{n}$带入上式，得

$$[\nu]=n\frac{[l]}{n}-[l]=0 \tag{5-17}$$

因此一组等精度观测值的改正值之和恒等于零。这一结论可作为计算工作的校核。

另外，设在式（5-15）中以 x 为自变量（待定值），则改正值 ν_i 为自变量的函数。如果使改正值的平方和为最小值，即

$$[\nu\nu]_{\min}=(x-l_1)^2+(x-l_2)^2+\cdots+(x-l_n)^2 \tag{5-18}$$

以此作为条件（称为“最小二乘原则”）来求 x，这就是高等数学中求条件极值的问题。令

$$\frac{\mathrm{d}[\nu\nu]}{\mathrm{d}x}=2[(x-l)]=0 \tag{5-19}$$

可得到

$$nx-[l]=0$$

$$x=\frac{[l]}{n} \tag{5-20}$$

此式即式（5-11），由此可知，取一组等精度观测值的算术平均值 x 作为最或然值，并据此得到各个观测值的改正值是符合最小二乘原则的。

5.3.3 按观测值的改正值计算中误差

一组等精度观测值在真值已知的情况下（例如三角形的三内角之和），可以按式（5-1）计算观测值的真误差，按式（5-6）计算观测值的中误差。

在一般情况下，观测值的真值 X 往往是不知道的，真误差 Δ 也就无法求得，因此就不能用式（5-6）来求中误差。由上一节知道：在同样条件下对某量进行多次观测，可以计算其最或然值——算术平均值 x 及各个观测值的改正值 ν_i；并且也知道，最或然值 x 在观测次数无限增多时，将逐渐趋近于真值 x。在观测次数有限时，以 x 代替 X，就相当于以改正值 ν_i 代替真误差 Δ_i。由此得到按观测值的改正值计算观测值的中误差的实用公式

$$m=\pm\sqrt{\frac{[\nu\nu]}{n-1}} \tag{5-21}$$

式（5-21）与式（5-6）不同之处：分子以［$\nu\nu$］代替［$\Delta\Delta$］，分母以（$n-1$）代替 n。实际上，凡和（$n-1$）是代表两种不同情况下的多余观测数。因为，在真值已知的情况下，所有 n 次观测均为多余观测，而在真值未知情况下，则其中一个观测值是必要的，其余（$n-1$）个观测值是多余的。

式（5-21）也可以根据偶然误差的特性来证明。根据式（5-1）和式（5-15）

$$\begin{aligned}\Delta_1&=X-l_1 & \nu_1&=x-l_1\\ \Delta_2&=X-l_2 & \nu_2&=x-l_2\\ &\vdots & &\vdots\\ &\vdots & &\vdots\\ \Delta_n&=X-l_n & \nu_n&=x-l_n\end{aligned}$$

上列左、右两式分别相减，得到

$$\begin{aligned}\Delta_1&=\nu_1+(X-x)\\ \Delta_2&=\nu_2+(X-x)\\ &\vdots\\ &\vdots\\ \Delta_n&=\nu_n+(X-x)\end{aligned} \tag{5-22}$$

上列各式取其总和，即［ν］=0，得到

$$[\Delta]=nX-nx$$

$$X-x=\frac{[\Delta]}{n} \tag{5-23}$$

为了求得［$\Delta\Delta$］与［$\nu\nu$］的关系，将式（5-22）等号两端平方，取其总和，即［ν］=0，得到

$$[\Delta\Delta]=[\nu\nu]+n(X-x)^2 \tag{5-24}$$

式中 $(X-x)^2=\frac{[\Delta]^2}{n^2}=\frac{\Delta_1^2+\Delta_2^2+\cdots+\Delta_n^2}{n^2}+\frac{2\ (\Delta_1\Delta_2+\Delta_1\Delta_3+\cdots+\Delta_{n-1}\Delta_n)}{n^2}$，式中右端第二项中 $\Delta_i\Delta_j\,(i\neq j)$ 为两个偶然误差的乘积，仍具有偶然误差的特性，根据其第4特性：

$$\lim_{n\to\infty}\frac{\Delta_1\Delta_2+\Delta_1\Delta_3+\cdots+\Delta_{n-1}\Delta_n}{n}=0 \tag{5-25}$$

当 n 为有限数值时，上式的值为一微小量，再除以 n 后更可以忽略不计，因此

$$(X-x)^2=\frac{[\Delta\Delta]}{n^2} \tag{5-26}$$

将上式代入式（5-24），得到

$$[\Delta\Delta]=[\nu\nu]+\frac{[\Delta\Delta]}{n} \tag{5-27}$$

或

$$\frac{[\Delta\Delta]}{n}=\frac{[\nu\nu]}{n-1} \tag{5-28}$$

由此证明式（5-21）成立。式（5-21）为对于某一量进行多次观测而评定观测值精度的实用公式。对于算术平均值 x，其中误差 m_x 可用下式计算：

$$m_x=\frac{m}{\sqrt{n}}=\pm\sqrt{\frac{[\nu\nu]}{n(n-1)}} \tag{5-29}$$

式（5-29）为等精度观测算术平均值的中误差的计算公式。式（5-29）将在下节［例 5-5］中进行证明。

【例 5-2】 对于某一水平角，在相同观测条件下用 J6 光学经纬仪进行 6 次观测，求其算术平均值 x、观测值的中误差 m 以及算术平均值中误差 m_x。计算在表 5-3 中进行。在计算算术均值时，由于各个观测值相互比较接近，因此，令各观测值共同部分为 10 即

$$l_i=l_0+\Delta l_i(i-1,2,\cdots,n) \tag{5-30}$$

则算术平均值的实用计算公式为

$$x=l_0+\frac{[\Delta l]}{n} \tag{5-31}$$

表 5-3 按观测值的改正值计算中误差

序号	观测值 l_i	Δl_i	改正值 ν_i	ν_i^2	计算 x、m 及 m_x
1	78°26′42″	42″	−7″	49	$x=l_0+\frac{[\Delta l]}{n}=78°26'35''$ $[\nu\nu]=300, n=6$ $m=\pm\sqrt{\frac{[\nu\nu]}{n-1}}=\pm7.8''$ $m_x=\frac{m}{\sqrt{n}}=\pm3.2''$
2	78°26′36″	36″	−1″	1	
3	78°26′24″	24″	+11″	121	
4	78°26′45″	45″	−10″	100	
5	78°26′30″	30″	+5″	25	
6	78°26′33″	33″	+2″	4	
Σ	l_0=78°26′00″	210″	0″	300	

5.4 误差传播定律及其应用

前面已经探讨了衡量一组等精度观测值的精度指标，并指出在测量工作中通常以中误差作为衡量精度的指标。但在实际工作中，某些未知量不可能或不便于直接进行观测，而需要由另一些直接观测量根据一定的函数关系计算出来。例如，欲测量不在同一水平面上两点间的水平距离 D，可以用光电测距仪测量斜距 D'，并用经纬仪测量竖直角 α，以函数关系 $D=D'\cos\alpha$ 来推算。显然，在此情况下，函数值 D 的中误差与观测值 D' 及 α 的中误差之间，必定有一定关系。阐述这种函数关系的定律，称为误差传播定律。

下面推导一般函数关系的误差传播定律。

设有一般函数

$$Z=F(x_1,x_2,\cdots,x_n) \tag{5-32}$$

式中，x_1，x_2，…，x_n为可直接观测的相互独立的未知量；Z 为不便于直接观测的未知量。

设 x_i（$i=1$，2，…，n）的独立观测值为 l_i，其相应的真误差为 Δx_i。由于 Δx_i的存在，使函数 z 亦产生相应的真误差 Δz。将式（5-32）取全微分

$$\mathrm{d}z=\frac{\partial F}{\partial x_1}\cdot \mathrm{d}x_1+\frac{\partial F}{\partial x_2}\cdot \mathrm{d}x_2+\cdots+\frac{\partial F}{\partial x_n}\cdot \mathrm{d}x_n \tag{5-33}$$

因误差 Δx_i 及 Δz 都很小，故在上式中，可近似用 Δx_i 及 Δz 代替 $\mathrm{d}x_i$ 及 $\mathrm{d}z$，于是有

$$\Delta z=\frac{\partial F}{\partial x_1}\cdot \Delta x_1+\frac{\partial F}{\partial x_2}\cdot \Delta x_2+\cdots+\frac{\partial F}{\partial x_n}\cdot \Delta x_n \tag{5-34}$$

式中，$\frac{\partial F}{\partial x_i}$为函数 F 对各个变量的偏导数。将 $x_i=l_i$代入各偏导数中，即为确定的常数，设

$$\left(\frac{\partial F}{\partial x_i}\right)_{x_i=l_i}=f_i \tag{5-35}$$

则式（5-35）可写成

$$\Delta z=f_1\cdot \Delta x_1+f_2\cdot \Delta x_2+\cdots+f_n\cdot \Delta x_n \tag{5-36}$$

为了求得函数和观测值之间的中误差关系式，设想对各 x_i 进行了 k 次观测，则可写出 k 个类似于式（5-36）的关系式：

$$\begin{aligned}\Delta z^{(1)}&=f_1\cdot \Delta x_1^{(1)}+f_2\cdot \Delta x_2^{(1)}+\cdots+f_n\cdot \Delta x_n^{(1)}\\ \Delta z^{(2)}&=f_1\cdot \Delta x_1^{(2)}+f_2\cdot \Delta x_2^{(2)}+\cdots+f_n\cdot \Delta x_n^{(2)}\\ \Delta z^{(k)}&=f_1\cdot \Delta x_1^{(k)}+f_2\cdot \Delta x_2^{(k)}+\cdots+f_n\cdot \Delta x_n^{(k)}\end{aligned} \tag{5-37}$$

将以上各式等号两边平方，再相加，得

$$[\Delta z^2]=f_1^2\cdot[\Delta x_1{}^2]+f_2^2\cdot[\Delta x_2^2]+\cdots+f_n^2\cdot[\Delta x_n^2]+\sum_{\substack{i,j=1\\(i\neq j)}}^{n}f_1f_2[\Delta x_i\Delta x_j] \tag{5-38}$$

上式两端各除以 k，得到

$$\frac{[\Delta z^2]}{k}=f_1^2\cdot\frac{[\Delta x_1^2]}{k}+f_2{}^2\cdot\frac{[\Delta x_2^2]}{k}+\cdots+f_n^2\cdot\frac{[\Delta x_n^2]}{k}+\sum_{\substack{i,j=1\\(i\neq j)}}^{n}f_1f_2\frac{[\Delta x_i\Delta x_j]}{k} \tag{5-39}$$

设对各 x_i的观测值 l_i为彼此独立的观测，则 $\Delta x_i\Delta x_j$（$i\neq j$）亦为偶然误差。根据偶然误差的第四个特性可知，式（5-39）的末项当 $k\to\infty$时趋近于零，即

$$\lim_{k\to\infty}=\frac{\Delta x_i\Delta x_j}{k}=0$$

故式（5-39）可写为

$$\lim_{k\to\infty}=\frac{[\Delta z^2]}{k}=\lim_{k\to\infty}(f_1^2\cdot\frac{[\Delta x_1^2]}{k}+f_2^2\cdot\frac{[\Delta x_2^2]}{k}+\cdots+f_n^2\cdot\frac{[\Delta x_n^2]}{k}) \tag{5-40}$$

根据中误差的定义，上式可写成

$$\sigma_z^2=f_1{}^2\cdot\sigma_1^2+f_2{}^2\cdot\sigma_2^2+\cdots+f_n{}^2\cdot\sigma_n^2 \tag{5-41}$$

当 k 为有限值时，可写为

$$m_z^2=f_1{}^2\cdot m_1^2+f_2{}^2\cdot m_2^2+\cdots+f_n{}^2\cdot m_n^2 \tag{5-42}$$

$$m_z=\pm\sqrt{\left(\frac{\partial F}{\partial x_i}\right)^2\cdot m_1^2+\left(\frac{\partial F}{\partial x_i}\right)^2\cdot m_2^2+\cdots+\left(\frac{\partial F}{\partial x_i}\right)^2\cdot m} \tag{5-43}$$

式（5-43）即为计算函数中误差的一般形式。应用式（5-27）时，必须注意：各观测值必须是相互独立的变量。

【例 5-3】 在 1∶500 地形图上，量得某线段的平距为 $d_{AB}=51.2\mathrm{mm}\pm0.2\mathrm{mm}$，求 AB

的实地平距 D_{AB} 及其中误差 m_D。

解　函数关系为 $D_{AB}=500\times dB=25600$（mm）

$f_1=\dfrac{\partial D}{\partial d}=500$，$m_D=\pm0.2$mm，代入误差公式（5-43）中，得

$$m_D^2=500^2\times m_D^2=10000\ (\text{mm}^2)$$

最后得 $D_{AB}=25.6\text{m}\pm0.1\text{m}$

【例 5-4】　水准测量测站高差计算公式：$h=a-b$。已知后视读数误差为，$m_a=\pm1$mm；前视读数误差为 $m_b=\pm1$mm，计算每测站高差的中误差 m_h。

解　函数关系式 $h=a-b$

$f_1=\dfrac{\partial h}{\partial a}=1$，$f_2=\dfrac{\partial h}{\partial b}=-1$。应用误差传播公式（5-43），有

$$m_h^2=1^2m_a^2+(-1)^2m_b^2=2\ (\text{mm}^2)$$

最后得

$$m_h=\pm1.41\text{mm}$$

【例 5-5】　对某段距离测量了 n 次，观测值为 l_1，l_2，…，l_n，所有观测值为相互独立的等精度观测值，观测值中误差为 m，试求其算术平均值 x 的中误差 m_x。

解　函数关系式为

$$x=\frac{[l]}{n}=\frac{1}{n}\cdot l_1+\frac{1}{n}\cdot l_2+\cdots+\frac{1}{n}\cdot l_n$$

上式取全微分

$$dx=\frac{1}{n}\cdot dl_1+\frac{1}{n}\cdot dl_2+\cdots+\frac{1}{n}\cdot dl_n$$

根据误差传播公式（5-43），有

$$m_x^2=\frac{1}{n^2}\cdot m^2+\frac{1}{n^2}\cdot m^2+\cdots+\frac{1}{n^2}\cdot m^2$$

最后得

$$m_x=\frac{m}{\sqrt{n}} \tag{5-44}$$

上式即为式（5-29）。n 次等精度直接观测值的算术平均值的中误差为观测值中误差的 $1/\sqrt{n}$，因此，增加观测次数可以提高算术平均值的精度。

【例 5-6】　光电测距三角高程公式为 $h=D\tan\alpha+i-\nu$。已知：$D=192.263\text{m}\pm0.006\text{m}$，$\alpha=8°9'16''\pm6''$，$i=1.515\text{m}\pm0.002\text{m}$，$\nu=1.627\text{m}\pm0.002\text{m}$，求高差 h 值及其中误差 m_h。

解　高差函数式 $h=D\tan\alpha+i-\nu=27.437$m

上式取全微分，有

$$dh=\tan\alpha\cdot dD+(D\sec^2\alpha)\frac{d\alpha''}{\rho''}+di-d\nu$$

所以 $f_1=\tan\alpha=0.1433$，$f_2=(D\sec^2\alpha)/\rho''=0.9513$，$f_3=+1$，$f_4=-1$。应用误差传播公式（5-43）有

$$m_h^2=f_1{}^2\cdot m_D^2+f_2{}^2\cdot m_\alpha^2+f_3{}^2\cdot m_i^2+\cdots+f_4{}^2\cdot m_\nu^2=41.3182\ (\text{mm}^2)$$

故　　$$m_h=\pm6.5\text{mm}\approx\pm7\text{mm}$$

最后结果为

$$h=27.437\text{m}\pm0.007\text{m}$$

5.5　权的概念

在对某一未知量进行不等精度观测时，各观测值的中误差各不相同，即观测值具有不同程度的可靠性。在求未知量最可靠值时，就不能像等精度观测那样简单地取算术平均值。因为较可靠的观测值，应对最后结果产生较大的影响。

各不等精度观测值的不同的可靠程度，可用一个数值来表示，称为各观测值的权，用 P 表示。“权”是权衡轻重的意思，观测值的精度较高，其可靠性也较强，则权也较大。例如，设对某一未知量进行了两组不等精度观测，每组内各观测值是等精度的。设第一组观测了四次，其观测值为 l_1，l_2，l_3，l_4；第二组观测了两次，观测值为 l'_1，l'_2。这些观测值的可靠程度都相同，则每组分别取算术平均值作为最后观测值，即

$$x_1=\frac{l_1+l_2+l_3+l_4}{4} \tag{5-45}$$

$x_2=\frac{l'_1+l'_2}{2}$两组观测值合并，相当于等精度观测了 6 次，故两组观测值的最后结果应为

$$x_2=\frac{l_1+l_2+l_3+l_4+l'_1+l'_2}{6} \tag{5-46}$$

但对 x_1、x_2来说，彼此是不等精度观测，如果用 x_1、x_2来计算 x，则上式计算实际值是

$$x=\frac{4x_1+2x_2}{4+2} \tag{5-47}$$

从不等精度的观点来看，测量值 x_1是四次观测值的平均值，x_2是两次观测值的平均值，x_1和 x_2的可靠性是不一样的，故可取 4 和 2 为其相应的权，以表示 x_1、x_2可靠程度的差别。若取 2 和 1 为其相应的权，x 的计算结果相同。由于上式分子、分母各乘同一常数，最后结果不变，因此，权是对各观测结果的可靠程度给予数值表示，只具有相对意义，并不反映中误差绝对值的大小。

5.5.1　权与中误差的关系

一定的中误差，对应着一个确定的误差分布，即对应着一定的观测条件。观测结果的中误差愈小，其结果愈可靠，权就愈大。因此，可以根据中误差来定义观测结果的权。设不等精度观测值的中误差分别为 m_1，$m_2\cdots$，m_n，则相应权可以用下面的式子来定义：

$$p_1=\mu^2/m_1^2;p_2=\mu^2/m_2^2;\cdots;p_n=\mu^2/m_n^2 \tag{5-48}$$

式中，μ 为任意常数。

根据前面所举的例子，l_1，l_2，l_3，l_4和 l'_1，l'_2是等精度观测列，设其观测值的中误差皆为 m，则第一组算术平均值 x_1的中误差 m_1，可以根据误差传播定律，按式（5-44）求得

$$m_1^2=\frac{m^2}{4} \tag{5-49}$$

同理，设第二组算术平均值 x_2的中误差为 m_2，则有

$$m_2^2=\frac{m^2}{2} \tag{5-50}$$

根据权的定义，将 m_1 和 m_2 分别代入式（5-48）中，得

$$p_1=\mu^2/m_1^2=4\mu^2/m^2 \tag{5-51}$$

$$p_1=\mu^2/m^2=2\mu^2/m^2 \tag{5-52}$$

式中，μ 为任意常数。

设 $\mu^2=m^2$，则 x_1、x_2 的权分别为

$$p_1=4,\ p_2=2$$

若设 $\mu^2=\frac{m^2}{2}$，则 x_1、x_2 的权分别为

$$p_1=2,\ p_2=1$$

因此，任意选择 μ 值，可以使权变为便于计算的数值。

【例 5-7】 设对某一未知量进行了 n 次等精度观测，求算术平均值的权。

解 设一测回角度观测值的中误差为 m，则由式（5-44），算术平均值的中误差 $m_x=\frac{m}{\sqrt{n}}$由权的定义并设 $\mu=m$，则

一测回观测值的权为 $p=\mu^2/m^2=1$

算术平均值的权为 $p=\mu^2/m_x^2=n$

由上例可知，取一测回角度观测值之权为 1，则 n 个测回观测值的算术平均值的权为 n。故角度观测的权与其测回数成正比。在不等精度观测中引入“权”的概念，可以建立各观测值之间的精度比值，以便更合理地处理观测数据。例如，设一测回观测值的中误差为 m，其权为 p_0，并设 $\mu^2=m^2$，则

$$p_0=\frac{\mu^2}{m^2}=1$$

等于 1 的权称为单位权，而权等于 1 的中误差称为单位权中误差，一般用 μ 表示。对于中误差为 m_i 的观测值（或观测值的函数），其相应的权为 p_i，即

$$p_i=\frac{\mu^2}{m_i^2}$$

则相应的中误差的另一表达式可写为

$$m_i=\pm\mu\sqrt{\frac{1}{p_i}} \tag{5-53}$$

5.5.2 加权算术平均值及其中误差

设对同一未知量进行了 n 次不等精度观测，观测值为 l_1，l_2，…，l_n，其相应的权为 p_1，p_2，…，p_n，则加权算术平均值为不等精度观测值的最可靠值，其计算公式为

$$x=\frac{p_1l_1+p_2l_2+\cdots+p_nl_n}{p_1+p_2+\cdots+p_n} \tag{5-54}$$

可写为

$$x=\frac{[pl]}{p} \tag{5-55}$$

下面计算加权算术平均值的中误差 m_x。式（5-54）可写为

$$x=\frac{[pl]}{p}=\frac{p_1}{[p]}\cdot l_1+\frac{p_2}{[p]}\cdot l_2+\cdots+\frac{p_n}{[p]}\cdot l_n \tag{5-56}$$

根据误差传播定律，可得 x 的中误差 m_x 为

$$m_x^2=\frac{1}{[p]^2}(p_1^2m_1^2+p_2^2m_2^2+\cdots+p_n^2m_n^2) \tag{5-57}$$

式中，m_1，m_2，…，m_n 相应为 l_1，l_2，…，l_n 的中误差。由于 $p_1m_1^2=p_2m_2^2=p_2m_n^2=\mu^2$（$\mu$ 为单位权中误差），故有

$$m_x^2=\frac{p_1\mu^2+p_2\mu^2+\cdots+p_n\mu^2}{[p]^2}=\frac{\mu^2}{[p]} \tag{5-58}$$

$$m_x=\pm\mu\sqrt{\frac{1}{[p]}} \tag{5-59}$$

下面推导 μ 的计算公式。由 $n\mu^2=p_1m_1^2+p_2m_2^2+\cdots+p_nm_n^2$ 可知，当 n 足够大时，m_i 可用相应观测值 l_1 的真误差 Δ_i 来代替，故

$$n\mu^2=[pm^2]=[p\Delta\Delta] \tag{5-60}$$

由上式即可得单位权中误差的计算公式

$$\mu=\pm\sqrt{\frac{[p\Delta\Delta]}{n}} \tag{5-61}$$

代入式（5-59）中，可得

$$m_x=\pm\mu\sqrt{\frac{1}{[p]}}=\pm\sqrt{\frac{[p\Delta\Delta]}{n[p]}} \tag{5-62}$$

式（5-62）即为用真误差计算加权算术平均值的中误差的表达式。

实际中常用观测值的改正数 $\nu=x-l_i$ 来计算中误差 m_x，与式（5-13）类似，有

$$\mu=\pm\sqrt{\frac{[p\nu\nu]}{n-1}} \tag{5-63}$$

$$X_P=X_A+D_{AP}\cos\alpha_{AP} \tag{5-64}$$

不等精度观测值的改正数 ν_i，同样符合最小二乘原则。其数学表达式为

$$[p\nu\nu]_{\min}=p_1(x-l_1)^2+p_2(x-l_2)^2+\cdots+p_n(x-l_n)^2 \tag{5-65}$$

以 x 为自变量，对上式求一阶导数，并令其等于 0，即

$$\frac{\mathrm{d}[p\nu\nu]}{\mathrm{d}x}=2[p_1(x-l_1)]^2=0 \tag{5-66}$$

上式整理可得到

$$x=\frac{[pl]}{[p]}$$

此式即式（5-55）。

另外，不等精度观测值的改正值还满足下列条件：

$$[p\nu]=[p(x-l)]=[p]x-[pl]=0 \tag{5-67}$$

式（5-67）可作计算校核用。

【例 5-8】 某水平角用 J2 经纬仪分别进行了三组观测，每组观测的测回数不同（见表 5-4），试计算该水平角的加权平均值 x 及其中误差 m_x。

表 5-4　加权平均值及其中误差的计算

序号	测回数	观测值 l_i	权 p_i	ν_i	$p_i\nu_i$	$p_i\nu_i^2$
1	3	35°32′29.5″	3	+5.0	+15.0	75.0
2	5	35°32′34.3″	5	+0.2	+1.0	0.2
3	8	35°32′36.5″	8	−2.0	−16.0	32.0
Σ			16		0	107.2

解　$x=\frac{[pl]}{[p]}=35°32'34.5''$　　$[p\nu\nu]=107.2, n=3$

$\mu=\pm\sqrt{\frac{[p\nu\nu]}{n-1}}=\pm7.4''$　　$m_x=\pm\mu\sqrt{\frac{1}{[p]}}=\pm1.8''$

习　题

1. 怎样区分测量工作中的误差和错误？

2. 偶然误差和系统误差有什么不同？偶然误差有哪些特性？

3. 为什么说观测值的算术平均值是最可靠值？

4. 说明在什么情况下采用中误差衡量测量的精度？在什么情况下则用相对误差？

5. 用中误差作为衡量精度的标准有什么优点？

6. 某直线段丈量了四次，其结果为 124.387m，124.375m，124.391m，124.385m。计算其算术平均值、观测值中误差和相对误差。

7. 用 J_6 级光学经纬仪对某水平角进行了五个测回观测，其角度为 132°18′12″，132°18′09″，132°18′18″，132°18′15″，132°18′06″，计算其算术平均值、观测值的中误差和算术平均值的中误差。

8. 在一个三角形中，观测了两个内角 α 和 β，其中误差为 $m_\alpha=\pm 6''$，$m_\beta=\pm 8''$，求第三个角度 γ 的中误差 m_γ。

9. 设在图上量得某一圆半径 $R=156.5\text{mm}\pm 0.5\text{mm}$，求圆周长及其中误差和圆面积及其中误差。

10. 有一长方形，测得其边长为 25.0000m±0.005m 和 20.000m±0.0004m。求该长方形的面积及其中误差。

11. 如图 5-3，从已知水准点 1、2、3 出发，分别沿三条路线测量结点 A 的高程。求 H_A 的最或然值及其中误差。

（注：水准测量定权公式 $P_i=\dfrac{c}{D_i}$，c 为任意正常数。）

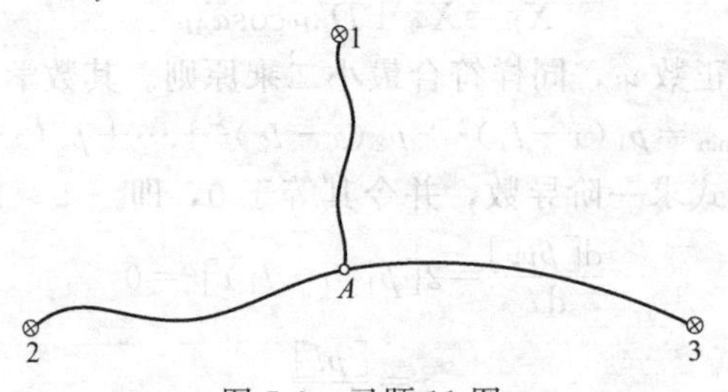

图 5-3 习题 11 图

第 6 章　小地区控制测量

6.1　概述

根据测量组织工作“从整体到局部，先控制后碎部”的原则，无论是地形图测绘、建筑施工测量，还是变形监测，都要先进行控制测量，然后进行碎部测量、施工放样或变形监测。

控制测量分为平面控制测量和高程控制测量。测量控制点平面位置（x，y）的工作称为平面控制测量，测量控制点高程（H）的工作称为高程控制测量。

在全国范围内进行的国家控制测量，是为确定地球的形状和大小、地球重力场及地震监测等基础研究提供必要的资料，是为空间科学和军事应用提供精确的点位依据，也是为国家大型工程建设和各种比例尺测图建立基本控制。国家控制测量是用精密测量仪器和方法按精度等级逐级建立的。随着 GPS 全球定位系统技术的广泛应用，我国已经在全国范围内测定了 700 多个高精度 GPS 点，其精度达到国际先进水平。

6.1.1　平面控制测量

国家平面控制测量按布网要求和精度不同分为一、二、三、四等四个等级，由高到低，逐级控制。建立平面控制网的传统方法有三角测量和导线测量，图 6-1 所示是三角锁和三角网，图 6-2 所示是导线和导线网。

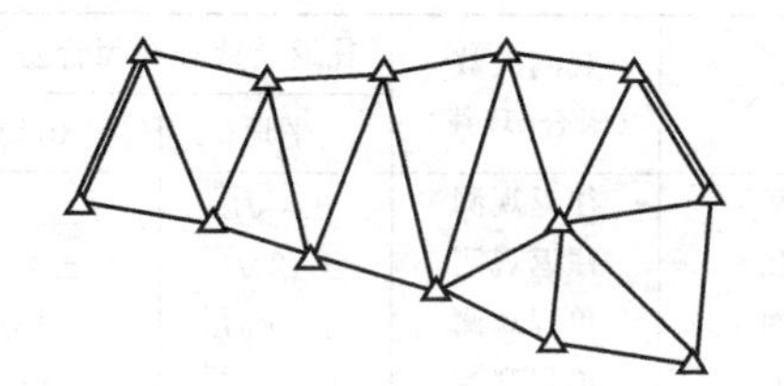

图 6-1　三角锁和三角网

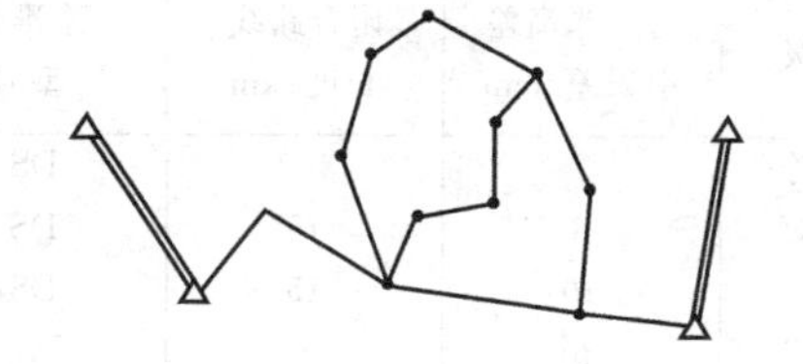

图 6-2　导线和导线网

对城市或大型厂矿地区，一般应在国家控制网的基础上根据测区的大小、城镇规划和施工量的要求，布设不同等级的平面控制网，以供测图和施工使用。城市平面控制网分为四级，其导线控制网的主要技术要求见表 6-1。

表 6-1　城市导线测量主要技术要求

等级	测角中误差 /(″)	方位角闭合差 /(″)	导线长度 /km	平均边长 /m	测距中误差 /mm	全长相对中误差
一级	5	$\pm 10\sqrt{n}$	3.6	300	15	1∶1.4×10⁴
二级	8	$\pm 16\sqrt{n}$	2.4	200	15	1∶1.0×10⁴
三级	12	$\pm 24\sqrt{n}$	1.5	120	15	1∶0.6×10⁴
四级	30	$\pm 60\sqrt{n}$				1∶0.2×10⁴

直接供地形测图使用的控制点，称为图根控制点。测定图根点坐标的工作，称为图根控制测量。图根控制点的密度取决于测图比例尺的大小和地物、地貌的复杂程度。一般来说，

平坦开阔地区图根点的密度稍低；困难地区和山区图根点数可适当增加，如表 6-2 所示。

表 6-2 图根点的密度

测图比例尺	1∶500	1∶1000	1∶2000	1∶5000
每平方公里图根点数	150	50	15	5
每幅图图根点数	9	12	15	20

6.1.2 高程控制测量

全国性统一的高程控制测量，是以青岛国家水准原点为基准，沿全国主要干道辐射至各省市区，逐级布设，精确测定各点的高程，形成全国高程控制网。精密水准测量是建立高程控制网的主要方法。在山区也可采用三角高程测量建立高程控制网，这种方法作业速度快且不受地形起伏的影响，但是精度较水准测量要低。

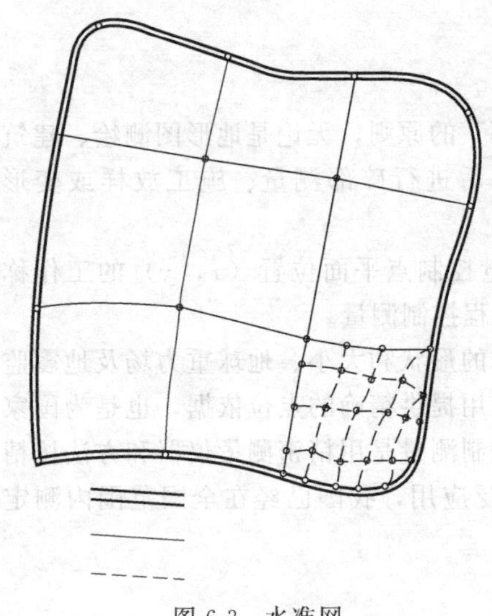

图 6-3 水准网

如图 6-3 所示，国家水准测量分为一、二、三、四等四个等级。一、二等水准测量是用高精度水准仪和精密水准测量方法进行施测，作为三、四等水准测量的控制和用于地震监测及一些重要建构筑物的沉降监测。三、四等水准测量主要用于国家高程控制网加密和建立小地区的首级高程控制网。城市水准测量采用二、三、四等水准测量以及图根水准测量等四个等级，其主要技术要求如表 6-3 所列。

表 6-3 城市及图根水准测量主要技术要求

等级	每千米高差中误差/mm	附合路线长度/km	水准仪型号	水准尺	观测次数（附合、环线）	往返差或环线闭合差/mm	
						平地	山地
二等	2	400	DS_1	铟瓦	往返观测	$\pm 4\sqrt{L}$	—
三等	6	45	DS_3	铟瓦	往返观测	$\pm 12\sqrt{L}$	$\pm 4\sqrt{n}$
四等	10	15	DS_3	双面	单程观测	$\pm 20\sqrt{L}$	$\pm 6\sqrt{n}$
图根	20	8	DS_{10}	双面	单程观测	$\pm 40\sqrt{L}$	$\pm 12\sqrt{n}$

本章主要讨论小地区（$10km^2$ 以内）平面和高程控制测量的有关问题。

6.2 交会法测量

交会法测量是平面控制测量中用于加密控制点的一种方法。在工程施工测量或大比例尺测图时，当控制点密度不能满足要求，通常采用交会法测量加密控制点。交会法测量可分为角度交会法和边长交会法。

6.2.1 角度交会法

如图 6-4 所示，A、B 为已知点，P 为待定点，在两个已知点上观测水平角 β_A，β_B，则

$$D_{AP}=\frac{D_{AB}\sin\beta_B}{\sin(180°-\beta_A-\beta_B)}=\frac{D_{AB}\sin\beta_B}{\sin(\beta_A+\beta_B)} \quad (6\text{-}1)$$

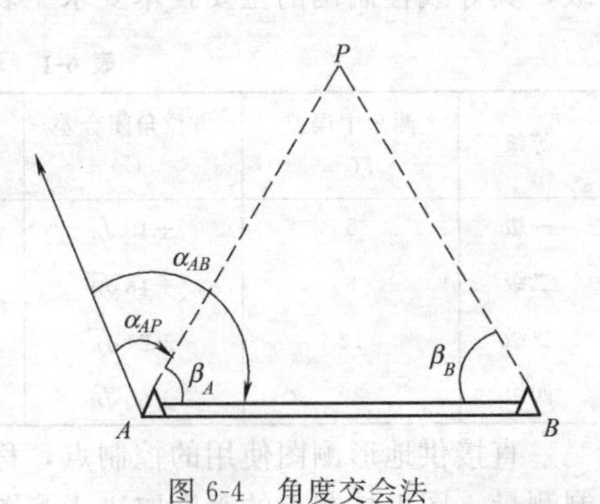

图 6-4 角度交会法

$$\alpha_{AP}=\alpha_{AB}-\beta_A \tag{6-2}$$

和

$$X_P=X_A+D_{AP}\cos\alpha_{AP} \tag{6-3}$$

将式（6-1），式（6-2）代入式（6-3），得

$$\begin{aligned} X_P&=X_A+\frac{D_{AB}\sin\beta_B}{\sin(\beta_A+\beta_B)}\cos(\alpha_{AB}-\beta_A)\\ &=X_A+\frac{D_{AB}\sin\beta_B(\cos\alpha_{AB}\cos\beta_A+\sin\alpha_{AB}\sin\beta_A)}{\sin\beta_A\cos\beta_B+\sin\beta_B\cos\beta_A}\\ &=X_A+\frac{D_{AB}\sin\beta_B\cos\beta_A\cos\alpha_{AB}+D_{AB}\sin\beta_B\sin\alpha_{AB}\sin\beta_A}{\sin\beta_A\cos\beta_B+\sin\beta_B\cos\beta_A} \end{aligned}$$

上式分子分母同除以 $\sin\beta_A\sin\beta_B$，并 $D_{AB}\cos\alpha_{AB}=\Delta X_{AB}$ 和 $D_{AB}\sin\alpha_{AB}=\Delta Y_{AB}$ 则有

$$\left.\begin{aligned} X_P&=X_A+\frac{\Delta X_{AB}\cot\beta_A+\Delta Y_{AB}}{\cot\beta_A+\cot\beta_B}\\ Y_P&=Y_A+\frac{\Delta Y_{AB}\cot\beta_A-\Delta X_{AB}}{\cot\beta_A+\cot\beta_B} \end{aligned}\right\} \tag{6-4}$$

将 $\Delta X_{AB}=X_B-X_A$，$\Delta Y_{AB}=Y_B-Y_A$ 代入，则

$$\left.\begin{aligned} X_P&=(X_A\cot\beta_B+X_B\cot\beta_A+Y_B-Y_A)/(\cot\beta_A+\cot\beta_B)\\ Y_P&=(Y_A\cot\beta_B+Y_B\cot\beta_A-X_B+X_A)/(\cot\beta_A+\cot\beta_B) \end{aligned}\right\} \tag{6-5}$$

式（6-5）是角度交会的基本公式。应用该公式时，要注意 A、B、P 的点名按逆时针方向排序。角度交会的实测数据、计算方法和步骤见表 6-4。

表 6-4 角度交会计算

<table>
<tr><td rowspan="4">略图</td><td rowspan="4"></td><td rowspan="2">已知坐标</td><td>X_A</td><td>659.232</td><td>Y_A</td><td>355.537</td></tr>
<tr><td>X_B</td><td>406.593</td><td>Y_B</td><td>654.051</td></tr>
<tr><td rowspan="2">观测值</td><td>β_A</td><td colspan="3">69°11′04″</td></tr>
<tr><td>β_B</td><td colspan="3">59°42′39″</td></tr>
<tr><td colspan="1">$X_A\cot\beta_B+X_B\cot\beta_A+Y_B-Y_A$</td><td>838.147</td><td colspan="3">$Y_A\cot\beta_B+Y_B\cot\beta_A-X_B+X_A$</td><td colspan="2">708.962</td></tr>
<tr><td>$\cot\beta_A+\cot\beta_B$</td><td>0.964274</td><td colspan="3">$\cot\beta_A+\cot\beta_B$</td><td colspan="2">0.964274</td></tr>
<tr><td>X_P</td><td>869.200</td><td colspan="3">Y_P</td><td colspan="2">735.229</td></tr>
<tr><td colspan="7">$X_P=\frac{X_A\cot\beta_B+X_B\cot\beta_A+Y_B-Y_A}{\cot\beta_A+\cot\beta_B}$
$Y_P=\frac{Y_A\cot\beta_B+Y_B\cot\beta_A-X_B+X_A}{\cot\beta_A+\cot\beta_B}$</td></tr>
</table>

需要说明的是，如条件容许，应采用图 6-5 所示的三点角度前方交会，其计算公式和计算方法同前，该法可以进行观测和计算检核。

6.2.2 边长交会法

随着光电测距技术的应用，边长交会也成为加密控制点的一种常用方法。如图 6-6 所示，A、B 为已知点，D_a，D_b 为边长观测值，P 为待定点，计算方法如下：

$$\left.\begin{aligned} D_0&=\sqrt{(X_B-X_A)^2+(Y_B-Y_A)^2}\\ \sin\alpha_{AB}&=(Y_B-Y_A)/D_0\\ \cos\alpha_{AB}&=(X_B-X_A)/D_0 \end{aligned}\right\} \tag{6-6}$$

式中，α_{AB} 为 AB 边的坐标方位角。

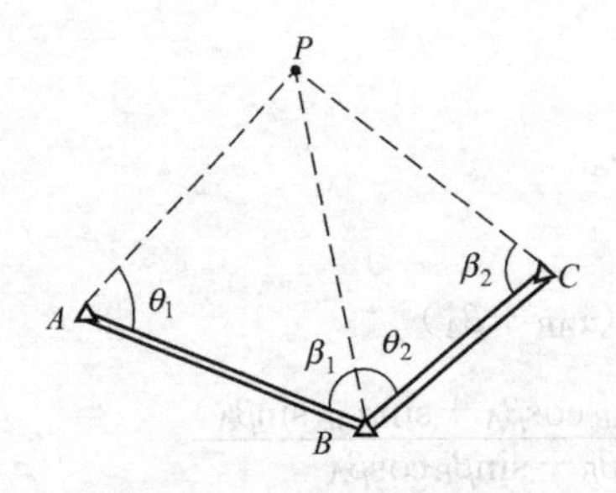

图 6-5　角度前方交会法

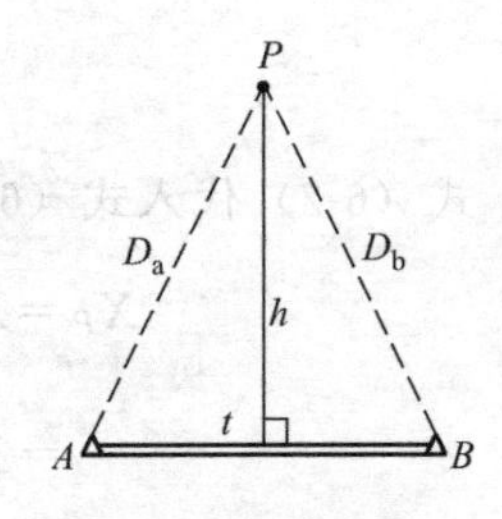

图 6-6　边长交会法

根据余弦定律

$$D_{\mathrm{b}}^2=D_0^2+D_{\mathrm{a}}^2-2D_0D_{\mathrm{a}}\cos\alpha \tag{6-7}$$

有

$$\left.\begin{aligned}&\cos\alpha=\frac{1}{2D_0D_{\mathrm{a}}}(D_0^2+D_{\mathrm{a}}^2-D_{\mathrm{b}}^2)\\&t=D_{\mathrm{a}}\cos\alpha=\frac{1}{2D_0}(D_0^2+D_{\mathrm{a}}^2-D_{\mathrm{b}}^2)\\&h=\sqrt{D_{\mathrm{a}}^2-t^2}\end{aligned}\right\} \tag{6-8}$$

则，P 点的坐标为：

$$\left.\begin{aligned}X_P&=X_A+t\cos\alpha_{AB}+h\sin\alpha_{AB}=X_A+(t\Delta X_{AB}+h\Delta Y_{AB}/D_0)\\Y_P&=Y_A+t\cos\alpha_{AB}-h\cos\alpha_{AB}=Y_A+(t\Delta Y_{AB}-h\Delta X_{AB}/D_0)\end{aligned}\right\} \tag{6-9}$$

计算方法与步骤见表 6-5。

表 6-5　边长交会计算

略图			已知坐标	X_A	1035.147	Y_A	2601.295
				X_B	1501.710	Y_B	3270.053
			观测值	D_a	703.760		
				D_b	670.486		
ΔX_{AB}	+466.563	ΔY_{AB}	+668.758	D_0	815.425		
t	+435.751	h	+552.629	X_P	1737.701	Y_P	2642.471
计算公式	$t=\frac{1}{2D_0}(D_a^2+D_0^2+D_b^2)$　$\Delta x=(t\Delta X_{AB}+h\Delta Y_{AB})/D_0$ $h=\sqrt{D_a^2-t^2}$　$\Delta y=(t\Delta Y_{AB}+h\Delta X_{AB})/D_0$						

6.3　导线测量外业

6.3.1　导线布设形式

导线测量是城市测量和土木工程施工测量中用于建立平面控制网的常用方法。特别是地物分布较复杂的城市地区或视线障碍较多的隐蔽区和带状地区，这种方法更为有效。导线测量根据不同情况和要求，可布设成以下三种形式。

(1) 闭合导线　如图 6-7 所示，闭合导线是起止于同一已知点的导线，即从已知高级控

制点 A、B 出发，经过 2、3 和 4 点，最后仍回到起点 B，构成一平面多边形。由于平面多边形的几何关系，闭合导线具有严格的检核条件。

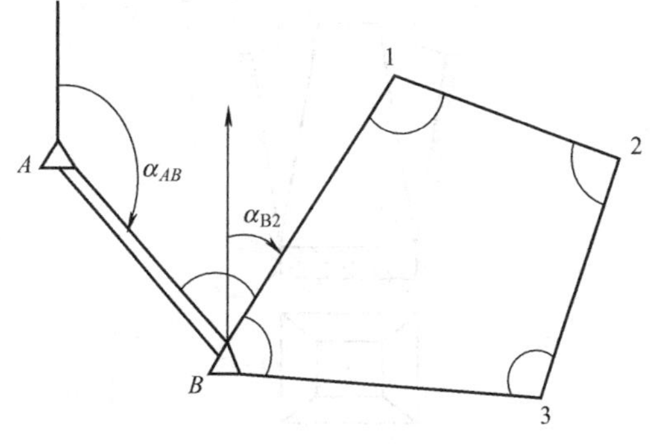

图 6-7 闭合导线

（2）附合导线 如图 6-8 所示，附合导线是布设在两个已知点之间的导线。它从一个高级控制点 B 和已知坐标方位角 α_{AB} 出发，经过 1、2、3、4 点，最后附合到另一已知高级控制点 C 和已知坐标方位角 α_{CD}。与闭合导线相同，附合导线也具有严格的检核条件。

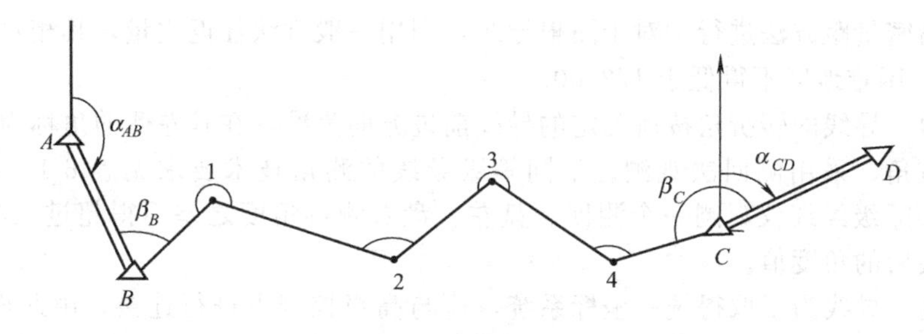

图 6-8 附合导线

（3）支导线 由一已知点和一已知坐标方位角出发，既不附合到另一已知点，又不回到原起始点的导线，称为支导线。如图 6-9 中的 A、B、1、2 就是支导线，其中 A、B 为已知点，因支导线缺乏检核条件，故其边数一般不应超过 2 条。

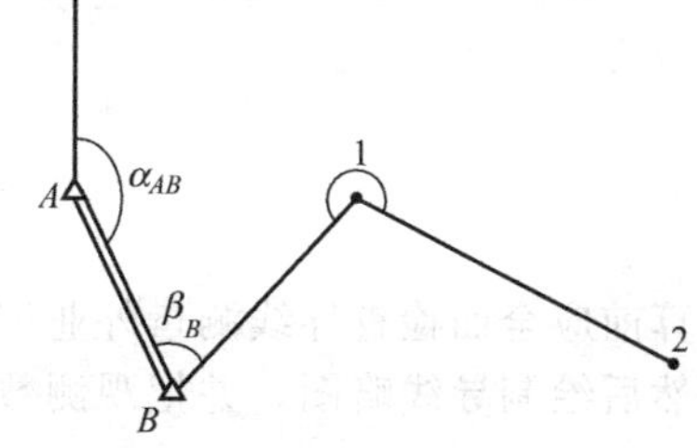

图 6-9 支导线

6.3.2 导线测量外业工作

导线测量的外业工作包括选点建标志、角度测量、边长测量和联测等。

（1）选点建标志 选点前一般应先对测区内原有的地形图和控制点的资料进行分析，拟定导线的布设方案，然后到现场踏勘，实地核对、选点并建立导线点标志。如果测区内没有原始地形图资料，则需要进行现场详细踏勘，根据地形条件及测图或施工等具体要求，合理地选定导线点的位置，并建立观测标志。

实地选点时应注意下列事项：

① 相邻导线点间要通视，地势应尽量平坦，以便于测角和量距。

② 点位应选在土质坚实处，以便于保存标志和安置仪器。

③ 导线点周围应视野开阔，以便于地形图测绘。

④ 导线各边的长度应大致相等，平均导线边长见表 6-1。

⑤ 导线点应有足够的密度，分布较均匀，便于控制整个测区。

导线点选定后，应建立点位标志。临时性标志一般是在导线点上打一木桩，桩顶钉一小钉。若导线点需要保存较长时间，就要埋设混凝土桩，桩内预置铜棒，铜棒顶刻“十”字，作为永久性点位标志（图 6-10）。为了便于管理和使用，导线点要统一编号，并绘制导线点与附近地物间的关系草图，如图 6-11 所示。

（2）量边 导线边长可以用钢尺丈量，也可以用光电测距仪测定。高等级导线用钢尺量

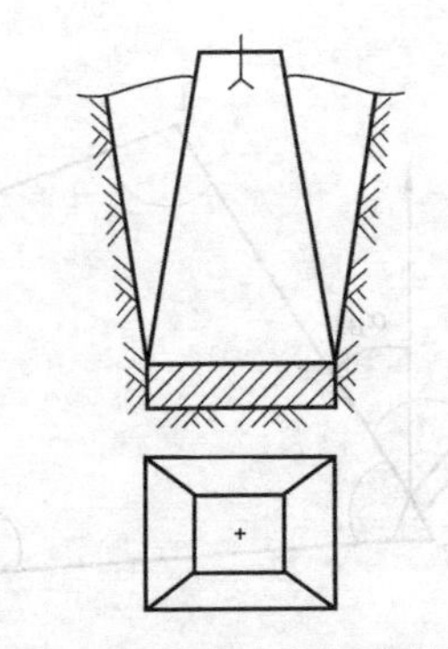

图 6-10 导线点位标志构造

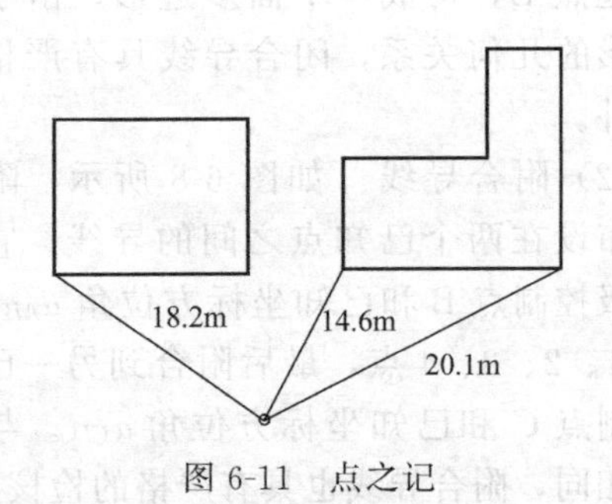

图 6-11 点之记

边时，应按精密量距方法进行。对于图根导线，则用一般方法往返丈量，其相对误差一般不低于 1/3000，困难地区不得低于 1/2000。

（3）测角 导线的转折角按所确定的导线前进方向为准，在其左侧的角称为左角；在右侧的角称为右角，采用测回法观测。不同等级导线的测角技术要求见表 6-1。对于图根导线，一般用 DJ_6 级经纬仪观测一个测回。盘左、盘右测得角度之差不得超过 $\pm 40''$，并取其平均值作为最后的角度值。

（4）联测 导线为了取得统一坐标系统，应与高级控制点进行连接，由此而进行的边、角测量，称为联测。联测是作为传递坐标和坐标方位角之用。导线若采用独立坐标系统，则可用罗盘仪测量导线起始边的磁方位角，并假定起始点的坐标作为起算数据，如图 6-7 所示，A、B 是已知点，β_B 是连接角。图 6-8 的附合导线中，A、B、C、D 是已知点，β_B，β_C 是连接角。

6.4 导线测量内业计算

导线测量内业计算的目的是求各导线点的坐标。导线计算前应全面检查导线测量外业记录，检核观测数据是否符合精度要求，起算数据是否准确，然后绘制导线略图，并把观测数据及已知数据标注于图上。

6.4.1 导线基本计算

（1）导线坐标方位角推算 如图 6-8 所示的附合导线，已知 A、B 的坐标方位角为 α_{AB}，导线各转折角为 β_B，β_1，β_2……图中 β 各转折角均在推算方向左侧，故可推求 $B1$、12、23……各边坐标方位角为

$$\begin{aligned}\alpha_{B1}&=\alpha_{AB}+180^\circ+\beta_B\\ \alpha_{12}&=\alpha_{B1}+180^\circ+\beta_1\\ \alpha_{23}&=\alpha_{12}+180^\circ+\beta_2\\ &\cdots\end{aligned}\tag{6-10}$$

一般式为

$$\alpha_{前}=\alpha_{后}+180^\circ+\beta_{左}$$

如图 6-7 所示的闭合导线，已知 $B2$ 边坐标方位角为 α_{B2}，导线各转折角 β 均在推算方向右侧，则可推求各边坐标方位角为

$$\begin{aligned}\alpha_{23}&=\alpha_{B2}+180^\circ-\beta_2\\ \alpha_{34}&=\alpha_{23}+180^\circ-\beta_3\\ &\cdots\end{aligned}$$

一般式为

$$\alpha_{前}=\alpha_{后}\pm180°-\beta_{右} \tag{6-11}$$

需要指出的是，按上述公式推算坐标方位角，如角值大于360°，则应减去360°，若出现负值应加上360°。

(2) 坐标正算　坐标正算是根据已知点坐标、已知边长和坐标方位角，推算未知点坐标。如图6-12所示，A是已知点，其坐标为X_A，Y_B当已知AB的边长D_{AB}和坐标方位角α_{AB}时，则A、B两点间坐标增量（坐标差）$\Delta X_{AB}\,\Delta Y_{AB}$为

$$\left.\begin{aligned}\Delta X_{AB}&=D_{AB}\cos\alpha_{AB}\\ \Delta Y_{AB}&=D_{AB}\sin\alpha_{AB}\end{aligned}\right\} \tag{6-12}$$

待定点B的坐标为

$$\left.\begin{aligned}X_B&=X_A+\Delta X_{AB}\\ Y_B&=Y_A+\Delta Y_{AB}\end{aligned}\right\} \tag{6-13}$$

图6-12　坐标计算

(3) 坐标反算　坐标反算是指根据两个已知点的坐标推算其边长坐标方位角，即已知A、B两点坐标X_A，Y_A和$X_B Y_B$欲求AB的边长D_{AB}和坐标方位角α_{AB}，则有

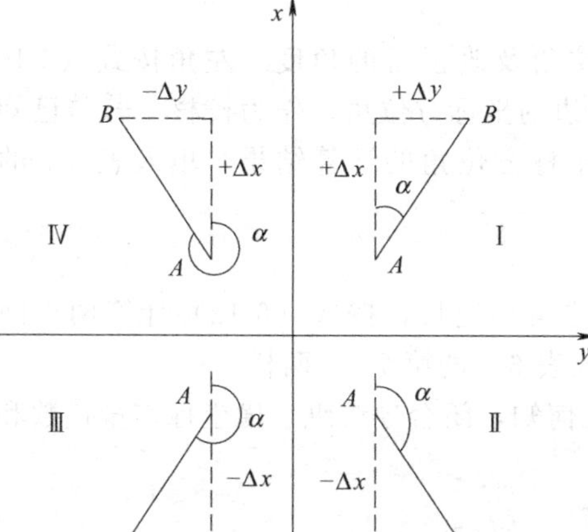

图6-13　坐标增量符号与方位角

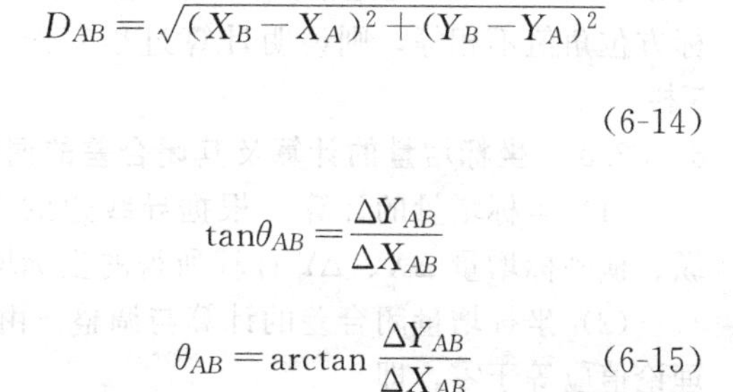

$$D_{AB}=\sqrt{(X_B-X_A)^2+(Y_B-Y_A)^2} \tag{6-14}$$

$$\tan\theta_{AB}=\frac{\Delta Y_{AB}}{\Delta X_{AB}}$$

$$\theta_{AB}=\arctan\frac{\Delta Y_{AB}}{\Delta X_{AB}} \tag{6-15}$$

应该指出，由式(6-15)求得θ_{AB}后，还应根据表6-6和图6-13按坐标增量ΔX、ΔY正负号，最后计算出坐标方位角α_{AB}。

表6-6　坐标增量符号与方位角

象　限	ΔX	ΔY	坐标方位角
Ⅰ	+	+	$\alpha=\theta$
Ⅱ	−	+	$\alpha=180°-\theta$
Ⅲ	−	−	$\alpha=180°+\theta$
Ⅳ	+	−	$\alpha=360°-\theta$

6.4.2　闭合导线坐标计算

现以图6-14的闭合导线实测数据为例，说明其导线点坐标计算的步骤。根据导线略图，将导线点号、转折角观测值、边长观测值分别填入“闭合导线计算表”（表6-7）的第1、2、6栏，已知坐标方位角和已知坐标数据分别填入第5、11、12栏，并用双线标明。

6.4.2.1　角度闭合差的计算与调整

由平面几何原理可知，多边形内角和的理论值为

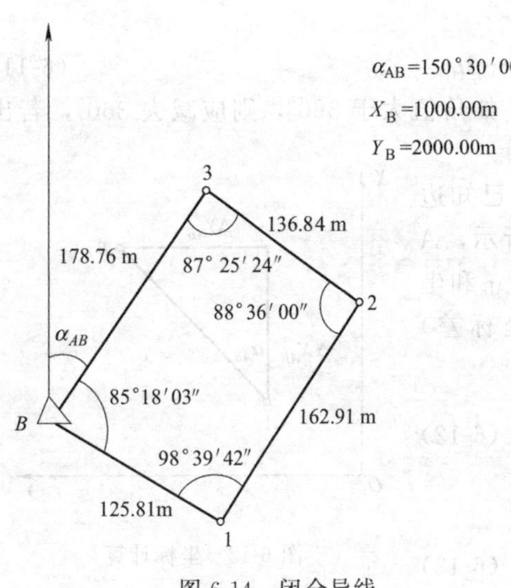

图 6-14 闭合导线

$$\sum\beta_{理}=(n-2)\times180° \qquad (6\text{-}16)$$

由于角度观测值中不可避免地含有测量误差，实测的 n 个内角之和 $\sum\beta_{测}$ 不一定等于其理论值 $\sum\beta_{理}$，即为角度闭合差

$$f_\beta=\sum\beta_{测}-\sum\beta_{理} \qquad (6\text{-}17)$$

角度闭合差 f_β 的大小说明测角精度。对于图根导线而言，规范规定其容许角度闭合差为

$$f_{\beta容}=\pm60''\sqrt{n} \qquad (6\text{-}18)$$

各级导线角度闭合差的容许值见表 6-7。当角度闭合差 f_β 超过其容许值 $f_{\beta容}$ 时，则说明所测角度不符合精度要求，应重新观测。若 $f_\beta\leqslant f_{\beta容}$，则将角度闭合差反符号平均分配至各观测角，改正后角度之和（内角和）应等于其理论值 $(n-2)\times180°$。

6.4.2.2 各边坐标方位角的推算

导线各边坐标方位角推算，根据已知坐标方位角及改正后的角度，左角按式（6-10），右角按式（6-11）逐边推算，最后还要推算出起始边的坐标方位角，作为校核。若与已知坐标方位角值不相等，则说明计算过程有误。各边坐标方位角的计算结果，填入表 6-7 的第 5 栏。

6.4.2.3 坐标增量的计算及其闭合差的调整

（1）坐标增量的计算　根据导线边的坐标方位角和边长，按式（6-12）计算两点间的纵、横坐标增量 ΔX、ΔY 计算所得的坐标增量填入表 6-7 的第 7、8 两栏。

（2）坐标增量闭合差的计算与调整　由解析几何知，闭合导线纵、横坐标增量代数和的理论值应等于零，即

$$\left.\begin{aligned}\sum\Delta X_{理}=0\\ \sum\Delta Y_{理}=0\end{aligned}\right\} \qquad (6\text{-}19)$$

实际上，由于测边误差和角度闭合差调整后残余误差的影响，纵、横坐标增量的代数 $\sum\Delta X_{测}$，$\sum\Delta Y_{测}$ 不一定等于零，其不符值即为纵、横坐标增量闭合差 f_x，f_y，即

$$\left.\begin{aligned}f_x=\sum\Delta X_{测}\\ f_y=\sum\Delta Y_{测}\end{aligned}\right\} \qquad (6\text{-}20)$$

f_x，f_y 的几何意义如图 6-15 所示。由于 f_x，f_y 的存在，导线不能闭合。将 1～1′的长度称为导线全长闭合差 f_D

$$f_D=\sqrt{f_x^2+f_y^2} \qquad (6\text{-}21)$$

f_D 值的大小还不能显示导线的测量精度，通常，用导线全长闭合差与导线全长 $\sum D$ 之比来表示导线全长相对闭合差，用于衡量导线测量的精度，即

$$K=\frac{f_D}{\sum D}=\frac{1}{\sum D/f_D} \qquad (6\text{-}22)$$

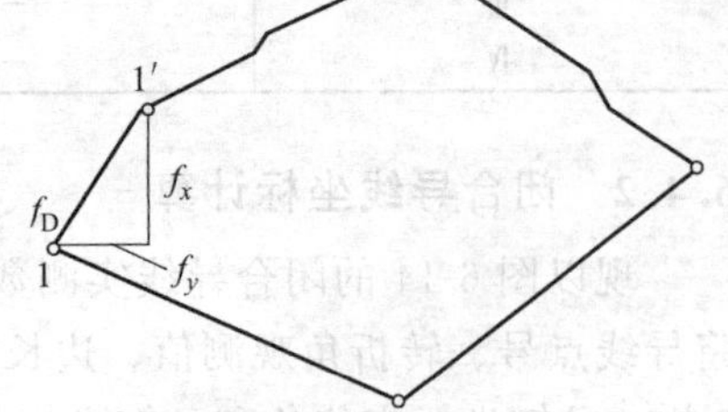

图 6-15 坐标增量闭合差

由上式可知，K 值越小，精度越高，即分母越大，精度越高。不同等级的导线全长相对合差的容许值见表 6-1。若 K 值大于容许值，则说明成

表 6-7 闭合导线计算表

点号	观测角(左角) /(° ′ ″)	改正数 /(″)	改正角 /(° ′ ″)	坐标方位角 α /(° ′ ″)	距离 D/m	增量计算值		改正后增量		坐标值	
						ΔX/m	ΔY/m	ΔX/m	ΔY/m	ΔX/m	ΔY/m
1	2	3	4	5	6	7	8	9	10	11	12
B										1000.00	2000.000
				150 30 00	125.81	−2 −109.50	−4 +61.95	−109.52	+61.91		
1	98 39 42	+13	98 39 55							890.48	2061.91
				69 09 55	162.91	−3 +57.94	−4 +152.26	+57.91	+152.22		
2	88 36 00	+13	88 36 13							918.39	2214.13
				337 46 08	136.84	−3 +126.67	−4 −51.77	+126.64	−51.81		
3	87 25 24	+12	87 25 36							1075.03	2162.32
				245 11 44	178.76	−4 −74.99	−5 −162.27	−75.03	−162.32		
B	85 18 03	+13	85 18 16							1000.00	2000.00
				150 30 00							
1											
总和	359 59 09	+51	360 00 00		604.32	+0.12	+0.17	0.00	0.00		
辅助计算	$\sum\beta_{测}=359°59'09''$ $\sum\beta_{理}=360°00'00''$ $-f=-51''$ $f_{\beta容}=\pm40''\sqrt{4}=\pm80''$			$f_x=\sum\Delta X_{增}=+0.12\text{m}$ $f_y=\sum\Delta Y_{增}=+0.17\text{m}$ 导线全长闭合差 $f_D=\sqrt{f_x^2+f_y^2}=\pm0.21\text{m}$ 导线全长相对闭合差 $K=\frac{0.21}{604.32}\approx\frac{1}{2800}$ 图根导线容许的相对闭合差 $K_{容}=\frac{1}{2000}$						[Diagram labels: B, 1, 2, 3, α_B, β_B, β_1, β_2, β_3]	

果不合格。对此，应首先检查内业计算有无错误，然后再检查外业观测成果。必要时要重测边长或角度，直到符合精度要求。若 K 值不大于 $K_{容}$，则说明符合精度要求，可以进行坐标增量闭合差 f_x，f_y的调整。调整原则是“反符号按边长成正比例分配”。计算改正数为

$$\left.\begin{aligned} Vx_i=\frac{f_x}{\sum D}D_i \\ Vy_i=\frac{f_y}{\sum D}D_i \end{aligned}\right\} \tag{6-23}$$

调整后，纵、横坐标增量改正数之和应满足

$$\sum V_x=-f_x \quad \sum V_y=-f_y \tag{6-24}$$

坐标增量改正为

$$\left.\begin{aligned} \Delta X_{改}=\Delta X_{测}+V_x \\ \Delta Y_{改}=\Delta Y_{测}+V_y \end{aligned}\right\} \tag{6-25}$$

改正后纵、横坐标增量之和应满足

$$\sum\Delta X_{改}=0\sum\Delta Y_{改}=0 \tag{6-26}$$

(3) 导线的坐标计算　根据已知点坐标及改正后坐标增量，由下式依次推算各导线点的坐标：

$$\left.\begin{aligned} X_{前}=X_{后}+\Delta X_{改} \\ Y_{前}=Y_{后}+\Delta Y_{改} \end{aligned}\right\} \tag{6-27}$$

计算出的坐标增量改正数填入表 6-7 第 7、8 栏右上方，各边坐标增量值加上相应的改正数，即得各边的改正后坐标增量，填入表 6-7 中的 9、10 两栏。计算出的纵、横坐标值填入表中 11、12 栏。

最后还应计算出起始点的坐标，其值应与原有的数值相等，否则计算有误。

6.4.3　附合导线坐标计算

附合导线的坐标计算步骤与闭合导线相同。由于附合导线不构成封闭的平面几何图形，其角度闭合差与坐标增量闭合差的计算与闭合导线计算有所不同。下面着重介绍其不同点。

(1) 角度闭合差的计算　附合导线如图 6-16 所示，A、B、C、D 为已知高级控制点，坐标方位角 α，按坐标反算公式 (6-15) 计算，并作为已知值。根据水平角观测值（即导线转折角：左角或右角），可推算出各边相应的坐标方位角。

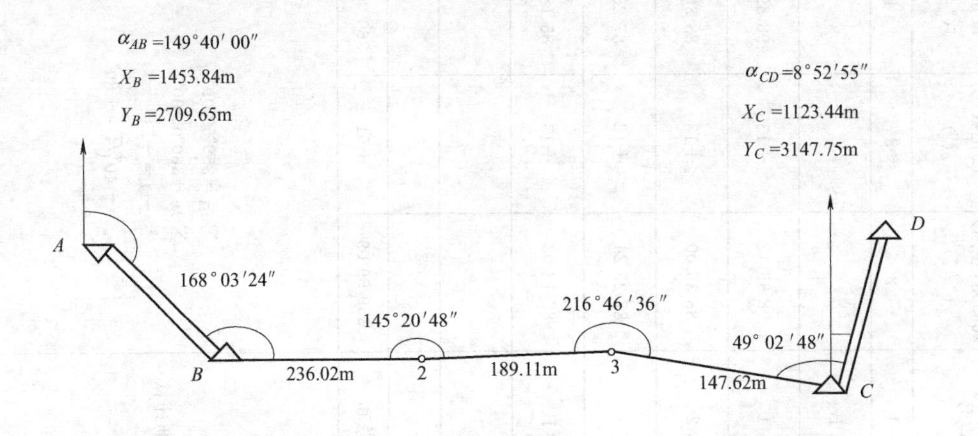

图 6-16　附合导线

如前所述，该例为左角，$\alpha_{CD测}$是根据已知坐标方位角α_{AB}及式（6-10）推算，即

$$\alpha_{B2}=\alpha_{AB}\pm180°+\beta_{B}$$
$$\alpha_{23}=\alpha_{B2}\pm180°+\beta_{2}$$
$$\alpha_{3C}=\alpha_{23}\pm180°+\beta_{3}$$
$$\alpha_{CD}=\alpha_{3C}\pm180°+\beta_{C}$$
$$\alpha_{CD测}=\alpha_{AB}\pm4\times180°+\sum\beta_{测}$$

写成一般公式，即为

$$\alpha_{CD(终)测}=\alpha_{AB(始)}\pm n\times180°+\sum\beta_{测}\tag{6-28}$$

若导线转折角为右角，则按下式计算：

$$\alpha_{CD(终)测}=\alpha_{AB(始)}\pm n\times180°-\sum\beta_{测}\tag{6-29}$$

附合导线的角度闭合差f_{β}为

$$f_{\beta}=\alpha_{CD测}-\alpha_{CD理}\tag{6-30}$$

角度闭合差f_{β}按照“反符号平均分配”的原则进行调整。但应注意，当转折角为左角时，改正数与f_{β}反号；当转折角为右角时，改正数与f_{β}同号。

（2）坐标增量闭合差的计算　附合导线各边坐标增量代数和的理论值应等于终点和始点的坐标值之差，即

$$\sum\Delta X_{理}=X_{终}-X_{始}$$
$$\sum\Delta Y_{理}=Y_{终}-Y_{始}$$

纵、横坐标增量闭合差为

$$\left.\begin{aligned}f_{x}&=\sum\Delta X_{测}-(X_{终}-X_{始})\\f_{y}&=\sum\Delta Y_{测}-(Y_{终}-Y_{始})\end{aligned}\right\}\tag{6-31}$$

附合导线全长闭合差、全长相对闭合差和容许相对闭合差的计算以及坐标增量闭合差的调整，与闭合导线相同。计算过程见表6-8的算例。

6.4.4　导线测量错误的检查方法

在导线测量过程中，若发现角度闭合差或全长相对闭合差超过容许值，首先检查内业计算和外业观测手簿，并确认无误后按下述方法判断可能发生错误的地方，再去野外进行重测或检测。

（1）角度错误的检查方法　对于如图6-17所示的闭合导线，当发现角度闭合差超限时，可用下法查找单一错角。首先按边长和角度，用一定的比例尺绘出导线布置图，并在闭合差1—1′的中点作垂线。如果垂线通过或接近通过某导线点（如点2），则该点水平角发生错误的可能性最大。若为附合导线，先将两个端点（已知点）展绘在图上，分别自导线的两个端点按边长和角度绘出两条导线，如图6-18所示，在两条导线的交点（如点3）处发生测角错误的可能性最大。如果误差较小，用图解法难以发现产生角度错误的点位时，可从导线的两端开始，分别计算各点的坐标；若某点两个坐标值相近，则该点就是测错角度的导线点。

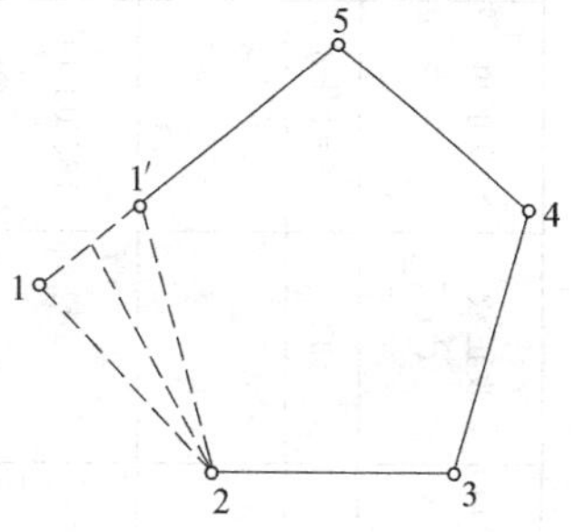

图6-17　闭合导线查找单一错角

（2）边长错误的检查方法　在角度闭合差符合要求的情况下，导线相对闭合差大大超限，则可能是边长测错。这时，可先按边长和角度绘出导线图，如图6-19所示，然后找出与闭合差1—1′大致平行的导线边（图中导线边2—3），则该边

表 6-8　附合导线坐标计算

点号	观测角(左角)/(° ′ ″)	改正数/(″)	改正角/(° ′ ″)	坐标方位角 α/(° ′ ″)	距离 D/m	增量计算值		改正后增量		坐标值		点号
						ΔX/m	ΔY/m	ΔX/m	ΔY/m	ΔX/m	ΔY/m	
1	2	3	4=2+3	5	6	7	8	9	10	11	12	13
A												
				149 40 00								
B	168 03 24	−10	168 03 14							1453.84	2709.65	B
				137 43 14	236.02	−9 −174.62	−4 +158.78	−174.71	+158.74			
2	145 20 48	−10	145 20 38							1279.13	2868.39	2
				103 03 52	189.11	−7 −42.75	−4 +184.22	−42.82	+184.18			
3	216 46 36	−10	216 46 26							1236.31	3052.57	3
				139 50 18	147.62	−5 −112.82	−3 +95.21	−112.87	+95.18			
C	49 02 48	−11	49 02 37							1123.44	3147.75	C
				8 52 55								
D												
总和	579 13 36	−41	579 12 55		572.75	−330.19	+438.21	−330.40	+438.10			

辅助计算：

$\sum\alpha_{CD}$(已知)$=8°53'36''$

$\sum\alpha_{CD}$(计算)$=8°52'55''$

$f_\beta=\pm41''$

$f_{\beta容}=\pm40''\sqrt{n}$

$f_x=\sum\Delta X_{增}=+0.21\text{m}$

$f_y=\sum\Delta Y_{增}=0.11\text{m}$

导线全长闭合差 $f_D=\sqrt{f_x^2+f_y^2}=0.24\text{m}$

导线全长相对闭合差 $K=\frac{f_D}{\sum D}=\frac{0.24}{572.75}\approx\frac{1}{2300}$

图根导线容许的相对闭合差 $K_{容}=\frac{1}{2000}$

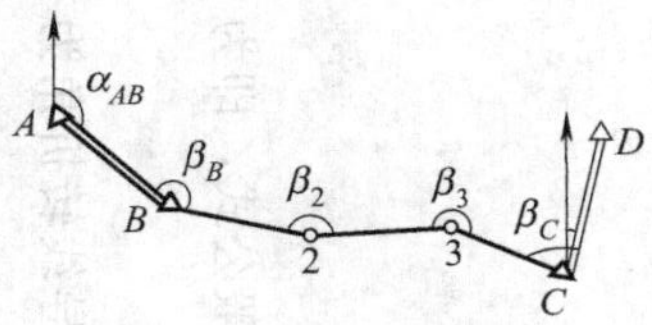

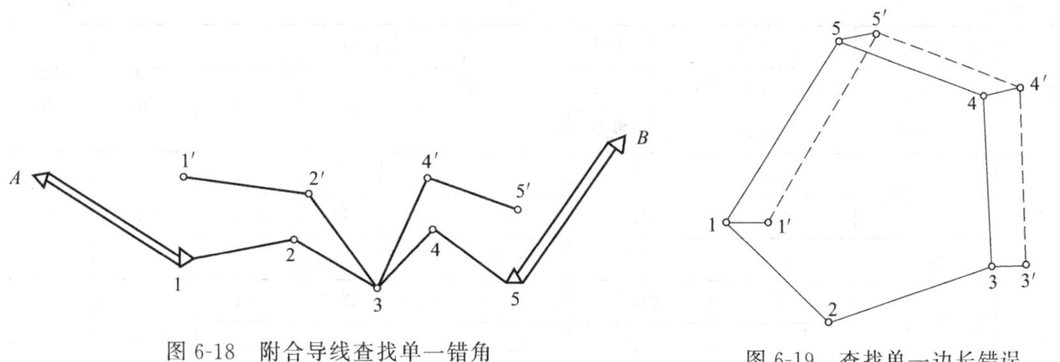

图 6-18　附合导线查找单一错角

图 6-19　查找单一边长错误

发生错误的可能性较大。也可用下式计算闭合差 1－1′的坐标方位角 $\alpha=\arctan(f_y/f_x)$，其坐标方位角与 α 相近的导线边，发生错误的可能性较大。

6.5　高程控制测量

6.5.1　三、四等水准测量的主要技术要求

三、四等水准路线一般沿道路布设，尽量避开土质松软地段，水准点间的距离一般为 2～4km，在城市建筑区为 1～2km 水准点应选在地基稳固，能长久保存和便于观测的地方。

三、四等水准测量的主要技术要求参看表 6-3，在观测中，每一测站的技术要求见表 6-9。

表 6-9　三、四等水准测量测站技术要求

等级	视线长度 /m	视线高度 /m	前后视距离差 /m	前后视距累积差 /m	红黑面读书差(尺常数误差)/mm	红黑面所测高差之差/mm
三等	≤65	≤0.3	≤3	≤6	≤2	≤3
四等	≤80	≤0.2	≤5	≤10	≤3	≤5

6.5.1.1　三、四等水准测量的方法

（1）观测方法　三、四等水准测量的观测应在通视良好、望远镜成像清晰稳定的情况下进行，若用普通 DS_3 水准仪观测，则应注意：每次读数前都应精平（使符合水准气泡居中）。如果使用自动安平水准仪，则无需精平（测量原理详见第 2 章），工作效率大为提高。以下介绍用双面水准尺法在一个测站的观测程序：

① 后视水准尺黑面，读取上、下视距丝和中丝读数，记入记录表（表 6-10）中（1）、（2）、（3）；

表 6-10　四等水准测量记录表

日期：年　月　日　　　　观测者：

记录者：　　　　　　　　校核者：

测站编号	点号 / 视距差 $d/\sum d$	后尺 上丝 / 下丝 / 视距	前尺 上丝 / 下丝 / 视距	方向及尺号	中丝读数 黑面	中丝读数 红面	黑＋K－红 /mm	平均高差 /m	高程 /m
		(1)	(4)	后	(3)	(8)	(14)		
		(2)	(5)	前	(6)	(7)	(13)	(18)	
	(11)/(12)	(9)	(10)	后－前	(15)	(16)	(17)		

续表

测站编号	点号 视距差 $d/\sum d$	后尺 上丝 下丝 视距	前尺 上丝 下丝 视距	方向及尺号	中丝读数 黑面	中丝读数 红面	黑+K−红 /mm	平均高差 /m	高程 /m
1	BM.1～TP.1	1329	1173	后	1080	5767	0	+0.1475	17.438
		0831	0693	前	0933	5719	+1		17.5855
	+1.8/+1.8	49.8	48.0	后−前	+0.147	+0.048	−1		
2	TP.1～TP.2	2018	2467	后	1779	6567	−1	−0.4435	
		1540	1978	前	2223	6910	0		17.142
	−1.1/+0.7	47.8	48.9	后−前	−0.444	−0.343	−1		

注：表中所示的（1）、（2）、…、（18）表示读数、记录和计算的顺序。

② 前视水准尺黑面，读取上、下视距丝和中丝读数，记入记录表中（4）、（5）、（6）；

③ 前视水准尺红面，读取中丝读数，记入记录表中（7）；

④ 后视水准尺红面，读取中丝读数，记入记录表中（8）。

这样的观测顺序简称为“后－前－前－后”，其优点是可以减弱仪器下沉误差的影响。概括起来，每个测站共需读取 8 个读数，并立即进行测站计算与检核，满足三、四等水准测量的有关限差要求后（见表 6-9）方可迁站。

（2）测站计算与检核

① 视距计算与检核。根据前、后视的上、下视距丝读数计算前、后视的视距：

后视距离：(9)＝100×{(1)－(2)}

前视距离：(10)＝100×{(4)－(5)}

计算前、后视距差（11）：(11)＝(9)－(10)

计算前、后视距离累积差（12）：(12)＝上站（12）＋本站（11）

以上计算得前、后视距、视距差及视距累积差均应满足表 6-9 要求。

② 尺常数 K 检核。尺常数为同一水准尺黑面与红面读数差。尺常数误差计算式为：

$$(13)=(6)+K_i-(7)$$

$$(14)=(3)+K_i-(8)$$

K 为双面水准尺的红面分划与黑面分划的零点差（A 尺：$K_i=4687$mm；B 尺：$K_2=4787$mm）。对于三等水准测量，尺常数误差不得超过 2mm；对于四等水准测量，不得超过 3mm。

③ 高差计算与检核。按前、后视水准尺红、黑面中丝读数分别计算该站高差：

黑面高差：(15)＝(3)－(6)

红面高差：(16)＝(8)－(7)

红黑面高差之误差：(17)＝(14)－(13)

对于三等水准测量，（17）不得超过 3mm；对于四等水准测量，不得超过 5mm。

红黑面高差之差在容许范围以内时取其平均值，作为该站的观测高差：

$$(18)=\{(15)+[(16)+100\text{mm}]\}/2$$

上式计算时，当（15）＞(16)，100mm 前取正号计算；当（15）＜(16)，100mm 前取负号计算。总之，平均高差（18）应与黑面高差（15）很接近。

④ 每页水准测量记录计算校核。每页水准测量记录应作总的计算校核：

高差校核：　$\sum(3)-\sum(6)=\sum(15)$

$\sum(8)-\sum(7)=\sum(16)$

$\sum(15)+\sum(16)=2\sum(18)$　（偶数站）

或　$\sum(15)+\sum(16)=2\sum(18)\pm100\text{mm}$　（奇数站）

视距差校核　$\sum(9)-\sum(10)=$本页末站(12)－前页末站(12)

本页总视距　$\sum(9)+\sum(10)$

6.5.1.2　三、四等水准测量的成果整理

三、四等水准测量的闭合或附合线路的成果整理首先应按表 6-3 的规定，检验测段（两水准点之间的线路）往返测高差不符值（往、返测高差之差）及附合或闭合线路的高差闭合差。如果在容许范围以内，则测段高差取往、返测的平均值，线路的高差闭合差则反其符号按测段的长度成正比例进行分配。

6.5.2　三角高程测量

6.5.2.1　测量原理

在山区进行高程控制测量时，由于地形复杂，高差较大。作业效率很低，有时甚至难以进行，这时采用三角高程测量方法就较为方便。三角高程测量是根据两点间水平距离和竖直角计算两点的高差，如图 6-20 所示。已知 A 点高程为 H_A，经纬仪安置在 A 点，B 点安置观测标志杆，量取标志高 l（即 B 点桩顶到标志杆观测点的高度）和仪器高 i，望远镜中丝瞄准观测标志杆的观测标志（或读数），测得竖直角 θ；根据两点间水平距离 D_{AB}，计算 A、B 两点间高差如下：

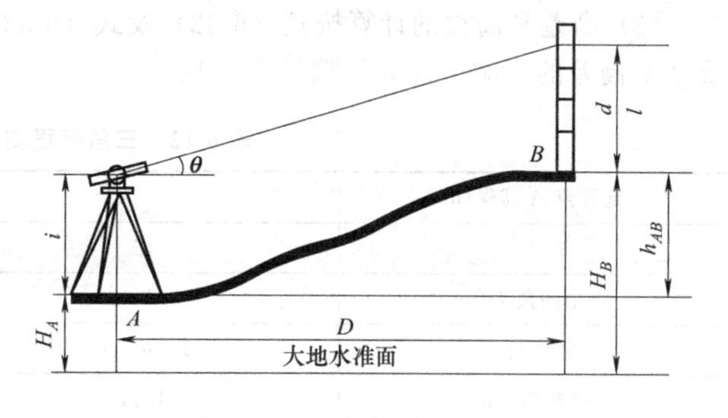

图 6-20　三角高程测量原理

$$h_{AB}=D_{AB}\cdot\tan\theta+i-l \quad (6\text{-}32)$$

则 B 点的高程为

$$H_B=H_A+h_{AB} \tag{6-33}$$

当两点间距离大于 300m 时，在式（6-32）中应考虑地球曲率和大气折光对高差的影响，即

地球曲率改正

$$C=\frac{D^2}{2R} \tag{6-34}$$

大气折光改正

$$\gamma=-0.14\frac{D^2}{2R} \tag{6-35}$$

两者合并影响为

$$f=C+\gamma=(1-0.14)\frac{D^2}{2R}=0.43\frac{D^2}{R} \tag{6-36}$$

当水平距离等于 300m 时，$f=6\text{mm}$。可见，这种影响需要考虑。对于三、四等高程控制测量，一般应进行对向观测，即由 A 点观测 B 点（正向观测），再由 B 点观测 A 点（反向观测），取对向观测的正反向观测高差绝对值的平均值，可以消除或削弱地球曲率和大气折光的影响。

6.5.2.2　观测与计算

三角高程测量中，竖直角观测的测回数及限差见表 6-11。其往、返观测与计算步骤介绍如下。

(1) 安置经纬仪于测站，量取仪器高 i 及观测标志高 l，读数至 0.5cm，两次量取读数的差值不超过 1cm，取平均值（至 cm）记入表 6-12。

表 6-11　竖直角观测测回数及限差

等级 项目	四等和一、二级小三角		一、二、三级导线	
	DJ_2	DJ_6	DJ_2	DJ_6
测回数	2	4	1	2
测回间竖直角互差	15	25	15	25

(2) 用经纬仪望远镜的横丝瞄准目标，使竖盘指标水准管气泡居中，读取竖盘读数，盘左、盘右观测为一测回。

(3) 高差和高程的计算按式 (6-32) 及式 (6-33)，由于本例水平距离大于 300m，要顾及 f 对高差的影响。计算步骤见表 6-12。

表 6-12　三角高程测量计算

起算点 A 高程/m	214.34	
	往	返
水平距离 D/m	581.38	581.38
竖直角 θ	11°38′30″	−11°24′00″
仪器高 i/m	1.44	1.49
目标高 l/m	2.50	3.00
两差改正 f/m	0.02	0.02
高差/m	118.74	−118.72
平均高差/m	118.73	
待定点 B 高程/m	333.07	

三角高程测量测定控制点的高程时，应组成闭合或附合的三角高程路线，每边均要进行对向观测。由对向观测所求得的高差平均值，组成环线或路线的高差闭合差不得超过容许值，即

$$f_{容}=\pm 0.05\sqrt{D^2} \tag{6-37}$$

式中，D 为水平距离，以“km”为单位。当高差闭合差小于或等于容许值时，则按边长成正比例反符号分配的原则，计算改正后的高差，然后根据起点高程计算各待定点的高程。

早期的全站仪，仅能进行边、角的数字测量。后来，全站仪有了放样、坐标测量等功能。现在的全站仪有了内存、磁卡存储，有了 DOS 操作系统。目前，有的全站仪在 Windows 系统支持下，实现了全站仪功能的大突破，使全站仪实现了电脑化、自动化、信息化、网络化。

全站仪的种类很多，精度、价格不一。衡量全站仪的精度主要包含测角精度和测距精度两部分：一测回方向中误差从 0.5″到 0.6″不等，测边精度从 1＋1ppm 到 10＋2ppm 不等。

6.6　全站仪及其在控制测量中的应用

6.6.1　全站仪的功能与使用

全站仪的功能比较全面，几乎包括地面测量的所有工作，例如各种地面控制测量（导线测量、交会定点、三角高程测量）、地形测量的数据采集、工程测量的施工放样和变形观测等。

全站仪的使用可分为观测前的准备工作、角度测量、距离（斜距、平距、高差）测量、三维坐标测量等。角度测量和距离测量属于最基本的测量工作，坐标测量一般用得最多。不同精度等级和型号的全站仪的使用方法大体上是相同的，但是细节上是有差别的，因为各种型号的全站仪都有本身的功能菜单系统（主菜单和各级子菜单）。下面以SET230R全站仪为例介绍一下全站仪的主要功能及其使用方法。

SET230R全站仪的外形和操作面板见图6-21和图6-22。标称测角精度为±2″，标称测距精度为±（$2+2\times10^{-6}\times D$）mm，在250m以内可以“免棱镜测距”。基本测量功能有角度测量、距离测量和坐标测量等；高级测量功能有放样测量、后方交会、偏心测量、对边测量和悬高测量等。全站仪还具有测量数据记录和输入、输出功能。

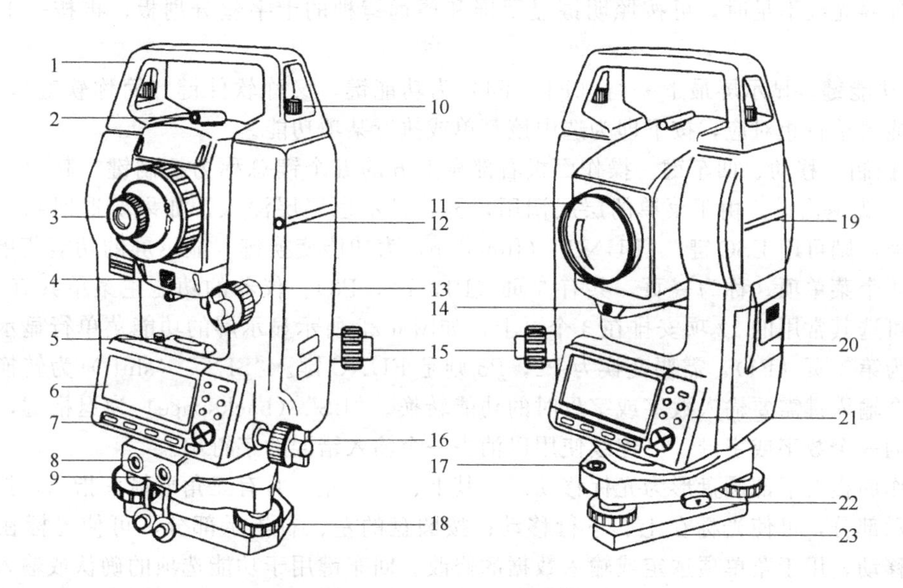

图6-21　SET230R全站仪

1—提柄；2—瞄准器；3—目镜；4—指示光显示器；5—平盘水准管；6—显示屏；7—软键；8—外接电源插口；9—数据输入输出插口；10—提柄固紧螺钉；11—物镜；12—无线遥控器接收点；13—垂直微动螺旋；14—指示光发射器；15—光学对中器；16—水平微动螺旋；17—圆水准器；18—脚螺旋；19—仪器高标志；20—电池护盖；21—操作面板；22—基座制动控制杆；23—底板

（1）SET230R全站仪的显示屏和操作键

① 显示屏。显示屏和操作面板如图6-22所示，图上共有6行，每行20个字符。第一行为标题行，显示本次操作的主要内容。第6行为功能菜单行，显示主菜单、子菜单和菜单项的名称。中间几行显示已知数据、观测数据以及供选择的功能菜单等。当进行角度和距离测量时，屏幕是上角显示棱镜常数、气象改正等得常乘数的百万分率（ppm）、电池余量、双轴倾斜改正、棱镜类型、激光发射等数据和信息。

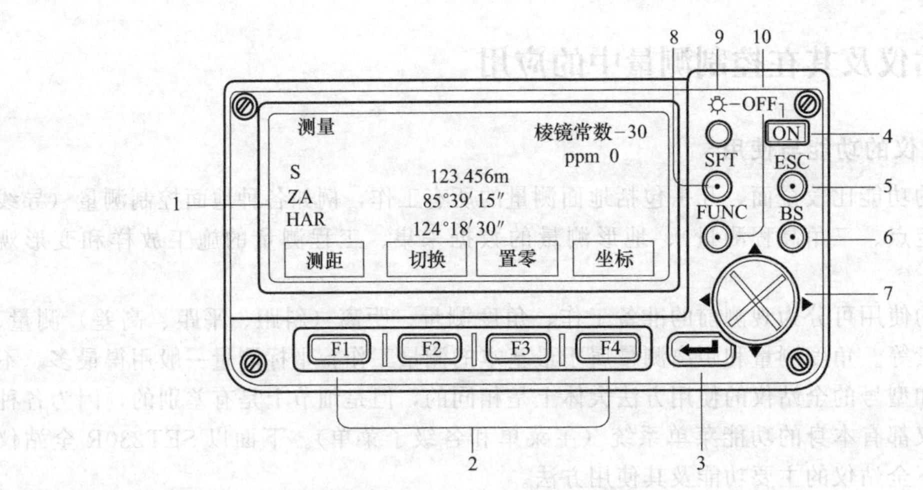

图 6-22 SET230R 的显示屏和操作键

1—显示屏；2—软键；3—回车键（输入键）；4—电源开关；5—退回或取消键；6—删除键；7—光标移动键；8—大小字母转换键；9—照明键；10—功能转换键

② 开机、关机和照明键。单独按电源开关键（ON）为开机，与照明键同时按下为关机。当外界光线不足时，可按照明键显示屏和望远镜种的十字丝分划板，再按一下为关闭照明。

③ 功能键。显示屏最下一行（F1～F4）为功能键，又称软件键（简称软键），与显示屏的功能菜单行相对应，按下即为选中该菜单或执行某项功能。

④ 控制、移动、回车键。操作面板右部靠上方的五个键总称为控制键，其中，“ESC”（escape）为退出键。由于菜单的层层调用，屏幕显示也层层深入，如果要退回到上一层次的显示屏，则可用 ESC 键。“FUNC”（function）为功能变换键。显示屏的功能菜单行一次可安排 4 个菜单项，称为一页，共有 3 页（P1，P2，P3）。仪器的功能主菜单共有 22 个菜单项，可选其常用的 12 项安排在 3 个页上，如图 6-22 所示显示屏的功能菜单行显示的 4 个菜单项为第 1 页（P1），需要变换为 P2，P3 则是 FUNC 键。“SFT”（shift）为转换键，用于同一个输入键需要输入数字或字母时的功能转换。“BS”（backspace）为退格键，用于取消左边的一个数字或字母，可连续使用以消去一个输入错误的字符串。

操作面板右下部圆盘形为光标移动键，其上、下、左、右有三角形箭头指示，按圆盘的上下指示部分，可使光标在上、下行移动；按圆盘的左、右指示部分，可使光标在一行中左、右移动，用于菜单项选定或输入数据的修改。回车键用于功能选项的确认或输入数据和字符串的确认。

（2）SET230R 的功能菜单结构　SET230R 全站仪将其全部功能划分为测量模式、配置模式、菜单模式、记录模式和内存模式，形式功能菜单结构，如图 6-23 所示。从“状态屏幕”按功能键分别进入“测量模式”、“配置模式”或“内存模式”；再从“测量模式”按功能键分别进入“菜单模式”或“记录模式”。

各种全站仪都有类似于图 6-23 所示的表示如何应用仪器全部功能的“功能菜单结构框图”，或称为“菜单树”（menu tree），是调用仪器功能的“路径”，若要掌握仪器的使用，这是必须了解的。全站仪有各种级别和用途，因此，菜单树也有内容繁简和层次多少之分。

SET230R 全站仪在出厂时，下列常用功能设优先置于显示屏各页（P1，P2，P3）的功能键行，其功能如下：

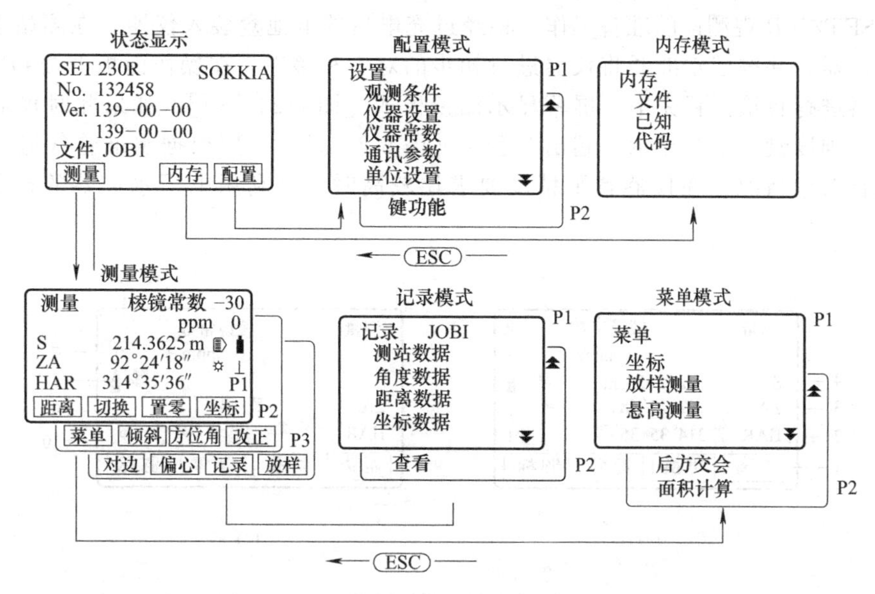

图 6-23 SET230R 全站仪功能菜单结构框图

P1 【距离】——距离测量，显示测得距离值：斜距、平距、垂距（高差）；

【切换】——距离测量后，斜距、平距、垂距的切换显示；

【置零】——水平度盘读数设置为 0°00′00″；

【坐标】——测定目标点得三维坐标，用于地形测量时的细部点测定；

P2 【菜单】——进入菜单模式，其中有后方交会、悬高测量、面积计算等；

【倾斜】——显示电子气泡和纵横方向的倾斜角，用于精确置平仪器；

【方位角】——设置水平度盘的方位角值（水平度盘定向）；

【改正】——进入电子测距的参数改正设置，如棱镜常数、气象改正等；

P3 【对边】——对边测量（测定两个目标点间的斜距、平距和高差）；

【偏心】——偏心测量，用于不能直接放棱镜的点位的距离和角度测量；

【记录】——将测量数据、测站数据等记入当前工作文件；

【放样】——进入放样测量屏幕，进行各种放样工作。

其他还有 10 种功能，可以按状态屏幕的“配置”功能键将纳入配置模式屏幕，选取“键功能”菜单项，可将这些功能中的某几项设置于 P1，P2 或 P3 的“功能键”中，以取代其中原有的某项功能。

“配置模式”中得“设置”菜单是用于设置仪器的各项参数，是仪器功能的配置（configuration）。仪器出厂时是按最常用的方式来配置，用户如果有特殊需要，可以通过设置屏幕的菜单改变原有配置。因此在一般情况下，可以查看其配置情况而不需要去改变它。例如，在菜单“观测条件”项下，有气象改正（气温，气压/气温，气压，湿度），垂直角格式（天顶距/高度角）和双轴倾斜改正（对水平角和垂直角改正/不改正）等选项，括弧中第一项为仪器原有设置，均符合一般要求，不需改变。但是也有需要设置的，例如：角度值最小显示（1/0.5），距离值最小显示（1mm/0.1mm）和距离值优先显示（斜距/平距/高程差）等

“内存模式”中得“内存”菜单有“文件”，“已知”，“代码”项。“文件”用于选取当前工作文件，更改文件名，删除文件等。“已知”用于输入已知数据，例如测站点、后视点、放样点的坐标。“代码”用于输入属性码，例如点的属性等。

(3) SET230R 观测前的准备工作　将经过充电后的电池盒装入仪器，在测站上安置脚架，连接仪器，并按圆水准器将仪器进行初步的对中和整平。在操作面板上按 ON 键打开电源，仪器进行自检。置完毕，屏幕显示测量模式［图 6-24 (a)］。如果此时仪器置平未达到要求，则度盘读数行显示“超出”警告［图 6-24 (b)］，应根据水准管气泡重新整平仪器并检查对中情况。在仪器置平精度要求比较高时，可利用电子水准器的显示以置平仪器。

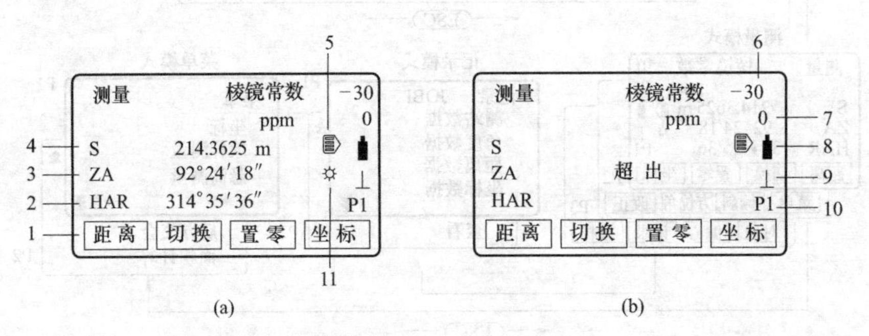

图 6-24　测量屏幕

1—功能键；2—水平度盘读数；3—垂直度盘读数（天顶距）；4—斜距；5—目标类型（棱镜）；6—棱镜常数；7—气象改正值；8—电池量；9—倾斜补偿；10—显示屏页次；11—激光指示功能（开）

(4) SET230R 的角度观测　全站仪开机后进入测量屏幕，从测站 S 瞄准左目标 L 的觇牌中心，按“置零”键使水平度盘读数为 0°00′00″（对此并非必要，仅为便于计算），天顶距读数为 88°45′36″，屏幕显示如图 6-25 (a) 所示；转动照准部瞄准右目标 R，水平度盘读数为 126°13′45″，天顶距读数为 91°24′18″，如图 6-25 (b) 所示。由于起始方向已归零，因此，盘左测得的水平角为β=126°13′45″. 如果起始方向未归零，则按两个方向未归零，则按两个方向的读数差得到水平角。

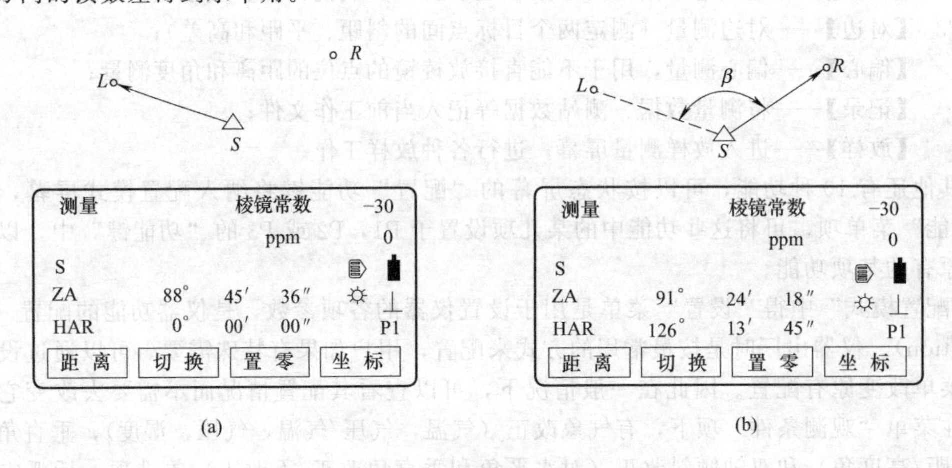

图 6-25　角度测量屏幕

(5) SET230R 的距离和角度测量

① 距离测量参数设置　进行电子测距（EDM）之前，应先完成以下 4 项参数的设置：测距模式、棱镜常数改正数（反射器类型和常数）、气象改正值、距离测量模式，总称为“EDM 参数设置”。参数设置的方法为：在测量模式屏幕第 2 页，按“改正”功能键，进入“EDM”参数设置屏幕（共 2 页），如图 6-26 所示。设置参数用光标上下移动键选取，参数

的选项光标左右移动键选取。

EDM
测距模式：精测均值
反射器：棱镜
棱镜常数：-30
长按照亮键：激光

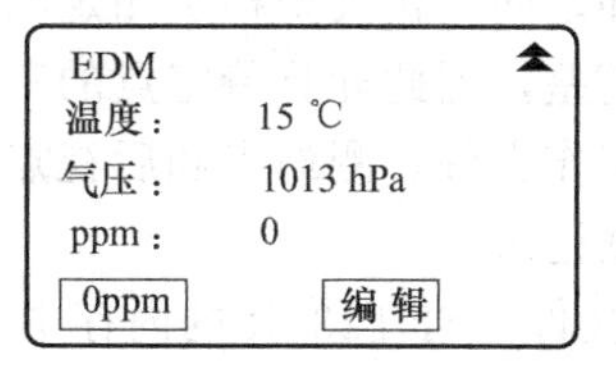

图 6-26　距离测量参数设置屏幕

参数设置的名称及其选项如下：

“测距模式”的选项有棱镜、反射片、无棱镜。

“棱镜常数”的设置：一般的棱镜常数为－30（mm），反射片常数为 0，用数字键输入。

“长按照亮键”（指有指示光功能的全站仪）：发射视准轴方向的指示光，有 3 个亮度等级可供选择。

“ppm”（气象改正）：是按输入“温度”和“气压”值而自动计算其改正值。仪器是按温度为 15°，气压为 1013hPa 时气象改正数为“0”ppm 设计的（即气温 15℃，气压 1013hPa 时，ppm＝0 为默认值）。一般在高精度的长距离测量时才需要进行气象改正，此时按“编辑”功能键，输入观测当时测定的温度和气压。不顾及气象改正时，按“0ppm”功能键，将气象改正数设置为零（恢复为默认值）。

② 距离和角度测量　照准目标中心，进行距离测量时，竖盘的天顶距读数和水平度盘读数同时显示，因此，距离的角度测量时同时进行的。若测距参数已按观测条件设置好，即可开始测量距离。例如，设测距模式选择为“单次精测”，距离优先显示为“斜距”，如图 6-27（a）所示。照准目标后按“距离”功能键，开始距离测量，屏幕闪烁显示测距信息（棱镜常数、测距模式、气象改正），如图 6-27（b）所示。若“测距模式”设置为“单次精测”，则距离测量完成时，仪器发出一声鸣响，屏幕显示测距（S），天顶距（ZA），水平方向值（HAR），如图6-27（c）所示。

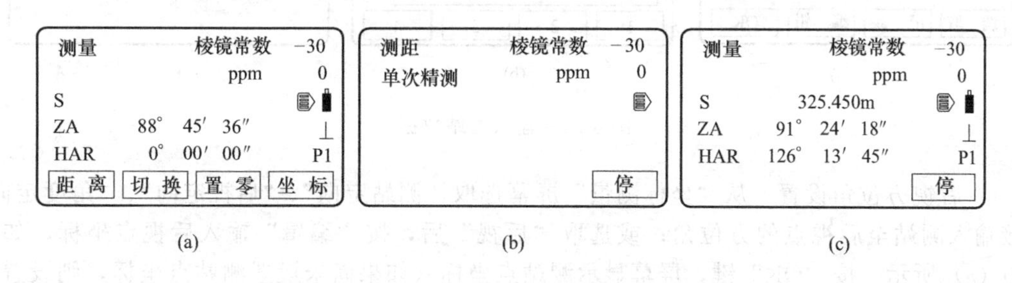

图 6-27　距离和角度测量屏幕

如果测距模式选择为“精测均值”，即多次精测斜距值 $S-1$，$S-2$，…取平均值 $S-A$，则按“距离”功能键后，屏幕依次显示各次测得的斜距，完成所指定的测距次数后，屏幕显示各次所测得距离的平均值。如果测距模式选择为“重复精测”，则每完成一次测距后即显示距离值，并不断重复测距和显示，直至按“停”功能键时才停止观测。

完成距离测量后，按“切换”功能键可以使距离值在斜距（S），平距（H），垂距（V）之间变换显示。

（6）SET230R 的三维坐标测量　全站仪的三维坐标测量功能主要用于地形测量的数据

采集（细部点坐标测定）。根据测站点和后视点（定向点）的三维坐标或至后视点的方位角，完成测站的定位和定向；按极坐标法测定测站至待定点的方位角和距离，按三角高程测量法测定至待定点的高差，据此计算待定点的三维坐标，并可将其储存于内存文件。坐标测量的步骤如下：指定工作文件，测站点和后视点的已知数据输入，测站的定位和定向，极坐标法细部点测量和数据记录。

① 指定工作文件　SET230R 的内存中共有 10 个工作文件（JOB）可供选用，文件的原始名称为 JOB01，JOB02，…，JOB10，可以按需要更改文件名称。可以选取任何一个文件作为“当前文件”，用于记录本次测量成果。在“测量模式”屏幕按 ESC 键退回到“状态屏幕”，按“内存”功能键进入“内存模式”屏幕，选取“文件”选项，使显示“当前文件选取”屏幕，见图 6-28。工作文件名右面的数字表示文件中已存储的记录数，工作文件名左面有“＊”号则表示该文件尚未输出到计算机等外部设备。将光标移至选取的工作文件（图中 JOB03），按“回车键”确认。

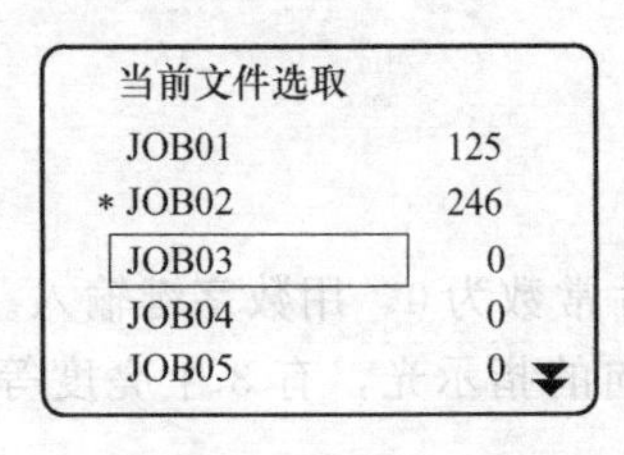

图 6-28　取工作文件

② 测站数据输入　开始三维坐标测量之前，须先输入测站点坐标、仪器高和目标高，将这些数据记录在当前文件中。方法如下：在“测量模式”屏幕按“坐标”功能键，进入“坐标测量”屏幕，选取“测站坐标”后显示测站数据输入屏幕［图 6-29（a），（b）］。按“编辑”功能键后，用数字键输入测站点的三维坐标 N0，E0，Z0（即 X_0，Y_0，H_0），仪器高和目标高。每输入一行数据后按回车键，输入完全部数据后按“记录”功能键使其记录，按“OK”键结束测站数据输入，回到“坐标测量”屏幕［图 6-29（c）］。如果测站点坐标在文件中已经存在，则可按“调取”功能键读取。

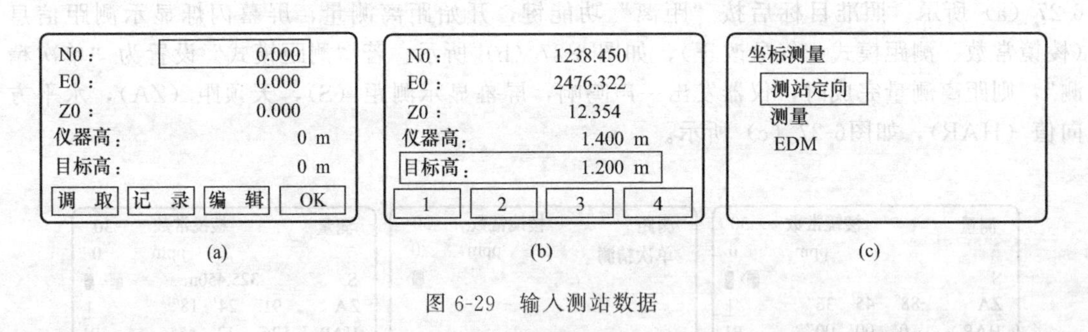

图 6-29　输入测站数据

③ 后视方位角设置　从“坐标测量”屏幕选取“测站定向”、“后视定向”、“角度定向”直接输入测站至后视点的方位角；或选取“后视”后，按“编辑”输入后视点坐标，如图 6-30（a）所示。按“OK”键，屏幕显示测站点坐标（如果尚未设置测站点坐标，则设置测站点坐标后再按“OK”键）。再按“OK”键，显示“后视定向”屏幕，如图 6-30（b）所示。此时将全站仪照准后视点，按“YES”功能键，显示后视方位角（由测站及后视点坐标

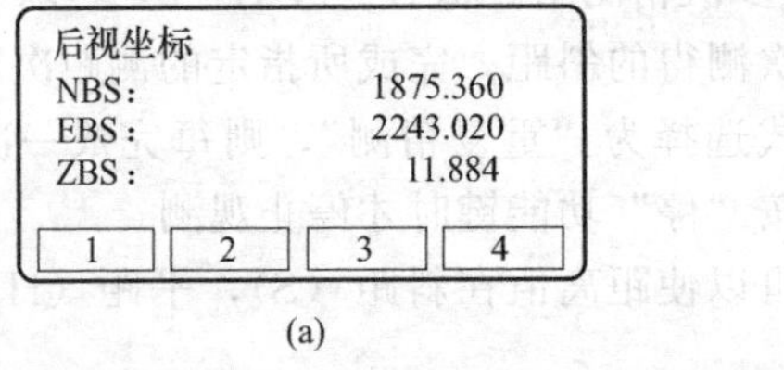

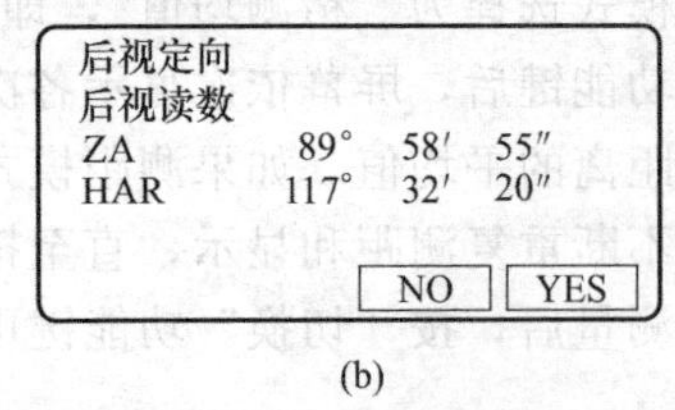

图 6-30　设置后视点和坐标方位角

计算的方位角，作为检核)。

④ 细部点三维坐标测量 完成测站数据输入和后视方位角设置（测站的定位和定向）后，可开始细部点的极坐标法三维坐标测量。瞄准目标点，通过对斜距（S），天顶距（ZA）和目标方位角（HAR）的测定，即可计算目标点 P 的三维坐标（N_P，E_P，Z_P）计算公式如下：

$$N_P=N_0+S\sin(ZA)\cos(HAR)$$
$$E_P=E_0+S\sin(ZA)\sin(HAR)$$
$$Z_P=Z_0+S\cos(ZA)+h_I-h_T$$

式中，h_I 为仪器高；h_T 为目标高。坐标计算由仪器自动完成，显示于屏幕，并能记录于当前工作文件。

三维坐标测量的操作如下：精确瞄准目标点的棱镜中心后（无棱镜测距时直接瞄准目标点），在“坐标测量”屏幕中选择“测量”选项，见图 6-31（a）。按回车键后开始坐标测量，在屏幕上显示目标点的三维坐标值，以及瞄准方向的天顶距和方位角值，见图 6-31（b）。此时如果按“仪高”功能键，可重新输入测站数据。用同样的方法照准下一个目标点，按“观测”功能键进行坐标测量。

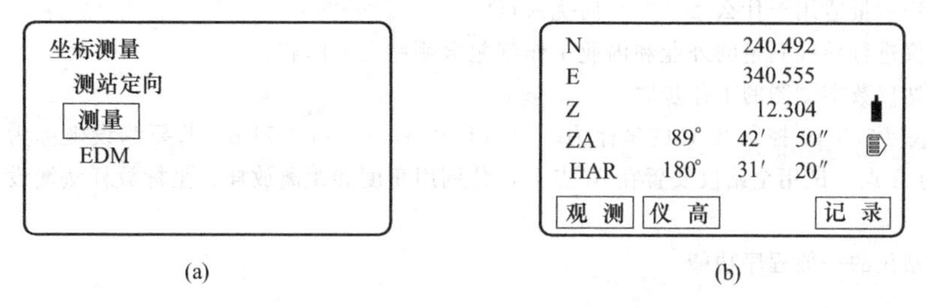

图 6-31 细部点三维坐标测量

经测量获得的目标点坐标数据［图 6-31（b）］可存储于当前工作文件中。按“记录”功能键进入“坐标记录”屏幕，见图 6-32（a），在此屏幕中再按“记录”功能键，输入目标点的点号、目标高（如需要改变）、属性码（代码），见图 6-32（b），（c）。核实输入数据无误后，按“OK”功能键，存储数据，回到“坐标测量”屏幕，继续下一目标点的观测。

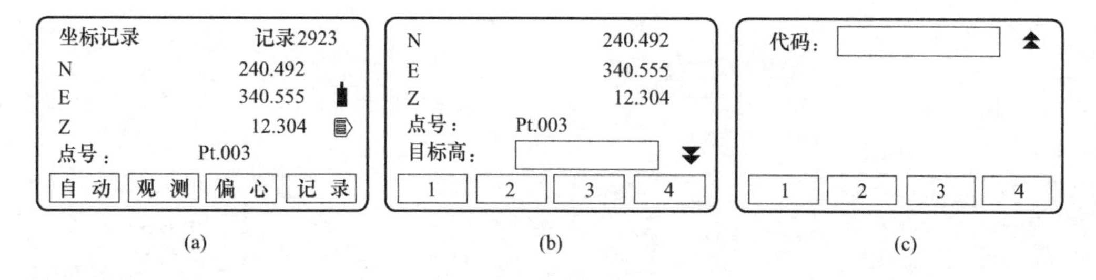

图 6-32 细部点三维坐标数据存储

6.6.2 全站仪在控制测量中的应用

全站仪以其自动化程度高、速度快，广泛应用于测绘领域的各个环节。全站仪是目前建立常规的平面控制网的首选仪器，根据控制网的等级可选用不同标称精度的仪器，由于可同时进行方向与距离测量，节省了大量的人力、物力。如各种工程控制网的建立、图根控制网

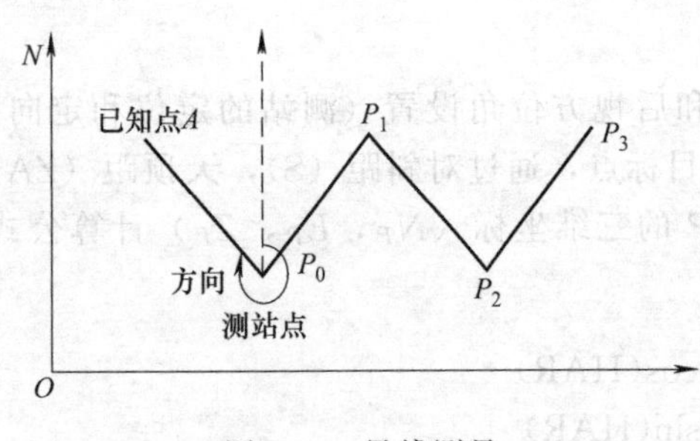

图 6-33 导线测量

的建立等。本节介绍利用全站仪进行导线测量的方法。

导线测量如图 6-33 所示。假设仪器由已知点 P_0 依次移到未知点 $P_1P_2P_3$。并测定 $P_1P_2P_3$ 各点的坐标，则从坐标原点开始每次移动仪器之后，前一点的坐标在内存中均可恢复出来。具体方法如下：

在导线起始点 P_0 安置仪器，并进行测站点坐标设定、输入仪器高、仪器定向等工作，这些操作与坐标测量完全一致，不再重述。

习 题

1. 控制测量分为哪两种？常用的平面控制测量形式是什么？
2. 交会法测量有哪两种？
3. 导线为什么要与高级控制网联测？何为连接角、连接边？它们有何作用？
4. 选定导线点的原则是什么？外业工作如何评定测角和量边的精度？
5. 三角高程测量适用于什么条件？有何优缺点？
6. 用全站仪进行导线测量的外业和内业工作都包含哪些主要内容？
7. 试述全站仪数字测图的工作步骤。
8. 已知 $\alpha_{MN}=300°40'$ 控制点 M 的坐标为 $x_m=14.22\text{m}$，$y_m=86.71\text{m}$。若要测设坐标为 $x_m=42.34\text{m}$，$y_m=85.00\text{m}$ 的 A 点，试用全站仪安置在 M 点上，分别用角度和距离放样、坐标放样法测设 A 点，并计算所需的数据。
9. 试述全站仪的一般程序功能。

第7章　大比例尺地形图的测绘

7.1　地形图的基本知识

地面上由人工建造的固定物体和由自然力形成的固定性物体，例如房屋、道路、河流、桥梁、树林、边界、孤立岩石等，称为“地物”。地面上主要由自然力形成高低起伏的连续形态，例如平原、山岭、山谷、斜坡、洼地等，称为“地貌”。地物和地貌总称为“地形”。那么地形图的测绘就是将地球表面各种固定性的物体以及高低起伏的形态，经过综合取舍，按一定的比例尺和投影方式，用规定的符号测绘在图纸上。

地形图是表示地物、地貌平面位置和高程的正射投影图。用传统地形测量方法测绘的地形图是以图纸（优质图画纸或聚酯薄膜）为载体，将野外实测的地形数据，按预定的测图比例尺，用几何作图的方法，手工缩绘于图纸上。即用图纸保存点位、线条、符号等地形信息。故称为“图解地形图”，或称为“白纸测图”。最初的成品为地形原图，然后复印或印刷成纸质地形图，提供给需要者应用。自从电子全站仪和GPS-RTK技术广泛应用于地形测量和计算机技术应用于制图领域以来，地形图测绘的方法已改进为野外实测时的自动化数据采集和内业绘图时的计算机辅助成图，简称“机助成图”。实测数据经过全站仪和计算机的数据通信和计算机软件的编辑处理，将地形信息形成地形图，并以数字形式存储于磁盘或光盘等载体，故按这种图的性质，称之为“数字地形图”，或称为“电子地图”。

7.1.1　地形图的比例尺

地形图的比例尺，反映了用户对地形图精度和内容的要求，是地形测量的基本属性之一。由于用图特点的不同，用图细致程度、设计内容和地形复杂程度也不尽一样，所以针对不同情况应选用相应的比例尺。属于比较简单的情况，应当采用较小比例尺；对于综合性用图与专业用图，为满足多方面需要，通常提供较大比例尺图；分阶段设计时，通常初步设计选择较小比例尺，两阶段设计合用一种比例尺的，一般多取一种适中的比例尺（1∶1000或1∶2000）或按施工设计的要求选择比例尺。此外，建厂规模、占地面积也是选择比例尺的重要因素。小型厂矿或单体工程设计，其用图要求精度不一定很高，但要求较大的图面以能反映设计内容的细部，因此多选用较大比例尺。

7.1.1.1　比例尺的表示方法

图上任一线段的长度与其地面上相应线段的水平距离之比，称为地形图比例尺。比例尺的表示形式有数字比例尺和图式比例尺两种。

（1）数字比例尺　以分子为1分母为整数的分数形式表示的比例尺。

$$\frac{d}{D}=\frac{1}{M}=1:M \tag{7-1}$$

① 数字比例尺分子化为1，分母为一个较大整数——$1/M$；

② M越小，比例尺越大；M越大，比例尺越小；

1∶500、1∶1000、1∶2000、1∶5000地形图——大比例尺地形图；

1∶1万、1∶2.5万、1∶5万、1∶10万地形图——中比例尺地形图；

1∶25万、1∶50万、1∶100万地形图——小比例尺地形图。

(2) 图示比例尺　常用的图示比例尺是直线比例尺，如图 7-1 所示。在绘制地形图时，通常在地形图上同时绘制图示比例尺，图示比例尺一般绘于图纸的下方，具有随图纸同样伸缩的特点，从而减小图纸伸缩变形的影响。

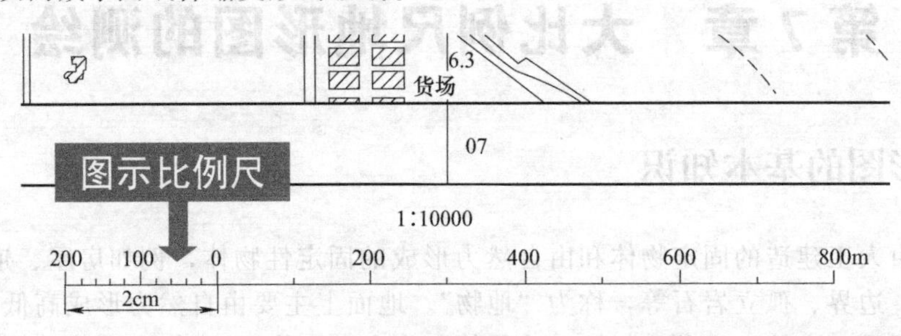

图 7-1　地图上的数字比例尺和图示比例尺

7.1.1.2　比例尺的精度

人眼的分辨率为 0.1mm，在地形图上分辨的最小距离也是 0.1mm，因此把相当于图上 0.1mm 的实地水平距离称为比例尺精度。例如，测绘 1∶1000 比例尺的地形图时，其比例尺的精度为 0.1mm×1000＝100mm＝0.1m。表 7-1 为不同比例尺地形图的比例精度。

表 7-1　大比例尺地形图的比例尺精度

比例尺	1∶500	1∶1000	1∶2000	1∶5000
比例尺的精度/m	0.05	0.1	0.2	0.5

7.1.1.3　地形图比例尺的选择

地形图的比例尺越大，其表示的地物、地貌越详细，精度越高。但是测绘地形图的比例尺越大，所需的测绘工作量就会成倍增加，因此，应该按照实际需要选择合适的测图比例尺，表 7-2 中为在城市和工程建设的规划、设计和施工中，需要的地形图比例尺。

表 7-2　地形图比例尺的选用

比 例 尺	用　途
1∶10000	城市总体规划、厂址选择、区域布置方案比较
1∶5000	
1∶2000	城市详细规划及工程项目初步设计
1∶1000	建筑设计、城市详细规划、工程施工设计、竣工图
1∶500	

7.1.2　大比例尺地形图图式

地形图图式是表示地形图上表示的各种自然和人工地物、地貌要素的符号和注记的等级、规格和颜色标准、图幅整饰规格，以及使用这些符号的原则、要求和基本方法。一个国家的地形图图式是统一的，属于国家标准，我国当前使用的大比例尺地形图图式是由中华人民共和国国家质量监督检验检疫总局、中国国家标准化管理委员会发布的，2007 年 12 月 1 日实施的《1∶500　1∶1000　1∶2000 地形图图式》(GB/T 20257.1—2007)，如图 7-2 所示。

图式符号有三类：地物符号、地貌符号、注记符号。

7.1.2.1　地物符号

(1) 依比例符号　地物依比例尺缩小后，其长度和宽度能依比例尺用规定的符号表示。

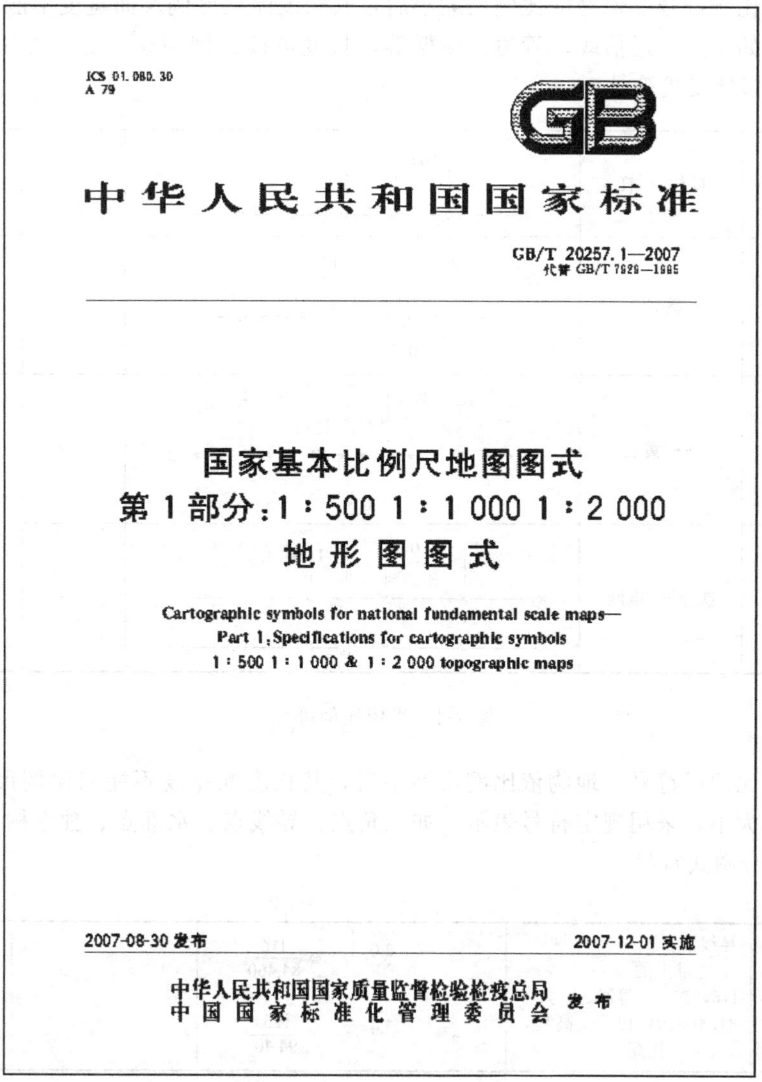

ICS 01.080.30
A 79

中华人民共和国国家标准

GB/T 20257.1—2007
代替 GB/T 7929—1995

国家基本比例尺地图图式
第 1 部分：1∶500 1∶1 000 1∶2 000
地形图图式

Cartographic symbols for national fundamental scale maps—
Part 1: Specifications for cartographic symbols
1∶500 1∶1 000 & 1∶2 000 topographic maps

2007-08-30 发布　　2007-12-01 实施

中华人民共和国国家质量监督检验检疫总局
中国国家标准化管理委员会　发布

图 7-2　大比例尺地形图图式

如房屋、较宽的道路、稻田、花圃等，如图 7-3 所示部分图式符号。

4.3	居民地及设施				
4.3.1	单幢房屋 a. 一般房屋 b. 有地下室的房屋 c. 突出房屋 d. 简易房屋 混、钢——房屋结构 1、3、28——房屋层数 -2——地下房屋层数	a 混1　b 混3-2 0.5 2.0 1.0 c 钢28　d 简	3 c 28 1.0		K100
4.3.2	建筑中房屋	建			K100

图 7-3　依比例符号

（2）半依比例符号 地物依比例尺缩小后，其长度能依比例尺而宽度不能依比例尺表示的地物符号。如小路、通信线、管道、横栅等，长度可按比例缩绘，宽度无法按比例表示，如图 7-4 所示部分图式符号。

4.3.88	栅栏、栏杆	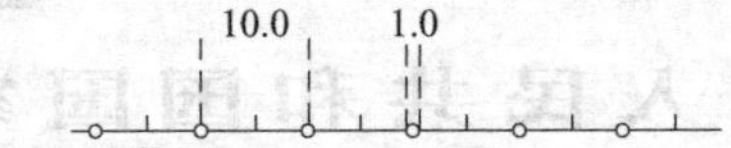 10.0 1.0		K100
4.3.89	篱笆	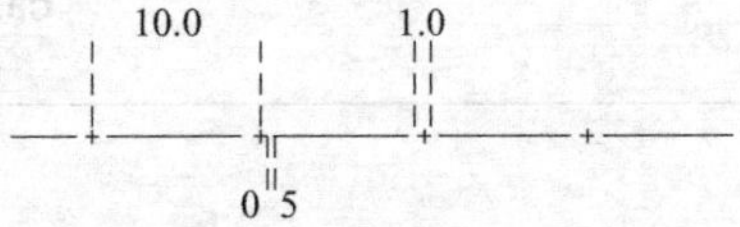 10.0 1.0 0.5		K100
4.3.90	活树篱笆	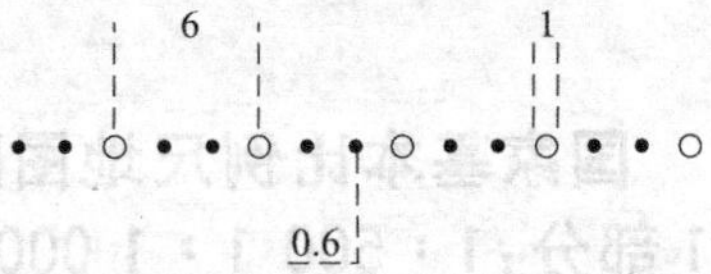 6 1 0.6		K100
4.3.91	铁丝网、电网	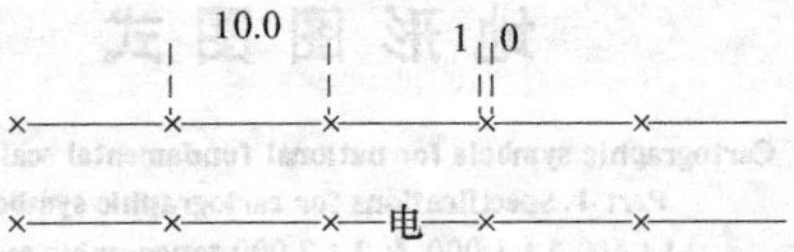 10.0 1.0 电		K100

图 7-4 半依比例符号

（3）不依比例尺符号 地物依比例尺缩小后，其长度和宽度不能依比例尺表示。因此，不考虑其实际大小，采用规定符号表示。如三角点、导线点、水准点、独立树、路灯等，如图 7-5 所示部分图式符号。

4.1.3	导线点 a. 土堆上的 I16,I23——等级、点号 84.460,94.40——高程 2.4——比高	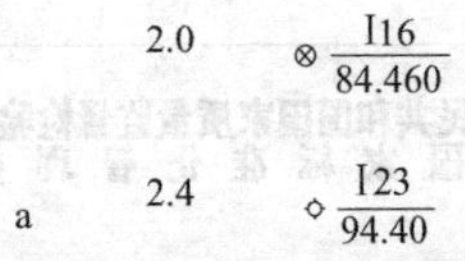 2.0 $\frac{\text{I16}}{84.460}$ a 2.4 $\frac{\text{I23}}{94.40}$		K100
4.1.4	埋石图根点 a. 土堆上的 12、16——点号 275.46、175.64——高程 2.5——比高	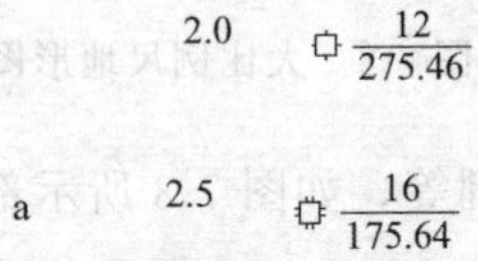 2.0 $\frac{12}{275.46}$ a 2.5 $\frac{16}{175.64}$	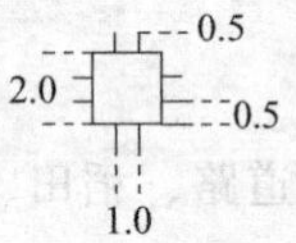 2.0 0.5 0.5 1.0	K100
4.1.5	不埋石图根点 19——点号 84.47——高程	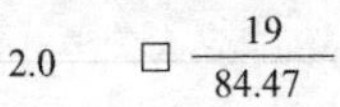 2.0 $\frac{19}{84.47}$		K100
4.1.6	水准点 Ⅱ——等级 京石 5——点名点号 32.805——高程	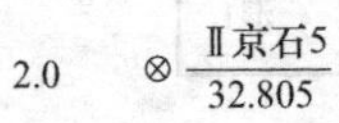 2.0 $\frac{\text{Ⅱ京石5}}{32.805}$		K100

图 7-5 不依比例尺符号

7.1.2.2 地貌符号

地貌是地形图要表示的重要信息之一。地貌形态多种多样，地形图上表示地貌的方法有多种，目前最常用的是等高线法。用等高线表示地貌，既能表示地面高低起伏的形态，又能表示地面的坡度和地面点的高程。

(1) 等高线的定义　等高线是地面上高程相等的相邻各点所连成的闭合曲线。曲线上各点的高程相等。等高线分为首曲线、计曲线、间曲线，如图 7-6 所示。

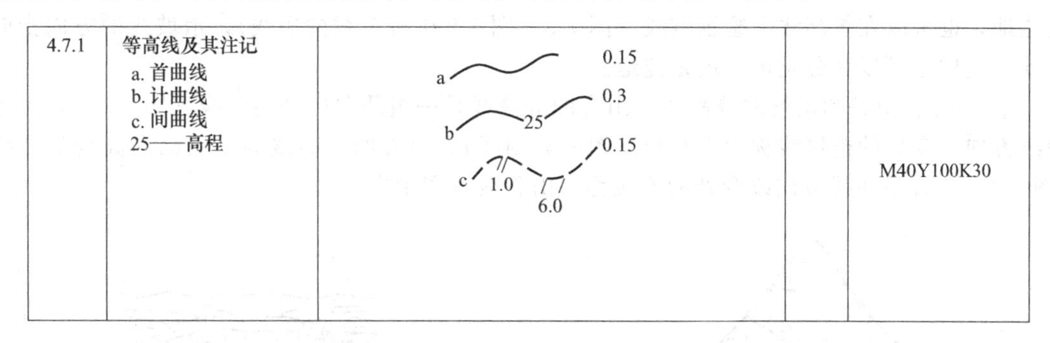

图 7-6　等高线的分类

① 首曲线——从高程基准面起算，按基本等高距测绘的等高线，0.15mm 细实线。

② 计曲线——从高程基准面起算，每隔四条首曲线加粗一条的等高线，0.3mm 粗实线。

③ 间曲线——坡度很小的局部区域，用基本等高线不足以反映地貌特征时，按二分之一基本等高距测绘的等高线加绘一条等高线，间曲线用 0.15mm 宽的长虚线绘制，可不闭合。

(2) 典型地貌的等高线　地貌尽管千姿百态、错综复杂，但其基本形态可以归纳为几种典型地貌，如山顶、山脊、山谷、山坡、鞍部、洼地、陡壁等地貌形态，图 7-7 为某一地区综合地貌及其等高线地形图。

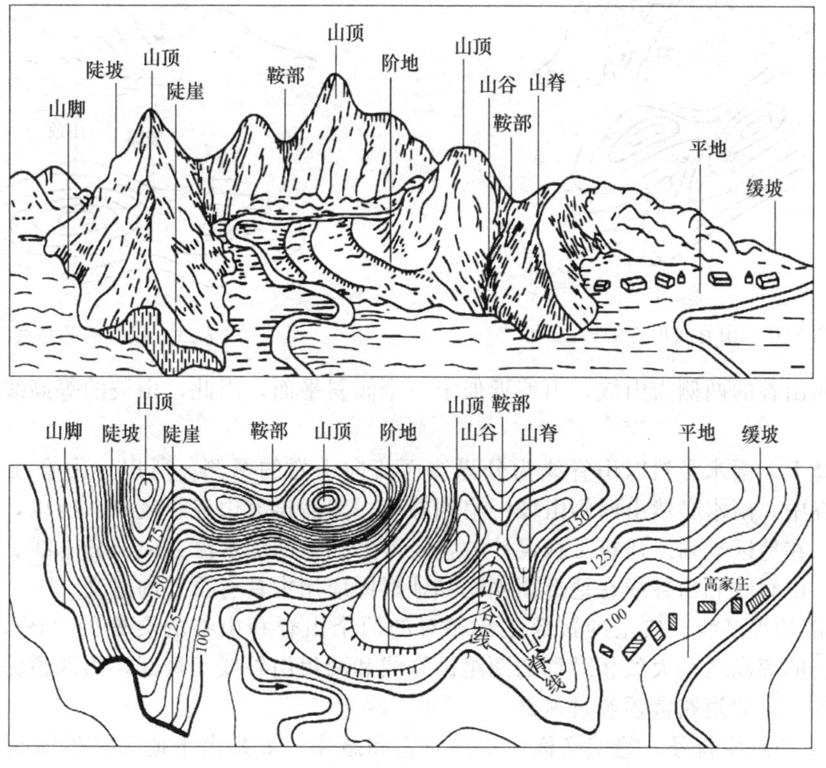

图 7-7　综合地貌及其等高线表示

① 山顶和洼地的等高线。图 7-8 所示为山顶的等高线，图 7-9 所示为洼地的等高线。它们投影到水平面上都是一组闭合曲线，但从高程注记可以区分这些等高线所表示的是山顶还是洼地，也可以在等高线上绘示坡线（图 7-8、图 7-9 中等高线的短线），示坡线的方向指向低处，这样也可以区分是山顶还是洼地。

② 山脊、山谷和山坡的等高线。山脊的等高线是一组凸向低处的曲线（图 7-10），各条曲线方向改变处的连接线称为山脊线（图中点划线）。山谷的等高线为一组凸向高处的曲线（图 7-10），各条曲线方向改变处的连线称为山谷线（图中虚线）。

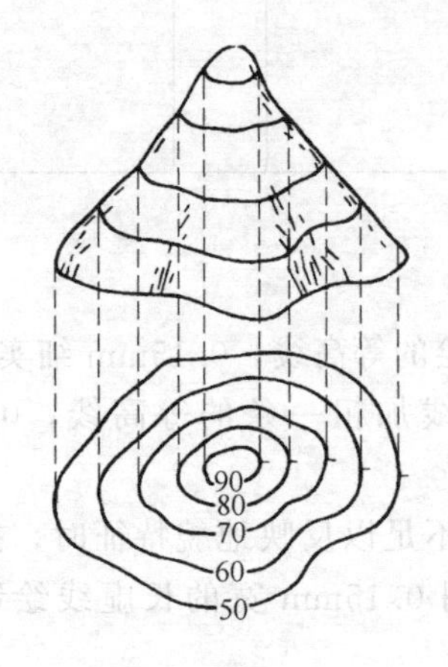

图 7-8　山头的等高线

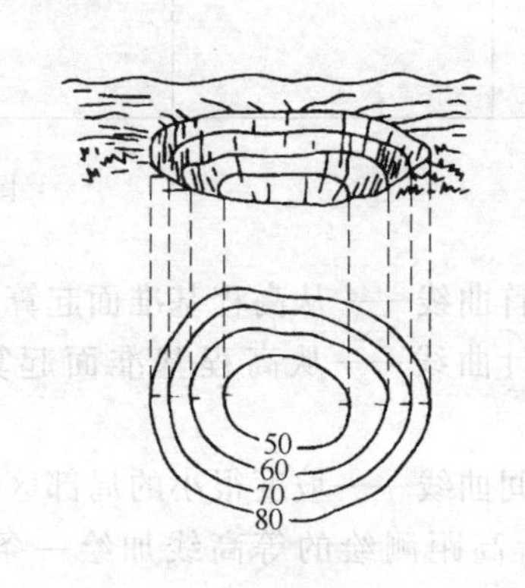

图 7-9　洼地的等高线

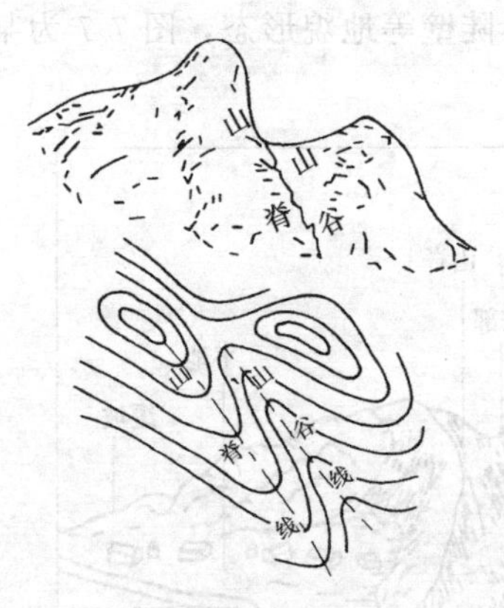

图 7-10　山脊与山谷的等高线

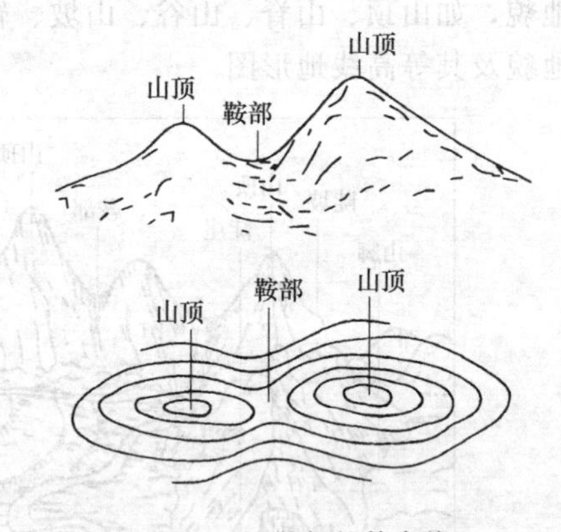

图 7-11　鞍部的等高线

山脊和山谷的两侧为山坡，山坡近似于一个倾斜平面，因此，山坡的等高线近似于一组平行线。

在山脊上，雨水必然以山脊线为分界线而流向山脊的两侧，所以，山脊线又称为分水线。而山谷中，雨水必然由两侧山坡汇集到谷底，然后再沿山谷线流出，所以，山谷线又称为集水线。在地区规划及建筑工程设计时，要考虑到地面的水流方向、分水线、集水线等问题。因此，山脊线和山谷线在地形图测绘和地形图应用中具有重要的意义。

③ 鞍部的等高线。典型的鞍部是在相对的两个山脊和山谷的会聚处（图 7-11）。它的左、右两侧的等高线是大致相对称的两组山脊线和两组山谷线。鞍部在山区道路的选线中是一个关节点，越岭道路常须经过鞍部。

④ 绝壁和悬崖符号。绝壁又称为陡崖，它和悬崖一般是由于地壳产生断裂运动而形成的。绝壁因为有比较高的陡峭岩壁，等高线非常密集，这一部分在地形图上可以用绝壁符号

来代替十分密集的等高线。在地形图上近乎直立的绝壁，一般用断崖符号表示，如图 7-12 (a)、(b) 所示。悬崖为上部凸出而下部凹入的绝壁，若干等高线投影到地形图上会相交，如图 7-12 (c) 所示，俯视时，隐蔽的等高线用虚线表示。

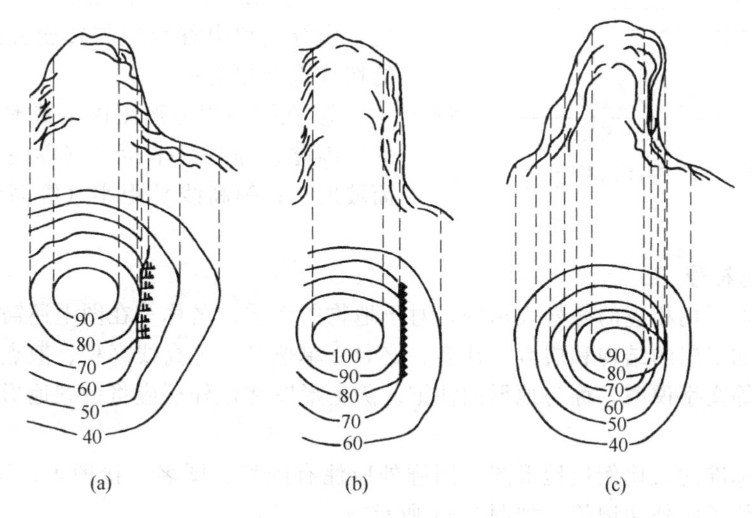

图 7-12 陡崖与悬崖的表示

识别上述典型地貌用等高线表示的方法以后，就基本上能够认识地形图上用等高线表示的复杂地貌。

(3) 等高距　地形图上相邻等高线间的高差，称为等高距，用 h 表示。同一幅地形图的等高距应相同，因此地形图的等高距也称为基本等高距。等高距越小，表示的地貌细部越详尽；等高距越大，地貌细部表示就越粗略。但等高距太小会使图上的等高线过于密集，从而影响图面的清晰度。因此，在测绘地形图时，应根据测图比例尺、测区地面的坡度情况，按国家规范要求选择合适的基本等高距，见表 7-3。

表 7-3　地形图基本等高距/m

比例尺 地形类别	1∶500	1∶1000	1∶2000	1∶5000
平坦地	0.5	0.5	1	2
丘陵	0.5	1	2	5
山地	1	1	2	5
高山地	1	2	2	5

(4) 等高线平距　相邻等高线间的水平距离称为等高线平距，用 d 表示，它随地面的起伏情况而变化。相邻等高线间的地面坡度为

$$i=\frac{h}{dM} \tag{7-2}$$

同一幅地形图，等高线平距大，地貌坡度小；反之，坡度大，如图 7-13 所示。因此，可以根据图上等高线的疏密程度，判断地面的陡缓。

(5) 等高线的特性

① 同一条等高线上各点高程相等；

② 等高线是闭合曲线，不能中断，如果不在同一幅图内闭合，则必定跨越邻幅或许多

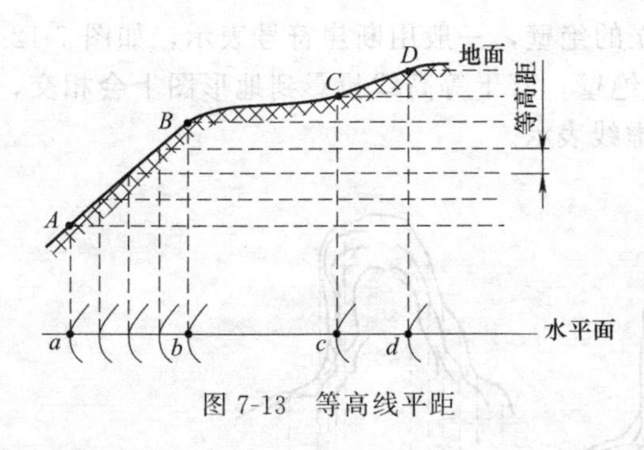

图 7-13　等高线平距

幅图后闭合；

③ 不同高程的等高线一般不能相交，只有在绝壁或悬崖处才会重合或相交；

④ 等高线经过山脊或山谷时转变方向，因此，山脊线和山谷线应与转变方向处的等高线的切线垂直相交；

⑤ 在同一幅地形图内，基本等高距是相同的，因此，等高线平距大（等高线疏）表示地面坡度小；等高线平距小（等高线密）表示地面坡度大。

7.1.2.3　注记符号

有些符号除了用相应的符号表示外，对于地物的性质、名称等在图上还需要用文字和数字加以注记，如房屋的结构和层数、地名、路名、单位名、等高线高程、散点高程以及河流的水深、流速等文字说明，称为地形图注记。除地形图注记外还应将一副地形图进行图廓外的注记。

对于一幅标准的大比例尺地形图，图廓外应注有图号、图名、接图表、比例尺、图廓、坐标格网和其他图廓外注记等，如图 7-14 所示。

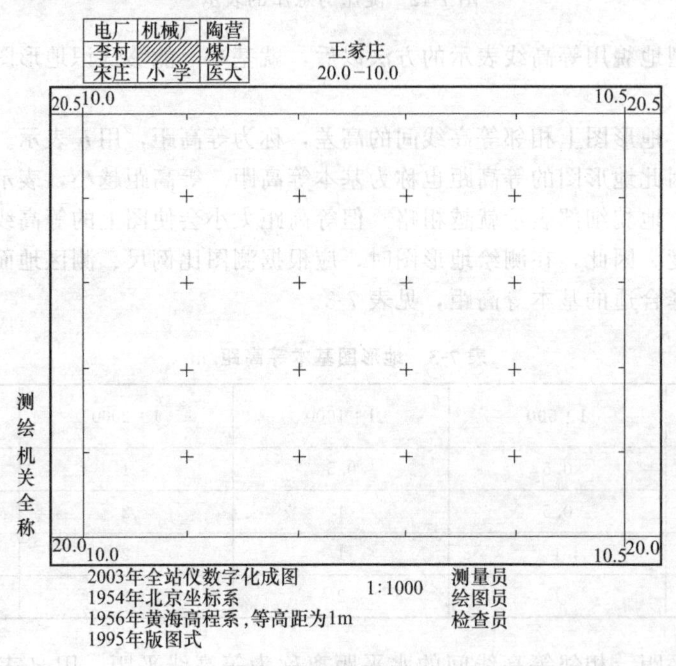

图 7-14　注记符号

(1) 图号、图名、接图表注记　图号是图幅的编号。图名可采用地名或企事业单位名称。图名选择有困难时，可不注图名，仅注图号。图名为两个字的字隔位两个字，三个字的字隔为一个字，四个字以上的字隔一般为 2～3mm。图号和图名均标注在图幅北图廓上方的中央。接图表绘在图幅外图廓线左上角，表示本图幅与相邻图幅的连接关系，各邻接图幅注上图号或图名，只取一种注出。

(2) 比例尺注记　图幅的外图廓下方的中央均注有地形图的数字比例尺。

(3) 图廓和坐标格网　图廓是图幅四周的范围线，地形图的图廓有内图廓和外图廓之分。内图廓线较细，是图幅的范围线。矩形图幅的内图廓线是坐标格网线，绘有坐标格网短线，图幅内绘有坐标格网相交的短线。外图廓线较粗，是图幅的装饰线。

7.2　大比例尺地形图分幅和编号

1∶500、1∶1000、1∶2000 地形图一般采用 50cm×50cm 正方形分幅和 40cm×50cm 分幅，根据需要也可采用其他规格分幅。正方形或矩形分幅的地形图的图幅编号，一般采用图廓西南角坐标公里数编号法，也可选用流水编号法和行列编号法。采用图廓西南角坐标公里数编号时，x 坐标公里数在前，y 坐标公里数在后；1∶500 地形图取至 0.01km（如 10.40－27.75），1∶1000、1∶2000 地形图取至 0.1km（如 10.0－21.0）。

带状测区或小面积测区可按测区统一顺序编号，一般从左到右，从上到下用阿拉伯数字 1、2、3、4……编定，如图 7-15 中××-8（××为测区代号）。

行列编号法一般以字母（如 A、B、C、D……）为代号的横行由上到下排列，以阿拉伯数字为代号的纵列从左到右排列来编定的。先行后列如图 7-16 中的 A-4。

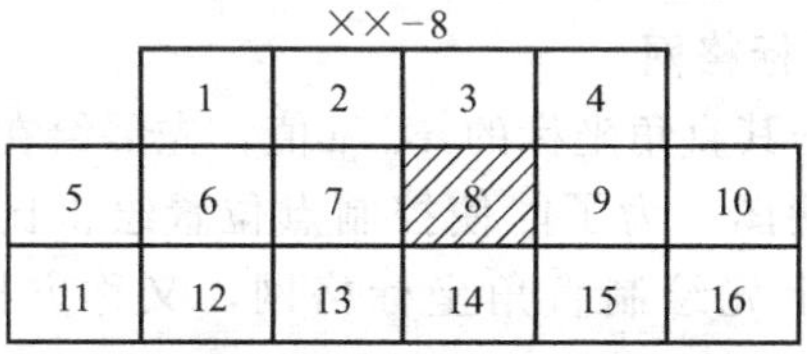

××-8

1　2　3　4

5　6　7　8　9　10

11　12　13　14　15　16

图 7-15　带状测区或小面积测区的分幅和编号

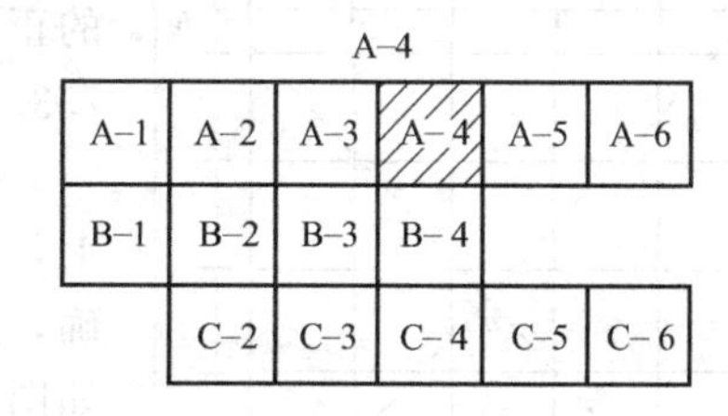

图 7-16　大比例尺地形图的分幅和编号

1∶2000 地形图以 1∶5000 地形图为基础，按经差 37.5″、纬差 25″进行分幅（见图 7-17），其图幅编号 1∶5000 地形图图幅编号分别加短线，再加顺序号 1、2、3、4、5、6、7、8、9 表示。如图 7-17 中 H49 H 192097-5。

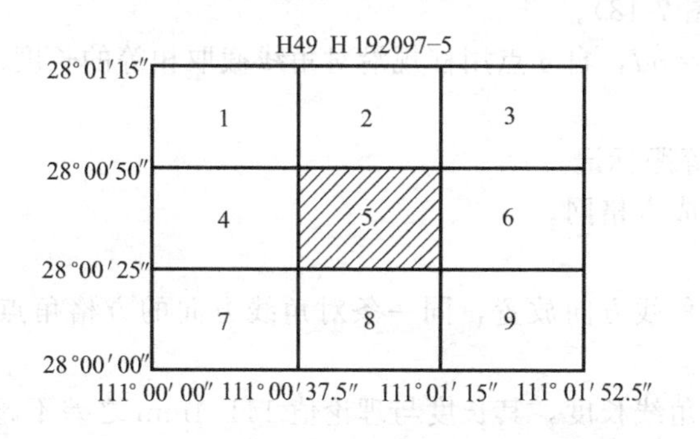

图 7-17　1∶5000 地形图图幅编号

7.3　大比例尺地形图测绘方法

地形测图的工作程序，遵循“从整体到局部，先控制后碎部”的原则，在控制工作完成后，就可以利用测量仪器，依据图根控制点测定地物、地貌特征点的平面位置和高程，并按正射投影方式、规定的比例尺和符号缩绘在图纸上。大比例尺地形图的测绘方法有解析测图法和数字化测图法。解析测图法又分为量角器配合经纬仪测图法、经纬仪联合光电测距仪测图法、大平板仪测图法和小平板仪与经纬仪联合测图法等。数字测图法是用全站仪或 GPS-RTK 采集碎部点的坐标数据，应用数字测图软件绘制成图，其方法有草图法与电子平板仪法两种。

7.3.1 测图前的准备工作

测图前，除应抄录有关测量资料、检校测量仪器及工具准备外，还应进行图纸的准备、绘制坐标格网及展绘控制点工作。

7.3.1.1 图纸准备

目前作业单位已广泛地采用聚酯薄膜代替图纸进行测图。这种经打毛后的聚酯薄膜。其优点是：伸缩性小，无色透明，牢固耐用，化学性能稳定，质量轻，不怕潮湿，便于携带和保存。清绘的聚酯薄膜原图可不经过照相而直接制版印刷成图，使生产工序简化，缩短了成图周期，提高了功效，降低了成本。

若用白纸测图，则需将图纸裱糊于测图板上。测图用的图板通常采用铝板或胶合板作为底板，图板大小有 50cm×50cm 和 60cm×60cm 的，板的正面裱糊图纸，以供测图用。

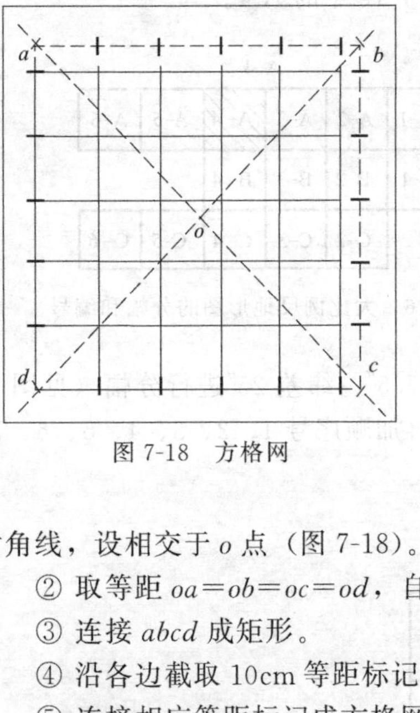

图 7-18 方格网

7.3.1.2 绘制坐标格网

控制点是根据其直角坐标的 x、y 值，先展绘在图纸上，然后到野外测图。为了能使控制点位置绘得比较准确，则需在图纸上先绘制直角坐标格网，又称方格网，如图 7-18 所示。

（1）格网要求

方格网的大小：40cm×50cm 或 50cm×50cm

方格的大小：10cm×10cm

（2）绘制方法（对角线法）

① 画对角线。在图板上用直尺和铅笔轻轻地画两条对角线，设相交于 o 点（图 7-18）。

② 取等距 $oa=ob=oc=od$，自 o 点用杠规沿对角线截取相等的长度。

③ 连接 $abcd$ 成矩形。

④ 沿各边截取 10cm 等距标记。

⑤ 连接相应等距标记成方格网。

（3）精度要求

① 将直尺沿方格的对角线方向放置，同一条对角线方向的方格角点应位于同一条直线上，偏离不应大于 0.2mm。

② 检查各个方格的对角线长度，其长度与理论值 141.4mm 之差不超过 0.2mm。

③ 图廓对角线长度与理论值之差不超过 0.3mm。

7.3.1.3 展绘控制点

点的展绘就是把控制点的坐标位置，按比例展绘到图纸上。展点质量的好坏与成图质量有着密切的关系，因此需本着“过细”的精神，“认真”地对待。

在展点时，首先确定控制点所在的方格，如图 7-19 中，控制点 A 的坐标 $x=677.51$m，$y=662.28$m，根据点 A 的坐标知道它在 $lmnp$ 方格内，然后从 m 点和 n 点用比例尺向上量取 75.1m，得到 c、d 两点，再从 l、p 向右量 62.28m，得到 a、b 两点，ab 与 cd 的交点即为 A 点位置。同法将其他各点展绘在坐标方格网内。

要求：图上量取已展绘控制点间长度，与已知值（由坐标反算长度除以地形图比例尺分母）之差不应超过±0.3mm，否则应重新展绘。

当控制点的平面位置绘在图纸上后，还应注上点号和高程。

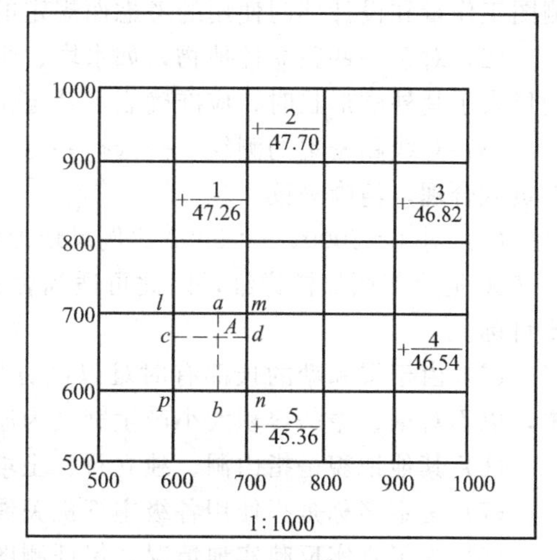

图7-19　展绘控制点

7.3.2　碎部测量方法

碎部测量工作中，碎部点的选择直接影响地形图测绘的质量。碎部点应选在能反映地物和地貌特征的点位上。

碎部测量方法有极坐标法、角度交会法、距离交会法和距离角度交会法等。测量中使用最多的是极坐标法，它以某一图根点作为测站点（极点），另一图根点作为起始方向（极轴），然后分别照准测站点周围的各碎部点，测定其相对于起始方向的水平角（极角），测定测站点至碎部点的距离（极距），这样就能测定各碎部点的平面位置。若测定天顶距，依据量取的仪器高、目标高，可计算出碎部点的高程。对于隐蔽或不宜观测的地物碎部点，可以依据已测定的碎部点，利用距离交会、角度距离交会等方法进一步测定。因此，书中将重点介绍经纬仪测绘碎部法。

7.3.2.1　经纬仪测绘碎部法

（1）安置经纬仪　观测员在测站点安置经纬仪，量取仪器高 i，然后照准一已知点作为起始点方向，并使水平度盘读数为零或该方向的方位角。

（2）测站检查　将标尺立于第3个已知点，照准已知点上竖立的标尺，读取水平度盘读数（即该方向与起始方向所夹的水平角或该方向的方位角）、视距（测站点至照准部的距离）、中丝读数（目标高）和天顶距读数，将观测结果与已知成果比较，其他点检核，角度差不应大于4′，高程差不应大于1/5等高距。碎部测量时，只采用盘左位置观测，视准轴误差、指标差不能采用观测手段消除，因此必须对仪器进行严格的检验校正。

（3）观测　立尺员将标尺立于碎部点上，观测员用经纬仪照准碎部点上的标尺，读取水平角（或方位角）、视距、中丝读数和天顶距读数。

注意：

① 每次读取竖盘读数时应使竖盘指标水准管气泡居中；

② 观测20多个点后应再次照准起始方向，进行归零差检核，归零差不超过4′。

（4）展绘碎部点　绘图员根据观测的水平角、计算出测站点至碎部点的水平距离和碎部点的高程，用分度规（量角器）展绘碎部点。在分度规上找到与所观测水平角相等的分划线，将此分划线与定向线重合，根据所测水平距离在分度规直径边上截取测站点至碎部点的图上距离，即得碎部点的图上位置。若使用坐标展点器展绘碎部点，应计算碎部点的坐标和高程，在图板上直接按坐标值展绘即得碎部点的图上位置。

（5）绘制地物和地貌　绘图员边展点边对照实地情况，按照图式规定的符号绘制地物和地貌。地物的绘制应边展点边连线，当一个地物观测完毕，应用完整的地物符号绘制出来，独立地物在其中心位置用规定的符号绘制。

7.3.2.2　一般地区地形测图

（1）对建构筑物轮廓凹凸部分，当图上小于0.5mm，或1∶500比例尺图上小于1mm，也即是实地小于半米的凹凸部分，可视为一直线看待，用直线连接表示的规定，主要是基于测图工作量和设计部门使用的考虑而规定的。

(2) 对于一些独立性地物，如水塔、烟囱、杆塔，在图上比较明显、重要而又不能按比例尺表示其外廓形状时，应准确表示其定位点或定位线位置。

(3) 对线路密集的测绘，按选择要点测绘的原则进行。一是保证用户的需要，二是使图纸负载合理，清晰易读。

(4) 对1∶2000、1∶5000比例尺地形图道路及其附属物的测绘，不可能像1∶1000或1∶500地形测图那样详细，因此可适当舍去车站范围内的次要附属设施，以突出道路为主要目标。

(5) 由于渠和塘的顶部有时难以区分出明显的界线，因此应选择测出其顶部的适当位置，以不对渠、塘的容积大小产生疑义为原则。

(6) 其他地貌是指山洞、独立石、土堆、坑穴等。

(7) 法定名称是指使用各级主管机关颁布的名称。注记的名称不得自行命名。

(8) 为了真实反映实地情况，保证测图精度，使地形图上高程注记点均匀分布，利用视距法测距时，地形点的间距和碎部点测量时的最大视距应符合规范要求，见表7-4。

表7-4 地形点间距及地物点和地形点的最大视距

比例尺	地形点间距/m	最大视距	
		地物点/m	地形点/m
1∶500	15	40	70
1∶1000	30	80	120
1∶2000	50	150	200

注：1. 1∶500比例尺测图时，在城市建筑区和平坦地区，地物点距离应实量，其最大长度为50m。
2. 山地、高山地地物点最大视距可按地形点要求。
3. 采用电磁波测距仪测距时，距离可适当放长。

7.3.3 数字地形图测绘

数字测图（Digital Surveying and Mapping，DSM）系统，是指以计算机为核心，外连输入输出设备，在硬、软件的支持下，对地形数据进行采集、输入、成图、绘图、输出、管理的测绘系统。

随着计算机、地面测量仪器如全站仪和GPS等现代测量仪器的广泛应用，数字化测图软件功能不断增强，DSM正在工程实践中得到快速普及。由于数字成图采用位置、属性与关系3方面的要素来描述存储的图形对象，并提供可传输、处理、共享的数字地形信息于各种管理信息系统如GIS，因此相对传统人工模拟测图具有很大优势。数字测图使大比例尺测图走向了自动化、数字化，实现了高精度。

7.3.3.1 数字化测图的基本思想

数字化测图以自动采集及存储地形特征点空间坐标及属性库为数据源，在计算机相关硬件、软件模块的支持下，通过对存储的地形特征点空间数据进行处理，得到相关比例数字地图或各种专题地图。

广义的数字化测图主要包括：地面数字测图、地形数字化成图、航空数字测图、计算机地图制图。从小范围的局部测量方式看，大比例尺数字化测图是指野外实地测量，即地面数字测图，也称野外数字化测图。

针对使用的测量设备及数字化测图流程的不同，数字化测图主要有以下几种方法。

(1) 野外采集法 根据成图方式不同，野外采集法又分为草图法和电子平板法。其中电子平板法测图模式与传统的小平板经纬仪测图模式作业过程相似（流程图如 7-20 所示），为现测现绘。草图法的作业模式为测记法，即先现场手工草绘出地形示意图，再到室内结合观测数据完成地形图绘制，其基本作业流程如图 7-21 所示。

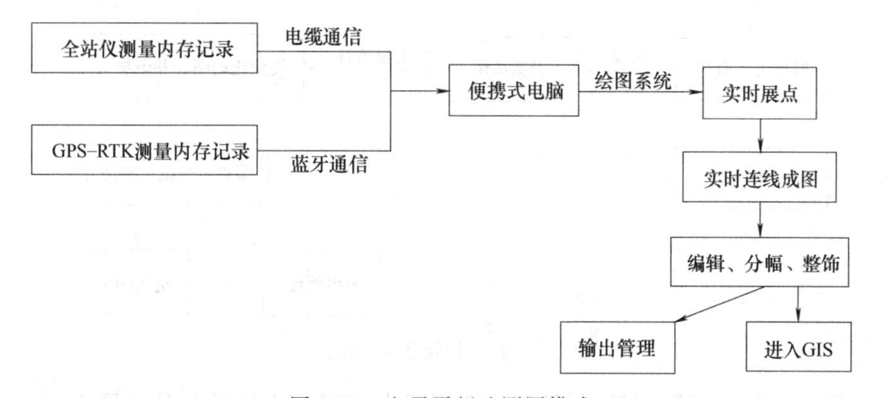

图 7-20　电子平板法测图模式

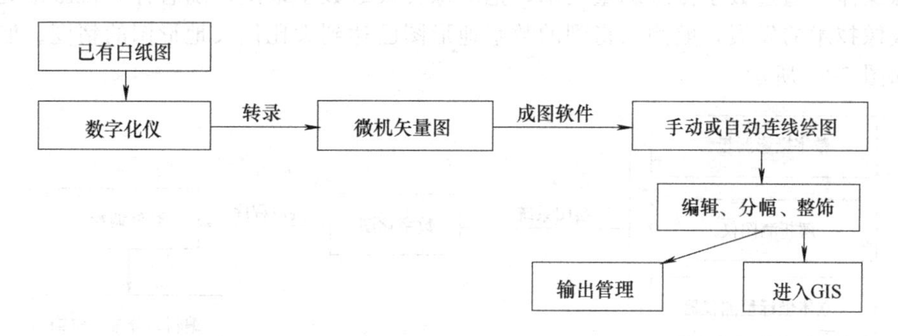

图 7-21　草图法的作业模式

基于草图法的数字化测图系统目前在测图领域使用较为广泛，一般它们都是基于 Auto-CAD 平台开发的，例如南方 CASS7.1 成图系统。

（2）已有纸质地图转换为数字化图

① 数字化仪法　利用图形数字化仪将图纸特征点坐标转换为数字坐标，然后在计算机上借助成图软件得到数字化图。由于采点转换等误差，成图精度低于原始图。数字化仪法流程如图 7-22 所示。

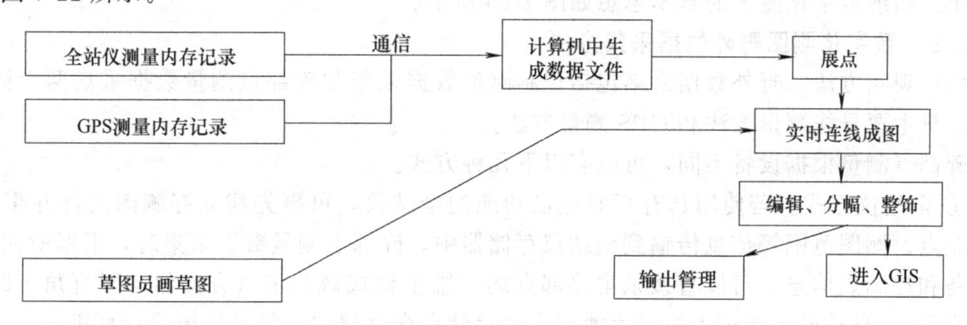

图 7-22　数字化仪法

② 扫描矢量化法　借助图像扫描，仪器沿 x 方向扫描，沿 y 方向走纸，图在扫描仪上走一遍，即完成图的扫描栅格化，然后借助人机交互方式或矢量软件将栅格数据转换成矢量

数据，经过编辑最终得到数字化图。扫描矢量化法流程如图 7-23 所示。

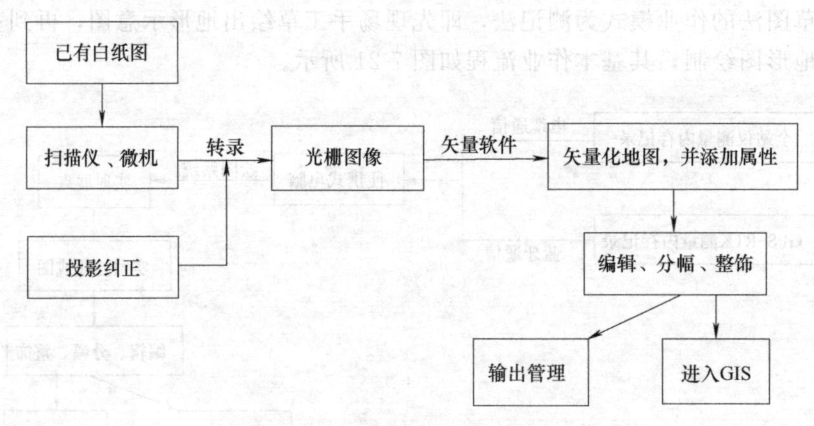

图 7-23 扫描矢量化法

(3) 航测法（数字摄影测量） 航测法适用于大范围中小比例尺的成图工作，它是利用数字成像媒体，通过数字摄影测量技术，把影像转换成数字地图。随着计算机影像处理技术和数字成像技术的发展，航测法得到的数字地形图已达到大比例尺地形图的精度。航测法基本流程如图 7-24 所示。

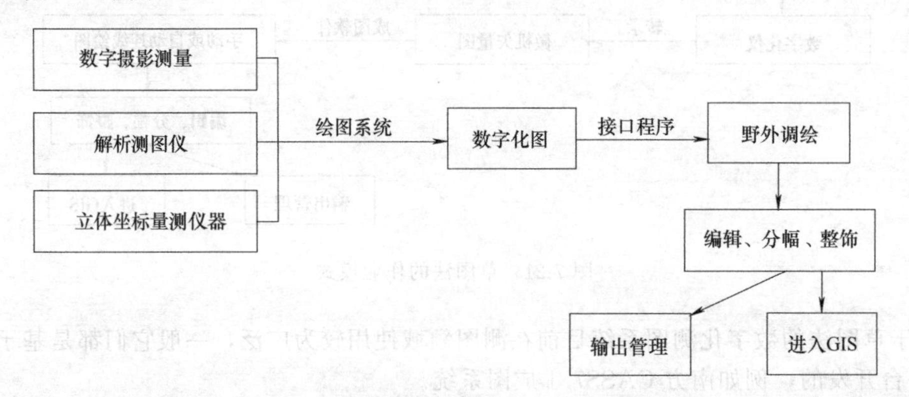

图 7-24 航测法

从上面介绍的几种方法可以获知，数字测图系统主要由数据输入、数据处理和数据输出三部分组成。其工作流程一般是：地形特征点采集及建库→数据处理与图形编辑→成果与图形输出。归纳数字化测图的基本思想如图 7-25 所示。

7.3.3.2 数字化测图野外数据采集方法

(1) 观测方法 野外数据采集包括控制测量数据采集和碎部点测量数据采集两个阶段。控制测量主要导线测量方法和 GPS 测量方法。

碎部点测量根据设备不同，可以有以下几种方式。

① 全站仪方式。若使用具有存储记忆功能的全站仪，可事先建立好测图文件并事先把如控制点、测图范围等信息传输到全站仪存储器中，碎部点测量数据采集时，根据所使用仪器设备和控制点信息，可以直接采集碎部点的三维坐标或观测值（方向值、竖直角、距离、目标高等），自动或手工记入电子手簿或自动存储在全站仪中，然后传输给计算机。

② GPS-RTK 方式。测得数据均为点线面结构，格式简洁，通过接口程序可很方便地将采集的坐标文件引入测图 CAD 系统，如果有代码，可自动连线成图。

(2) 数据采集 现在数据采集方法最多的是草图法数据采集，其包括如下方面。

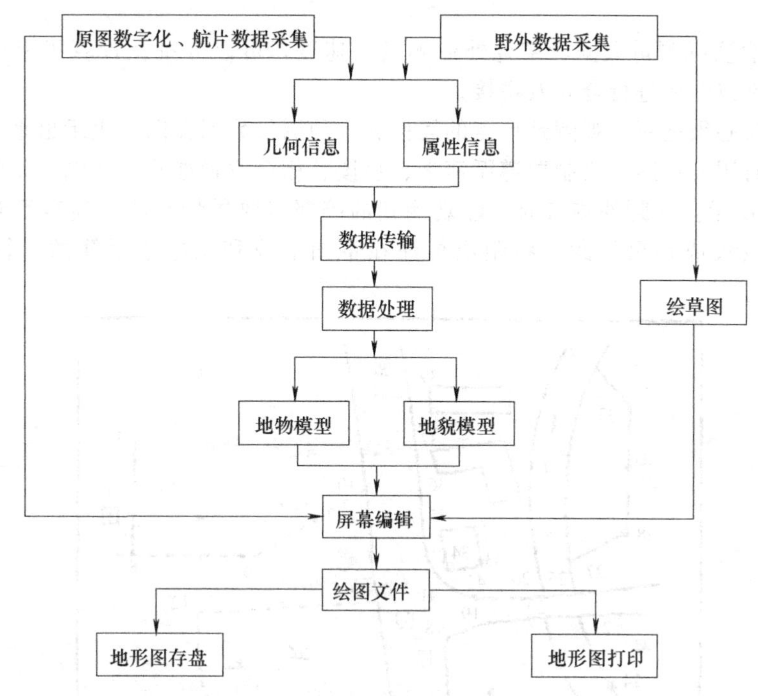

图 7-25　数字化测图的基本思想

① 全站仪采点。数据采集之前一般先将作业区已知控制点的坐标和高程输入全站仪（或电子手簿）。草图绘制者对测站周围的地物、地貌大概浏览一遍，及时按一定比例绘制一份含有主要地物、地貌的草图，以便观测时在草图上标明观测碎部点的点号。观测者在测站点上安置全站仪，量取仪器高。选择一已知点进行定向，然后准确照准另一已知点上竖立的棱镜，输入点号和棱镜高，按相应观测按键，观测其坐标和高程，与相应已知数据进行比较检查，满足精度要求后进行碎部点观测。观测地物、地貌特征点时准确照准点上竖立的棱镜，输入点号、棱镜高和地物代码，按相应观测记录键，将观测数据记录在全站仪内或电子手簿中。观测时观测者与绘制草图者及立镜者时时联系，以便及时对照记录的点号与草图上标注的点号是否一致，有问题时要及时更正。观测一定数量的碎部点后应进行定向检查，以保证观测成果的精度。

② 现场草图绘制。野外数据的采集，不仅要获取地面点的三维解析坐标（几何数据），而且还要做地物图形关系的记录（属性数据），如何协调好两者的关系是本方法的关键。

草图法是一种十分实用、快速的测图方法。但缺点是不直观，容易出错，当草图有错误时，可能还需要到实地查错。

③ 草图绘制的注意事项

a. 草图纸应有固定格式，不应该随便画在几张纸上。

b. 每张草图纸应包含日期、测站、后视零方向、观测员、绘图员信息，当遇到搬站时，尽量换张草图纸，不方便时，应记录本草图纸内哪些点隶属哪个测站，数据一定要标示清楚。

c. 草图绘制。不要试图在一张纸上画太多的内容，地物密集或复杂地物均可单独绘制一张草图，既清楚又简单。

d. 核对点名。绘图员与观测员每隔一定间隔时间（如每测 20 点），应互相核对点号，这样当发现点号不对应时，就可以有效地将错误控制在最近间隔时间内，以便及时更正，防止内业出错。

e. 草图配合实际测量数据，结合外业测量的速度，可以分批在计算机上处理，最后把建立的数据文件或图形进行合并及拼接。

绘制草图时必须把所有观测地形点的属性和各种测量数据在图上表示出来，以供内业处理、图形编辑时用。草图的绘制要遵循清晰、易读、相对位置准确、比例一致的原则。草图示例如图 7-26 所示。在野外测量时，能观测到的碎部点要尽量观测。确实不能观测到的碎部点可以利用皮尺或钢尺量距，将距离标注在草图上或利用电子手簿的量算功能生成其坐标。

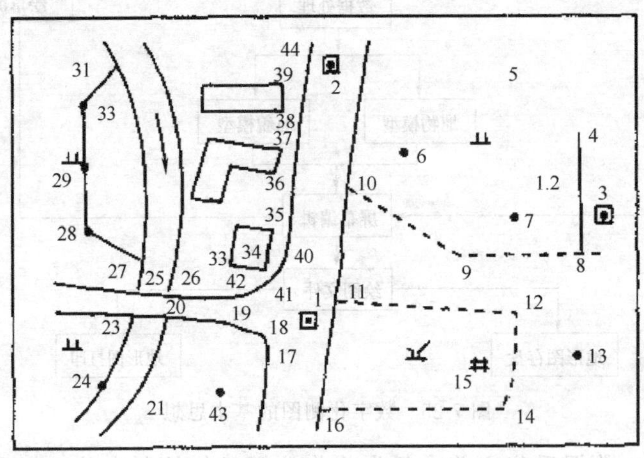

图 7-26 草图示例

7.3.3.3 数据的内业处理

对于草图法，数据采集完成后，应进行内业处理。内业处理主要包括数据传输、数据处理和图形输出。其作业流程如图 7-27 所示。

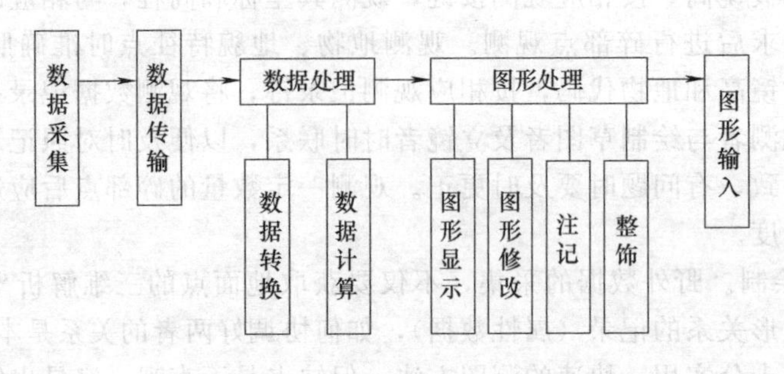

图 7-27 数据内业处理流程

国内有多种较成熟的数字化测图软件，现介绍南方测绘的 CASS7.0，操作界面如图 7-28所示。

(1) 数据输入 数据进入 CASS 都要通过“数据”菜单。一般是读取全站仪数据如图 7-29所示。还能通过测图精灵和手工输入原始数据来输入。

① 将全站仪与电脑连接后，选择“读取全站仪数据”。

② 选择正确的仪器类型。

③ 选择“CASS 坐标文件”，输入文件名。

④ 点击“转换”，即可将全站仪里的数据转换成标准的 CASS 坐标数据。

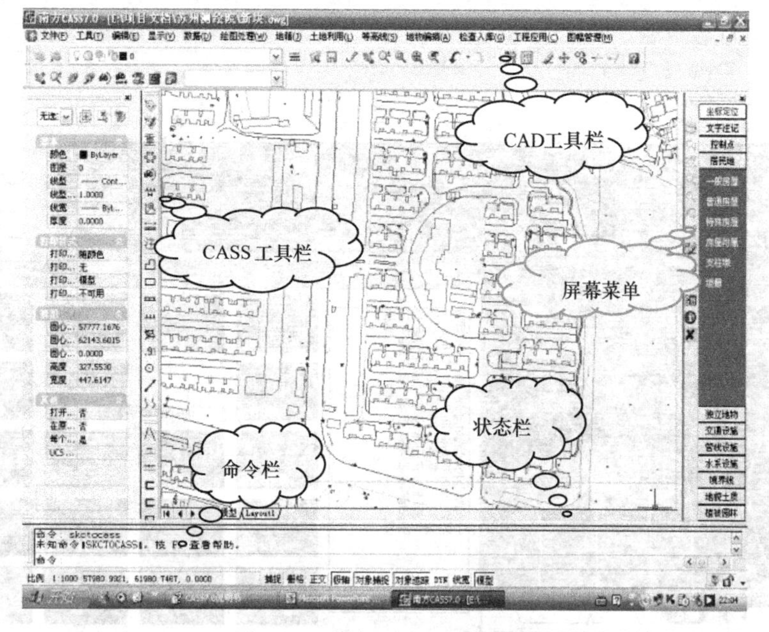

图 7-28　南方 CASS 操作界面

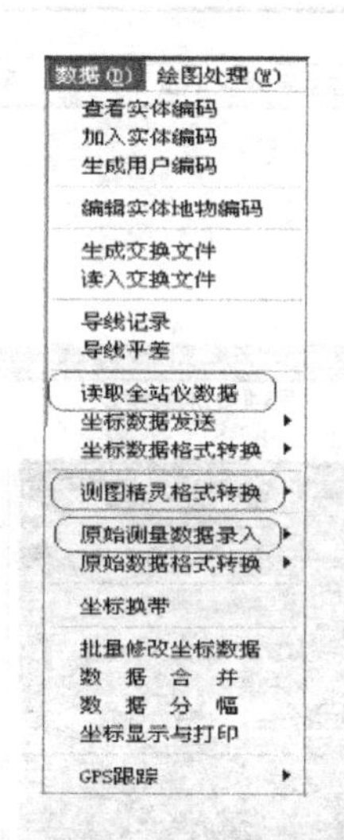

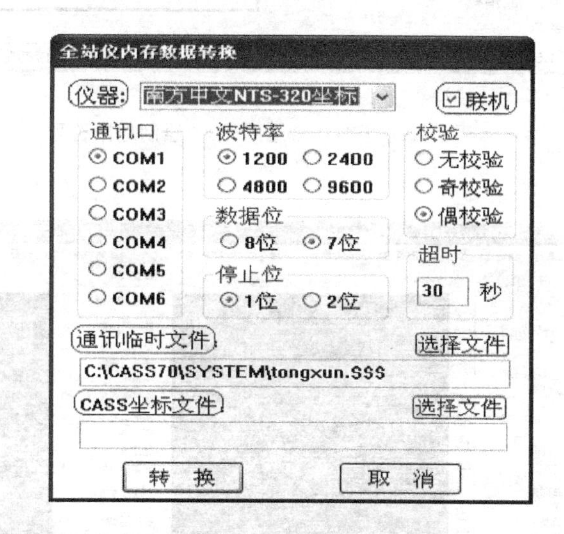

图 7-29　读取全站仪数据

如果仪器类型里无所需型号或无法通信，先用该仪器自带的传输软件将数据下载。将“联机”去掉，“通讯临时文件”选择下载的数据文件，“CASS 坐标文件”输入文件名。点击“转换”，也可完成数据的转换。

(2) 绘制地物符号　用户可以根据野外绘制的草图和将要绘制的地物选取适当的命令进行绘制地物如图 7-30 所示。

(3) 等高线绘制　等高线是在 CASS 中通过创建数字地面模型 DTM 后自动生成如图 7-31所示，其包括以下几步：

① 建立 DTM 模型；

② 编辑修改 DTM 模型；

③ 绘制等高线；

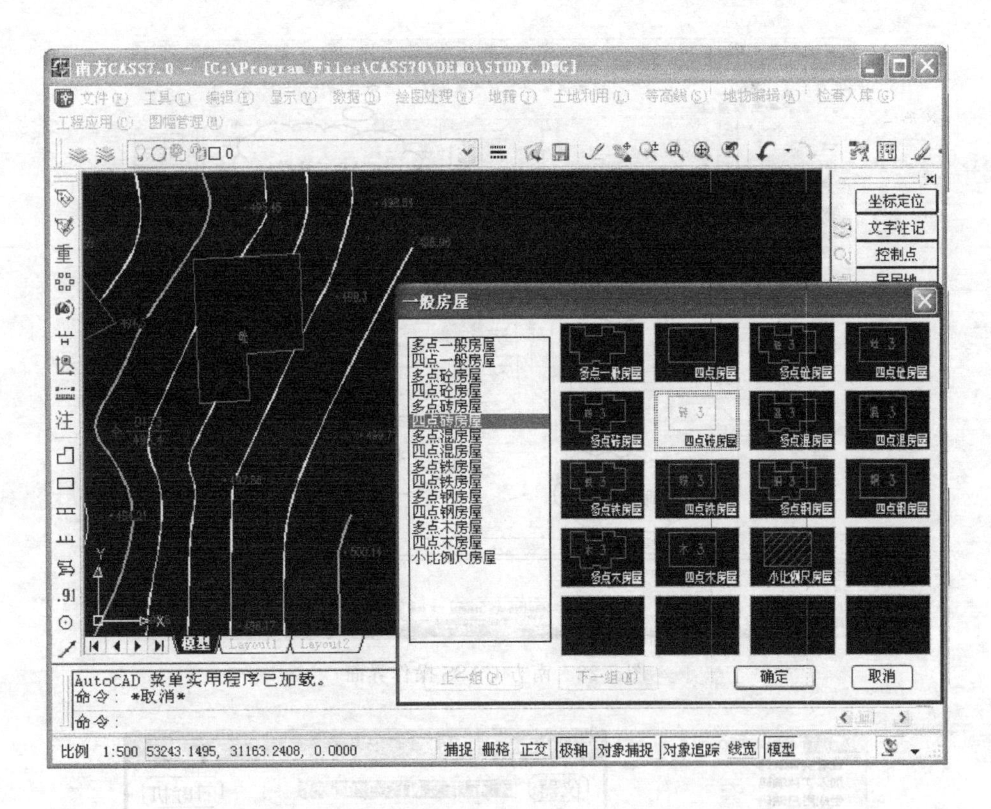

图 7-30　绘制地图符号

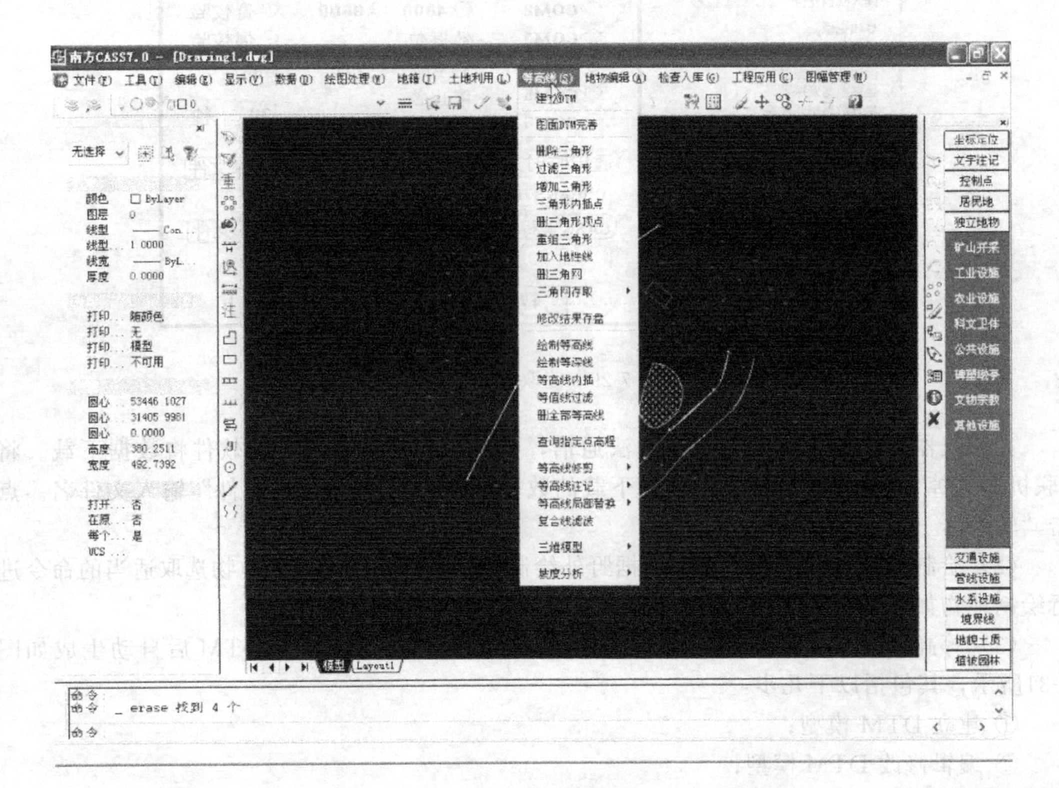

图 7-31　绘制等高线

④ 修剪、注记等高线。

(4) 图形数据输出　地形图绘制完毕，可以多种方式输出：

① 打印输出：图幅整饰—连接输出设备—输出；

② 转入 GIS：输出 Arcinfo、Mapinfo、国家空间矢量格式；

③ 其他交换格式：生成 cass 交换文件（*.cas）。

7.4　地形图的拼接、检查和整饰

完成了测绘工作之后的地形图，暂不能提交使用，还要经过地形图的拼接、检查、整饰、验收等环节之后，确认地形图达到规范要求，方可交付使用。

7.4.1　地形图的拼接

传统地形图是分幅施测的，由于测量和绘图误差的影响，使得相邻图幅的连接处的地物轮廓线和等高线不能完全吻合。为了保证相邻图幅的相互拼接，每幅图的四边，一般均须测出图廓 5mm，对地物应测完其主要轮廓角点，直线形地物应多测出一些距离。如果使用的测图是聚酯薄膜，拼接时，将相邻两幅图的聚酯薄膜图纸的坐标的格网对齐，检查接边处地物和等高线的偏差情况，若小于表 7-5 中规定误差的 $2\sqrt{2}$倍时，可平均配赋，但应保持地物、地貌相互位置和走向的正确性。超过限差时，则应到实地纠正。如果使用的测图纸是白纸，拼接时，用宽 5cm、长 60cm 的透明纸蒙在某幅图的图边上，用铅笔将图廓线、坐标格网线以及靠图廓 1.0～1.5cm 宽度内的地物和等高线透绘在透明纸上，同样，将与其接边的相邻图幅边上的地物和等高线透绘在透明纸上，小于限差，平均配赋，如图 7-32 所示。

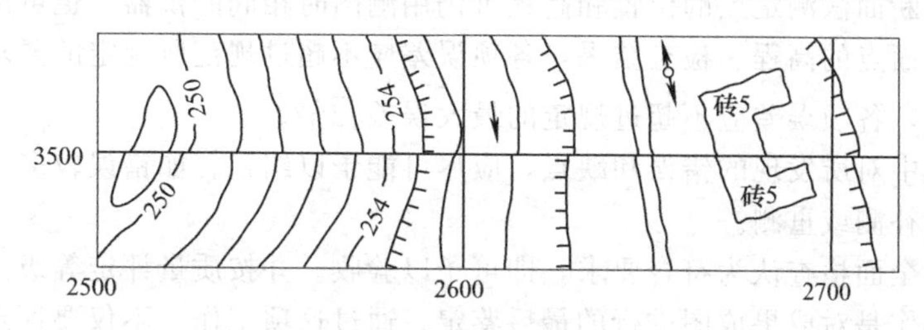

图 7-32　地形图的拼接

表 7-5　图上地物点点位中误差和等高线插求点高程中误差

地区类别	地物点点位中误差/mm	高程中误差(等高距)			
		平地	丘陵地	山地	高山地
城市建筑区和平地、丘陵地	0.5	1/3	1/2	2/3	1
山地、高山地和旧街坊内部	0.75				

7.4.2　地形图的检查

测绘工作是十分细致而复杂的工作。为了保证成果的质量，必须建立合理的质量检查制度。因此，测量人员除了平时对所有观测和计算工作作充分的检核外，还要在自我检查的基础上建立逐级检查制度。

(1) 自检　自检是保证测绘质量的重要环节。测绘人员应经常检查自己的操作程序和作业方法。自检的内容有：所使用的仪器工具是否定期检验并符合精度要求；地形控制测量的成果及计算是否充分可靠；图廓、坐标格网及控制点的展绘是否正确；以及控制点的高程是否与成果表相符等。测图开始前，应选择一个通视良好的测站点设站，先以一远处清晰目标定向，还至少以另一方向检查，并检查高程无误后，才能测图。每站测完后，应对照实地地形，查看地物有无遗漏，地貌是否相像，符号应用是否恰当，线条是否清晰，注记是否齐全正确等。当确认图面完全正确无误后，再迁到下一站进行测绘。测图员要做到随测随画，要做到一站工作当站清，当天工作当天清，一幅测完一幅清。

（2）全面检查　测图结束后，先由作业员对地形图进行全面检查，而后组织互检和由上级领导组织的专人检查。检查的方法分室内检查、野外巡视检查及野外仪器检查。

室内检查首先是对所有地形控制资料做全面详细检查，包括：观测和计算手簿的记载是否齐全、清楚和正确，各项限差是否符合规定。也可视实际情况重点抽查其中的某一部分。原图的室内检查，主要查看格网及控制点展绘是否合乎要求，图上地控点及埋石点数量是否满足测图要求，图面地形点数量及分布能否保证勾绘等高线的需要，等高线与地形点高程是否适应，综合取舍是否合理，符号应用是否合乎要求，图边是否接合等。室内检查可以用蒙在原图上的透明纸进行，并以此为根据决定野外检查的重点与巡视的线路。

巡视检查应根据室内检查的重点按预定的路线进行。检查时将原图与实地对照，查看原图上的综合取舍情况，地貌的真实性，符号的运用，名称注记是否正确等。巡视也要在原图上覆一透明纸，以备修正和记载错误之用。

仪器检查是在内业检查和外业巡视检查的基础上进行的。除将检查发现的重点错误和遗漏进行补测和更正外，对发现的怀疑点也要进行仪器检查。仪器检查一般用散点法进行，即在测站周围选择一些地形点，测定其位置和高程，检查时除对本站所测地形点重新立尺进行检查外，并注意检查其他测站点所测地形点是否正确，还应利用方向法照准一些突出目标，视其方向是否正确。仪器检查的另外一种方法是断面法，它是沿测站的某一方向线进行，以测定该方向线上各地形特征点的平面位置和高程，然后再与地形图上相应地物点、等高线通过点进行比较。断面法测定点的位置和高程可仍用测图时相同的仪器，也可用钢尺量距，直接水准测定各断面点的高程、检查结果，各项误差应不超过规范所规定的要求。如检查方法与测图方法相同，各项误差应不超过规定的最大误差$\sqrt{2}$倍。

在检查过程中对所发现的错误和缺点，应尽可能予以纠正。如错误较多，应按规定退回原测图小组予以补测或重测。

测绘资料经全面检查认为符合要求，即可予以验收。并按质量评定等级。

检查验收工作是对成果成图进行的最后鉴定。通过这项工作，不仅要评定其质量，而更重要的是最后消除成图中可能存在的错误，保证各项测绘资料的正确、清晰、完整、真实地反映地物地貌。

技术检查工作的主要依据是技术计划和技术测量规范。

7.4.3 地形图的整饰

原图经过检查后，应对图幅内所测的各种地物、地貌依据地形图图式符号对其进行整饰，保证地形图内的地物符号表示正确、清楚，等高线表示准确、线条清晰，各种符号注记齐全、正确。最后还要按图式要求进行图廓和图外注记整饰，线条粗细、采用字体、注记大小等均应依照地形图图式的规定。

习　题

1. 地形图比例尺的表示方法有哪些？
2. 测绘地形图前，如何选择地形图比例尺？
3. 地物符号分哪几种类型？各有何意义？
4. 典型地貌有哪些类型？它们的等高线各有何特点？
5. 试述经纬仪测绘碎部法测图在一个测站测绘地形图的工作步骤？

第 8 章　地形图的应用

大比例尺地形图是建筑工程规划设计和施工中的重要地形资料。特别是在规划设计阶段，不仅要以地形图为底图，进行总平面的布设，而且还要根据需要，在地形图上进行一定的量算工作，以便因地制宜地进行合理的规划和设计。

8.1　地形图的阅读

地形图的构成见图 8-1。

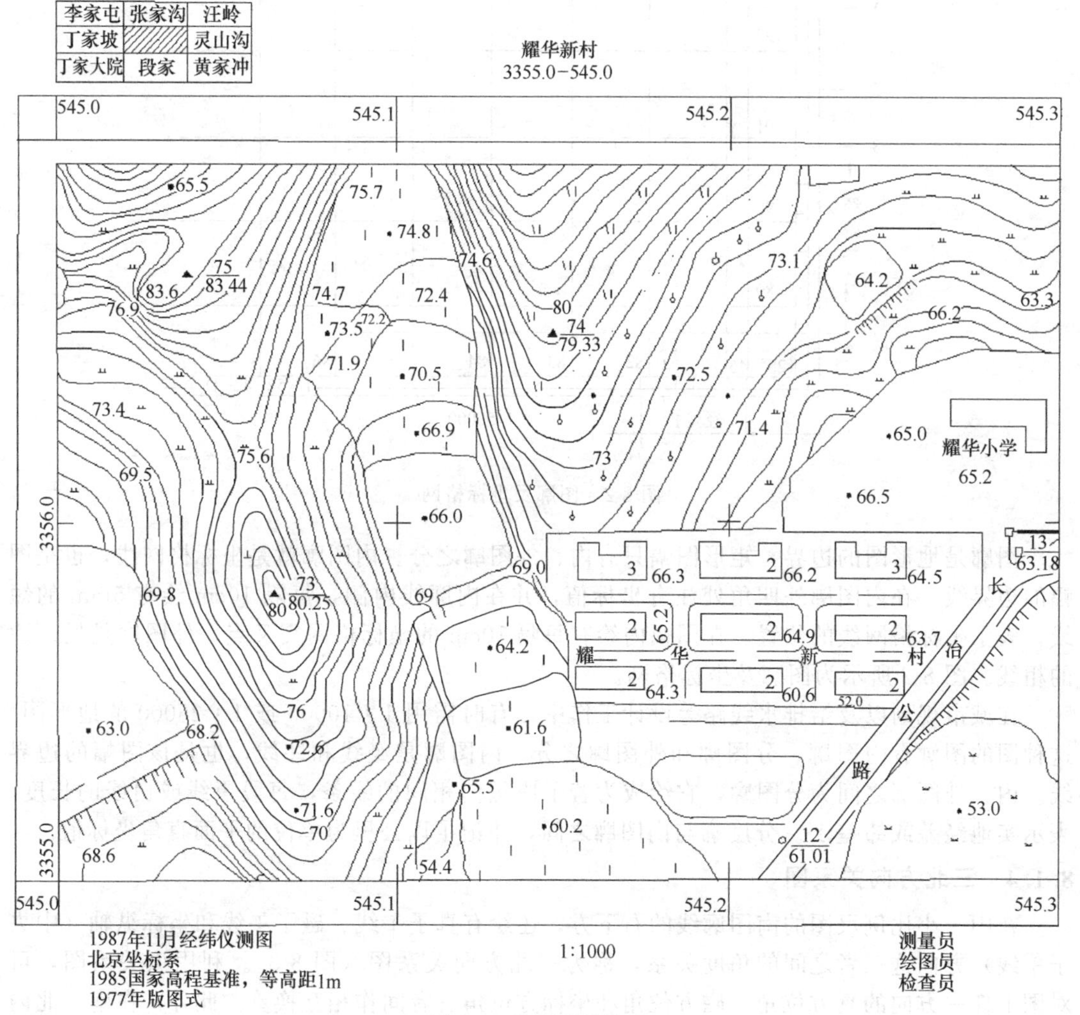

图 8-1　地形图的构成

8.1.1　图名和图号

图名即本幅图的名称，是以所在图幅内最著名的地名、厂矿企业和村庄的名称来命名的。为了区别各幅地形图所在的位置关系，每幅地形图上都编有图号。图号是根据地形图分幅和编号方法编定的，并把它标注在图廓上方的中央。

8.1.2 接图表

说明本图幅与相邻图幅的关系，供索取相邻图幅时用。通常是中间一格画有斜线的代表本图幅，四邻分别注明相应的图号（或图名），并绘注在图廓的左上方。在中比例尺各种图上，除了接图表以外，还把相邻图幅的图号分别注在东、西、南、北图廓线中间，进一步表明与四邻图幅的相互关系。

8.1.3 图廓

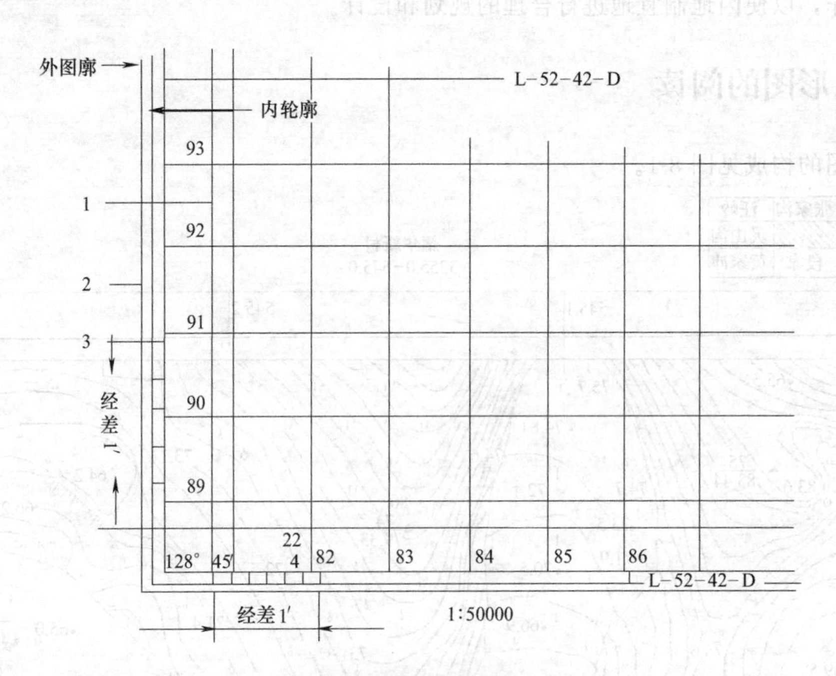

图 8-2 图廓及坐标格网

图廓是地形图的边界，矩形图幅只有内、外图廓之分。内图廓就是坐标格网线，也是图幅的边界线。在内图廓外四角处注有坐标值，并在内廓线内侧，每隔 10cm 绘有 5mm 的短线，表示坐标格网线的位置。在图幅内绘有每隔 10cm 的坐标格网交叉点。外图廓是最外边的粗线。图 8-2 所示为图廓及坐标格网。

在城市规划以及给排水线路等设计工作中，有时需用 1∶10000 或 1∶25000 的地形图。这种图的图廓有内图廓、分图廓和外图廓之分。内图廓是经线和纬线，也是该图幅的边界线。内、外图廓之间为分图廓，它绘成为若干段黑白相间的线条，每段黑线或白线的长度，表示实地经差或纬差 1′。分度廓与内图廓之间，注记了以公里为单位的平面直角坐标值。

8.1.4 三北方向关系图

在中、小比例尺图的南图廓线的右下方，还绘有真子午线、磁子午线和坐标纵轴（中央子午线）方向这三者之间的角度关系，称为三北方向关系图（图 8-3）。利用该关系图，可对图上任一方向的真方位角、磁方位角和坐标方位角三者间作相互换算。此外，在南、北内图廓线上，还绘有标志点 P 和 P'，该两点的连线即为该图幅的磁子午线方向，有了它利用罗盘可将地形图进行实地定向。

8.1.5 地形图的识读

为了正确地应用地形图，首先要能看懂地形图。地形图是用各种规定的符号和注记表示地物、地貌及其他有关资料。通过对这些符号和注记的识读，可使地形图成为展现在人们面前的实地立体模型，以判断其相互关系和自然形态，这就是地形图识读的主要目的。

(1) 图外注记识读　首先了解测图的年月和测绘单位，以判定地形图的新旧；然后了解测图比例尺、测图方法、坐标系统和高程基准、等高距、地形图图式的版本等成图要素。此外，通过测图单位与成图日期等，也可判别图纸的质量及可靠程度。

(2) 地物识读　主要是城镇及居民点的分布，道路、河流的级别、走向，以及输电线路、供电设备、水源、热源、气源的位置等。

(3) 地貌识读　判别图内各部分地貌的类别，属于平原、丘陵还是山地；如山地、丘陵，则搜寻其山脊线、山谷线即地性线所在位置，以便了解图幅内的山川走向及汇水区域；再从等高线及高程注记，判别各部分地势的落差及坡度的大小等。

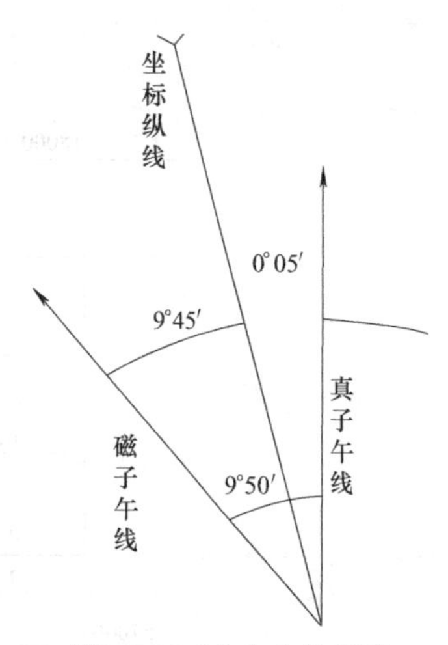

图 8-3　三北方向关系图

在识读地形图时，还应注意地面上的地物和地貌不是一成不变的。由于城乡建设事业的迅速发展，地面上的地物、地貌也随之发生变化，因此，在应用地形图进行规划以及解决工程设计和施工中的各种问题时，除了细致地识读地形图外，还需进行实地勘察，以便对建设用地作全面正确地了解。

8.2　用图的基本内容

8.2.1　求图上某点的坐标和高程

(1) 确定点的坐标　根据点所在网格的坐标注记，按与距离成比例量出该点至上下左右格网线的坐标增量 Δx、Δy 即可得到该点坐标，见图 8-4。

欲确定图上多点的坐标，首先根据图廓坐标注记和点多的图上位置，绘出坐标方格，再按比例尺量取长度。但是，由于图纸会产生伸缩，使方格边长往往不等于理论长度。为了使求得的坐标值精确，可采用乘伸缩系数的方法进行计算。

(2) 确定点的高程　在地形图上的任一点，可以根据等高线及高程标记确定其高程，见图 8-5。如果所求点不在等高线上，则作一条大致垂直于相邻等高线的线段，量取其线段的长度，按比例内插求得。在图上求某点的高程时，通常可以根据相邻两等高线的高程目估确定。根据等高距 h、该点所在位置相邻等高线的平距 d 及该点与其中一根等高线的平距 d_1，按比例内插出该点至该等高线的高差 $\Delta h=\dfrac{d_1}{d}h$，即可得到该点高程。

因此，其高程精度低于等高线本身的精度。规范中规定，在平坦地区，等高线的高程中误差不应超过 1/3 等高距，丘陵地区，不应超过 1/2 等高距；山区，不应超过一个等高距。由此可见，如果等高距为 1m，则平坦地区等高线本身的高程误差允许到 0.3m、丘陵地区为 0.5m，山区可达 1m。所以，用目估确定点的高程是允许的。

8.2.2　确定图上直线的长度、坐标方位角及坡度

8.2.2.1　确定图上直线的长度

(1) 直接量取法（即图解法）——用直尺　直接在图上量取图上直线的距离，乘以比例

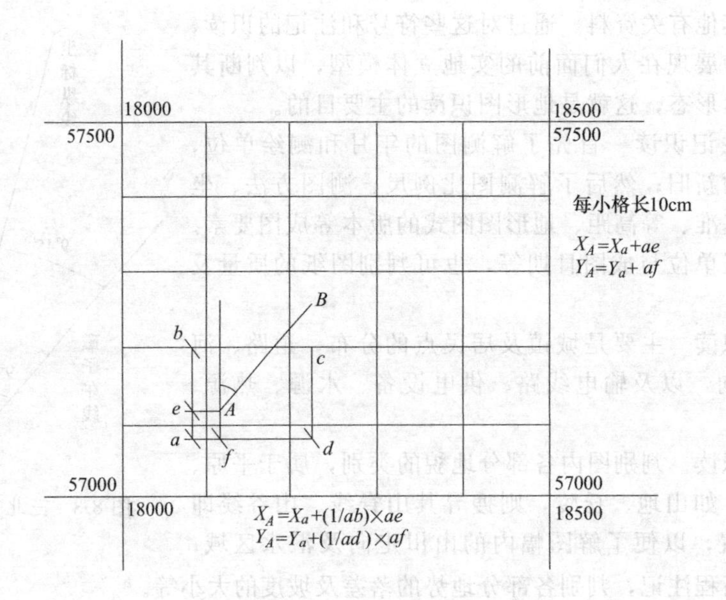

图 8-4　确定点的坐标

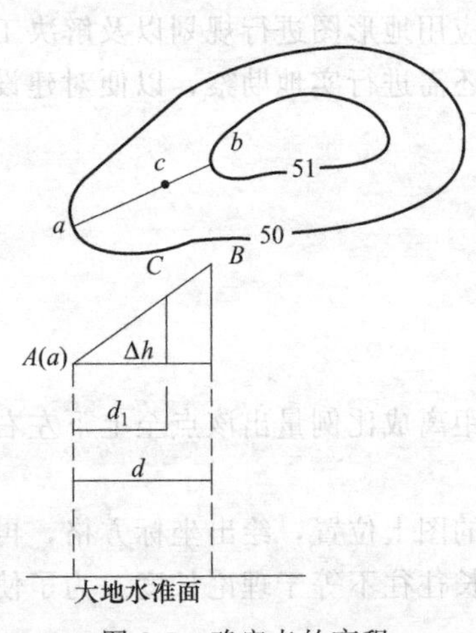

图 8-5　确定点的高程

尺分母即得图上确定点的高程线的实地长度。

（2）坐标反算法（即解析法）　当距离较长时，为了消除图纸变形的影响以提高精度，可用两点的坐标计算距离。即在图上量取直线两端点的纵、横坐标，代入坐标反算公式，计算两点之间的距离。

8.2.2.2　求某直线的坐标方位角

（1）图解法　过直线的起始点作坐标纵轴的平行线，用半圆量角器自纵轴平行线起顺时针量取至直线的夹角，即得直线的坐标方位角。

如图 8-6 所示，求直线 DC 的坐标方位角时，可先过 D、C 两点精确地作平行于坐标格网纵线的直线，然后用量角器量测 DC 的坐标方位角。同一直线的正、反坐标方位角之差应为 180°。

（2）解析法　先求出 B、C 两点的坐标，然后再按下式计算 BC 的坐标方位角，当直线较长时，解析法可取得较好的结果。

$$\alpha_{AB}=\arctan\frac{y_B-y_A}{x_B-x_A} \tag{8-1}$$

8.2.2.3　确定直线的坡度

设地面两点间的水平距离为 D，高差为 h，而高差与水平距离之比称为坡度，以 i 表示，常以百分率或千分率表示。如果两点间的距离较长，中间通过疏密不等的等高线，则上式所求地面坡度为两点间的平均坡度。

$$i=\frac{h}{D}=\frac{h}{dM} \tag{8-2}$$

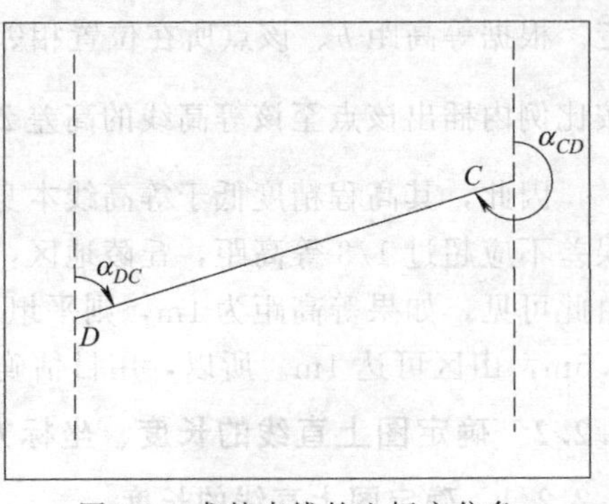

图 8-6　求某直线的坐标方位角

8.2.3　按一定方向绘制纵断面图

在各种线路工程设计中，为了进行填挖方量的概算，以及合理地确定线路的纵坡，都需要了解沿线路方向的地面起伏情况，为此，常需利用地形图绘制沿指定方向的纵断面图。

纵断面图可以更加直观、形象地反映地面某特定方向的高低起伏、地势变化，在道路、水利、输电线路等工程的规划、设计、施工中具有突出的使用价值。

如图 8-7（a）所示，AB 为某特定方向。为绘制其纵断面图，先在地形图上标出直线 AB 与相关等高线的交点 b、c、$d\cdots p$，且沿 AB 方向量取 A 至各交点的水平距离。然后在另一图纸上绘制直角坐标系，横轴代表水平距离 D；纵轴代表高程 H［图 8-7（b）］。按 A 至各等高线交点的水平距离在横轴上按横向比例尺依次展出 b、c、$d\cdots p$、B 各点；再通过这些点作纵轴的平行线，在各平行线上，按纵向比例尺分别截取 A、b、c、$d\cdots p$、B 等点的高程，最后将各高程点用光滑曲线连接，即得 AB 方向的纵断面图。

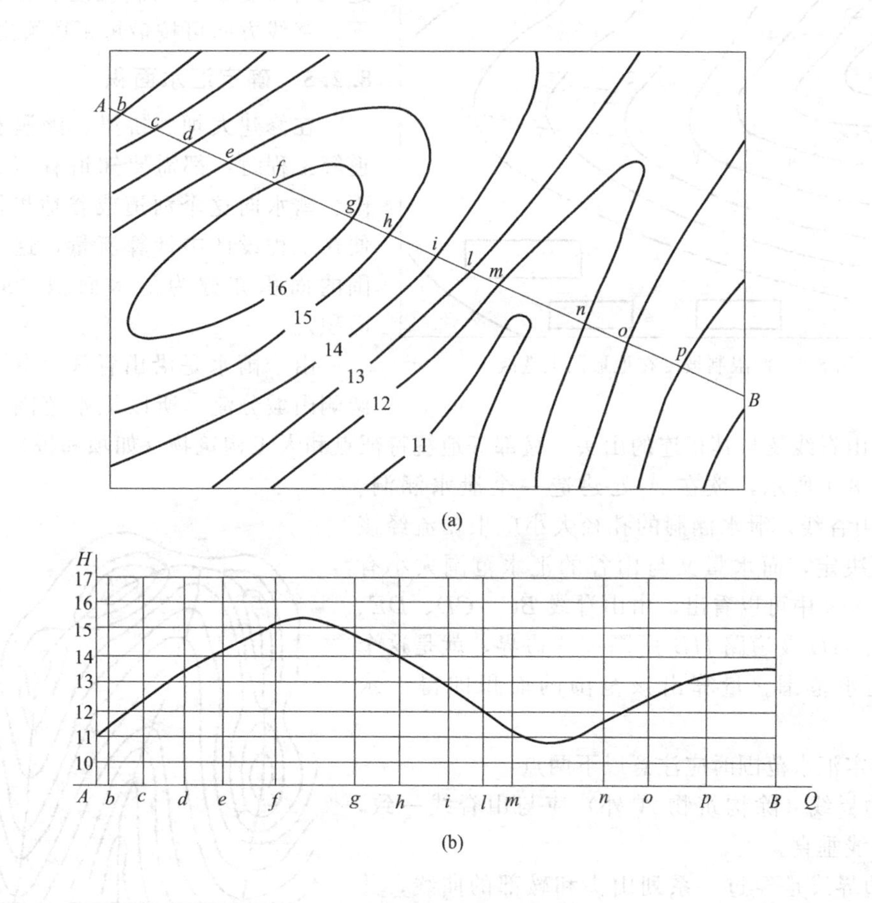

图 8-7　按一定方向绘制纵断面图

在绘制纵断面图时一般将纵向比例尺较横向比例尺放大 10～20 倍，譬如横向比例尺为 1∶2000，而纵向比例尺则采用 1∶200，这样可以将地势的高低起伏更加突出地表现出来。

8.2.4　按限制坡度在地形图上选线

道路、管线工程中，往往需要在地形图上按设计坡度选定最佳路线。如图 8-8 所示，在等高距为 h、比例尺为 $1:M$ 的地形图上，有 A、B 两点，需在其间确定一条设计坡度等于 i

的最佳路线。首先计算满足该坡度要求的路线通过图上相邻两条等高线的最短平距 d：

$$d=\frac{h}{i}M \tag{8-3}$$

首先在图上以 A 点为圆心，以 d 为半径画圆弧，交 84m 等高线于 1 号点，再以 1 号点为圆心，以 d 为半径画圆弧，交 86m 等高线于 2 号点，依此类推直至 B 点；再自 A 点始，按同法沿另一方向交出 $1'$、$2'$…直至 B 点。这样得到的两条线路坡度都等于 i，同时距离也都最短，再通过现场踏勘，从中选择一条施工条件较好的线路为最佳路线。

为了便于选线比较，还需另选一条路线，同时考虑其他因素，如少占农田，建筑费用最少，避开塌方或崩裂地带等，以便确定路线的最佳方案。

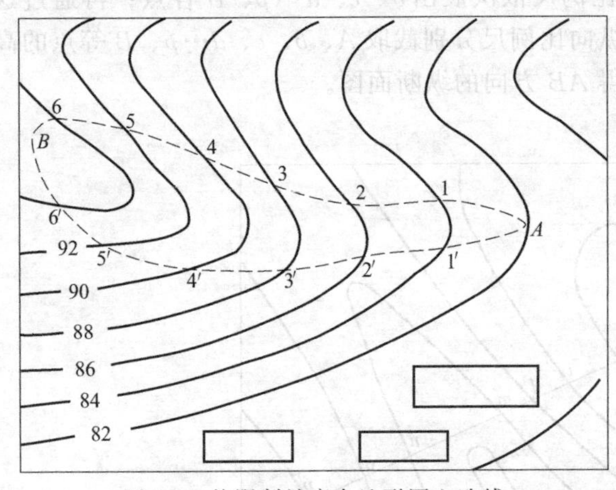

图 8-8 按限制坡度在地形图上选线

如遇等高线之间的平距大于 d，以 d 为半径的圆弧将不会与等高线相交。这说明坡度小于限制坡度。在这种情况下，路线方向可按最短距离绘出。

8.2.5 确定汇水面积

在修建大坝、桥梁、涵洞和排水管道等工程时，都需要知道有多大面积的雨、雪水向这个河道或谷地里汇集，以便在工程设计中计算流量，这个汇水范围的面积亦称为汇水面积（或称集雨面积）。

由于雨水是沿山脊线（分水线）向两侧山坡分流，所以汇水范围的边界线必然是由山脊线及与其相连的山头，鞍部等地貌特征点和人工构筑物（如坝和桥）等线段围成。如图 8-9 所示，欲在 A 处建造一个泄水涵洞。AE 为一山谷线，泄水涵洞的孔径大小应根据流经该处的水量决定，而水量又与山谷的汇水范围大小有关。从图 8-9 中可以看出，由山脊线 BC、CD、DE、EF、FG、GH 及道路 HB 所围成的边界，就是这个山谷的汇水范围。量算出该范围的面积即得汇水面积。

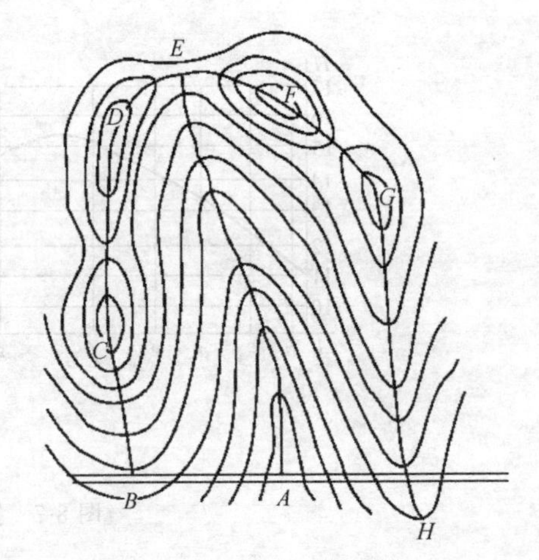

图 8-9 汇水面积图示

在确定汇水范围时应注意以下两点：

① 边界线（除构筑物 A 外）应与山脊线一致，且与等高线垂直。

② 边界线是经过一系列山头和鞍部的曲线，并与河谷的指定断面（如图中 A 处的直线）闭合。

根据汇水面积的大小，再结合气象水文资料，便可进一步确定流经 A 处的水量，从而对拟建此处的涵洞大小提供设计依据。

8.3 面积测定

在规划设计中，常需要在地形图上量算一定轮廓范围内的面积。下面介绍几种常用方法。

8.3.1 图解法量测面积

（1）几何图形计算法　将平面图上描绘的区域分成三角形、梯形、平行四边形，用直尺量出面积的计算元素。

（2）透明方格纸法　见图 8-10。要计算曲线内的面积，将透明方格纸覆盖在图形上，数出图形内完整的方格数 n_1 和不完整的方格数 n_2，则面积 P

$$P=\left(n_1+\frac{1}{2}n_2\right)S \tag{8-4}$$

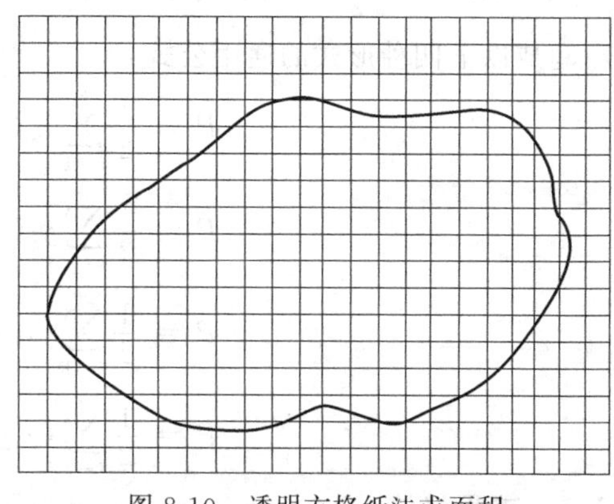

图 8-10　透明方格纸法求面积

式中，S 为小方格的面积。

（3）平行线法　见图 8-11。将绘有等距平行线的透明纸覆盖在图形上，使两条平行线与图形边缘相切，则相邻两平行线间截割的图形面积可近似视为梯形。

$$\begin{aligned}
P_1&=\frac{1}{2}\cdot h\cdot(o+l_1)\\
P_2&=\frac{1}{2}\cdot h\cdot(l_1+l_2)\\
&\vdots\\
P_n&=\frac{1}{2}\cdot h\cdot(l_{n-1}+l_n)\\
P_{n+1}&=\frac{1}{2}\cdot h\cdot(l_n+o)\\
P&=P_1+P_2+\cdots+P_n+P_{n+1}=h\cdot\sum_{i=1}^{n}l_i
\end{aligned} \tag{8-5}$$

8.3.2 解析法量测面积

如果图形为任意多边形，且各顶点的坐标已在图上量出或已在实地测定，可利用各点坐标以解析法计算面积，见图 8-12。

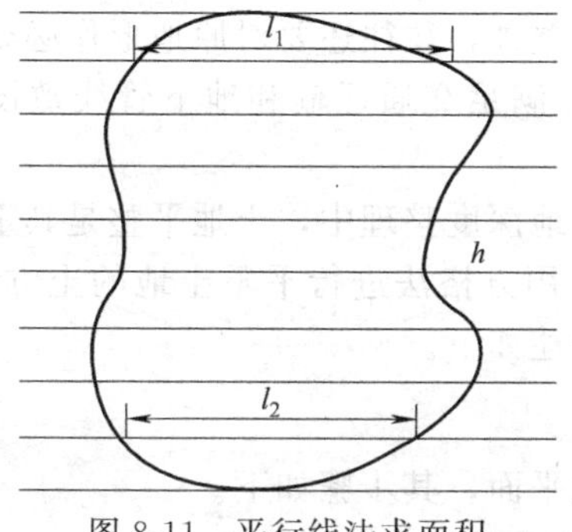

图 8-11　平行线法求面积

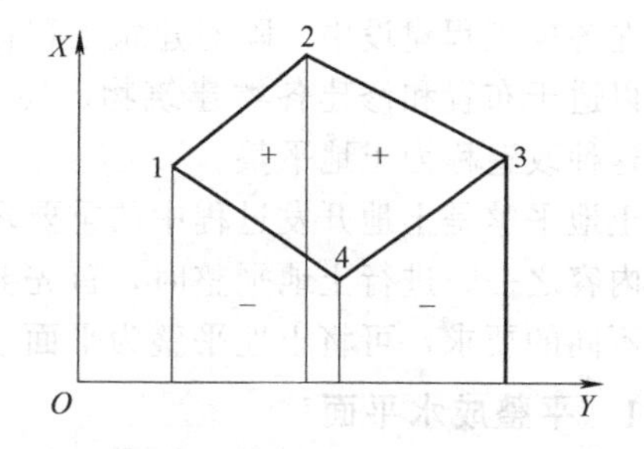

图 8-12　解析法量测面积

面积公式：相邻顶点与坐标轴（X 或 Y）所围成的各梯形面积的代数和。

$$P=\frac{1}{2}[(x_1+x_2)(y_2-y_1)+(x_2+x_3)(y_3-y_2)-(x_3+x_4)(y_3-y_4)-(x_4+x_1)(y_4-y_1)] \tag{8-6}$$

整理成： $P=\frac{1}{2}[x_1(y_2-y_4)+x_2(y_3-y_1)+x_3(y_4-y_2)+x_4(y_1-y_3)]$ (8-7)

写成以下四种形式的通用公式：

$$
\begin{aligned}
P &= \frac{1}{2}\sum_{i=1}^{n} x_i(y_{i+1}-y_{i-1}) \\
P &= \frac{1}{2}\sum_{i=1}^{n} y_i(x_{i+1}-x_{i-1}) \\
P &= \frac{1}{2}\sum_{i=1}^{n} (x_i+x_{i+1})(y_{i+1}-y_i) \\
P &= \frac{1}{2}\sum_{i=1}^{n} (x_i y_{i+1}-x_{i+1} y_i)
\end{aligned}
\tag{8-8}
$$

8.3.3 求积仪法

求积仪是一种专门供图上量算面积的仪器，其优点是操作简便、速度快、适用于任意曲线图形的面积量算，且能保证一定的精度。有机械求积仪（mechanical planimeter）和电子求积仪（electronic planimeter）两类。

图 8-13 电子求积仪

电子求积仪是采用集成电路制造的一种新型求积仪，见图 8-13。性能优越，可靠性好，操作简便。

如日本牛方商会的 X-PLAN360CⅡ，可进行面积、点的坐标、周长等项目的量测。其使用方法：沿边线滚动一圈。在折线段，进入点方式，采集始终点，共 2 点。在圆弧段，进入圆弧方式，采集始终点及圆弧上一点，共 3 点。曲线段，进入连续跟踪进入方式，描绘曲线形状。

8.4 平整土地中的土石方估算

在各项工程建设中，除对建筑工程作合理的平面布置外，往往还要对原地形作必要的改造，以适于布置和修建各类建筑物，便于排除地面水，满足交通运输和地下管线敷设的要求，这种改造称为土地平整。

土地平整是土地开发过程中的重要环节。在农用土地深度整理中，土地平整是其重要的工作内容之一。进行土地平整时，首先要利用地形图，用方格法进行平整土地的土方计算。根据不同的要求，可将土地平整为平面或倾斜面，现分述如下。

8.4.1 平整成水平面

假设要求将原地貌按挖填土方量平衡的原则改造成平面，其步骤如下。

(1) 平整为水平面，同时要求填、挖方平衡。

如图 8-14，设地形图比例尺为 1∶1000。欲将方格范围内的地面平整为挖方与填方基本相等的水平场地，可按如下步骤进行。

① 在地形图上画出方格。方格的边长取决于地形的复杂程度和土方的估算精度，一般为 10m 或 20m。现取方格边长为 20m（图上为 20mm）。

② 用内插或目估法求出各方格点的高程，并注记于右上角。

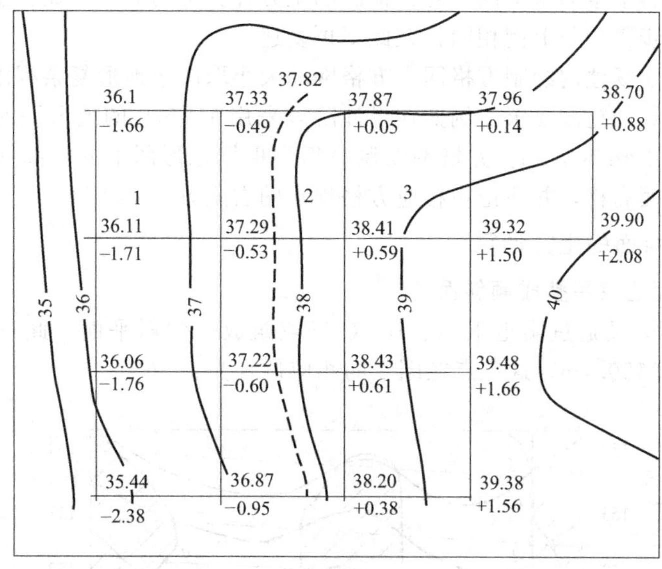

图 8-14　平整为水平面的土方计算图示

③ 计算场地填/挖方平衡的设计高程。先求出各方格四个顶点高程的平均值，然后将其相加，除以方格数，就得填/挖方基本平衡的设计高程。

也可用加权平均的方法求得设计高程，即

$$H_{设}=\frac{\sum H_i \times P_i}{4\times 方格数} \tag{8-9}$$

式中，H_i为各方格四个顶点高程；P_i高程点的权值（角点的权值为 1，边点的权值为 2，拐点的权值为 3，交点的权值为 4）。

经计算，如图 8-14 所示的设计高程为 37.82m。

④ 用内插法在地形图上描出高程为 37.82m 的等高线（图中用虚线表示）。此线就是填方和挖方的分界线。

⑤ 计算各方格点的填/挖高度

填/挖高度＝地面高程－设计高程

正号表示挖方，负号表示填方。填/挖高度填写在各方格点的右下角。

⑥ 计算填/挖方量。从图 8-14 看出，有的方格全为挖方或填方，有的方格既有填方又有挖方，因此要分别进行计算。对于全为挖方或全为填方的方格（如方格 1 全为填方）：

$$V_{1填}=\frac{1}{4}\times(-1.66-0.49-1.71-0.52)A_{1填}=\frac{1}{4}\times(-4.38)\times 20\times 20=-438.0(\text{m}^3)$$

对于既有填方又有挖方的方格（如方格 2）：

$$V_{2填}=\frac{1}{4}\times(0+0-0.49-0.53)A_{2填}=\frac{1}{4}\times(-1.02)\times 20\times\frac{1}{2}\times(11+9)=-51.0(\text{m}^3)$$

$$V_{2挖}=\frac{1}{4}\times(0+0+0.05+0.59)A_{2挖}=\frac{1}{4}\times(0.64)\times 20\times\frac{1}{2}\times(11+9)=32.0(\text{m}^3)$$

填/挖区的面积 $A_{i填}$、$A_{i挖}$可在地形图上量取。

根据各方格填/挖方量，即可求得场地平整的总填/挖方量。

本例中，$V_{填}=\sum V_{i填}=1665.7\text{m}^3$，$V_{挖}=\sum V_{i挖}=1679.6\text{m}^3$，填/挖方总量基本平衡。

（2）按设计高程平整为水平面　此种情况的土方计算更为简单。比较上例，可省去设计高程的计算，其余步骤均与上例相同，在此不再复述。

在地形图上拟建场地内绘制方格网。方格网的大小取决于地形复杂程度，地形图比例尺大小，以及土方概算的精度要求。例如在设计阶段采用 1∶500 的地形图时，根据地形复杂情况，一般边长为 10m 或 20m。方格网绘制完后，根据地形图上的等高线，用内插法求出每一方格顶点的地面高程，并注记在相应方格顶点的右上方。

8.4.2　平整为倾斜面的土方计算

8.4.2.1　过地表面三点平整成倾斜面

如图 8-15 所示，要通过实地上 A、B、C 三点筑成一倾斜平面。此三点的高程分别为 152.3m、153.6m、150.4m。这三点在图上的相应位置为 a、b、c。

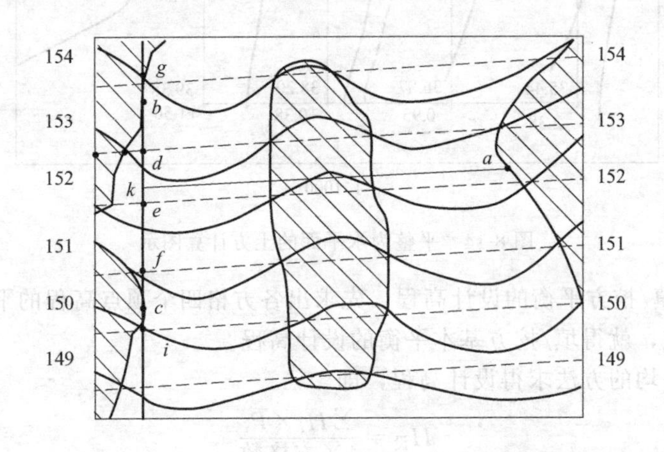

图 8-15　过地表面三点的倾斜面平整

为了确定填挖的界线，必须先在地形图上做出设计面的等高线。由于设计面是倾斜的平面，所以设计面上的等高线应当是等距的平行线。具体做法如下：

（1）首先求出 ab、bc、ac 三线中任一线上设计等高线的位置。例如，在 bc 线上用内插法得到高程为 153m、152m 和 151m 的点子 d、e、f。

（2）在 bc 线内插出与 a 点同高程（152.3m）的点 k，并连接 ak。此线即为在设计平面上与等高线平行的直线。

（3）过 d、e、f 各点作与 ak 平行的直线，就得到设计平面上所要画的等高线。这些等高线在图上是用虚线表示的。

（4）为得到设计平面上全部的等高线，可在 bc 的延长线上继续截取与 de 线段相等的线 dg 和 fi，从而得到 g 与 i 点。通过 g、i 两点作 ak 的平行线，即可得出设计平面上的另两条等高线。

（5）定出填方和挖方分界线。找出设计平面上的等高线与原地面上同高程等高线的交点，将这些交点用平滑的曲线连接起来，即可得到填方和挖方分界线。图 8-15 中画有斜线的面积表示应填土的地方，其余部分表示应挖土的地方。

（6）计算填/挖土石方量。每处需要填土的高度或挖土的深度是根据实际地面高程与设计平面高程之差确定的。如在某点的实际地面高程为 151.2m，而该处设计平面的高程为 150.6m，因此该点必须挖深 0.6m。计算出各方格点的填、挖高度以后，即可按平整为水平面的土方计算方法计算填/挖土（石）方量。

8.4.2.2　平整为给定坡度 i 的倾斜面

如图 8-16 所示，$ABCD$ 为 60m×60m 的地块，欲将其平整为向 AD、BC 方向倾斜 −5%的场地，其土（石）方量可按以下步骤计算：

(1) 按照平整为水平场地的同样步骤定出方格，并求出方格点高程及场地平均高程（图中 $H_{平}=33.4\text{m}$）。

(2) 计算场地平整后最高边线与最低边线高程：

$$
\begin{aligned}
H_A=H_B=H_{平}+\frac{1}{2}\times(D\times|i|)=33.4+\frac{1}{2}\times(60\times5\%)=34.9(\text{m})\\
H_C=H_D=H_{平}-\frac{1}{2}\times(D\times|i|)=33.4-\frac{1}{2}\times(60\times5\%)=31.9(\text{m})
\end{aligned}
\tag{8-10}
$$

(3) 绘制设计倾斜面的等高线

① 根据 A、D 点的高程内插出 AD 线上高程为 32m、33m、34m、35m 的设计等高线的点位。

② 过整 m 数点位作 AB（或 DC）之平行线，即为倾斜面的设计等高线（图中虚线）。

③ 设计等高线与原地形图上同名等高线的交点为零填/挖点，连接这些点，即为填/挖方分界线。

(4) 计算各方格点的设计高程。用内插法计算各方格点的设计高程，并注于方格顶点右下角。

(5) 计算各方格点的填/挖高度及土（石）方量。先求出各方格点的地面高程，再依式（8-7）计算各方格点的填/挖高度，然后根据平整为水平面的土方计算方法计算土（石）方量并检核。

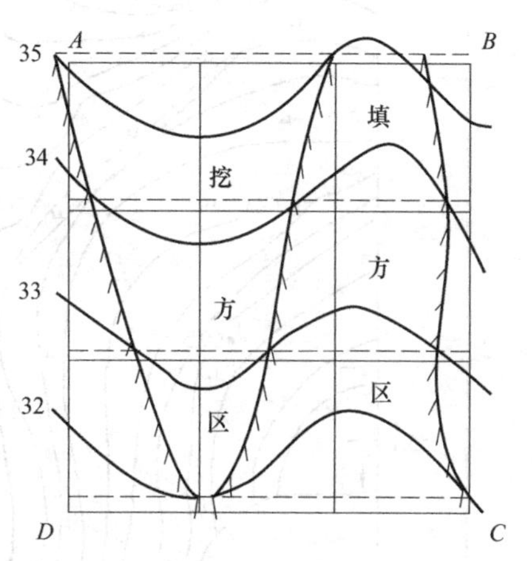

图 8-16　填方和挖方平衡时倾斜面平整

8.4.2.3　要求按设计高线整理成倾斜面

将原地形改造成某一坡度的倾斜面，一般可根据填、挖平衡的原则，决定设计倾斜面的等高线。但是有时要求所设计的倾斜面必须包含不能改动的某些高程点（称为设计斜面的控制高程点），例如，已有道路的中线高程点；永久性或大型建筑物的外墙地坪高程等。

其附加工作主要有确定设计等高线的平距、确定设计等高线的方向、描绘设计倾斜面的等高线等。

8.4.2.4　计算挖、填土方量

与前一方法相同，首先在图上绘方格网，并确定各方格顶点的挖深和填高量。不同之处是各方格顶点的设计高程是根据设计等高线内插求得的，并注记在方格顶点的右下方。其填高和挖深量仍记在各顶点的左上方。挖方量和填方量的计算和前一方法相同。

习　　题

1. 土石方估算有哪几种方法？各适合哪种场地？

2. 如图 8-17 所示，在图中完成以下作业：

① 求控制点 N3 和 N6 的坐标；

② 求 N3～N6 的距离和坐标方位角；

③ 求水库在图中部分的面积（平行线法）；

④ 绘制方向线 AB 的纵断面图。

3. 如图 8-18 所示，地形图比例尺为 1∶1000，虚线范围为规划公路和加油站，其设计高程均为 119.5m，试用方格网法和断面法分别计算此范围内的挖、填方量，并比较这两种方法的特点。

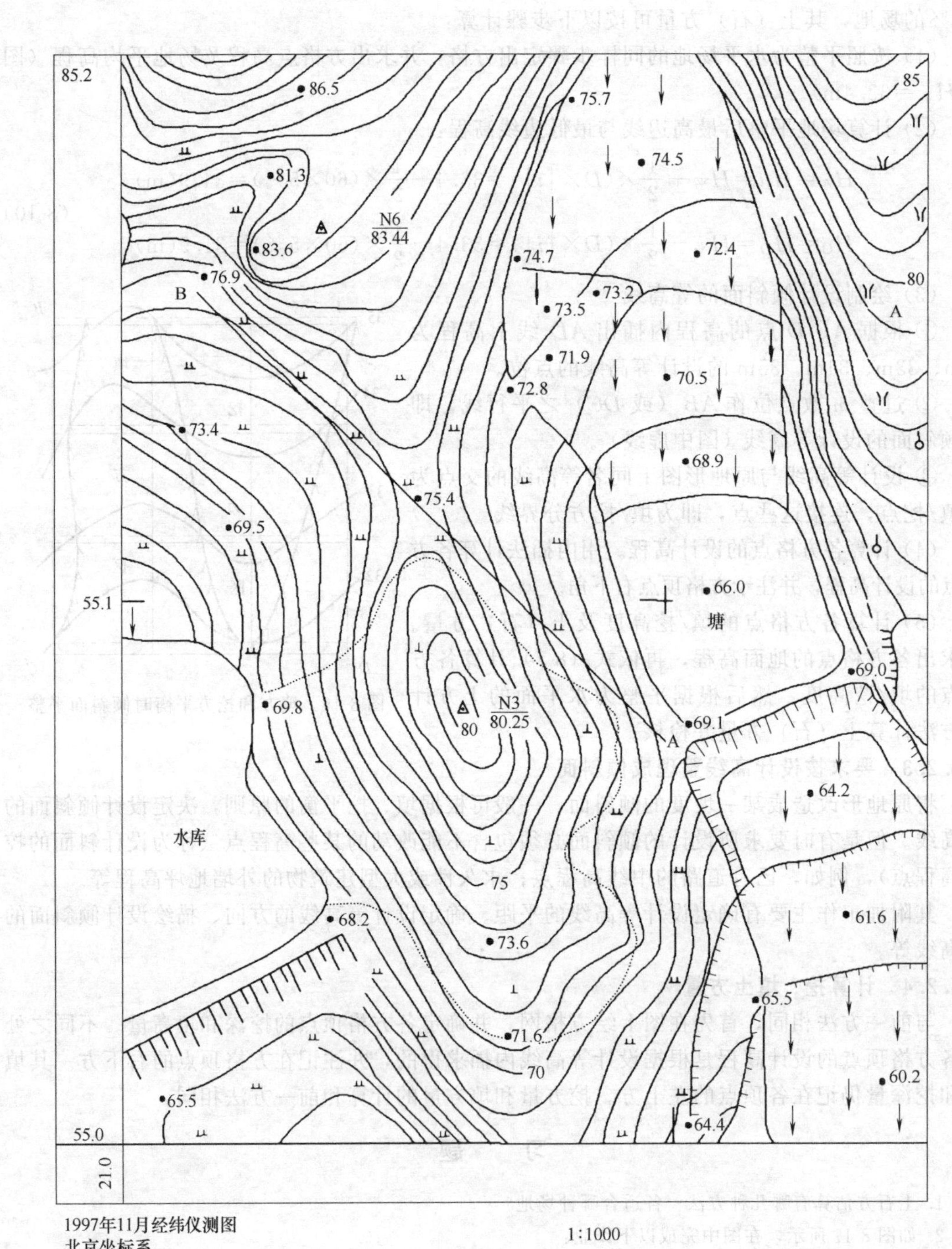
85.2
86.5
75.7
85
74.5
81.3
N6
83.44
83.6
74.7
72.4
76.9
B
73.5
73.2
80
A
71.9
70.5
72.8
73.4
68.9
75.4
69.5
66.0
55.1
塘
69.0
69.8
N3
80.25
80
69.1
A
64.2
水库
75
61.6
68.2
73.6
65.5
71.6
70
60.2
65.5
64.4
55.0
21.0
1997年11月经纬仪测图
北京坐标系
1985国家高程基准,等高距1m
1988年版图式
1:1000

图 8-17　习题 2 图

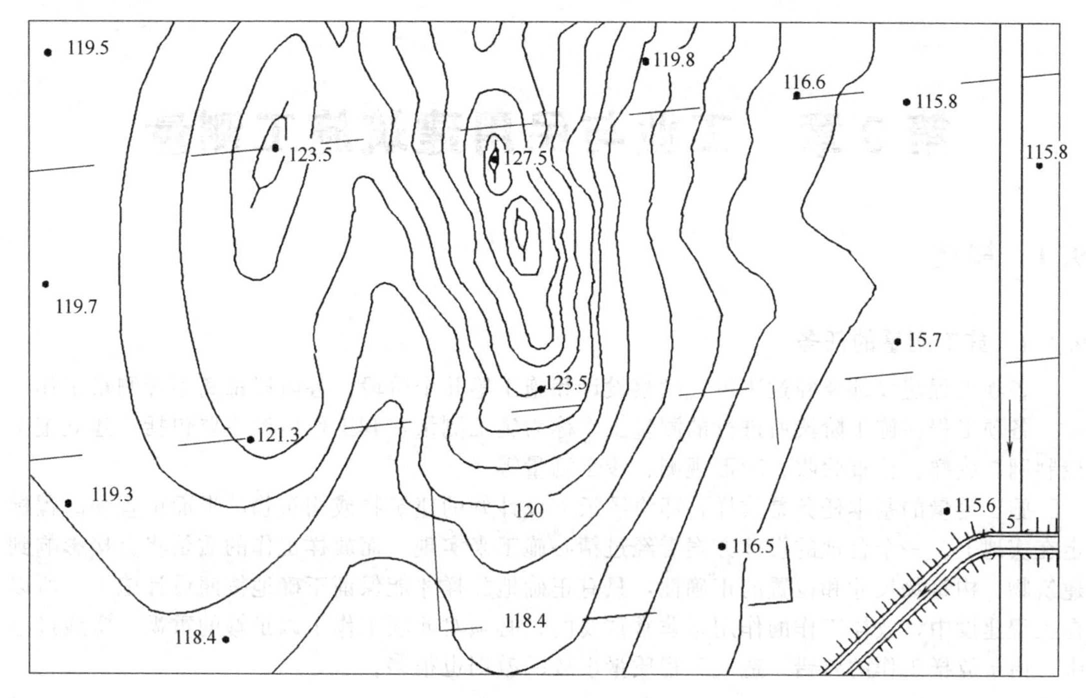
119.5
119.8
116.6
115.8
115.8
123.5
127.5
119.7
15.7
123.5
121.3
119.3
120
115.6
5
116.5
118.4
118.4

图 8-18　习题 3 图

第 9 章　工业与民用建筑施工测量

9.1　概述

9.1.1　施工测量的任务

各项工程建设都要经过决策、勘察设计和施工等几个阶段，各阶段都离不开测量工作。

各项工程在施工阶段所进行的测量工作称为施工测量，其工作内容主要包括：建立施工控制网、放样、检查验收、变形观测、竣工测量等。

施工测量的基本任务是放样，即将图纸上设计好的建筑物或构筑物的平面位置和高程标定在实地上。一个合理的设计方案需经过精心施工来实现，而放样工作的质量将直接影响到建筑物、构筑物尺寸和位置的正确性，只有正确地放样才能保证正确地按照设计施工。所以在工程建设中，放样工作的作用是非常重要的，必须对此项工作予以足够的重视。实践过程中，由于放样工作的差错，造成工程质量事故的教训也很多。

9.1.2　施工测量的特点

与测图相比，施工测量有如下特点。

(1) 放样工作与测图工作过程正好相反　测图工作是以地面控制点为基础，测量出控制点至周围各地形特征点的水平距离、水平角及高差等数据，并按一定的比例将地形特征点缩绘在图纸上，绘制成地形图。放样工作则是根据图纸上设计好的建筑物或构筑物的位置和尺寸，算出各部分特征点至附近控制点的水平距离、水平角及高差等放样数据，然后以地面控制点为基础，将建筑物或构筑物的特征点在实地标定出来。

(2) 施工测量的精度要求高　测图的精度要求与比例尺的大小有关，绘成地形图后测量误差同样按比例被缩小。而施工测量的误差不会被缩小，直接影响建筑物或构筑物的位置和尺寸。

(3) 干扰因素多　施工放样是在施工现场作业的，要受到现场环境、车辆、人流、场地、施工作业等各种因素的干扰。为了保证测量精度，测量人员要了解有关工程施工方面的知识，而且必须与其他工种密切配合，协调工作。

(4) 时间性强　施工测量贯穿于工程施工的全过程，要根据工程施工的进展情况，及时地进行各项测量工作，否则将影响工程进度和工程质量。测量人员应根据施工组织设计，随时掌握工程进度及现场情况，使测量精度与速度满足施工的需要。

9.1.3　建筑工程施工测量

建筑工程施工阶段的测量工作，也可分为工程施工准备阶段的测量工作和施工过程中的测量工作。施工准备阶段的测量工作包括施工控制网的建立、场地布置、工程定位和基础放线等。施工过程中的测量工作是在工程施工中，随着工程的进展，在每道工序之前所进行的细部测设，如基桩或基础模板的测设、工程砌筑中墙体皮数杆设置、楼层轴线测设、楼层间高程传递、结构安装测设、设备基础及预埋螺栓测设、建筑物施工过程中的沉降观测等。当工程的每道工序完成后，应及时进行验收测量，以检查施工质量，然后才可进行下一道工序。

9.1.4　施工测量的精度

施工测量的精度要求取决于建筑物和构筑物的结构形式、大小、材料、用途和施工方法等因素。通常，高层建筑测量精度要高于多层建筑，自动化和连续性厂房的测量精度要高于一般工业厂房，钢结构建筑的测量精度要高于钢筋混凝土结构、砖石结构建筑，装配式建筑的测量精度要高于非装配式建筑。测量精度不够，将对工程质量造成影响。

在施工现场由于各种建筑物、构筑物的分布较广，往往又不是同时开工兴建，为了保证各个建筑物和构筑物在平面位置和高程上都能满足要求，且相互连成一个整体，施工测量和测绘地形图一样，同样要遵循“从整体到局部，先控制后碎部”的原则，必须先在施工现场建立统一的平面控制网和高程控制网，然后以此为基准，测设出各个建筑物和构筑物的细部。

建设工程的点位中误差 $m_{点}$ 通常由测量定位中误差和施工中误差 $m_{施}$ 组成，测量定位中误差由建筑场区控制点的起始中误差 $m_{控}$ 和放样中误差 $m_{放}$ 组成，其关系式为

$$m_{点}{}^2=m_{控}{}^2+m_{放}{}^2+m_{施}{}^2 \tag{9-1}$$

在工程项目的施工质量验收规范中，规定了各种工程的位置、尺寸、标高的允许误差 $\Delta_{限}$，施工测量的精度可按此限差进行推算。由于限差通常是中误差的2倍，所以

$$m_{点}=\frac{1}{2}\Delta_{限} \tag{9-2}$$

可以根据点 $m_{点}$ 来设计推算 $m_{控}$、$m_{放}$ 及 $m_{施}$。由于不同工程的控制点等级不同、控制点密度不同、放样点离控制点的距离不同、放样点的类型不同、施工方法及要求也不同，因此，$m_{控}$、$m_{放}$、$m_{施}$ 之间并没有固定不变的比例关系。通常 $m_{控}<m_{放}<m_{施}$。应当根据工程的具体情况，适当确定 $m_{控}$、$m_{放}$、$m_{施}$ 之间的关系，因而设计出 $m_{控}$、$m_{放}$。

在工程测量规范中，规定了部分建筑物、构筑物施工放样的允许误差，取其二分之一，可直接确定出 $m_{放}$。

9.2　测设基本工作

9.2.1　已知水平距离的测设

已知水平距离的测设，就是根据地面上一给定的直线起点，沿给定的方向，定出直线上另外一点，使得两点间的水平距离为给定的已知值。例如，要在施工现场，把房屋轴线的设计长度在地面上标定出来；在道路及管线的中线上，按设计长度定出一系列点等。

(1) 钢尺一般方法　施工放样通常是在建筑场地经过平整后进行的，放样已知设计距离的线段时可从起点出发，沿指定方向，用钢尺直接丈量，得到另一点。当建筑场地并不是平地时，丈量时可将钢尺一端抬高，使钢尺保持水平，用吊垂球的方法来投点。为校核起见，通常作往返丈量。往返丈量所放样出的两点不重合时，若校差在容许范围之内，则取平均值作为最后结果。测设水平距离的一般方法也叫直接测设法。

(2) 钢尺精密方法　当测设精度要求较高时，应用精密方法进行测设。

测设时，可先用一般方法初步定出设计长度的终点，测出该点与起点的高差，测出丈量时的现场温度，再根据钢尺的尺长方程式，即可计算出尺长改正值 ΔD_l、温度改正值 ΔD_t、高差改正值 ΔD_h。

如图9-1所示，在地面上测量一段直线的长度时，先量出两点间的距离，设量得的距离值为 D'，然后计算出尺长改正、温度改正、高差改正。最后可算得水平距离为 $D=D'+$

$\Delta D_l+\Delta D_t+\Delta D_h$。而放样已知水平距离时，其程序与距离测量相反，要求放样水平距离 D，则应在地面上丈量 D'，即

$$D'=D-\Delta D_l-\Delta D_t-\Delta D_h \tag{9-3}$$

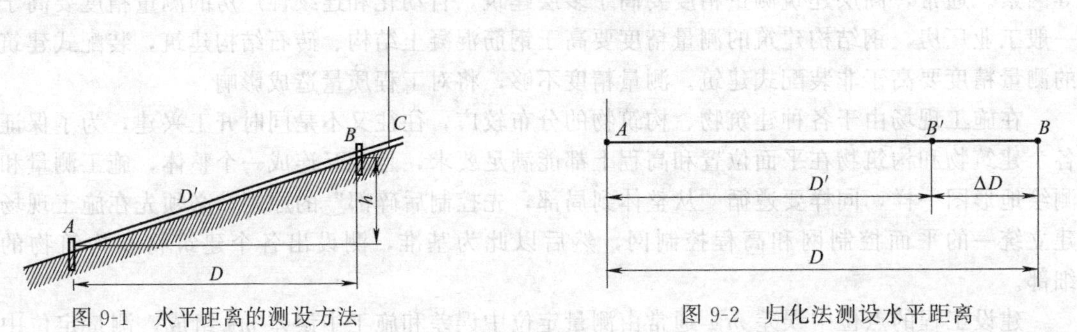

图 9-1 水平距离的测设方法　　图 9-2 归化法测设水平距离

例如，在地面上欲沿 AC 方向测设一段水平距离为 50m 的线段 AB，所用钢尺的尺长方程式为

$$l_t=30-0.003+1.25\times10^{-5}\times30(t-20℃)\text{m}$$

测设时温度为 25℃，经概量后测得 A、B 两点间的高差 $h=-1.400\text{m}$，施于钢尺的拉力与检定时拉力相同，则可算得三项改正值为：

尺长改正值

$$\Delta D_l=\frac{\Delta l}{l}D=\frac{-0.003}{30}\times50=-0.005(\text{m})$$

温度改正值

$$\Delta D_t=\alpha D(t-t_0)=1.25\times10^{-5}\times50\times(25-20)=0.003(\text{m})$$

高差改正值

$$\Delta D_h=-\frac{h^2}{2D}=-\frac{(-1.4)^2}{2\times50}=-0.020(\text{m})$$

故在测设时，需在地面上量取的距离为

$$D'=D-\Delta D_l-\Delta D_t-\Delta D_h=50+0.005-0.003+0.020=50.022(\text{m})$$

(3) 归化法　前面所介绍的精密方法适用于地面为倾斜面，或距离较短的场合，当距离较长且要测设的线段上高低起伏较大时，就很难丈量。

这时，可用一般方法先初步测设一点 B'，如图 9-2 所示，然后按精密量距的方法，精确测出 AB 的水平距离 D'，将 D' 与设计距离 D 比较，得 $\Delta D=D-D'$。因 D' 是精确测得的水平距离，且 $\Delta D'$ 数值较小，只需将 B' 点沿直线方向进行修正，即归化，就可得 B 点，此时 AB 的水平距离为 D。改正时，当 $\Delta D'>0$，应向 AB' 延长线方向改正，即向外归化；反之，则应向内归化。归化法也属精密测设的方法。

(4) 全站仪测设法　当用全站仪测设时，只要在直线方向上移动棱镜的位置。即能确定终点桩的标志位置。有时当棱镜位置与全站仪的水平距离与设计长度相差很小，移动棱镜调整困难时，可用钢卷尺归化。

9.2.2 已知水平角的测设

已知水平角的测设，就是根据地面上一点及一给定的方向，定出另外一个方向，使得两方向间的水平角为给定的已知值。例如，地面上已有一条轴线，要在该轴上定出一些与之相垂直的轴线，则需测设出 90°角。

(1) 一般方法　如图 9-3 所示，设地面上已有 AB 方向，要在 A 点以 AB 为起始方向，

顺时针方向测设由设计给定的水平角β，定出AC方向。为消除仪器误差，应用盘左、盘右测设。将经纬仪安置在A点，用盘左瞄准B点，读取水平度盘读数，设读得b，顺时针旋转照准部，当读数为$b+\beta$时，固定照准部，在视线方向上定出C'点；然后用盘右按上述方法定出C''点，取C'、C''的中点C，则$\angle BAC$即为所需测设的水平角β。

（2）精密方法　如图9-4所示，先用一般的方法测设出C'点，定C'点时可仅用盘左；然后用测回法多测回精确测出$\angle BAC'$，设为β'，计算β'与设计角值β的差值$\Delta\beta=\beta-\beta'$再根据AC的距离D_{AC}，计算出垂距e：

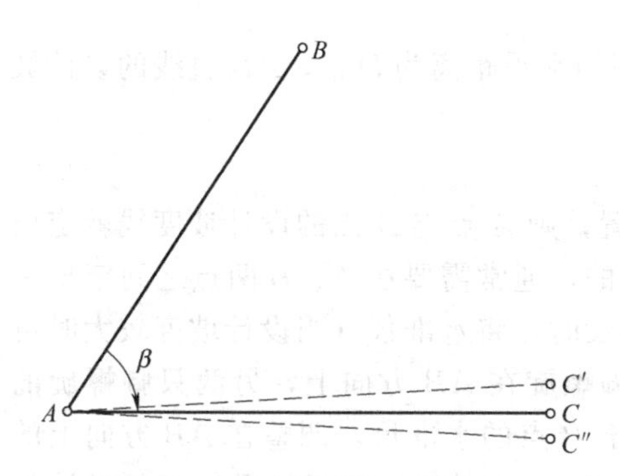

图9-3　水平角测设的一般方法

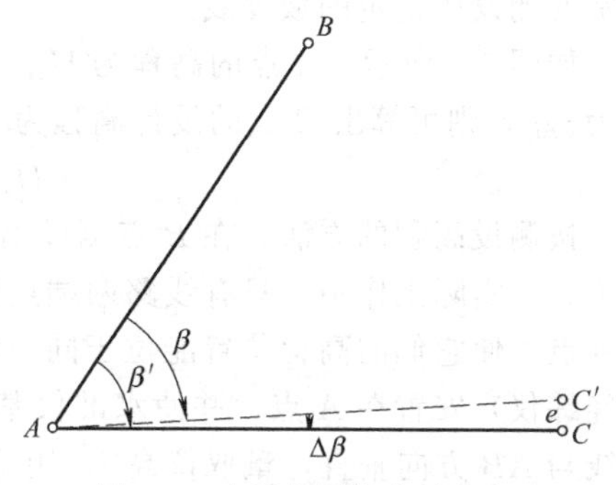

图9-4　水平角测设的精度方法

$$e=\frac{\Delta\beta}{\rho}D_{AC} \qquad (9\text{-}4)$$

从C'作AC'的垂线，以C'点为始点在垂线上量取e，即得C点，则$\angle BAC=\beta$，当$\Delta\beta>0$时，应向外归化；反之，则应向内归化。

9.2.3　已知高程的测设

已知高程的测设，就是根据已给定的点位，利用附近已知水准点，在点位上标定出给定高程的高程位置。例如，平整场地，基础开挖，建筑物地坪标高位置确定等，都要测设出已知的设计高程。

如图9-5所示，设A为已知水准点，高程为H_A，B桩的设计高程为H_B，在A、B两点之间安置水准仪，先在A点立水准尺，得读数为a，由此可得仪器高程为$H_i=H_A+a$。要使B点高程为设计高程H_B，则在B点水准尺上的读数应为

$$b=H_i-H_B \qquad (9\text{-}5)$$

将B点水准尺紧靠B桩，上、下移动尺子，当读数正好为b时，则B尺底部高程即为H_B，这时用笔在B桩上沿B尺底部做记号，即测设得设计高程的位置。

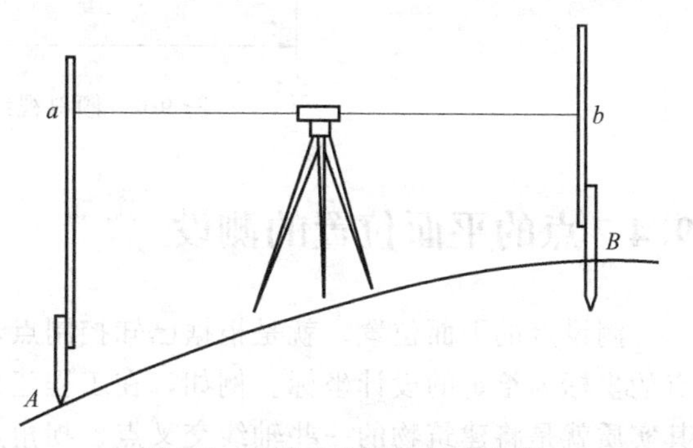

图9-5　平地上测设已知点高程

如欲使B点桩顶高程为H_B，可将水准尺立于B桩顶上，如水准仪读数小于b时，逐渐将桩打入土中，使尺上读数逐渐增加到b，这样B点桩顶高程就是设计高程H_B。

例如，设$H_A=27.349$m，欲测设的高程$H_B=28.000$m，仪器架在A、B两点之间，在A点上水准尺的读数$a=1.623$m，则得仪器高程为$H_i=H_A+a=27.349+1.623=28.972$(m)，在$B$点水准尺上的读数应为

$$b=H_i-H_B=28.972-28.000=0.972(\mathrm{m})$$

故当 B 尺读数为 0.972m 时，在尺底画线，此线高程即为 28.000m。

9.3 已知坡度的测设

已知坡度的测设，就是根据一点的高程，在给定方向上定出其他一些点的高程位置，使这些点的高程位置在给定的设计坡度线上。例如，道路路面铺设、城市地下管线的铺设等，经常要测设所指定的坡度线。

如图 9-6 所示，A 点的高程为 H_A，A、B 两点间的水平距离为 D_{AB}，AB 直线的设计坡度为 i_{AB}，则可算出 B 点的设计高程为

$$H_B=H_A+i_{AB}D_{AB} \tag{9-6}$$

按测设高程的方法，在 B 点测设出 H 的高程位置，则 A 点与 B 点的设计坡度线就定出来了。在实际工作中，只有线路两端点的高程是不够的，通常需要在 A、B 两点之间定出一系列点，使它们的高程位置能位于同一坡度线上。测设时，将水准仪（当设计坡度较大时可用经纬仪）安置在 A 点，并使水准仪基座上的一只脚螺旋在 AB 方向上，另两只脚螺旋的连线与 AB 方向垂直，量取仪高 i，用望远镜瞄准立于 B 点的水准尺，调整在 AB 方向上的脚螺旋，使十字丝的中丝在水准尺上的读数等于仪器高 i，这时仪器的视线平行于所设计的坡度线。然后在 AB 中间的各点 1、2、3……的桩上立水准尺，只要各点读数为 i，则尺子底部即位于设计坡度线上。

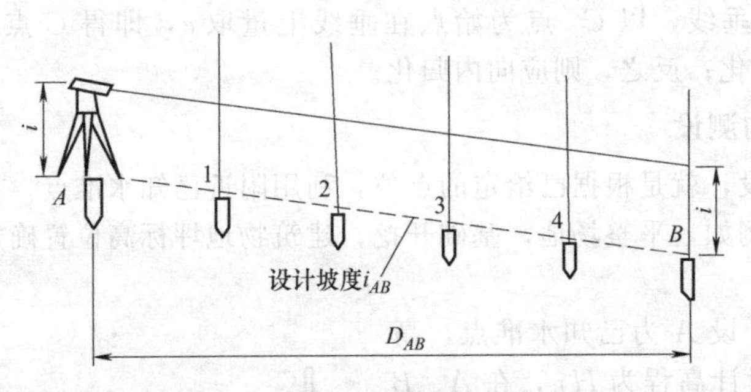

图 9-6　倾斜视线法测设坡度线

9.4 点的平面位置的测设

测设点的平面位置，就是根据已知控制点，在地面上标定出一些点的平面位置，使这些点的坐标为给定的设计坐标。例如，在工程建设中，要将建筑物的平面位置标定在实地上，其实质就是将建筑物的一些轴线交叉点、拐角点在实地标定出来。

根据设计点位与已有控制点的平面位置关系，结合施工现场条件，测设点的平面位置的方法有直角坐标法、极坐标法、角度交会法、距离交会法和全站仪自由设站法等。

9.4.1 直角坐标法

如果施工现场的平面控制点之间布设成与坐标轴线平行或垂直的建筑方格网时，常用直角坐标法测设点位。

如图 9-7 所示，A、B、C、D 为建筑方格网点，P、Q、M、N 为一建筑物的轴线点，房屋轴线与建筑方格网线平行或垂直。设 A 点坐标为 X_A、Y_A，P、Q、M、N 的设计坐标

为（X_P，Y_P）、（X_Q，Y_Q）、（X_M，Y_M）、（X_N，Y_N）。测设时，在A点安置经纬仪，瞄准B点，在A点沿AB方向测设水平距离$\Delta Y_{AP}=Y_P-Y_A$，得a点，然后从a点沿AB方向测设水平距离$\Delta Y_{PQ}=Y_Q-Y_P$，得b点；将经纬仪搬至a点，仍瞄准B点，逆时针方向测设出90°角，得ac方向，从a点沿ac方向测设水平距离$\Delta X_{aP}=X_P-X_A$，即得P点，再从P点沿ac方向测设水平距离$\Delta X_{PM}=X_M-X_P$，则得M点；同样，将经纬仪搬至b点，可测设出Q点及N点。最后丈量PQ及MN的距离是否与设计边长相一致，以作为检核。

9.4.2　极坐标法

如图9-8所示，A、B为控制点，P、Q为要测设的点。为此，先根据A、B的已知坐标及P、Q的设计坐标计算测设数据β_1、D_1及β_2、D_2。

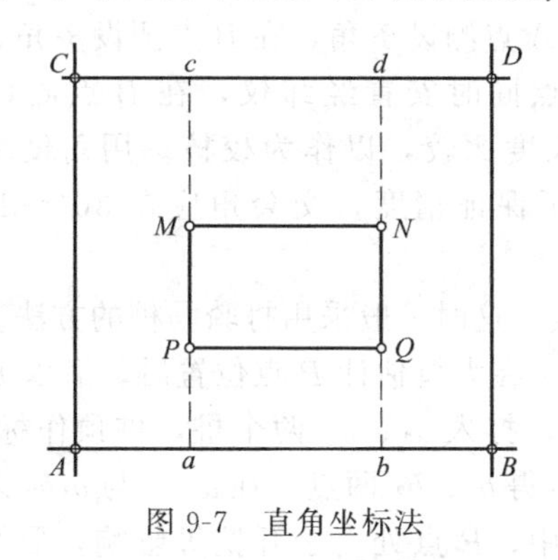

图9-7　直角坐标法

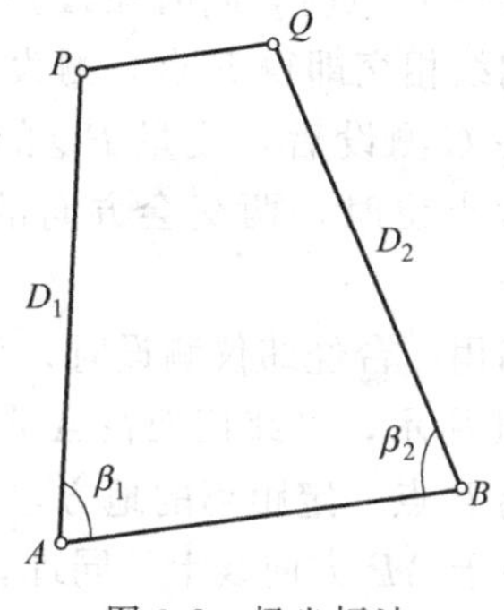

图9-8　极坐标法

$$
\begin{aligned}
a_{AP}&=\arctan\frac{Y_P-Y_A}{X_P-X_A}\\
\beta_1&=a_{AB}-a_{AP}\\
D_1&=\sqrt{(X_P-X_A)^2+(Y_P-Y_A)^2}\\
a_{BQ}&=\arctan\frac{Y_Q-Y_B}{X_Q-X_B}\\
\beta_2&=a_{BQ}-a_{BA}\\
D_2&=\sqrt{(X_Q-X_B)^2+(Y_Q-Y_B)^2}
\end{aligned}
\tag{9-7}
$$

测设P点时，将经纬仪安置在A点，瞄准B点，逆时针方向测设β_1角，在该方向线上测设水平距离D_1，则可得P点。

测设Q点时，可将经纬仪搬至B点，瞄准A点，顺时针方向测设β_2角，得一方向线，在该方向线上测设水平距离D_2，即可得Q点。

测设得到P、Q点后，可丈量PQ之间的水平距离，并与设计长度比较，以作为校核。

如果用全站仪按极坐标法测设点的平面位置，则更为方便，甚至不需预先计算放样数据。如图9-9所示，如要测设P点的平面位置，其施测方法如下所述。

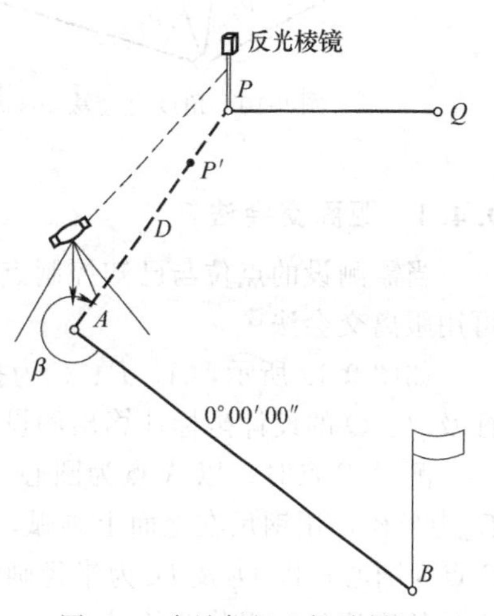

图9-9　全站仪极坐标放样法

把全站仪安置在A点，瞄准8点，将水平度盘设置为0°00′00″；然后将控制点A、B的已知坐标及P点的设计坐标输入全站仪，即可自动算出测设数据水平角 β 及水平距离 D；测设水平角 β，并在视线方向上指挥持棱镜者把棱镜安置在 P 点附近的 P' 点。如持镜者在棱镜上可看到显示的 AP' 的距离值 D'，则可根据 D' 与 D 的差值 $\Delta D=D-D'$，由持镜者在视线方向上用小钢尺对 P' 点进行归化，得 P 点；如果棱镜上无水平距离显示功能，则由观测者按算得的 AD 值指挥持镜者移动至 P 点。

9.4.3 角度交会法

当需测设的点位与已知控制点相距较远或不便于量距时，可采用角度交会法。

如图 9-10 所示，A、B、C 为控制点，P、Q 为要测设的点，先根据 A、B、C 的已知坐标及 P、Q 的设计坐标计算测设数据 β_1、β_2、β_3 及 β_4，计算方法同极坐标法。

测设 P 点时，同时在 A 点及 B 点安置经纬仪，在 A 点测设 β_1 角，在 B 点测设 β_2 角，两条方向线相交即得 P 点。测设 Q 点时，在 B 点及 C 点同时安置经纬仪，在 B 点测设 β_3 角，在 C 测设后，丈量 PQ 的水平距离，并与设计长度比较，以作为校核。用角度交会法测设点位时，两交会方向的夹角称为交会角。为了保证精度，交会角应在 30°～150°之间。

当用一台经纬仪测设时，无法同时得到两条方向线，这时一般采用打骑马桩的方法。如图 9-11 所示，经纬仪架在 A 点时，得到了 AP 方向线。在大概估计 P 点位置后，沿以 P 方向，离 P 点一定距离的地方，在不影响施工的情况下，打入 a_1、a_2 两个桩，桩顶作标志，使其位于 AP 方向线上。同理，将经纬仪搬至 B 点，可得 b_1、b_2 两点。在 a_1a_2 与 b_1b_2 之间各拉一根细线，两线交点即为 P 点位置。在施工过程中，P 点处由于开挖等影响，要恢复 P 点位置也非常方便。

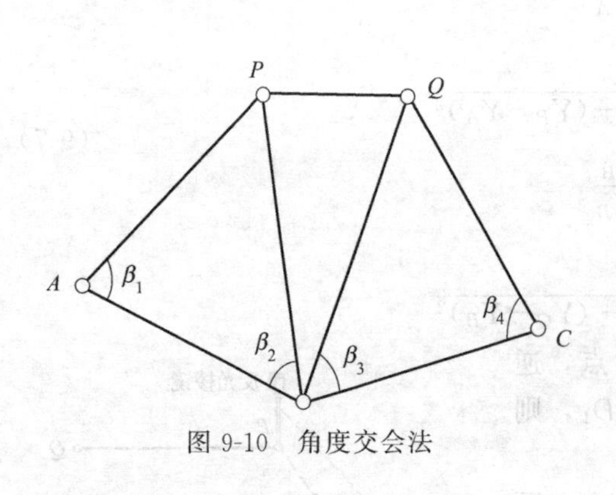

图 9-10 角度交会法

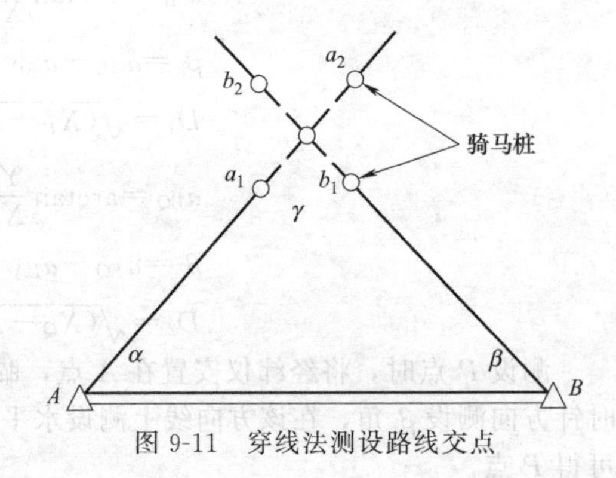

图 9-11 穿线法测设路线交点

9.4.4 距离交会法

当需测设的点位与已知控制点相距较近，一般相距在一尺段以内且测设现场较平坦时，可用距离交会法。

如图 9-12 所示，A、B、C 为控制点，P、Q 为要测设的点，先根据 A、B、C 的已知坐标及 P、Q 的设计坐标计算出测设数据 D_1、D_2、D_3 及 D_4，计算方法同极坐标法。

测设 P 点时，以 A 点为圆心，以 D_1 为半径，用钢尺在地面上画弧；以 B 点为圆心，以 D_2 为半径，用钢尺在地面上画弧，两条弧线的交点即为 P 点。测设 Q 点时，分别以 B 点及 C 点为圆心，以 D_3 及 D_4 为半径画弧，两弧相交即得 Q 点。测设后，可丈量 PQ 的距离，与设计长度比较，以作为检核。

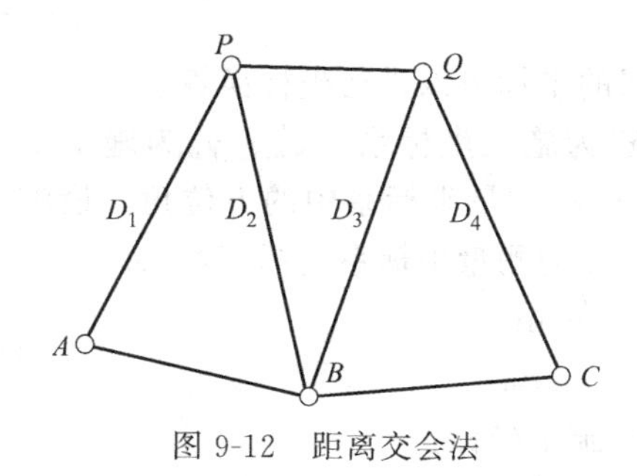

图 9-12　距离交会法

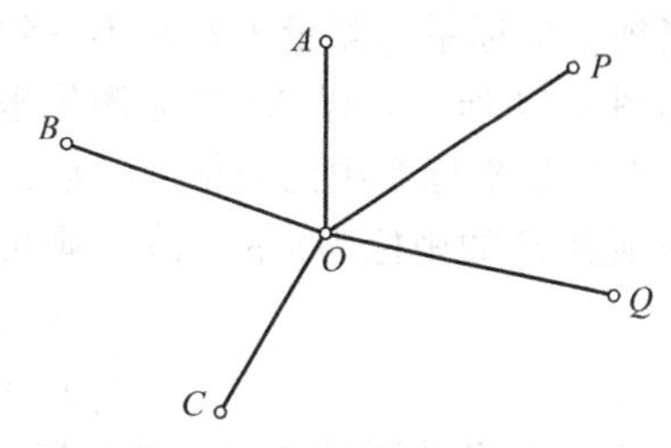

图 9-13　全站仪自由设站法

9.4.5　全站仪自由设站法

如图 9-13 所示，A、B、C 为控制点，P、Q 为要测设的放样点，自由选择一点 O，在 O 点安置全站仪，按全站仪内置程序，后视 A、B、C 点，测出 O 点坐标，然后按全站仪极坐标法测设出 P、Q 点。

由于 O 点是自由选择的，定点非常方便。

9.5　施工控制测量

建筑工程施工测量的基本任务是测设，为了使图纸上设计好的建筑物、构筑物的平面位置和高程能在实地正确地按设计要求标定出来，必须遵循“从整体到局部，先控制后碎部”的原则。因此，在施工前应在建筑现场建立施工控制网。

在勘测设计阶段所建立的控制网，可以作为施工放样的基准。但在勘测设计阶段的控制网，往往从测图方面考虑，各种建筑物的设计位置尚未确定，一般不适应施工测量的需要，无法满足施工测量的要求。此外，常有相当数量的测图控制点，在场地布置和平整中被破坏，或者因建筑物的修建成为互不通视而很难利用的点。因此，在工程施工之前，一般在建筑场地在原测图控制网的基础上，建立施工控制网，作为工程施工和运行管理阶段进行各种测量的依据。

为工程建筑物的施工放样布设的测量控制网称为施工控制网。施工控制网分为平面控制网和高程控制网。控制网点，应根据施工总平面图和施工总布置图设计。

9.5.1　平面控制测量

平面控制测量分场区平面控制及建筑物的平面控制。

9.5.1.1　场区平面控制

建筑场区的平面控制网，可根据场区地形条件和建筑物、构筑物的布置情况，布设成建筑方格网、导线网、三角网、三边网或 GPS 网。

场区的平面控制网，应根据等级控制点进行定位、定向和起算。

场区平面控制网的等级和精度，应符合下列规定：建筑场地大于 $1km^2$ 或重要工业区，宜建立相当于一级导线精度的平面控制网；建筑场地小于 $1km^2$ 或一般性建筑区，可根据需要建立相当于二、三级导线精度的平面控制网；当原有控制网作为场区控制网时，应进行复测检查。控制点标桩的埋设深度，应根据地冻线和场地平整的设计标高确定。

（1）施工坐标系　施工坐标系亦称建筑坐标系，是供工程建筑物施工放样用的一种平面直角坐标系。其坐标轴与建筑物主轴线一致或平行，以便于建筑物的施工放样。

施工坐标系的原点一般设置于总平面图的西南角上，以便使所有建筑物、构筑物的设计坐标均为正值。

当施工坐标系与测量坐标系不一致时，两者之间的坐标可以进行坐标换算。

如图 9-14 所示，设 XOY 为测量坐标系，$X'O'Y'$ 为施工坐标系，x'_o、y'_o为施工坐标系的原点在测量坐标系中的坐标，α 为施工坐标系的纵轴在测量坐标系中的方位角。设施工坐标系中某点 P 的坐标为 x'_P、y'_P。则可按下式将其换算为测量坐标系坐标 x_P、y_P。

$$\begin{cases} x_P = x'_o + x'_P\cos\alpha - y'_P\sin\alpha \\ y_P = y'_o + x'_P\sin\alpha - y'_P\cos\alpha \end{cases} \tag{9-8}$$

如已知 P 点的测量坐标，则可按下式将其换算为施工坐标：

$$\begin{cases} x'_P = (x_P - x'_o)\cos\alpha + (y_P - y'_o)\sin\alpha \\ y'_P = -(x_P - x'_o)\sin\alpha + (y_P - y'_o)\cos\alpha \end{cases} \tag{9-9}$$

(2) 建筑方格网　由正方形或矩形的格网组成的工业建设场地的施工控制网称为建筑方格网，如图 9-15 所示。

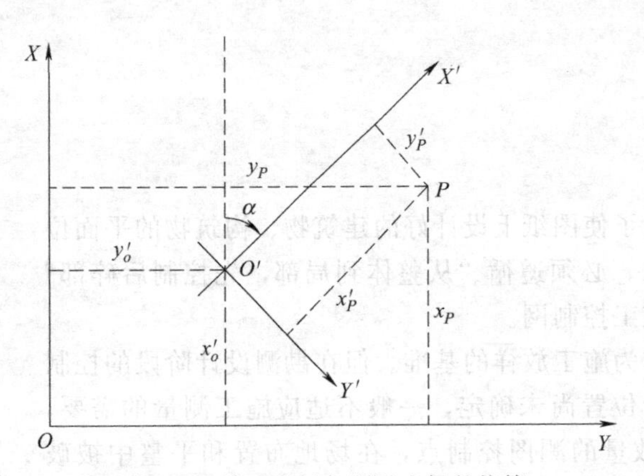

图 9-14　施工坐标与测量坐标的换算

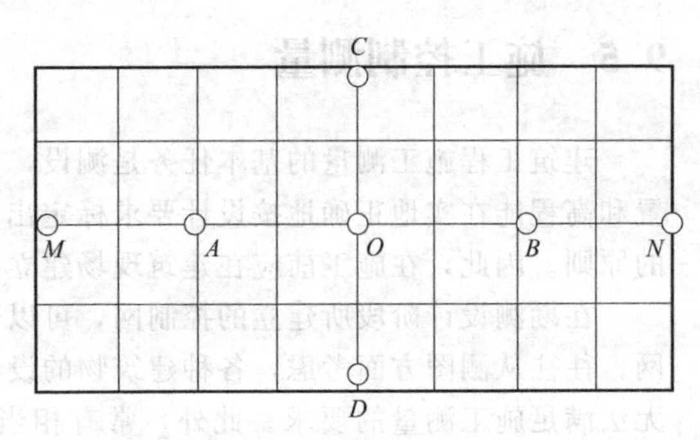

图 9-15　建筑方格网

建筑方格网通常采用建筑坐标系。建筑方格网的主要技术要求，应符合表 9-1 的规定。

表 9-1　建筑方格网的主要技术要求

等级	边长/m	测角中误差/(″)	边长相对中误差
Ⅰ级	100～300	±5	≤1/30000
Ⅱ级	100～300	±8	≤1/20000

布设建筑方格网，可采用轴线法或布网法。布网法宜在国家四等控制网的基础上进行。轴线法是先布主轴线，如图 9-15 所示的 $MAOBN$ 及 COD，然后再根据轴线测设其他方格网点。用轴线法施测建筑方格网的主要技术要求如下：

① 轴线宜位于场地的中央，与主要建筑物平行；长轴线上的定位点，不得少于 3 个；轴线点的点位中误差，不应大于 5cm。

② 放样后的主轴线点位，应进行角度观测，检查直线度；测定交角的测角中误差，不应超过 2.5″；直线度的限差，应在 180°±5″以内。

③ 轴交点，应在长轴线上丈量全长后确定。

④ 短轴线，应根据长轴线定向后测定，其测量精度应与长轴线相同，交角的限差应在 90°±5″以内。

测设出主轴线后，从轴交点。沿长短轴线按方格网边长精密量距，定出轴线上其他各点，然后将经纬仪安置在长、短轴线上的各点位上，精密地测设 90°角，用交会法定出所有的方格网点。

为了保证各方格网点正确地位于设计点位上，还应进行建筑方格网的测量，精确测出方格网的角度或各边长，通过平差计算，算得各方格网点的精确坐标，再与设计坐标比较，可确定出归化数据，并在实地标志板上修正归化到设计位置。

建筑方格网布完后，应经过实地复测检查。

建筑方格网适用于按正方形或矩形布置的建筑群或大型、高层建筑的场地。由于建筑方格网的格网线与建筑物轴线平行或垂直，因此可用直角坐标法进行建筑物的定位，放样较为方便。但由于建筑方格网必须按总平面图布置，点位容易受施工影响而损坏，而且测设时工作量较大，所以目前正逐渐被小三角网、小三边网或导线网所代替。

(3) 小三角网　当采用小三角网作为场区控制网时，边长宜为200～400m；测角中误差不应超过8″；最弱边边长相对中误差，不应大于1/20000；其他技术要求同一、二级小三角测量的要求。

(4) 小三边网　当采用小三边网作为场区控制网时，边长宜为200～600m；测边的相对中误差，不应大于1/40000；其他技术要求同一、二级小三边测量的要求。

(5) 导线网　当采用导线网作为场区控制网时，其技术要求同一、二、三级导线测量的要求。

9.5.1.2　建筑物的平面控制

建筑物的平面控制网，可根据建筑物、构筑物特点，布设成十字轴线或矩形控制网。

建筑物的控制网，应根据场区控制网进行定位、定向和起算。

建筑物的控制网，应根据建筑物结构、机械设备传动性能及生产工艺连续程度，分别布设成一级或二级控制网，其主要技术要求应符合表9-2的规定。

表9-2　建筑物控制网的主要技术要求

等级	边长相对中误差	测角中误差/(″)
一级	1/30000	$\pm7\sqrt{n}$
二级	1/15000	$\pm15\sqrt{n}$

注：n为建筑物结构的跨数。

建筑物的控制测量，应符合下列规定：

① 控制网应按设计总图和施工总布置图布设，点位应选择在通视良好、利于长期保存的地方。

② 控制网加密的指示桩，宜选在建筑物行列轴线或主要设备中心线方向上。

③ 主要的控制网点和主要设备中心线端点，应埋设混凝土固定标桩。

④ 控制网轴线起始点的测量定位误差，不应低于同级控制网的要求，允许误差宜为2cm；两建筑物（厂房）间有联动关系时，允许误差宜为1cm，定位点不得小于3个。

⑤ 角度观测的测回数应根据测角中误差的大小确定。

⑥ 矩形网的角度闭合差，不应大于测角中误差的4倍。

⑦ 当采用钢尺丈量距离时，一级网的边长，应以二测回测定；二级网的边长，应以一测回测定。长度应进行温度、坡度和尺长修正。

⑧ 矩形网应按平差结果进行实地修正，调整到设计位置。

⑨ 点位修正后，应进行矩形网角度的检测。

建筑物的围护结构封闭前，应根据施工需要将建筑物外部控制转移至内部，以便于日后内部继续使用。内部的控制点，宜设置在已建成的建筑物、构筑物的预埋件或预埋测量标板上。当由外部控制向建筑物内部引测时，其投点误差，一级不应超过2mm。二级不应超过 3mm。

若建筑场地面积不大，如城市中的高层建筑等，通常可不布设场区平面控制网，而直接布设建筑物的平面控制。

9.5.2 高程控制测量

（1）场区高程控制　场区的高程控制网，应布设成闭合环线、附合路线或结点网形，一般采用三、四等水准测量。场地水准点的间距，宜小于 1km。距离建筑物、构筑物不宜小于 25m；距离回填土边线不宜小于 15m。

（2）建筑物的高程控制　建筑物高程控制的水准点，可单独埋设在建筑物的平面控制网的标桩上，也可利用场地附近的水准点，其间距宜在 200m 左右。

当施工中水准点标桩不能保存时，应将其高程引测至稳固的建筑物或构筑物上，引测的精度，不应低于原有水准测量的等级要求。

若建筑场地面积不大，可从邻近的水准点引测二、三个位于建筑场地的临时水准点作为高程控制。

9.6 民用建筑施工放样

民用建筑一般指住宅、商店、医院、学校、办公楼、饭店、娱乐场所等建筑物。它可分为单层、多层和高层建筑，由于其结构特征不同，其放样的方法和精度要求亦有所不同，但放样过程基本相同。

民用建筑施工放样的主要工作包括建筑物的定位、建筑物细部轴线测设、基础施工测量及主体施工测量等。

9.6.1 施工放样应具备的资料

民用建筑以及工业建筑施工放样时，均应具备下列资料：

① 总平面图；

② 建筑物的设计与说明；

③ 建筑物、构筑物的轴线平面图；

④ 建筑物的基础平面图；

⑤ 设备的基础图；

⑥ 土方的开挖图；

⑦ 建筑物的结构图；

⑧ 管网图。

9.6.2 建筑物施工放样的主要技术要求

建筑物施工放样的主要技术要求，应符合表 9-3 的规定。

表 9-3　建筑物施工放样的主要技术指标

建筑物结构特征	测距相对中误差	测角中误差/(″)	在测站上测定高差中误差/mm	根据起始水平面在施工水平面上测定高程中误差/mm	竖向传递轴线点中误差/mm
金属结构、装配式钢筋混凝土结构、建筑物高度 100～120m 或跨度 30～36m	1/20000	5	1	6	4
15 层房屋、建筑物高度 60～100m 或跨度 18～30m	1/10000	10	2	5	3

续表

建筑物结构特征	测距相对中误差	测角中误差/(″)	在测站上测定高差中误差/mm	根据起始水平面在施工水平面上测定高程中误差/mm	竖向传递轴线点中误差/mm
5～15层房屋、建筑物高度15～60m或跨度6～18m	1/5000	20	2.5	4	2.5
5层房屋、建筑物高度15m或跨度6m及以下	1/3000	30	3	3	2
木结构、工业管线或公路铁路专用线	1/2000	30	5	—	—
土工竖向整平	1/1000	45	10	—	—

注：1. 对于具有两种以上特征的建筑物，应取要求高的中误差值。

2. 特殊要求的工程项目，应根据设计对限差的要求，确定其放样精度。

9.6.3 建筑物的定位

建筑物的定位就是在实地标定建筑物的外廓主要轴线。

在建筑物定位前，应做好以下准备工作：熟悉设计图纸，进行现场踏勘，检测测量控制点，清理施工现场，拟定放样方案及绘制放样略图。

根据施工现场情况及设计条件，建筑物的定位可采用以下几种方法。

（1）根据测量控制点测设　当建筑物附近有导线点、三角点及三边测量点等测量控制点时，可根据控制点和建筑物各角点的设计坐标用极坐标法或角度交会法测设建筑物的位置。

（2）根据建筑方格网测设　如建筑场区内布设有建筑方格网，可根据附近方格网点和建筑物角点的设计坐标用直角坐标法测设建筑物的位置。

（3）根据建筑物控制网测设　当建筑物布设有专供建筑物放样用的十字轴线或矩形控制网时，可根据建筑物的平面控制网点和建筑物角点的设计坐标用直角坐标法测设建筑物的位置。

（4）根据建筑红线测设　建造房屋要按照统一的规划进行，建筑用地的边界，要经规划部门审批并由土管部门在现场直接放样出来。建筑用地边界点的连线称为建筑红线（也叫规划红线）。各种房屋建筑，必须建造在建筑红线的范围之内，设计单位与建设单位往往从合理利用规划土地的角度出发，将房屋设计在与建筑红线相隔一定距离的地方，放样时，可根据实地已有的建筑用地边界点来测设。

如图9-16所示，A、B、C为建筑物用地边界点，P、Q、M、N为拟建房屋角点，建

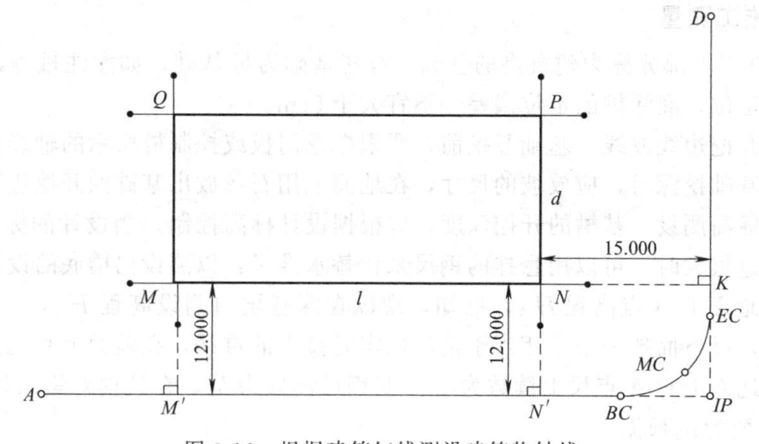

图9-16　根据建筑红线测设建筑物轴线

筑物与建筑红线之间的设计距离分别为 d_1、d_2，这时就根据 A、B、C 的已知坐标及 P、Q、M、N 的设计位置用直角坐标法来测设 P、Q、M、N 的实地位置。

有时，建筑红线与建筑物边线不一定平行或垂直，这时可用极坐标法、角度交会法或距离交会法来测设。

9.6.4 建筑物细部轴线测设

建筑物的细部轴线测设就是根据建筑物定位的角点桩（即外墙轴线交点，简称角桩），详细测设建筑物各轴线的交点桩（或称中心桩）。然后根据中心桩，用白灰画出基槽边界线。

由于施工时要开挖基槽，各角桩及中心桩均要被挖掉。因此，在挖槽前要把各轴线延长到槽外，在施工的建筑物或构筑物外围，建立龙门板或控制桩，作为挖槽后恢复轴线的依据。

龙门板及控制桩的布设位置，一般根据土质和基槽深度而定，通常离外墙基槽边缘约 1.0～1.5m。在建筑物外围建立龙门板或控制桩，一是便利施工，二是容易保存。

(1) 龙门板的设置　龙门板也叫线板，如图 9-17 所示，在建筑物施工时，沿房屋四周钉立的木桩叫龙门桩，钉在龙门桩上的木板叫龙门板。龙门桩要钉得牢固、竖直，桩的外侧面应与基槽平行。

建筑物室内（或室外）地坪的设计高程称为地坪标高。设计时常以建筑物底层室内地坪标高为高程起算面，也称“±0 标高”。施工放样时根据建筑场地水准点的高程，在每个龙门桩上测设出室内地坪设计高程线，即“±0 标高线”。若现场条件不许可，也可测设比“±0 标高”高或低一定数值的标高线，但一个建筑物只能选用一个“±0 标高”。

龙门板的上边缘要与龙门桩上测设的地坪标高线齐平。龙门板钉好后，用经纬仪将各轴线测设到龙门板的顶面上，并钉小钉表示，常称之为轴线钉。施工时可将细线系在轴线钉上，用来控制建筑物位置和地坪高程。

龙门板应注记轴线编号。龙门板使用方便，但占地大、影响交通，故在机械化施工时，一般只设置控制桩。

(2) 控制桩的设置　如图 9-17 所示，在建筑物施工时，沿房屋四周在建筑物轴线方向上设置的桩叫轴线控制桩（简称控制桩，也叫引桩）。它是在测设建筑物角桩和中心桩时，把各轴线延长到基槽开挖边线以外、不受施工干扰并便于引测和保存桩位的地方。桩顶面钉小钉标明轴线位置，以便在基槽开挖后恢复轴线之用。如附近有固定性建筑物，应把各线延伸到建筑物上，以便校对控制桩。

9.6.5 基础施工测量

建筑物±0 以下部分称为建筑物的基础。有些基础为桩基础，如灌注桩等，应根据桩的设计位置进行定位，灌注桩的定位误差，不宜大于 5cm。

(1) 基槽开挖边线放线　基础开挖前，要根据龙门板或控制桩所示的轴线位置和基础宽度，并顾及到基础挖深时，应放坡的尺寸，在地面上用石灰放出基础的开挖边线。

(2) 基槽标高测设　基槽的开挖深度，应根据设计标高控制。当设计的标高与“±0 标高”之间的高差很大时，可以用悬挂的钢尺来代替水准尺，以测设出槽底的设计标高，如图 9-18 所示，设地面上 A 点高程 H_A，已知，现欲在深基坑内测设高程 H_B，悬挂一支钢尺，零刻度在下端，尺下面挂一重量相当于钢尺检定时拉力的重锤，在地面上和坑内各安置一次水准仪。设在地面上对 A 点尺上读数为 a_1，对钢尺读数为 b_1，在坑内对钢尺读数为 a_2，则对 B 尺应有读数为 b_2 根据

$$h_{AB}=H_A-H_B=(a_1-b_1)+(a_2-b_2) \tag{9-10}$$

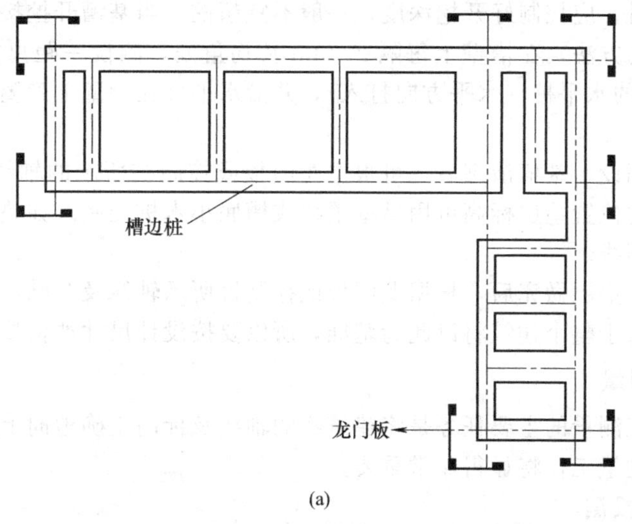

(a)

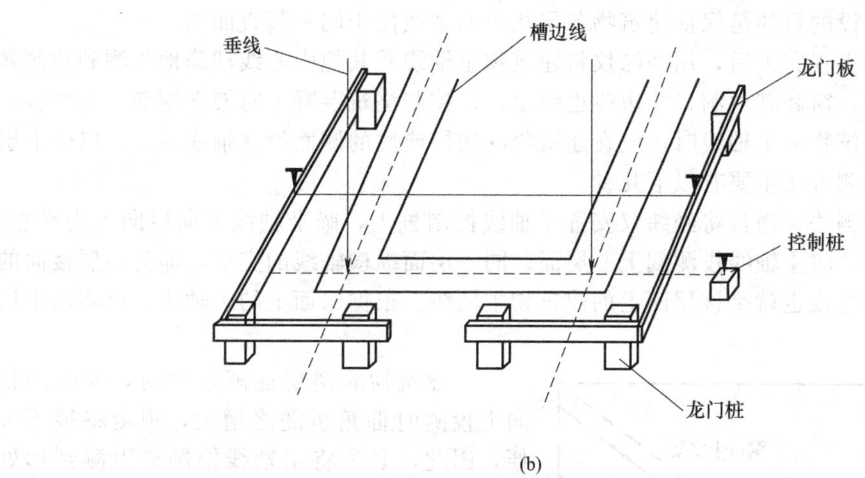

(b)

图 9-17　轴线控制桩、龙门桩和龙门板

得
$$b_2 = H_A - H_B + a_1 - b_1 + a_2 \tag{9-11}$$

用逐渐打入木桩的方法，使立在 B 点水准尺上读数为 B_2，则 B 点高程符合设计要求。

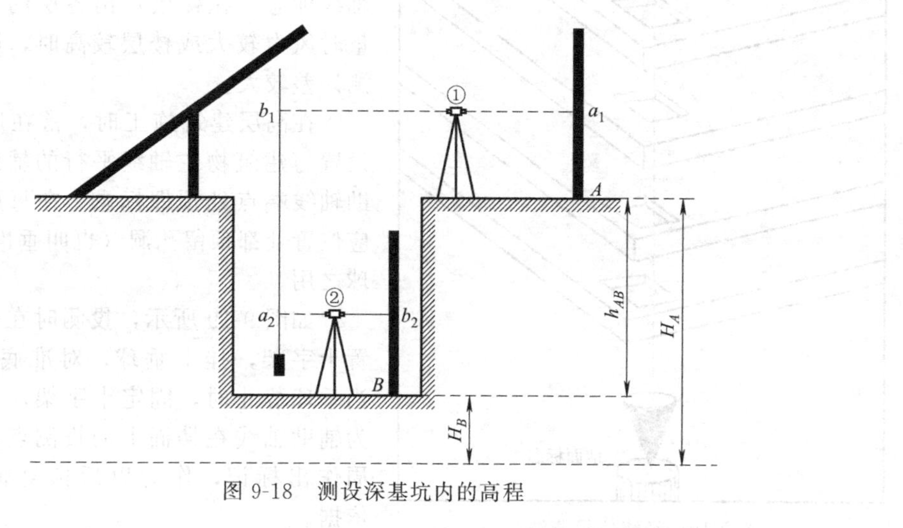

图 9-18　测设深基坑内的高程

测设基槽标高时，应控制好开挖深度，一般不宜超挖。当基槽开挖接近设计标高时，通常用上述测设高程的方法，在槽壁上每隔 2～3m 及拐角处，测设一距离槽底设计标高一整分米数（如 0.5m）的水平桩（水平方向打入），并沿水平桩在槽壁上弹墨线，作为挖槽或铺设基础垫层的依据。

（3）垫层施工测设　基槽清理后，可根据龙门板或控制桩所示的轴线位置和垫层宽度，在槽底放样出垫层的位置垫层标高可用槽壁墨线或槽底小木桩控制。如垫层需支模板，可在模板上弹出标高控制线。

（4）基础测设　垫层做完后，根据龙门板或控制桩所示轴线及基础设计宽度在垫层上弹出中心线及边线。由于整个建筑将以此为基准，所以要按设计尺寸严格校核。

9.6.6　主体施工测量

建筑物主体施工测量的主要任务是将建筑物的轴线及标高正确地向上引测。由于目前高层建筑越来越多，测量工作将显得非常重要。

9.6.6.1　楼层轴线投测

建筑物轴线测设的目的是保证建筑物各层相应的轴线位于同一竖直面内。

建筑物的基础工程完工后，用经纬仪将建筑物主轴线及其他中心线精确地投测到建筑物的底层，同时把门、窗和其他洞口的边线也弹出，以控制浇筑混凝土时架立钢筋、支模板以及墙体砌固投测建筑物的主轴线时，应在建筑物的底层或墙的侧面设立轴线标志，以供上层投测之用。轴线投测方法主要有以下几种。

（1）经纬仪投测法　通常将经纬仪安置于轴线控制桩上，瞄准轴线方向后向上用盘左、盘右取平均的方法，将主轴线投测到上一层面。同一层面纵横轴线的交点，即为该层楼面的施工控制点，各点连线也就是该层面上的建筑物主轴线。根据层面上的主轴线，再测设出层面上其他轴线。

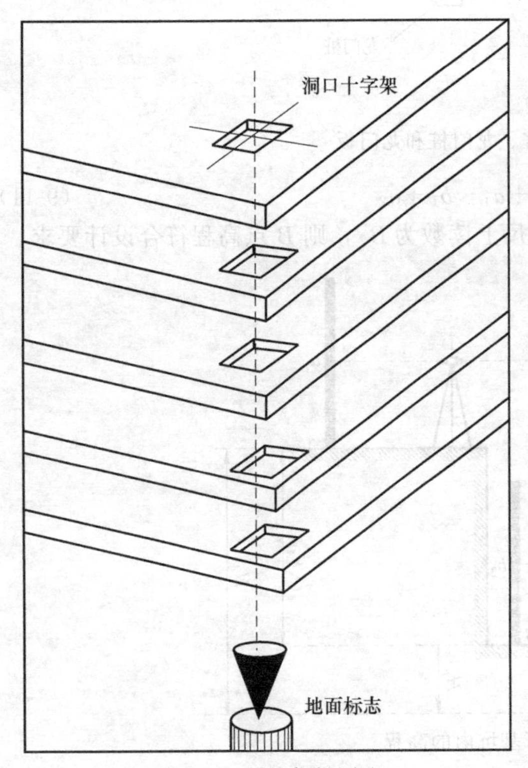

图 9-19　经纬仪投测法

当建筑物的楼层逐渐增高时，因经纬仪向上投测时仰角也随之增大，观测将很不方便，因此，必须将主轴线控制桩引测到远处或附近建筑物上，以减小仰角，方便操作。

（2）垂线法　用较重的特别重锤悬吊在建筑物的边缘，当垂球尖对准在底层设立的轴线标志，在楼层定出各层的主轴线。当测量时风力较大或楼层较高时，用这种方法投测误差较大。

在高层建筑施工时，常在底层适当位置设置与建筑物主轴线平行的辅助轴线，在辅助轴线端点处预埋标志。在每层楼的楼面相应位置处都预留孔洞（也叫垂准孔），供吊垂球之用。

如图 9-19 所示，投测时在垂准孔上面安置十字架，挂上垂球，对准底层预埋标志，当垂球静止时，固定十字架，十字架中心即为辅助轴线在楼面上的投测点，并在洞口四周作出标记，作为以后恢复轴线及放样的依据。

（3）激光铅垂仪投测法　由于高层建筑越造越高，用大垂球和经纬仪投测轴线的传统方法已越来越不能适应工程建设的需要，利用激光铅垂仪投测轴线，使用较方便，且精度高，速度快。

如图 9-20 所示，激光铅垂仪是将激光束导至铅垂方向用于竖向准直的一种仪器，激光光源通常为氦氖激光器，在仪器上装置高灵敏度水准管，借以将仪器发射的激光束导至铅垂方向。使用时，将激光铅垂仪安置在底层辅助轴线的预埋标志上，当激光束指向铅垂方向时，只需在相应楼层的垂准孔上设置接收靶即可将轴线从底层传至高层。

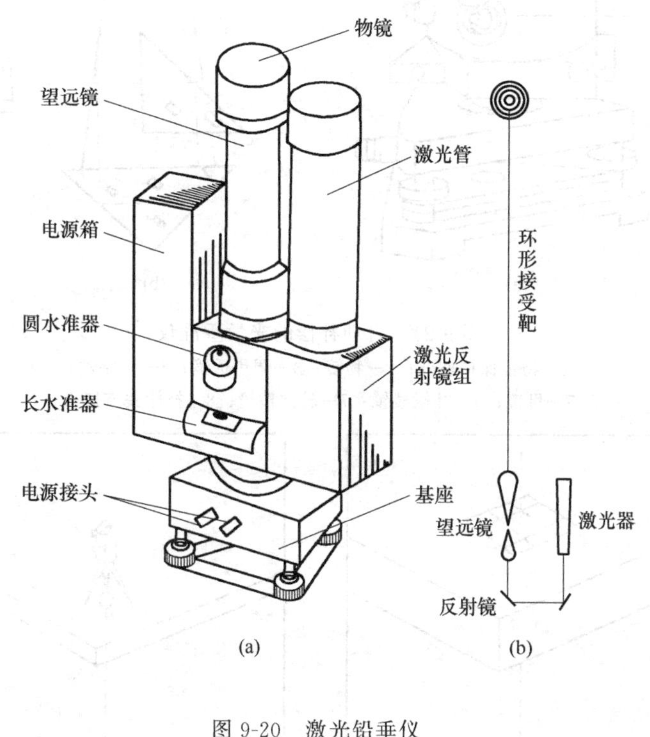

图 9-20　激光铅垂仪

激光铅垂仪的型号有很多，其原理都是相同的。由于激光的方向性好、发散角小、亮度高等特点，激光铅垂仪在高层建筑的施工中得到了广泛的应用。

（4）光学垂准仪投测法　光学垂准仪是一种能够瞄准铅垂方向的仪器。在整平仪器上的水准管气泡后，仪器的视准轴即指向铅垂方向。它的目镜用转向棱镜设置在水平方向，以便于观测。

光学垂准仪的型号也有很多，有些仪器具有自动补偿装置，使用时只要使圆水准器气泡居中，就可得到一条指向天顶的竖直光线，如图 9-21 所示，即为一种能自动补偿的光学垂准仪。有的仪器既能向上作铅垂投点，又能向下作铅垂投点，如图 9-22 所示。

用光学垂准仪投测轴线时，将仪器架在底层辅助轴线的预埋标志上，当得到指向天顶的垂准线后，通过调焦，观测者从目镜端可指挥另外作业员在相应楼层上的垂准孔上设置标志，就可将轴线从底层传递到高层。

9.6.6.2　楼层标高传递

（1）钢尺丈量法　从底层±0 标高线沿墙面或柱面直接垂直向上丈量，定出上层楼面的设计标高线。

（2）水准测量法　在高层建筑的垂直通道（如楼梯间、电梯井、垂准孔等）中悬吊钢

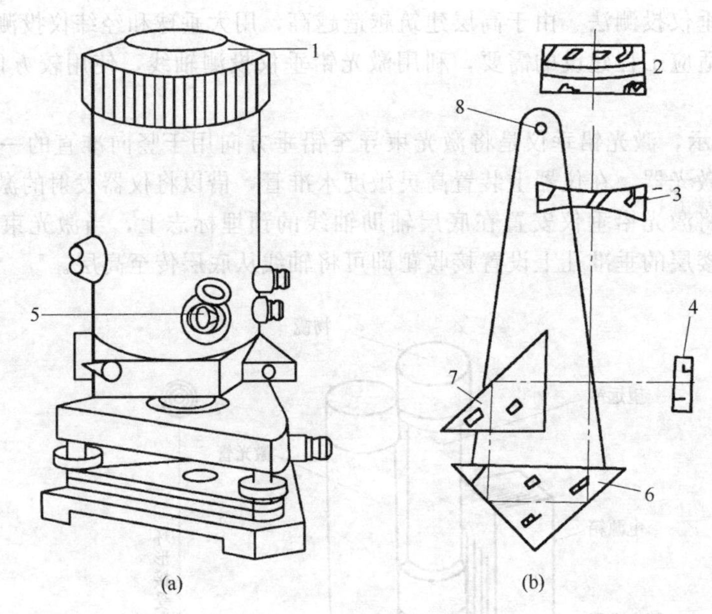

图 9-21　自动补偿的光学垂准仪

1—物镜保护玻璃；2—物镜；3—调焦透镜；4—十字丝；
5—目镜；6—补偿棱镜；7—转向棱镜；8—补偿关节接头

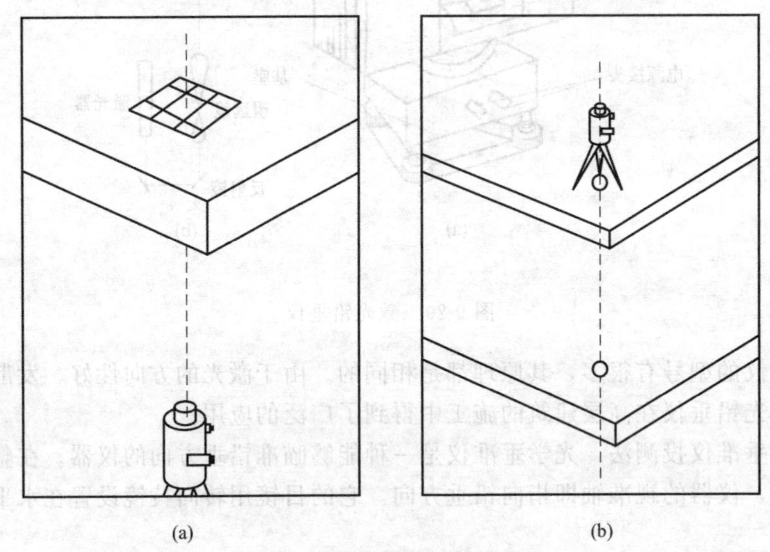

图 9-22　光学垂准仪铅垂投点

尺，钢尺下端挂一重锤，用钢尺代替水准尺，在下层与上层各架一次水准仪，将高程传递上去，从而测设出各楼层的设计标高。

(3) 全站仪测高法　利用全站仪或光电测距仪的测距功能，用三角高程测量的方法，将地面上已知高程传递到各楼层上，再测设出各楼层的设计标高。

9.7　工业建筑施工放样

工业建筑主要指工业企业的生产性建筑，如厂房、仓库、运输设施、动力设施等，以生产厂房为主体。厂房可分为单层厂房和多层厂房，目前，使用较多的是金属结构及装配式钢筋混凝土结构单层厂房，其施工放样的主要工作包括厂房柱列轴线测设、基础施工测量、构件安装测量及设备安装测量等。

9.7.1　厂房柱列轴线测设

对于跨度较小、结构安装简单的厂房的定位与轴线测设，可按民用建筑施工放样的方法进行。

对大型的、跨度大的、结构安装及设备安装复杂的厂房，其柱列轴线通常根据厂房矩形控制网来测设。

如图 9-23 所示，为一两跨、九列柱子的厂房，Ⅰ、Ⅱ、Ⅲ、Ⅳ为厂房矩形控制网，在矩形控制网的四条边上，从控制网角桩开始，按厂房各轴线间的设计间距即可测设出厂房柱列轴线的位置。

9.7.2　基础施工测量

(1) 柱基放线　根据柱轴线控制桩定出各柱基的位置，设置柱基中心线桩，并按基坑尺寸画出基槽灰线，以便开挖。

(2) 基坑整平　当基坑挖到一定深度后，在坑壁四周离坑底的设计标高 0.3～0.5m 处设置几个水平桩，作为基坑修理和清底的标高依据，如图 9-24 所示。

另外，还应在基坑内测设出垫层的标高，即在坑底设置小木桩，使桩顶高程为垫层的设计高程或在垫层模板上弹出垫层标高线。

(3) 基础模板的定位　垫层铺设完后，根据坑边定位小桩（即柱基中心线桩），用拉线

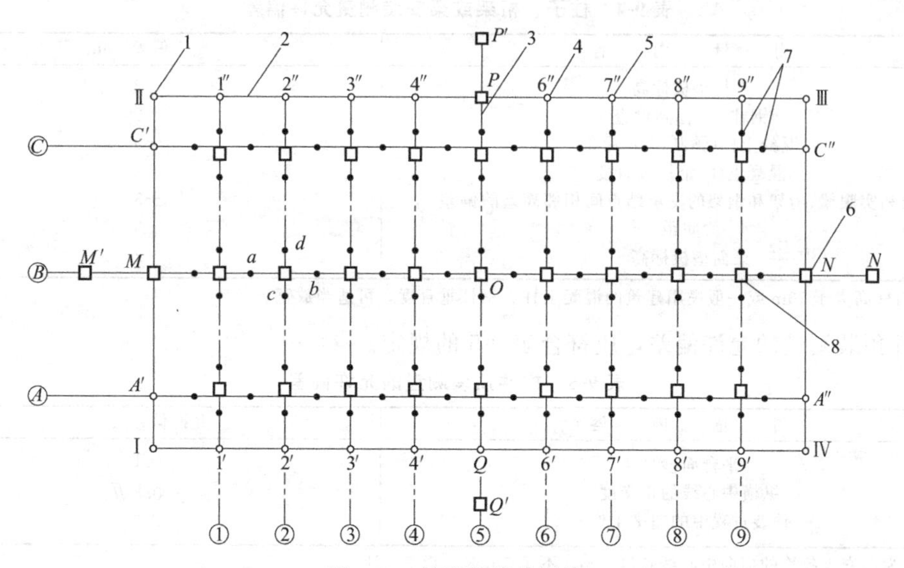

图 9-23　柱列轴线的测设

1—矩形控制网角桩；2—矩形控制网；3—主轴线；4—柱列轴线控制桩；5—距离指标桩；6—主轴线桩；7—柱基中心线桩；8—柱基

的方法，吊垂球把柱基轴线投测到垫层上，再根据柱基的设计尺寸用墨斗弹出墨线，作为柱基立模和布置钢筋的依据。立模时将模板底线对准垫层上的定位线，并用垂球检查模板是否竖直。最后将柱基顶面设计标高测设在模板内壁上，作为浇筑混凝土的依据。

(4) 设备基础施工测量　现代化的工业厂房，其主要设备与辅助设备的总重量常达数千吨，所有这些设备都需安装在混凝土基础上。它不仅需要大量的混凝土和钢筋，上面还有精度要求较高的地脚螺钉。基础平面的配置，要根据所安装设备的布置与形式而定，因此，它

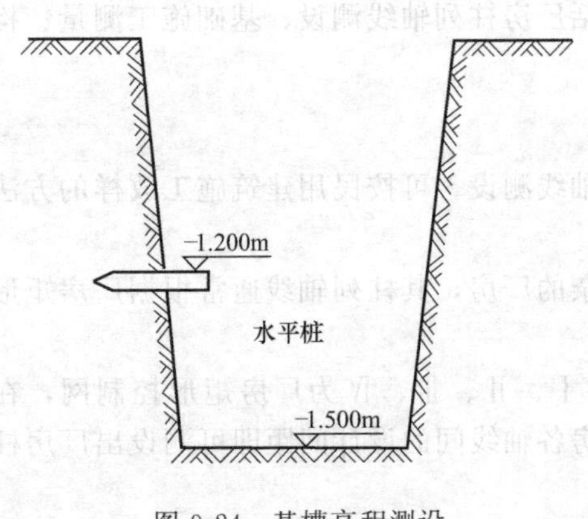

图 9-24 基槽高程测设

的造型极为复杂。

基础的深度主要取决于生产设备，有些地方深达十多米，即使是同一块基础，底层面的高低也有可能不同。各块基础都是互相毗连，各块基础之间有沉降缝或伸缩缝。因此，有些设备基础并非是一个整块的混凝土大块，而是一种大块混凝土结构。

在设备基础施工中，还有各种不同用途的金属预埋件，这种预埋件必须在混凝土浇灌之前，按设计的位置固定在空间，然后再浇灌。如果这种埋设件安装遗漏或位置错误，会使基础发生返工的可能，因此设备基础的施工测量是保证工程质量的重要手段。

设备基础施工测量的主要工作包括基础定位、基础槽底放线、基础上层放线、地脚螺钉安装放线、中心标板投点等。其中基础定位、槽底放线以及垫层上的放线与柱基施工测量相同。

9.7.3 构件安装测量

结构安装测量工作开始前，必须熟悉设计图，掌握限差要求，并定制作业方案。柱子、桁架或梁的安装测量允许偏差，应符合表 9-4 的规定。

表 9-4 柱子、桁架或梁安装测量允许偏差

测量内容	允许偏差/mm
钢柱垫板标高	±2
钢柱±0 标高检查	±2
混凝土柱(预制)±0 标高	±3
混凝土柱、钢柱垂直度	±3
桁架和实腹梁、桁架和钢架的支承结点间相邻高差的偏差	±5
梁间距	±3
梁面垫板标高	±2

注：当柱高大于 10m 或一般民用建筑的混凝土柱、钢柱垂直度，可适当放宽。

构件预装测量的允许偏差，应符合表 9-5 的规定。

表 9-5 构件预装测量的允许偏差

测量内容	允许偏差/mm
平台面抄平	±1
纵横中心线的正交度	$\pm 0.8\sqrt{l}$
预装过程中的超平工作	±2

注：l 为自交点起算的横向中心线长度，m，不足 5m 时，以 5m 计。

附属构筑物安装测量的允许偏差，应符合表 9-6 的规定。

表 9-6 附属构筑物安装测量的允许偏差

测量项目	允许偏差/mm
栈桥和斜桥中心线的投点	±2
轨面的标高	±2
轨道跨距的丈量	±2
管道构件中心线的定位	±5
管道标高的测量	±5
管道垂直度的测量	$H/1000$

注：H 为管道垂直部分的长度，mm。

（1）柱子安装测量　在柱子吊装前，应根据轴线控制桩将基础中心线投测到基础顶面上，并用墨线标明，如图 9-25 所示。同时在杯口内壁测设一条标高线，使从该标高线起向下量取一个正分米数时即可得到杯底的设计标高，并在柱子的侧面弹出柱中心线，并作小三角形标志，如图 9-26 所示。

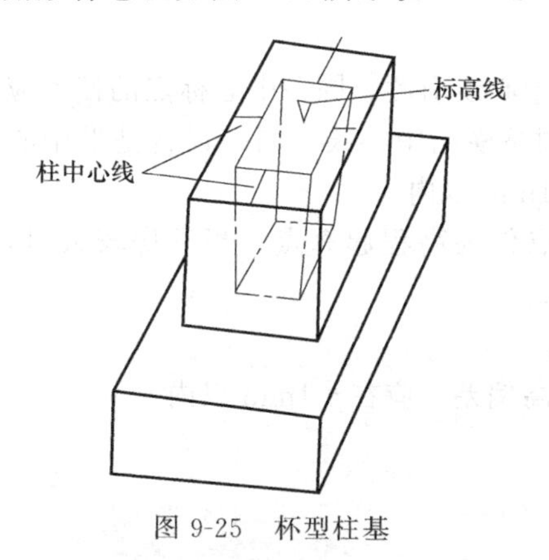

图 9-25　杯型柱基

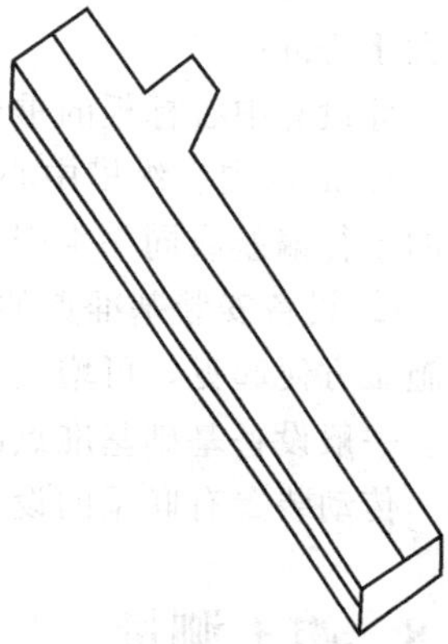

图 9-26　厂房柱子

吊装时，柱子插入基础杯口内后，使柱子上的轴线与基础上的轴线对齐，基本竖直后，先用楔子将其固定。柱脚位置确定后，接着进行柱子竖直校正，这时用两架经纬仪分别安置在互相垂直的两条柱列轴线附近，对主子竖直校正。

（2）吊车梁安装测量　首先按设计高程检查两排柱子牛腿的实际高程，并以检查结果作为修平牛腿面或加垫块的依据。然后在牛腿面上定出吊车梁的中心线。同时在吊车梁顶面和两端面上的中心线，供安装定位用。最后进行吊车梁的吊装就位，使吊车梁上两端面上的中心线与牛腿面上的梁中心线对齐。安装完后，可将水准仪架到吊车梁上进行标高检测。

（3）吊车轨道安装测量　主要是将轨道中心线投测到吊车梁上，由于在地面上看不到吊车梁顶面，故通常采用平行线法，如图 9-27 所示，首先在地面上测设出吊车轨道中心线，从轨道中心线向厂房中心线量出 1m 得平行线 EE'，然后安置经纬仪在 E，瞄准 E'，抬高望远镜。另一作业员在吊车梁上移动横放的木尺，当视线对正尺上 1m 时，尺的零点则在轨道中心线上，最后弹上中心线。

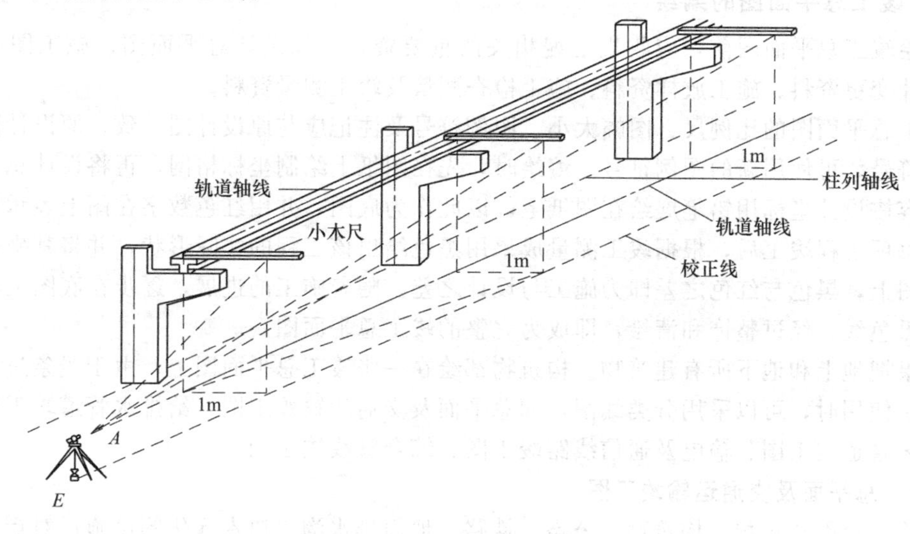

图 9-27　吊车轨道安装测量平行线法

根据轨道中心线安装轨道。安装完毕后，应进行轨道跨距及标高的检查。

设备的安装测量，应根据设备设计位置精确放样。设备安装过程中的测量，应符合下列规定：

① 设备基础中心线的复测与调整。基础竣工中心线必须进行复测，两次测量的较差不应大于 5mm。

埋设有中心标板的重要设备基础，其中心线由竣工中心线引测，同一中心标点的偏差应在±1mm 以内。纵横中心线应进行垂直度的检查，并调整横向中心线。同一设备基准中心线的平行偏差或同一生产系统的中心线的直线度应在±1mm 以内。

② 设备安装基准点的高程测量。应使用一个水准点作为高程起算点，当厂房较大时，为施工方便起见，可增设水准点，但其观测精度应提高。

一般设备基础基准点的标高偏差，应在±2mm 以内。

传动装置有联系的设备基础，其相邻两基准点的标高偏差，应在±1mm 以内。

9.8 竣工测量

由于施工过程中的设计变更等原因，使得建（构）筑物的实际竣工情况往往与原设计不完全相符，因此设计总平面图不能完全代替竣工总平面图。为了确切地反映工程竣工后的现状。为工程验收和以后的管理、维修、扩建、改建及事故处理提供依据，需要及时进行竣工测量，并编绘竣工总平面图。

9.8.1 竣工测量的进行

在每一个单项工程完成后，必须由施工单位进行竣工测量，提供工程的竣工测量成果，作为编制竣工总平面图的依据。竣工测量与地形图测量的方法大致相似，主要区别是竣工测量要测定许多细部的坐标和高程，因此图根点的布设密度要大一些，细部点的测量精度要高一些，一般应精确到厘米。

竣工测量时，应采用与原设计总平面图相同的平面坐标系统和高程系统。竣工测量的内容应满足编制竣工总平面图的要求。

9.8.2 竣工总平面图的编绘

编绘竣工总平面图前，应收集汇编相关的重要资料，如设计总平面图、施工图及其说明、设计变更资料、施工放样资料、施工检查测量及竣工测量资料。

竣工总平面图的比例尺、图幅大小、图例符号及注记应与原设计图一致，原设计图没有的图例符号，可使用新的图例符号。编绘时，先在图纸上绘制坐标格网，再将设计总平面图上的内容按设计坐标用铅笔展绘在图纸上，以此作为底图，并用红色数字在图上表示出设计数据。每项工程竣工后，根据竣工测量成果用黑色绘出该工程的实际形状，并将其坐标和高程注在图上，黑色与红色之差即为施工与设计之差。随着施工的进展，逐步在底图上将铅笔线绘成黑色线。经过整饰和清绘，即成为完整的竣工总平面图。

如果把地上和地下所有建筑物、构筑物都绘在一张竣工总平面图上，由于线条过于密集而不便于使用时，可以采用分类编图，如总平面及交通运输竣工图、给排水管道竣工图、动力及工艺管道竣工图、输电及通信线路竣工图、综合管线竣工图。

9.8.2.1 总平面及交通运输竣工图

应绘出地面建筑物、构筑物、公路、铁路、地面排水沟、树木绿化等设施；对矩形建筑物、构筑物在对角线两端外墙轴线交点，应注明 2 点以上坐标；圆形建筑物、构筑物应注明中心坐标及接地外半径；所有建筑物都应注明室内地坪标高；公路中心的起始点、交叉点应注明坐标及标高，弯道应注明交角、半径及交点坐标，路面应注明材料及宽度；铁路中心线的起始点、曲线交点应注明坐标，曲线上应注明曲线的半径、切线长、曲线长、外矢距和偏角诸元素，铁路的起始点、变坡点及曲线的内轨面应注明标高。

9.8.2.2　给排水管道竣工图

（1）给水管道　应绘出地面给水建筑物、构筑物及各种水处理设施。在管道的结点处，当图上按比例绘制有困难时可用放大详图表示；管道的起始点、交叉点、分支点应注明坐标，变坡处应注明标高，变径处应注明管径及材料；不同型号的检查井应绘详图。

（2）排水管道　应绘出污水处理构筑物、水泵站、检查井、跌水井、水封井、各种排水管道、雨水口、化粪池以及明渠、暗渠等。检查井应注明中心坐标、出入口管底标高、井底标高和井台标高；管道应注明管径、材料和坡度；不同类型的检查井应绘出详图。

此外，还应绘出有关建筑物及道路。

9.8.2.3　动力及工艺管道竣工图

应绘出管道及有关的建筑物、构筑物，管道的交叉点、起始点应注明坐标、标高、管径及材料；对于地沟埋设的管道应在适当地方绘出地沟断面，并表示出沟的尺寸及沟内各种管道的位置。

9.8.2.4　输电及通信线路竣工图

应绘出总变电所、配电站、车间降压变电所、室外变电装置、柱上变压器、铁塔、电杆、地下电缆检查井等；通信线路应绘出中继线、交接箱、分压盒（箱）、电杆、地下通信电缆人孔等，各种线路的起始点、分支点、交叉点的电杆应注明坐标，线路与道路交叉处应注明净空高；地下电缆应注明深度或电缆沟的沟底标高；各种线路应注明线径、导线数、电压等数据，各种输变电设备应注明型号与容量；绘出有关的建筑物、构筑物及道路。

9.8.2.5　综合管线竣工图

应绘出所有地上、地下管道，主要建筑物、构筑物及道路；在管道密集处及交叉处应用剖面图表示其相互关系。

竣工总平面图编绘完成后，应经原设计及施工单位技术负责人审核、会签。

9.9　变形观测

工业与民用建筑物、构筑物、建筑场地、地基基础等，为维护及使用，常要进行变形观测。

大型或重要工程建筑物、构筑物，在工程设计时，应对变形测量统筹安排，施工开始时，即应进行变形观测。

变形测量的观测周期，应根据建筑物、构筑物的特征、变形速率、观测精度要求和工程地质条件等因素综合考虑。观测过程中，根据变形量的变化情况，应适当调整。

每次变形观测时，宜符合以下要求：采用相同的图形（观测路线）和观测方法，使用同一仪器和设备，固定观测人员，在基本相同的环境和条件下工作。

变形观测的精度要求，应根据建筑物的性质、结构、重要性、对变形的敏感程度等因素确定。

变形观测通常应使用精密仪器施测，每次观测前，对所使用的仪器和设备，应进行检验校正。

变形观测结束后，应根据工程需要，整理以下资料：变形值成果表，观测点布置图，变形量曲线图，有关荷载、温度、变形量相关曲线图，变形分析等。变形观测主要内容如下所述。

9.9.1 沉降观测

测定建筑物上一些点的高程随时间而变化的工作叫沉降观测。沉降观测时，在能表示沉降特征的部位设置沉降点，在沉降影响范围之外埋设水准基点，用水准测量方法定期测量沉降点相对于水准基点的高差，也可以用液体静力水准仪等专用仪器进行。从各个沉降点高程的变化中了解建筑物的上升或下降的情况。

另外测定一定范围内地面高程随时间而变化的工作，也是沉降观测，通常称为地表沉降观测。

9.9.1.1 沉降观测点的布设

设置沉降观测点，应能够反映建筑物、构筑物变形特征和变形明显的部位。标志应稳固、明显、结构合理，不影响建筑物、构筑物的美观和使用。点位应避开障碍物，便于观测和长期保存。

建筑物、构筑物的沉降观测点，应按设计图纸埋设，并宜符合下列要求：

(1) 建筑物四角或沿外墙每 10～15m 处或每隔 2～3 根柱基上。

(2) 裂缝、沉降缝或伸缩缝的两侧，新旧建筑物或高低建筑物应在纵横墙交接处。

(3) 人工地基和天然地基的接壤处，建筑物不同结构的分界处。

(4) 烟囱、水塔和大型储藏罐等高耸构筑物的基础轴线的对称部位，每一构筑物不得少于 4 个点。建筑物、构筑物的基础沉降观测点，应埋设于基础底板上。

基坑回弹观测时，回弹观测点宜沿基坑纵横轴线或能反映回弹特征的其他位置上设置。回弹观测的标志，应埋入基底面 10～20cm。

地基土的分层沉降观测点，应选择在建筑物、构筑物的地基中心附近。观测标志的深度，最浅的应在基础底面 50cm 以下，最深的应超过理论上的压缩层厚度。

建筑场地的沉降观测点布设范围，宜为建筑物基础深度的 2～3 倍，并应由密到疏布点。

沉降观测的基准点，应有 3 个以上。

9.9.1.2 观测方法

沉降观测的观测方法视沉降观测点的精度要求而定，观测的方法有：一、二、三等水准测量、液体静力水准测量、微水准测量、三角高程测量等。

施工期间，建筑物沉降观测的周期，高层建筑每增加一、二层应观测一次；其他建筑的观测总次数，不应少于 5 次。竣工后的观测周期，可根据建筑物的稳定情况确定。

基础沉降观测在浇灌底板前和基础浇灌完毕后应至少各观测一次。

回弹观测点的高程，宜在基坑开挖前、开挖后及浇灌基础之前，各测定一次。

地基土的分层沉降观测，应在基础浇灌前开始。

沉降观测的各项记录，必须注明观测时的气象情况和荷载变化。

9.9.1.3 观测成果整理

每次观测结束后，应检查记录中的数据和计算是否准确，精度是否合格，然后把各次观测点的高程，列入沉降观测成果表中，并计算两次观测之间的沉降量和累计沉降量，同时也要注明日期及荷重情况，如表 9-7 所示。为了更清楚地表示出沉降、荷重和时间三者之间的关系，可画出各观测点的荷载、时间、沉降量曲线图，如图 9-28 所示。

9.9.2 位移观测

测定建筑物的平面位置随时间而移动的工作叫位移观测。有时测定建筑场地滑坡的工作也叫位移观测。建筑场地滑坡观测的观测点，宜设置在滑坡周界附近、滑动量较大、滑动速度较快的轴线方向和滑坡前沿区等部位，确定点位时，应考虑工程地质的需要，观测点应埋石，其深度不应小于1m。当要求测定二维平面内的位移量时，一般可采用以下几种方式。

（1）测角前方交会法　用前方交会法时，交会角应在60°～120°之间，最好采用三点交会。

（2）极坐标法　采用极坐标法时，其边长应采用电磁波测距仪或用检定过的钢尺测定，当采用钢尺丈量时，边长不要超过一尺段，并应进行尺长、拉力、温度和高差等改正。

表9-7　沉降观测成果表

观测日期	荷重 (t/m²)	观测点								
		1			2			3		
		高程/m	本次沉降/mm	累计沉降/mm	高程/m	本次沉降/mm	累计沉降/mm	高程/m	本次沉降/mm	累计沉降/mm
2003年3月15日	0	21.067	0	0	21.083	0	0	21.091	0	0
2003年4月1日	4.0	21.064	−3	−3	21.081	−2	−2	21.089	−2	−2
2003年4月15日	6.0	21.061	−3	−6	21.079	−2	−4	21.087	−2	−4
2003年5月10日	8.0	21.060	−1	−7	21.076	−3	−7	21.084	−3	−7
2003年6月5日	10.0	21.059	−1	−8	21.075	−1	−8	21.082	−2	−9
2003年7月5日	12.0	21.058	−1	−9	21.072	−3	−11	21.080	−2	−11
2003年8月5日	12.0	21.057	−1	−10	21.070	−2	−13	21.078	−2	−13
2003年10月5日	12.0	21.056	−1	−11	21.069	−1	−14	21.078	0	−13
2003年12月5日	12.0	21.055	−1	−12	21.068	−1	−15	21.076	−2	−15
2004年2月5日	12.0	21.055	0	−12	21.067	−1	−16	21.076	0	−15
2004年4月5日	12.0	21.054	−1	−13	21.066	−1	−17	21.075	−1	−16
2004年6月5日	12.0	21.054	0	−13	21.066	0	−17	21.074	−1	−17

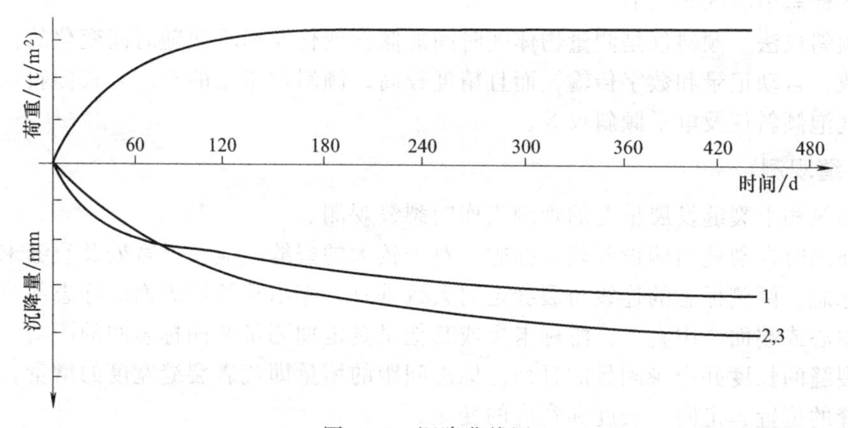

图9-28　沉降曲线图

（3）测边交会法　交会点上所张的角不宜大于135°，或小于45°。

（4）导线测量法　有时只要求测定建筑物在某特定方向上的位移量，观测时，可在垂直上述方向上建立一条基准线，在建筑物上埋设一些观测标志，定期测量观测标志偏离基准线的距离，就可了解建筑物随时间位移的情况。用仪器望远镜的视准轴构成基准线的位移观测方法称为视准线法，用拉紧金属线构成基准线的称为引张线法，用激光准直仪的激光束构成基准线的称为激光准直法。

9.9.3　倾斜观测

测量建筑物倾斜率随时间而变化的工作叫倾斜观测。一般在建筑物立面上设置上下两个

观测标志，它们的高差为 h，测出上标志中心位置与下标志中心位置的水平距离 D，则两标志的倾斜率为

$$i=\frac{\Delta D}{h} \tag{9-12}$$

倾斜率也叫倾斜度，ΔD 为倾斜值；测定建筑物、构筑物主体的倾斜率时，h 即为建筑物、构筑物的高度。

倾斜观测常有以下几种方法。

（1）基础差异沉降推算法　建筑物、构筑物主体的倾斜观测，应测定顶部及其相应底部观测点的偏移值。对整体刚度较好的建筑物的倾斜观测，可采用基础差异沉降推算主体的倾斜值，可按下式计算：

$$\Delta D=\frac{\Delta h}{D}h \tag{9-13}$$

式中，Δh 为基础两端点的沉降差；D 为基础两端点的水平距离。

（2）前方交会法　用前方交会法测量上下两处水平截面中心的坐标，从而推算独立构筑物在两个坐标轴方向的倾斜值。这种方法常用于水塔、烟囱等高耸构筑物的倾斜观测。

（3）经纬仪投点法　用经纬仪把上标志中心投影到下标志附近，量取它与下标志中心的距离，即得倾斜值。

用经纬仪测出上下两标志中心的水平角，由于倾斜值通常不会太大，所以水平角值也很小。根据经纬仪到标志的水平距离 D，即可推算出与经纬仪视线垂直方向的倾斜值 ΔD：

$$\Delta D=\frac{\beta}{\rho}D \tag{9-14}$$

用铅垂线作为基准，在上标志处固定金属丝，下端悬重锤，将上标志中心投测到下面，可量出上下标志中心的倾斜值。

（4）倾斜仪法　倾斜仪是测量物体随时间的倾斜变化及铅垂线随时间变化的仪器。一般能连续读数、自动记录和数字传输，而且精度较高。倾斜仪常见的有水管式倾斜仪、水平摆倾斜仪、气泡倾斜仪及电子倾斜仪等。

9.9.4　裂缝观测

测定建筑物上裂缝发展情况的观测工作叫裂缝观测。

裂缝观测时在裂缝两侧设置观测标志，对于较大的裂缝，应在最宽处及裂缝末端各布设一对观测标志。两侧标志的连线与裂缝走向大致垂直，露出建筑物表面的标志部分必须有可供量距的中心或端面。用直尺、游标卡尺或其他量具定期测量两侧标志间的距离，测量建筑物表面上裂缝的长度并记录测量的日期。标志间距的增量即代表裂缝宽度的增量。通过观测可测定裂缝的位置、走向、长度和宽度的变化。

裂缝观测结果常与其他数据一起供探讨建筑物变形的原因、变形的发展趋势和判断建筑物的安全等参考。

9.9.5　挠度观测

测定建筑物构件受力后产生弯曲变形的工作叫挠度观测。

对于平置的构件，至少在两端及中间设置 A、B、C 三个沉降点，进行沉降观测，测得某时间段内这三点的沉降量分别为 h_a、h_b和 h_c（如图 9-29 所示），则此构件的挠度为

$$f=\frac{h_a+h_c-2h_b}{2D_{AC}} \tag{9-15}$$

对于直立的构件，至少要设置上、中、下三个位移观测点进行位移观测，利用三点的位

移量可算出挠度。

对高层建筑物的主体挠度观测时，可采用垂线法，测出各点相对于铅垂线的偏离值。利用多点观测值可以画出构件的挠度曲线。

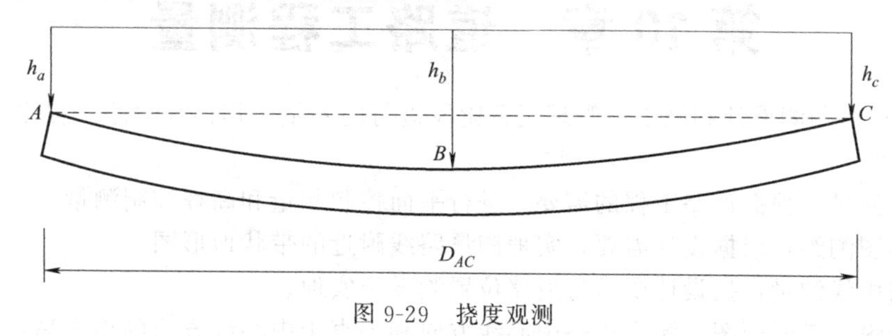

图 9-29 挠度观测

习 题

1. 测设的基本工作是什么？

2. 测设已知数值的水平距离、水平角及高程是如何进行的？

3. 测设点位的方法有哪几种？各适用于什么场合？

4. 如何用水准仪测设已知坡度的坡度线？

5. 在地面上要测设一段 84.200m 的水平距离 AB，用尺长方程式为 $l_t=30+0.0021+1.25\times10^{-5}\times30\times(t-20℃)$ 钢尺施测，作业时温度 $t=11℃$，施于钢尺的拉力与检定钢尺时相同，AB 两点的高差 $h=-0.96$m，试计算出在地面上需量出多少长度？

6. 设 P 点在施工坐标系中坐标为 $x'_p=3456.37$m，$y'_p=4536.48$m，施工坐标系原点在测量坐标系中的坐标为 $x'_o=32193.62$m，$y'_o=19608.14$m，施工坐标系纵轴在测量坐标系中的方位角为 45°，试求 P 点在测量坐标中的坐标。

7. 施工坐标系的坐标与测量坐标系的坐标如何进行变换？

8. 施工放样时应具备哪些资料？

9. 试述基槽施工中控制开挖深度的方法。

第 10 章 道路工程测量

道路工程在勘测设计和施工、管理运营阶段进行的测量工作称为道路工程测量。其主要任务如下所述。

① 控制测量：根据道路工程的需要，进行平面控制测量和高程控制测量。

② 地形图测绘：根据设计需要，实地测量路线附近的带状地形图。

③ 道路中线测量：按设计要求将道路位置测设于实地。

④ 测绘纵、横断面图：测定道路中心线方向和垂直于中心线方向的地面高低起伏情况，并绘制纵、横断面图。

⑤ 道路工程施工测量。

10.1 道路中线测量

道路是一个空间三维的工程结构物。它的中线是一条空间曲线，其中线在水平面的投影就是平面线形。道路平面线形由于受到沿线地形、地质、水文、气候等自然条件的制约而改变路线方向。在路线方向发生改变的转折处，为了满足行车要求，需要用适当的曲线把前、后直线连接起来，这种曲线称之为平曲线。平曲线包括圆曲线和缓和曲线。道路平面线形是由直线、圆曲线、缓和曲线三要素组成的，如图 10-1 所示。圆曲线是具有一定曲率半径的圆弧。缓和曲线是在直线与圆曲线之间或两不同半径的圆曲线之间设置的曲率连续变化的曲线。我国公路缓和曲线的形式采用回旋线。根据我国《公路工程技术标准》规定，当公路的平曲线半径小于其不设超高的最小半径时，应设缓和曲线。四级公路可不设缓和曲线，直线与圆曲线径相连接。

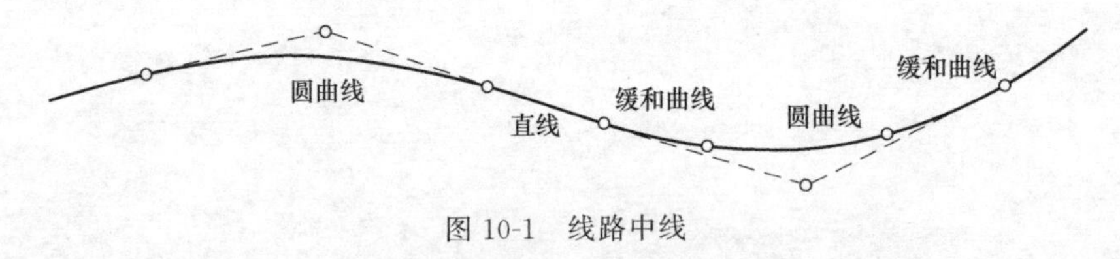

图 10-1 线路中线

道路中线测量是通过直线和曲线的测设，将道路中线的平面位置具体地敷设到地面上去，并标定出其里程。这些中线上的桩称为中线桩，简称为中桩。

10.1.1 交点和转点的测设

在路线测设时，应先定出路线的转折点，这些转折点是路线改变方向时相邻两直线的延长线相交的点，这些转折点称为交点（以 JD 表示），它是中线测量的主要控制点。当公路设计采用一阶段的施工图设计时，交点的测设可采用现场标定的方法，即根据已定的技术标准，结合地形、地质等条件，在现场反复测设比较，直接定出路线交点的位置。这种方法不需测地形图，比较直观，但只适用于技术简单、方案明确的低等级公路。当公路设计采用两阶段的初步设计和施工图设计时，应采用先纸上定线、后实地放线确定交点的方法。即对于高等级公路或地形、地物复杂，现场标定困难的地段，先在实地布设导线，测绘大比例尺地形图（通常为 1∶2000 或 1∶1000），在地形图纸上定线，然后再到实地放线，把交点在实地标定下来。

10.1.1.1　交点的测设

（1）根据地物测设交点　如图 10-2 所示，JD_{10}的位置已在地形图上选定，可在图上量出 JD_{10}到两房角和电杆的距离。到现场根据相应的地物，用距离交会法测设出 JD_{10}。

（2）根据导线点测设交点　如图 10-3 所示，根据导线点 6、7 和 JD_4三点的坐标，计算出方位角 $\alpha_{6,7}$、α_{6,JD_4} 和 6 到 JD_4之间的距离 S，然后根据 $\beta=(\alpha_{6,JD_4}-\alpha_{6,7})$ 和 S 值，按极坐标法测设 JD_4。

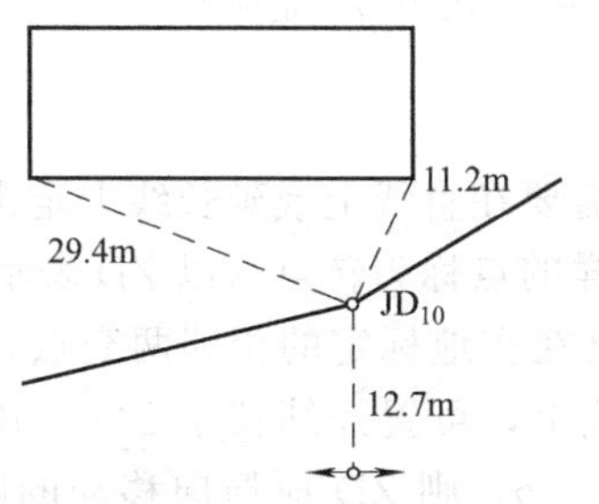

图 10-2　根据地物点测设交点

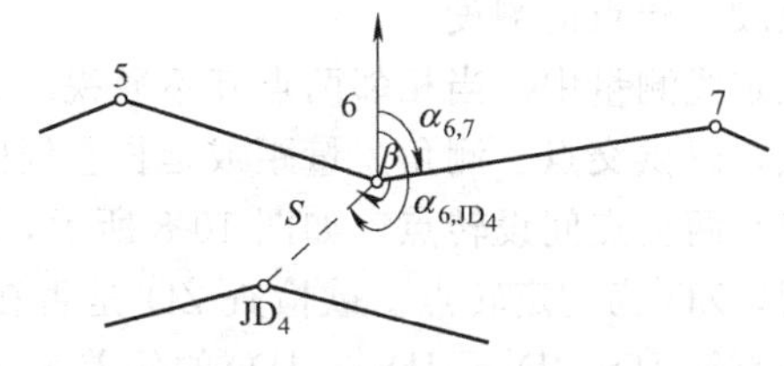

图 10-3　根据导线点测设交点

（3）穿线交点法测设交点　穿线交点法是利用图上就近的测图导线点或地物点，把中线的直线段独立地测设到地面上。然后将相邻直线延长相交，定出地面交点桩的位置，其程序是：放点、穿线、交点。

① 放点。放点常用的方法有极坐标法和支距法。如图 10-4 中，P_1、P_2、P_3、P_4 为纸上定线的某直线段欲放的临时点，在图上以附近导线点 4、5 为依据，用量角器和比例尺分别量出 β_1、l_1、β_2、l_2 等放样数据，在现场用极坐标法将这些临时点在地面上标定出来。

如图 10-5 所示，按支距法放点时，P_1、P_2、P_3、P_4 为选定的临时点，在图上自导线点 4、5、6、7 作导线边的垂线分别与中线相交得各临时点。用比例尺量取相应的支距 l_1、l_2、l_3、l_4，然后在现场以相应导线点为垂足，用方向架定垂线方向，用钢尺量支距，测设出相应的各临时点。

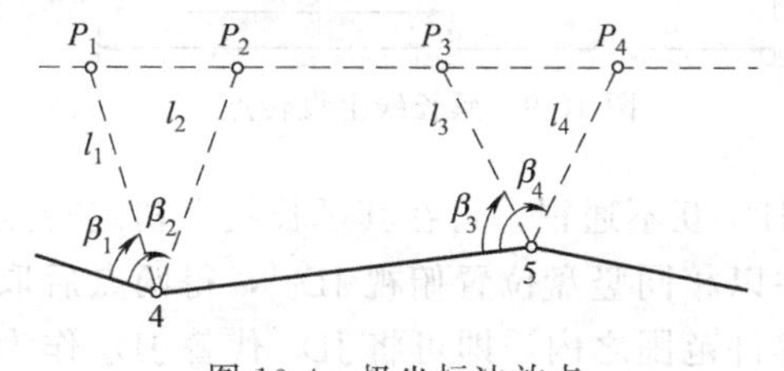

图 10-4　极坐标法放点

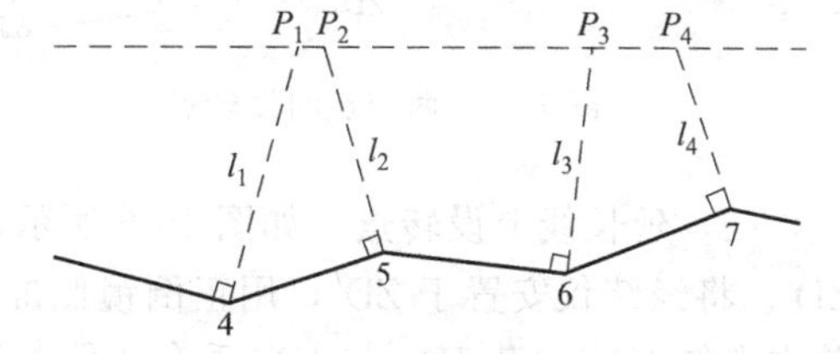

图 10-5　支距法放点

② 穿线。放出的各临时点理论上应在一条直线上，但由于图上量取数据和测设时均存在误差，实际上不严格在同一条直线上，需要进行穿线定出直线位置，如图 10-6 所示。这时可根据现场实际情况，采用目估法穿线或经纬仪视准法穿线，通过比较和选择，定出一条尽可能多地穿过或靠近临时点的直线 AB。最后在 A、B 或其方向线上打下两个以上的转点桩，取消临时点桩。

③ 交点。如图 10-7 所示，当相邻两相交的直线在地面上确定后，即可延长直线进行交会定出交点位置。将经纬仪安置于 ZD_2 瞄准 ZD_1，倒镜，在视线方向上接近交点 JD 的概略位置前后打下两桩（称骑马桩）。采用正倒镜分中法在该两桩上定出 a、b 两点，并钉以小钉，挂上细线。仪器搬至 ZD_3，同法定出 c、d 点，挂上细线，在两细线的相交处打下木桩，

并钉以小钉，得到交点 JD。

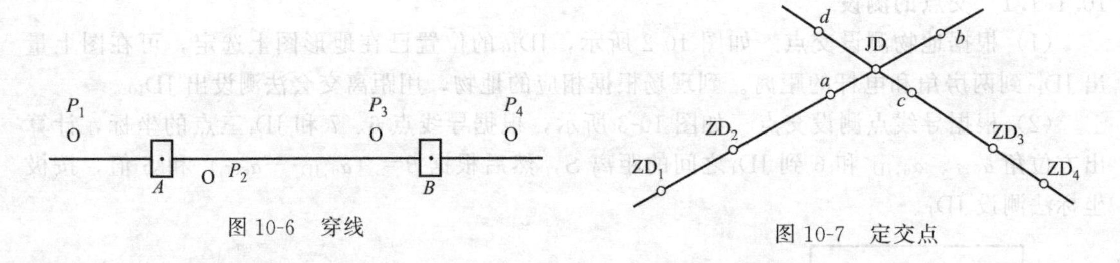

图 10-6 穿线　　图 10-7 定交点

10.1.1.2 转点的测设

在定线测量中，当相邻两点互不通视或直线较长时，需要在直线上或延长线上定出一点或数点，以供交点、测角、量距或延长直线瞄准使用，这样的点称为转点（以 ZD 表示）。

（1）两交点间设转点　如图 10-8 所示，JD_5，JD_6 为已在实地标定的相邻两交点，但互不通视，ZD′为初定转点。欲检查 ZD′是否在两交点的连线上，可置经纬仪于 ZD′，用望远镜延长直线 JD_5-ZD′至 $JD_6{}'$，JD_6 的偏差为 f，测定长度 a、b，则 ZD′应横向移动的距离 e 可按下式计算：

$$e=\frac{a}{a+b}\times f \tag{10-1}$$

将 ZD′按 e 值移至 ZD，再将经纬仪移至 ZD，延长直线 JD_5-ZD 应通过 JD_6 或偏差 f 小于容许值，否则应重复上述操作逐渐趋近，直至符合要求为止。

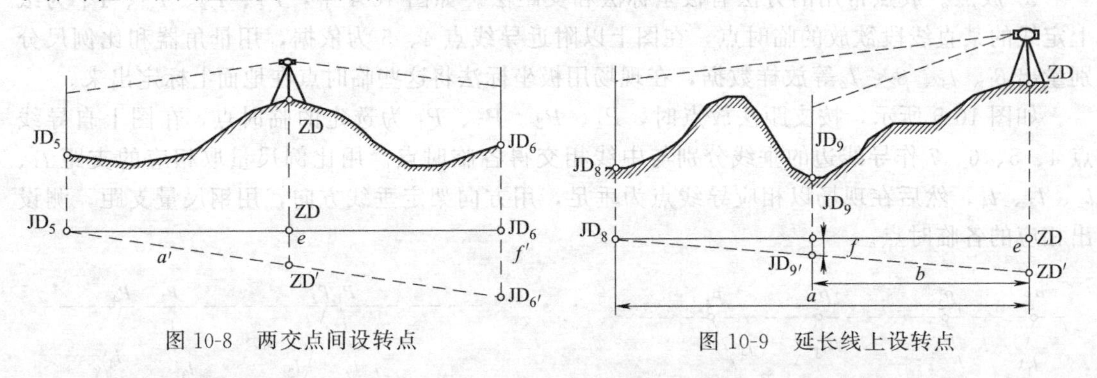

图 10-8 两交点间设转点　　图 10-9 延长线上设转点

（2）延长线上设转点　如图 10-9 所示，JD_8、JD_9 互不通视，可在其延长线上初定转点 ZD′。将经纬仪安置于 ZD′，用正倒镜照准 JD_8，并以相同竖盘位置俯视 $JD_9{}'$，得两点后取其中点得 $JD_9{}'$。若 $JD_9{}'$与 JD_9 重合或偏差值 f 在容许范围之内，即可将 $JD_9{}'$代替 JD_9 作为交点，ZD′即作为直线的转点。否则，应调整 ZD′的位置，量出 f 值，测出距离 a、b，则 ZD′应横向移动的距离 e 可按下式计算：

$$e=\frac{a}{a-b}\times f \tag{10-2}$$

将 ZD′按 e 值移到 ZD。重复上述方法，直至符合要求为止。

10.1.2 线路转角的测定

在路线转折，为了测设曲线，需要测定其转角，也称偏角。它指路线由一个方向偏转至另一方向时，偏转后的方向与原方向间的夹角，以 α 表示，如图 10-10 所示。当偏转后的方向位于原方向右侧时，为右转角 α_y（线路向右转）；当偏转后的方向位于原方向左侧时，为左转角 α_z（线路向左转）。在路线测量中，习惯上是通过观测路线右角 β 计算出转角。右角

通常用 DJ_6 经纬仪按测回法观测一个测回。

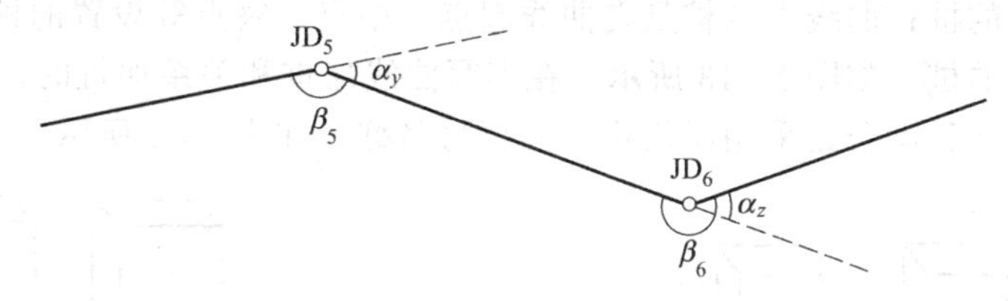

图 10-10　转角的测定

当 $\beta<180°$ 时为右转角。此时

$$\alpha_y=180°-\beta \tag{10-3}$$

当 $\beta>180°$ 时为左转角。则

$$\alpha_z=\beta-180° \tag{10-4}$$

测定右角 β 后，为方便测设曲线，在不变动水平度盘位置的情况下，定出分角线方向。如图 10-11 所示，设测角时后视方向的水平度盘读数为 a，前视方向的读数为 b，则分角线方向的水平度盘读数 c 应为：

$$c=b+\frac{\beta}{2}$$

因为 $\beta=a-b$，则

$$c=\frac{a+b}{2} \tag{10-5}$$

即后视读数和前视读数的平均值就是分角方向的读数。

在路线右偏时设置分角线，可按式（10-5）计算分角方向，如果转角为左偏时，也可按上式计算 c 值，这时望远镜所指方向在分角方向的相反方向，则倒转望远镜即可定出分角方向。在设置曲线一侧的分角线方向上钉出分角桩，以便将来测设曲线中点。

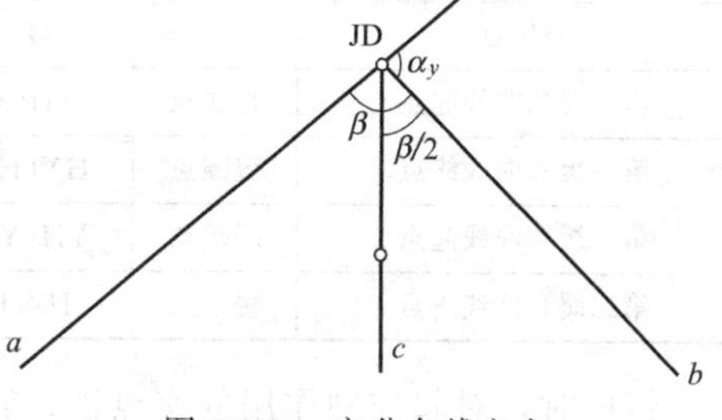

图 10-11　定分角线方向

为了保证测角的精度，还须进行路线角度闭合差的检核。当路线与高级控制点连接时，可按附合导线的方法计算角度闭合差。如在限差之内，则可进行闭合差的调整。当路线未与高级控制点联测时，可每隔一段距离观测一次真方位角用来检核角度。为及时发现测角错误，可在每天开工和收工时用罗盘仪测磁方位角，与推算的方位角相校核。

10.1.3　里程桩的设置

在线路交点、转点及转角测定后，即可沿路线中线进行实地量距、设置里程桩、标定中线位置。量距工具视工程需要而定，一般使用钢尺或测距仪。

里程桩亦称中桩，桩上写有桩号（亦称里程），表示路线起点沿中线至该桩的水平距离。如某桩至路线起点的水平距离为 1234.56m，则该桩桩号记为 K1＋234.56。

里程桩分为整桩和加桩两类。整桩是以 10m、20m 或 50m 为间隔，桩号为整数而设置的里程桩，百米桩和公里桩均属于整桩，一般情况下均应设置。图 10-12 为整桩的书写实例。

加桩分为地形加桩、地物加桩、曲线主点桩和关系加桩。地形加桩是在中线地形变化点设置的桩；地物加桩是在中线上桥梁、涵洞等人工构造物处，以及与公路、铁路、高压线、渠道等交叉处设置的桩；曲线主点桩是在曲线起点、中点、终点等设置的桩；关系加桩是在转点和交点上设置的桩。如图 10-13 所示，在书写曲线加桩和关系加桩时，应在桩号之前加写其缩写名称。例如我国公路采用汉语拼音的缩写名称，如表 10-1 所示。

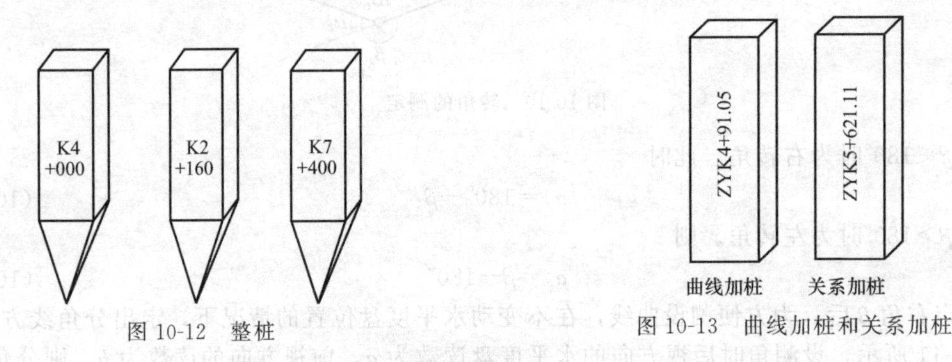

图 10-12 整桩

图 10-13 曲线加桩和关系加桩

表 10-1 我国公路采用的汉语拼音缩写名称

名 称	简 称	汉语拼音缩写	英语缩写
交点		JD(Jiao Dian)	IP(Intersection Point)
转点		ZD(Zhuan Dian)	TP(Turning Point)
圆曲线起点	直圆点	ZY(Zhi Yuan)	BC(Begining of Curve)
圆曲线中点	曲中点	QZ(Qu Zhong)	MC(Middle of Curve)
圆曲线终点	圆直点	YZ(Yuan Zhi)	EC(End of Curve)
公切点		GQ(Gong Qie)	CP(Common Tangent Point)
第一缓和曲线起点	直缓点	ZH(Zhi Huan)	TS(Tangent to Spiral)
第一缓和曲线终点	缓圆点	HY(Huan Yuan)	SC(Spiral to Circular)
第二缓和曲线起点	圆缓点	YH(Yuan Huan)	CS(Circular Circular to Spiral)
第二缓和曲线终点	缓直点	HZ(Huan Zhi)	ST(Spiral to Tangents)

钉桩时，对起控制作用的交点桩、转点桩以及一些重要的地物加桩，如桥位桩、隧道定位桩等均应采用方桩。将方桩钉至与地面齐平，顶面钉一小钉表示点位。在距方桩 20cm 左右设置指示桩，上面书写桩的名称和桩号。钉指示桩时要注意字面应朝向方桩，直线上在路线同一侧，在曲线上则应打在曲线外侧。其他的桩一般不设方桩，直接将指示桩打在点位上，桩号要面向路线起点方向，并露出地面。

10.2 圆曲线测设

圆曲线是由具有一定半径的圆弧线构成，它是路线弯道中采用的最基本的平曲线形式。圆曲线的测设一般分两步进行：先测设曲线的主点，主点可看成曲线控制点，即曲线的起点(ZY)、中点（QZ）和终点（YZ）；然后在主点之间按规定桩距进行加密，将曲线的其他各细部点标定到地面上，此为曲线的详细测设。因此测设方法也是遵循“先控制后碎部”的原则进行。

10.2.1 圆曲线主点的测设

(1) 圆曲线测设元素　如图 10-14 所示，设交点 JD 的转角为 α，圆曲线半径为 R，则曲线的测设元素可按下列公式计算：

$$\left.\begin{aligned} &\text{切线长：} \quad T=R\tan\frac{\alpha}{2} \\ &\text{曲线长：} \quad L=R\alpha\frac{\pi}{180^\circ} \\ &\text{外距：} \quad E=R\left(\sec\frac{\alpha}{2}-1\right) \\ &\text{切曲差：} \quad D=2T-L \end{aligned}\right\} \tag{10-6}$$

式中，α 以度为单位。

(2) 主点桩号计算　交点的桩号由中线丈量得到，由于中线并不通过交点，故曲线中点 QZ 和终点 YZ 的里程，必须由起点 ZY 的里程沿曲线长度推算。根据交点的桩号和曲线测设元素，即可算出各主点的桩号。由图 10-14 可知：

$$\left.\begin{aligned} &\text{ZY 桩号}=\text{JD 桩号}-T \\ &\text{QZ 桩号}=\text{ZY 桩号}+L/2 \\ &\text{YZ 桩号}=\text{QZ 桩号}+L/2 \\ &\text{JD 桩号}=\text{QZ 桩号}+D/2 \\ &=\text{YZ 桩号}-T+D\text{(校核)} \end{aligned}\right\} \tag{10-7}$$

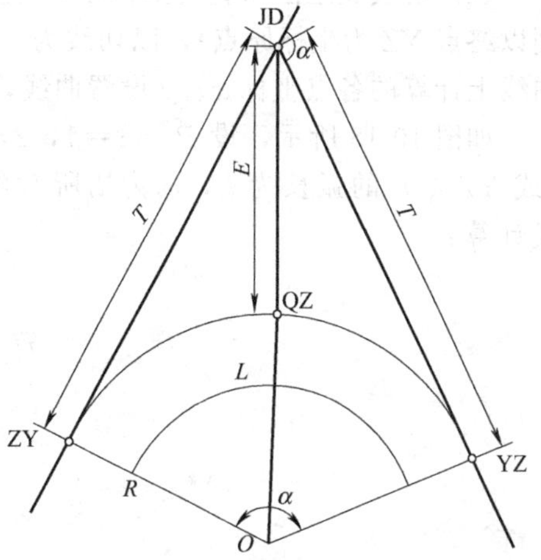

图 10-14　圆曲线元素

【例 10-1】　已知交点的里程为 K3＋182.76，测得转角 $\alpha_y=25°48'10''$，圆曲线半径 $R=300\text{m}$，求曲线测设元素及主点桩号。

解：(1) 曲线测设元素

由式（10-6）可得：

$T=68.72$　　$L=135.10$　　$E=7.77$　　$D=2.34$

(2) 主点桩号：

JD	K3＋182.76
$-T$	68.72
ZY	K3＋114.04
$+L/2$	67.55
QZ	K3＋181.59
$+L/2$	67.55
YZ	K3＋249.14
$-T$	68.72
$+D$	2.34
JD	K3＋182.76　(计算无误)

(3) 主点测设　从交点 JD 沿后视方向线量取切线长 T，得曲线起点 ZY。插一测钎，然后量 ZY 至最近一个直线桩的距离，如两桩号之差等于这段距离或相差在容许范围内，即

可用方桩在测钎处打下 ZY 桩。否则应查其原因，以保证点位的正确性。设置 YZ 点时，从 JD 照准前视方向的交点或转点，沿前视方向线量取切线长 T，打下曲线终点桩。最后沿分角线方向，量取外距 E 得曲线中点，打下 QZ 桩。

10.2.2　圆曲线的详细测设

在平坦地区，如果曲线长度小于 40m 时，测设圆曲线的三个主点已能满足要求。如果曲线较长，在曲线上还要测设一定桩距的细部点，才能满足线形和施工的需要。中线测量中一般采用整桩号法，即将曲线上靠近起点 ZY 的第一个桩的桩号凑整成桩距为 5m、10m 或 20 m 倍数的整桩号，然后连续向曲线终点 YZ 设桩。当曲线半径大于 100m 时，采用 20m 的桩距；曲线半径在 100m～25m 时，采用 10m 的桩距；曲线半径小于 25m 时采用 5m 的桩距。

圆曲线详细测设的方法很多，下面仅介绍两种最常用的方法。

(1) 切线支距法（直角坐标法）　这种方法是以曲线的起点 ZY 为坐标原点（下半曲线则以终点 YZ 为坐标原点），以切线为 x 轴，过坐标原点指向圆心的半径方向为 y 轴，根据曲线上计算的各点坐标 x、y 设置曲线，故又称直角坐标法。

如图 10-15 所示，设 P_i （$i=1, 2, 3, \cdots$）为曲线上欲测设的点位，该点至 ZY 点（或 YZ 点）的弧长为 l_i，φ_i 为 l_i 所对的圆心角，R 为圆曲线半径，则 P_i 的坐标可按下式计算：

$$\left.\begin{aligned}\varphi_i&=\frac{l_i}{R}\times\frac{180^\circ}{\pi}\\x_i&=R\sin\varphi_i\\y_i&=R(1-\cos\varphi_i)\end{aligned}\right\}\tag{10-8}$$

式中，φ_i 以度为单位（$i=1, 2, 3, \cdots$）。

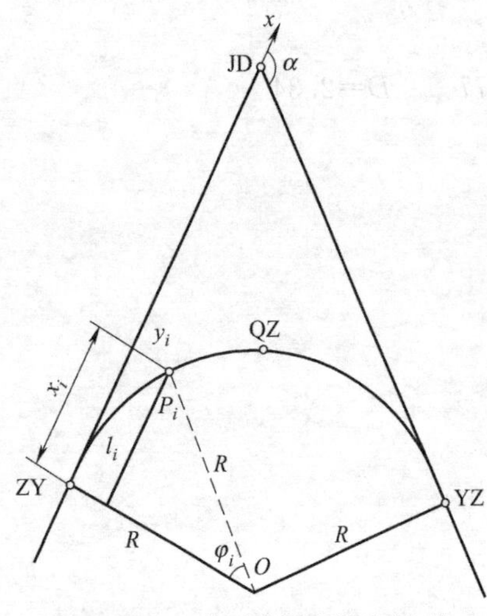

图 10-15　切线支距法测设圆曲线

【例 10-2】　例 1 若采用切线支距法并按整桩号法设桩，试计算各桩坐标。

解： 例 10-1 已计算出主点里程，在此基础上按整桩号法列出详细测设的桩号，并计算其坐标，具体计算见表 10-2。测设步骤如下：

(1) 从 ZY（或 YZ）点开始用钢尺沿切线方向量取 P_i 的横坐标 x_i，得垂足 N_i。

(2) 在各垂足 N_i 上用方向架或经纬仪定出垂直方向，量取纵坐标 y_i，即可定出 P_i 点。

(3) 最后测设出 QZ 点，并量出与主点测设时定出的 QZ 点的纵向及横向偏差。在勘测阶段，对于高速公路及一级公路，纵向允许偏差：平地为 $L/2000$，山地为 $L/1000$；对于一般道路，纵向允许偏差平地为 $L/1000$，山地为 $L/500$（L 为测设的曲线长度）。横向允许偏差为 10cm。施工阶段的测设，应符合施工规范要求。若在限差之内，则曲线测设合格，可将偏差做适当调整；否则应查明原因，予以纠正。

切线支距法测设曲线，为避免支距过长，一般由 ZY、YZ 点分别向 QZ 点测设。这种方法适用于平坦开阔的地区，具有测点误差不累积的优点。

表 10-2　切线支距法测设圆曲线数据计算表

桩　号	各桩至 ZY 或 YZ 的曲线长度 l_i/m	圆心角 φ_i	x_i/m	y_i/m
ZY　K3+114.04	0	0°00′00″	0	0
K3+120	5.96	1°08′18″	5.96	0.06
K3+140	25.96	4°57′29″	25.92	1.12
K3+160	45.96	8°46′40″	45.78	3.51
K3+180	65.96	12°35′51″	65.43	7.22
QZ　K3+181.59	67.55	12°54′04″	66.98	7.57
K3+200	49.14	9°23′06″	48.93	4.02
K3+220	29.14	5°33′55″	29.10	1.41
K3+240	9.14	1°44′44″	9.14	0.14
YZ　K3+249.14	0	0°00′00″	0	0

(2) 偏角法　这是一种以曲线起点 ZY（下半曲线以终点 YZ）至曲线上任一点 P_i（i=1，2，3，…）的弦线与切线 T 之间的弦切角 Δ_i（称偏角）和相邻点间的弦长 c_i 来确定 P_i 点位置的方法。这种方法是类似极坐标放样的一种方向与距离交会定点的方法。

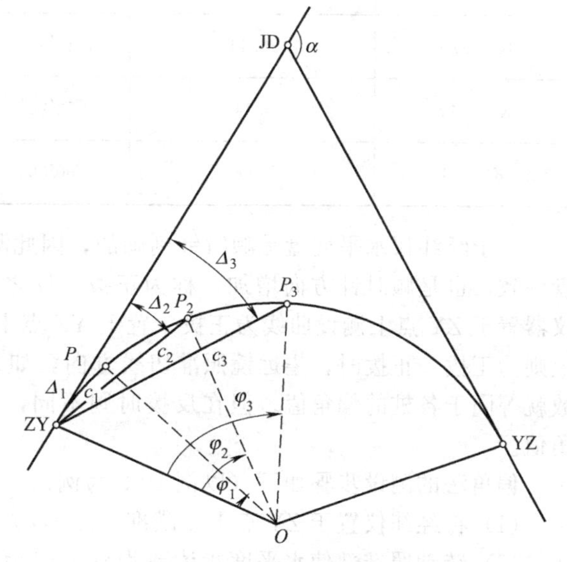

图 10-16　偏角法测设圆曲线

如图 10-16 所示，按几何原理偏角 Δ_i 应等于圆心角 φ_i 的一半，即

$$\Delta_i=\frac{\varphi_i}{2} \tag{10-9}$$

由式 (10-8)，可知

$$\Delta_i=\frac{l_i}{R}\times\frac{90^\circ}{\pi} \tag{10-10}$$

弦长 c_i 可按下式计算：

$$c_i=2R\sin\frac{\varphi_i}{2} \tag{10-11}$$

将式 (10-11) 中的 $\sin\frac{\varphi_i}{2}$ 用级数展开，以 $\varphi_i=\frac{l_i}{R}$ 代入，则

$$c_i=2R\left[\frac{\varphi_i}{2}-\frac{\frac{\varphi_i^3}{2}}{3!}+\cdots\right]=2R\left(\frac{l_i}{2R}-\frac{l_i^{\,3}}{48R^3}+\cdots\right)=l_i-\frac{l_i^{\,3}}{24R^2}+\cdots$$

其弧弦差为：

$$\delta_i=l_i-c_i=\frac{l_i^{\,3}}{24R^2} \tag{10-12}$$

在实际工作中，弦长 c_i 可通过式 (10-11) 计算，亦可先按式 (10-12) 计算弧弦差 δ 再计算弦长 c_i。

【例 10-3】 仍以例 10-1 为例，采用偏角法按整桩号设桩，计算各桩的偏角和弦长。

解：曲线由 ZY 点和 YZ 点分别向 QZ 点测设，计算见表 10-3 所示。

表 10-3　偏角法测设圆曲线数据计算表

桩　号	各桩至 ZY 或 YZ 的曲线长度 l_i/m	偏角值	水平度盘读数	相邻桩间弧长/m	相邻桩间弦长/m
ZY　K3+114.04	0	0°00′00″	0°00′00″		
				5.96	5.96
K3+120	5.96	0°34′09″	0°34′09″		
				20	20
K3+140	25.96	2°28′44″	2°28′44″		
				20	20
K3+160	45.96	4°23′20″	4°23′20″		
				20	20
K3+180	65.96	6°17′55″	6°17′55″		
				1.59	1.59
QZ　K3+181.59	67.55	6°27′02″	6°27′02″ 353°18′58″		
				18.41	18.41
K3+200	49.14	4°41′33″	355°18′27″		
				20	20
K3+220	29.14	2°46′58″	357°13′02″		
				20	20
K3+240	9.14	0°52′22″	359°07′38″		
				9.14	9.14
YZ　K3+249.14	0	0°00′00″	0°00′00″		

由于经纬仪水平度盘是顺时针刻画的，因此测设曲线时，如果偏角的增加方向与水平度盘一致，也是顺时针方向增加，称为正拨；反之称为反拨。对于右转角（本例为右转角），仪器置于 ZY 点上测设曲线为正拨，置于 YZ 点上则为反拨。对于左转角，仪器置于 YZ 点上则为正拨。正拨时，望远镜照准切线方向，如果水平度盘读数配置在 0°，各桩的偏角读数就等同于各桩的偏角值。但在反拨时则不同，各桩的偏角读数应等于 360°减去各桩的偏角值。

偏角法的测设步骤如下（以例 10-3 为例）：

(1) 将经纬仪置于 ZY 点上，瞄准交点 JD 并将水平度盘配置在 0°00′00″。

(2) 转动照准部使水平度盘读数为桩+120 的偏角读数 0°34′09″，从 ZY 点沿此方向量取弦长 5.96m，定出 K3+120。

(3) 转动照准部使水平度盘读数为桩+140 的偏角读数 2°28′44″，由桩+120 量弦长 20m 与视线方向相交，定出 K3+140。

(4) 按上述方法逐一定出+160、+180 及 QZ 点 K3+181.59，此时定出的 QZ 点与主点测设时定出的 QZ 点的偏差应符合规范要求，处理方法同支距法。

(5) 将仪器移至 YZ 点上，按上述方法测设下半曲线上的桩。

偏角法不仅可以在 ZY 和 YZ 点上测设曲线，而且可在 QZ 点上测设，也可在曲线任一点上测设。它是一种测设精度较高，适用性较强的常用方法，多用在较高等级的曲线测设中。但这种方法存在着测点误差累积的缺点，所以宜从曲线两端向中点或自中点向两端测设曲线。

10.2.3　虚交点法测设圆曲线主点

曲线测设中，往往因地形复杂、地物阻碍，不能按常规方法进行，如交点、曲线起点不能安置仪器，视线受阻等，必须根据现场具体情况，采用特殊的方法解决。虚交是指路线交点 JD 落入水中或遇建筑物等不能设桩或安置仪器时的处理方法。有时交点虽可钉出，但因转角很大，交点远离曲线或遇地形地物等障碍，也可改成虚交。下面介绍两种虚交的处理方法。

10.2.3.1　圆外基线法

如图 10-17 所示，曲线交点落在河里，不能安置仪器。此时在曲线外侧，其两边切线上分别选择辅助点 A、B 构成两个副交点，AB 称为圆外基线。用经纬仪测出 α_A、α_B，测量 AB 的距离。由图可知：

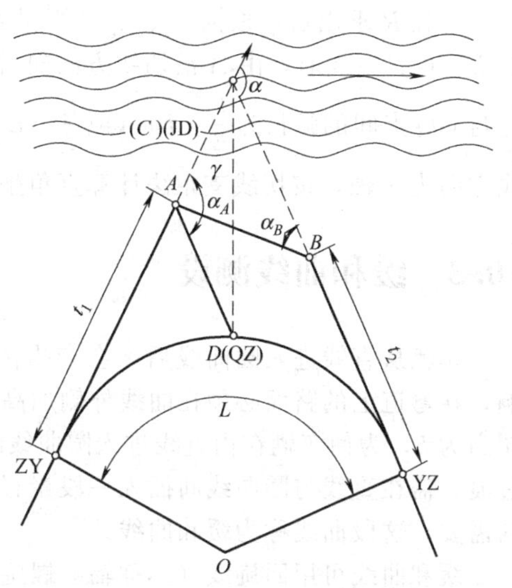

图 10-17　圆外基线法测设圆曲线主点

$$\alpha=\alpha_A+\alpha_B \tag{10-13}$$

$$\left.\begin{aligned} AC&=\frac{AB\sin\alpha_B}{\sin(180°-\alpha)}=\frac{AB\sin\alpha_B}{\sin\alpha} \\ BC&=\frac{AB\sin\alpha_A}{\sin(180°-\alpha)}=\frac{AB\sin\alpha_A}{\sin\alpha} \end{aligned}\right\} \tag{10-14}$$

根据 α 和选定的半径 R，计算出 T、L、E，故辅点 A、B 到 ZY 与 YZ 点的长度分别为：

$$\left.\begin{aligned} t_1&=T-AC \\ t_2&=T-BC \end{aligned}\right\} \tag{10-15}$$

算得 t_1、t_2 后，从 A、B 分别量 t_1、t_2 得曲线起点 ZY 和终点 YZ。曲线中点 QZ 的测设，可根据△ACD 中的 AD 边和 γ 角以极坐标法进行。按余弦定理，有

$$AD=\sqrt{AC^2+CD^2-2AC\cdot CD\cdot\cos\theta} \tag{10-16}$$

按正弦定理，有

$$\gamma=\arcsin\left(\frac{CD}{AD}\cdot\sin\theta\right) \tag{10-17}$$

其中，AC 已求出；$CD=E$；$\theta=\dfrac{180°-\alpha}{2}$。

施测时将经纬仪安置于 A 点，后视 ZY 点，拨角 $(180°+\gamma)$（右转弯）或 $(180°-\gamma)$（左转弯），在视线方向量长度 AD，定出 QZ 点。

10.2.3.2　切基线法

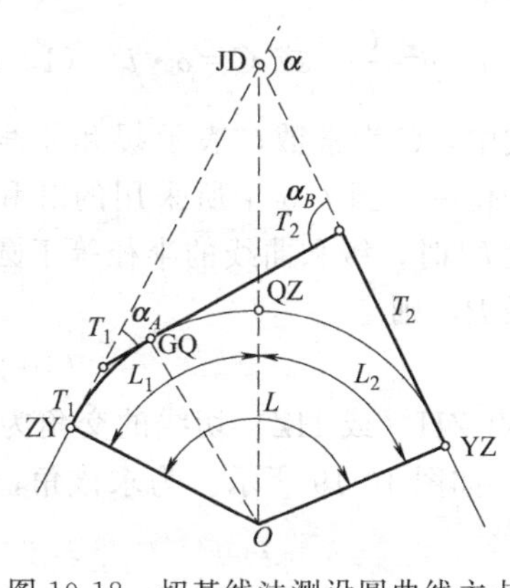

图 10-18　切基线法测设圆曲线主点

有时在选线时，为控制曲线的平面位置，要求圆曲线与基线相切。如图 10-18 所示，圆曲线有 ZY、YZ 和 GQ 三个切点，曲线被分为两个同半径的圆曲线，其切线长分别为 T_1 与 T_2，切线 AB 称为切基线。测设时，根据地形和路线的最佳位置，作适当切基线，定出在两切线方向上的 A、B 两点。观测 α_A、α_B，丈量 AB 长度。

先求解半径 R，才能计算圆曲线的其他要素：

$$AB=T_1+T_2=R\tan\frac{\alpha_A}{2}+R\tan\frac{\alpha_B}{2}$$

将上式整理后得：

$$R=\frac{T_1+T_2}{\tan\frac{\alpha_A}{2}+\tan\frac{\alpha_B}{2}}=\frac{AB}{\tan\frac{\alpha_A}{2}+\tan\frac{\alpha_B}{2}} \tag{10-18}$$

半径 R 求出后，根据 α_A、α_B 计算得到 T_1、T_2、L_1、L_2，将 L_1 与 L_2 相加得圆曲线总长 L。设置主点时，由 A 沿切线方向向后量 T_1 得 ZY 点，由图可知 QZ 在 GQ 前（或后），它与 GQ 点间的弧长为$\frac{L}{2}-L_1$（或$\frac{L}{2}-L_2$）。以此弧长和 R 计算以 GQ 点为坐标原点，沿基线方向为 x 轴，按切线支距法计算直角坐标 x、y，便可定出 QZ 点。

10.3 缓和曲线测设

车辆从直线进入圆曲线后，会产生离心力影响行车的舒适与安全。为减小离心力的影响，在弯道上的路面必须在曲线外侧加高，称为超高。在直线上的超高为零，在圆曲线上的超高为 h，为使车辆在由直线进入圆曲线时，不致突然设置超高，应有一段合理的曲线逐渐过渡，需在直线与圆曲线间插入一段半径由无穷大逐渐变化到 R 的过渡曲线，以适应行车的需要，这段曲线称为缓和曲线。

缓和曲线可用回旋线（亦称辐射螺旋线）、三次抛物线、双扭线等空间曲线来设置。目前我国公路多采用回旋线作为缓和曲线。

10.3.1 缓和曲线基本公式与参数

（1）基本公式　回旋线具有的特征是：曲线上任一点的曲率半径与该点至起点的曲线长成反比。如图 10-19 所示，设曲线上任一点 P 的半径为 ρ，该点至曲线起点的曲线长为 l，则回旋线的基本公式为：

$$\rho=\frac{C}{l}\quad 或\ C=\rho\cdot l \tag{10-19}$$

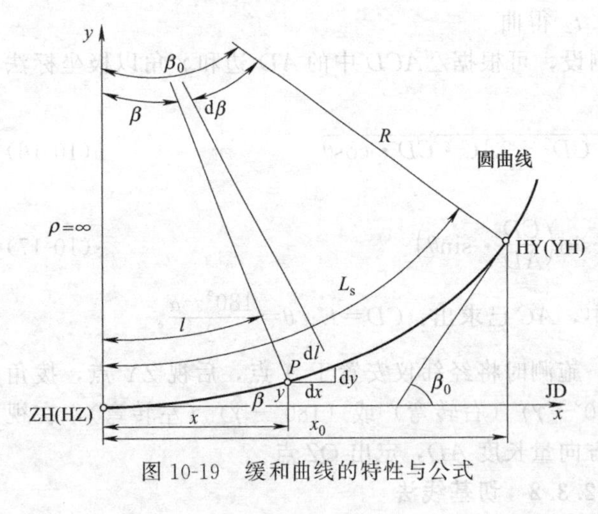

图 10-19　缓和曲线的特性与公式

式中，C 为常数，表示缓和曲线半径的变化率。当 l 等于所采用的缓和曲线长度 L_s 时，缓和曲线的半径等于圆曲线半径 R，则

$$C=R\cdot L_s \tag{10-20}$$

（2）切线角公式　回旋曲线上任一点 P 处的切线与起点 ZH（或 HZ）切线的交角为 β，该角值与 P 点至起点曲线长 l 所对中心角相等，为切线角，如图 10-19 所示。为求该角，在 P 点处取一微分弧长段 dl，所对的中心角为 $d\beta$，则

$$d\beta=\frac{dl}{\rho}=\frac{l\cdot dl}{C}$$

积分得：

$$\beta=\frac{l^2}{2C}=\frac{l^2}{2RL_s}\ (\text{rad}) \tag{10-21}$$

或

$$\beta=\frac{l^2}{2RL_s}\times\frac{180^\circ}{\pi}\ (^\circ) \tag{10-22}$$

当 $l=L_s$ 时，缓和曲线全长 L_s 所对的中心角即切线角 β_0 为：

$$\beta_0=\frac{L_s}{2R}\ (\text{rad}) \tag{10-23}$$

$$\beta_0=\frac{L_s}{2R}\times\frac{180^\circ}{\pi}\ (^\circ) \tag{10-24}$$

（3）参数方程式　如图 10-19 所示，以缓和曲线起点为坐标原点，过该点的切线为 x 轴，半径方向为 y 轴。任取一点 P 的坐标为（x，y），则微分弧段 $\mathrm{d}l$ 在坐标轴上的投影为：

$$\mathrm{d}x=\mathrm{d}l\cdot\cos\beta,\mathrm{d}y=\mathrm{d}l\cdot\sin\beta$$

取 $\sin\beta$ 与 $\cos\beta$ 的级数展开式代入上式，积分后，得缓和曲线参数方程为（推导过程略）：

$$\left.\begin{aligned}x&=l-\frac{l^5}{40R^2L_s^2}+\frac{l^9}{3456R^4L_s^4}-\cdots\\y&=\frac{l^3}{6RL_s}-\frac{l^7}{336R^3L_s^3}+\cdots\end{aligned}\right\} \tag{10-25}$$

当圆曲线半径较大时，一般略去高次项，x 只取前一、二项，y 取前一项即可。当 $l=L_s$ 时，则缓和曲线终点 HY（或 YH）的坐标为：

$$\left.\begin{aligned}x_0&=L_s-\frac{L_s^3}{40R^2}\\y_0&=\frac{L_s^2}{6R}\end{aligned}\right\} \tag{10-26}$$

10.3.2　带有缓和曲线的平曲线要素计算及主点的测设

10.3.2.1　基本要素的计算

如图 10-20 所示，在直线和圆曲线间插入缓和曲线段时，必须将原有的圆曲线向内移一段距离 p，才能使缓和曲线与直线衔接，这时切线增长 q 值。公路勘测中，一般采用圆心不动的平行移动的方法，即未设缓和曲线时的圆曲线为 FG，半径为（$R+p$）；插入两段缓和曲线 AC、BD 后，圆曲线向内移，其保留部分为 CMD，半径为 R，所对的圆心角为（$\alpha-2\beta_0$），测设时必须满足的条件为：$2\beta_0\leqslant\alpha$；否则，应缩短缓和曲线长度或加大圆曲线半径，直至满足条件。

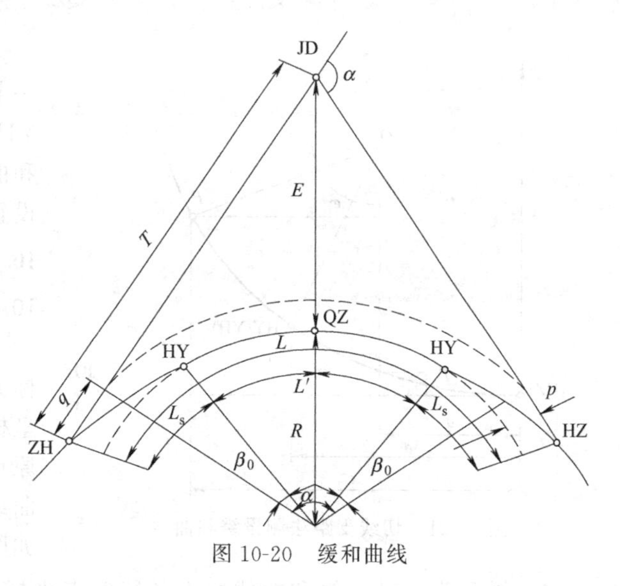

图 10-20　缓和曲线

由图 10-20 可知，

$$p=y_0-R(1-\cos\beta_0),\ q=x_0-R\sin\beta_0$$

将 $\cos\beta_0$、$\sin\beta_0$ 展开为级数，略去高次项，并按式（10-23）和式（10-26）把 β_0、x_0、y_0 代入，得内移值 p 和切线增长值 q：

$$p=\frac{L_s^2}{24R} \tag{10-27}$$

$$q=\frac{L_s}{2}-\frac{L_s^3}{240R^2} \tag{10-28}$$

10.3.2.2　测设元素的计算

由图 10-20 所示，加入缓和曲线后，整个曲线要素可以用下式计算：

$$
\left.\begin{aligned}
&\text{切线长：}\quad T=(R+p)\tan\frac{\alpha}{2}+q\\
&\text{曲线长：}\quad L=R(\alpha-2\beta_0)\frac{\pi}{180^\circ}+2L_s\\
&\text{或}\quad L=R\alpha\frac{\pi}{180^\circ}+L_s\\
&\text{外距：}\quad E=(R+p)\sec\frac{\alpha}{2}-R\\
&\text{切曲差：}\quad D=2T-L
\end{aligned}\right\}\tag{10-29}
$$

10.3.2.3　测设主点

根据交点已知桩号和曲线元素，先推算主点桩号，方法如下：

$$
\left.\begin{aligned}
&\text{直缓点：}\quad ZH=JD-T_H\\
&\text{缓圆点：}\quad HY=ZH+L_s\\
&\text{圆缓点：}\quad YH=HY+L_H-L_s\\
&\text{缓直点：}\quad HZ=YH+L_s\\
&\text{曲中点：}\quad QZ=HZ-\frac{L_H}{2}\\
&\text{交点：}\quad JD=QZ+\frac{D_H}{2}
\end{aligned}\right\}\tag{10-30}
$$

测设时，ZH、HZ 及 QZ 的测设与前一节圆曲线主点测设方法相同。HY 与 YH 点可在详细测设时测定，也可根据缓和曲线终点坐标 x_0、y_0，用切线支距法设置。

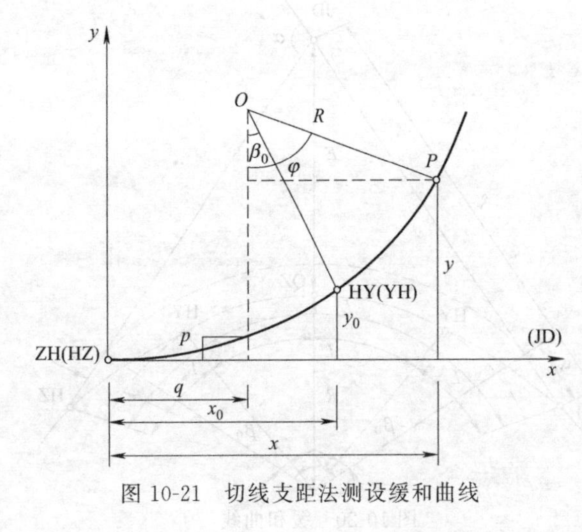

图 10-21　切线支距法测设缓和曲线

10.3.3　带有缓和曲线的平曲线详细测设

10.3.3.1　切线支距法

切线支距法是以直缓点（ZH）为坐标原点［下半曲线则以缓直点（HZ）为坐标原点］，以过原点的切线为 x 轴，过原点的半径为 y 轴，计算缓和曲线段和圆曲线段上各待定点的 x，y 坐标设置曲线，如图 10-21 所示。

(1) 缓和曲线段　缓和曲线段上各待定点坐标按缓和曲线参数方程由式（10-25）计算，即

$$
x=l-\frac{l^5}{40R^2{L_s}^2},\ y=\frac{l^3}{6RL_s}
$$

(2) 圆曲线段　圆曲线段上各待定点坐标，可按图 10-21 写出：

$$
\left.\begin{aligned}
&\varphi=\frac{l'}{R}\times\frac{180^\circ}{\pi}+\beta_0\\
&x=R\sin\varphi+q\\
&y=R(1-\cos\varphi)+p
\end{aligned}\right\}\tag{10-31}
$$

l'为 HY（或 YH）至待定点的圆弧长。

算出缓和曲线和圆曲线上各点的直角坐标后，可按与圆曲线切线支距法相同的方法进行曲线详细测设。

10.3.3.2 偏角法

（1）缓和曲线段　如图 10-22 所示，缓和曲线上任意一点 P 至起点 ZH（P 点位于 YH～HZ之间时至 HZ）的曲线长为 l，偏角为 δ，其弦长 c 近似与曲线长 l 相等，则

$$\sin\delta=\frac{y}{l}$$

因 δ 角很小，$\sin\delta\approx\delta$。顾及 $y=\frac{l^3}{6RL_s}$，则

$$\delta=\frac{l^2}{6RL_s}\times\frac{180°}{\pi} \tag{10-32}$$

HY 和 YH 的偏角 δ_0 为缓和曲线的总偏角。将 $l=L_s$ 代入式（10-32）得：

$$\delta_0=\frac{L_s}{6R}\times\frac{180°}{\pi} \tag{10-33}$$

顾及 $\beta_0=\frac{L_s}{2R}\times\frac{180°}{\pi}$，则

$$\delta_0=\frac{\beta_0}{3} \tag{10-34}$$

将式（10-32）和式（10-33）相比，得

$$\delta=\left(\frac{1}{l_s}\right)^2\delta_0 \tag{10-35}$$

将式（10-33）和式（10-35）计算出缓和曲线上各点的偏角后，将仪器安置在 ZH（或 HZ）上，与偏角法测设圆曲线一样，依次进行缓和曲线上各点的详细测设。由于缓和曲线上弦长

$$c=l-\frac{l^5}{90R^2L_s{}^2} \tag{10-36}$$

近似等于相对应的曲线长，因而在测设时，弦长 c 一般以曲线长 l 代替。

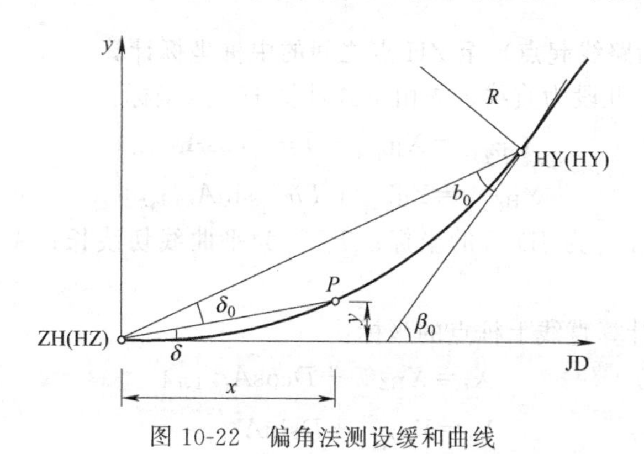

图 10-22　偏角法测设缓和曲线

（2）圆曲线段　圆曲线上各点的测设需将仪器迁至 HY（或 YH）点上进行。这时只要定出 HY（或 YH）点的切线方向，计算 b_0，如图 10-22 所示：

$$b_0=\beta_0-\delta_0=3\delta_0-\delta_0=2\delta_0 \tag{10-37}$$

将仪器置于 HY 点上，瞄准 ZH 点，水平度盘配置在 b_0（当曲线右转时，将度盘配置在 360 °$-b_0$），旋转照准部使水平度盘读数为 0°00′00″再倒镜，此时视线方向即为 HY 点的

切线方向。其余的测设和前述的无缓和曲线的圆曲线详细测设方法相同。

10.4 道路中线逐桩坐标计算与测设

光电测距仪及全站仪在工程中的广泛应用，使极坐标法成为路线测设的一种简便、迅速、精确、灵活的测设方法。在道路工程的勘测及施工中，特别是高等级公路工程中，已普遍采用极坐标法放线。

极坐标法是计算路线中桩的统一坐标，即逐桩坐标，然后在导线点上安置仪器，根据用导线点坐标和逐桩坐标求出的夹角和距离，在实地测设中桩的方法。也可将后视点坐标、测站坐标、放样点坐标输入全站仪，放样的夹角和距离由全站仪自带程序计算，采用全站仪的坐标放样功能进行测设。

10.4.1 中线逐桩坐标的计算

如图 10-23 所示，交点的坐标（X_{JD}，Y_{JD}）已经按导线测量的方法测定或计算出，根据坐标反算公式求得相邻交点连线的坐标方位角 A 和边长 S。当各圆曲线半径 R 和缓和曲线长度 L_s 确定后，计算曲线测设元素，根据里程桩号，按以下步骤即可算出各桩相应的坐标值（X，Y）。

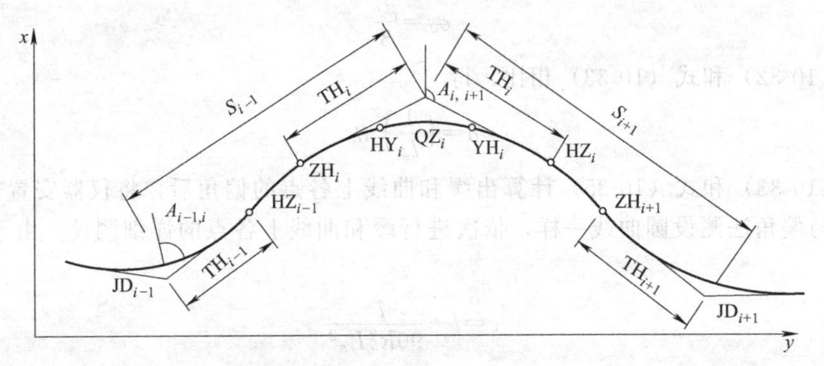

图 10-23 中线逐桩坐标的计算

(1) HZ 点（包括路线起点）至 ZH 点之间的中桩坐标计算

如图 10-23 所示，此段为直线，先由下式计算 HZ 点坐标：

$$\left.\begin{aligned} X_{HZ_{i-1}} &= X_{JD_{i-1}} + T_{H_{i-1}} \cos A_{i-1,i} \\ Y_{HZ_{i-1}} &= Y_{JD_{i-1}} + T_{H_{i-1}} \sin A_{i-1,i} \end{aligned}\right\} \tag{10-38}$$

式中，$X_{JD_{i-1}}$、$Y_{JD_{i-1}}$ 为 JD_{i-1} 的坐标；$T_{H_{i-1}}$ 为平曲线切线长；$A_{i-1,i}$ 为 JD_{i-1} 至 JD_i 的坐标方位角。

按坐标正算公式计算直线上桩点的坐标：

$$\left.\begin{aligned} X_i &= X_{HZ_{i-1}} + D\cos A_{i-1,i} \\ Y_i &= Y_{HZ_{i-1}} + D\sin A_{i-1,i} \end{aligned}\right\} \tag{10-39}$$

式中，D 为桩点至 HZ_{i-1} 点的距离，即桩点里程与 HZ_{i-1} 点里程之差。

ZH 点为直线的终点，除可按式（10-39）计算外，亦可按下式计算：

$$\left.\begin{aligned} X_{ZH_i} &= X_{JD_{i-1}} + (S_{i-1,i} - T_{H_i})\cos A_{i-1,i} \\ Y_{ZH_i} &= Y_{JD_{i-1}} + (S_{i-1,i} - T_{H_i})\sin A_{i-1,i} \end{aligned}\right\} \tag{10-40}$$

式中，$S_{i-1,i}$ 为交点 JD_{i-1} 至 JD_i 的距离；T_{H_i} 为 JD_i 切线长。

（2）ZH 点至 QZ 点之间的中桩坐标计算　此段包括第一缓和曲线及上半圆曲线，可按式（10-25）和式（10-31）先算出切线支距法坐标（x，y），然后通过坐标转换公式将其转换为与 JD 统一的测量坐标系统中，得各中桩坐标（X，Y），坐标变换公式为：

$$\left.\begin{aligned}X_i&=X_{ZH_i}+x_i\cos A_{i-1,i}-y_i\sin A_{i-1,i}\\Y_i&=Y_{ZH_i}+x_i\sin A_{i-1,i}+y_i\cos A_{i-1,i}\end{aligned}\right\}\tag{10-41}$$

应用公式时要注意坐标系之间的关系，当曲线为右偏时切线支距法采用的局部坐标系与测量坐标系相向，均为顺时针系，可直接利用公式（10-41）计算中桩坐标；曲线左偏时切线支距法采用的局部坐标系与测量坐标系相反，此时 y_i 应以负值代入上式计算。

（3）QZ 点至 HZ 点之间的中桩坐标计算　此段包括下半圆曲线及第二缓和曲线，仍可按式（10-25）和式（10-31）先计算切线支距法坐标（x，y），再按下式转换为统一的测量坐标（X，Y）：

$$\left.\begin{aligned}X_i&=X_{HZ}-x_i\cos A_{i,i+1}+y_i\sin A_{i,i+1}\\Y_i&=Y_{HZ}-x_i\sin A_{i,i+1}-y_i\cos A_{i,i+1}\end{aligned}\right\}\tag{10-42}$$

式中，$A_{i,i+1}$ 为 JD_i 至 JD_{i+1} 坐标方位角；曲线左偏时，y_i 以负值代入上式计算。

10.4.2　极坐标法测设中线

极坐标法测设中线的基本原理是以控制导线为依据，以角度和距离定点。如图 10-24 所示，在导线点 G_i 安置仪器，后视 G_{i+1}，待测点为 P。已知 G_i 的坐标（X_i，Y_i），G_{i+1} 的坐标（X_{i+1}，Y_{i+1}），P 点的坐标（X_P，Y_P），由此求出坐标方位角 A、A_0，则

$$J=A_0-A\tag{10-43}$$

$$D=\sqrt{(X_P-X_i)^2+(Y_P-Y_i)^2}\tag{10-44}$$

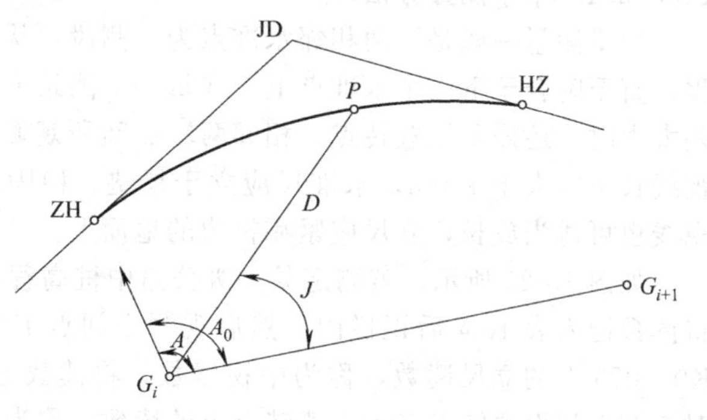

图 10-24　极坐标法测设中线

当仪器瞄准 G_{i+1} 定向后，根据夹角 J 找到 P 点的方向，从 G_i 沿此方向量取距离 D，即可定出 P 点。

若是利用全站仪的坐标放样功能测设点位，只需输入测站点坐标、后视点坐标、放样点坐标值即可，由仪器自动完成有关数据计算。

10.5　路线纵、横断面测量

路线纵断面测量又称中线水准测量，它的任务是在路线中线测定之后，测定中线各里程桩的地面高程，绘制路线纵断面图，供路线纵坡设计之用。横断面测量是测定中线各里程桩两侧垂直于中线的地面各点距离和高程，绘制横断面图，供路线工程设计、计算土石方数量以及施工放边桩之用。

为了提高测量精度和有效地进行成果检核，根据“由整体到局部”的测量原则，纵断面测量一般分为两步进行：一是高程控制测量，亦称为基平测量，即沿路线方向设置水准点，测量水准点高程；二是中桩高程测量，亦称为中平测量，即根据基平测量建立的水准点及其高程，分段进行水准测量，测定各里程桩的地面高程。

10.5.1　基平测量

沿路线设立水准点的工作称为基平测量。水准路线应沿路线布设，水准点应尽量设于路线工程中心线两侧不受施工影响的位置。间距一般为1～1.5km，山岭重丘区可根据需要适当加密；大桥、隧道口及其他大型构造物两端应增设水准点。水准点的埋设应满足规范要求。高程系统一般应采用国家统一的高程系统，独立工程若与国家水准点联测有困难时可采用假定高程。

路线高程控制测量一般采用水准测量方法。在进行水准测量确有困难的山岭地带以及沼泽、水网地区，四、五等水准测量可采用光电测距三角高程测量进行。

根据工程的不同要求采用不同的水准测量等级，如高速公路、一级公路工程采用四等水准测量，二、三、四级公路可采用五等水准测量。水准测量通常采用一台水准仪在水准点间作往返测量，也可用两台水准仪作单程观测。具体观测、计算及检核方法可参阅水准测量一章。

10.5.2　中平测量

10.5.2.1　中平测量方法

中平测量一般是以两相邻水准点为一测段，从一个水准点开始，逐个测定中桩的地面高程，直至附合于下一个水准点上。在每一个测站上，应尽量多地观测中桩，当距离较远或高差太大时，还需要设置转点。相邻两转点间所观测的中桩，称为中间点。转点读数到毫米，视线长不应大于150m，水准尺应立于尺垫、稳固的桩顶或坚石上。中间点读数可至厘米，视线也可适当放长，立尺应紧靠桩边的地面上。

如图10-25所示，若测定某一级公路中桩高程，水准仪安置于Ⅰ站，后视水准点BM_1，将读数记入表10-4后视栏内。然后观测中间点K0＋000、K0＋020、K0＋040、K0＋060、K0＋080上的立尺读数，称为中视读数，将读数记入中视栏。当水准仪视线不能继续读数时，在中间设置转点ZD_1，读转点上的读数，称为前视读数，将读数记入前视栏内。再将仪器搬至Ⅱ站、后视转点ZD_1，然后观测各中桩点K0＋100、K0＋120、K0＋140、K0＋160、K0＋180和转点ZD_2，将读数分别记入后视栏、中视栏和前视栏。按上述方法继续往前测，前视转点ZD_2直至闭合于水准点BM_2。

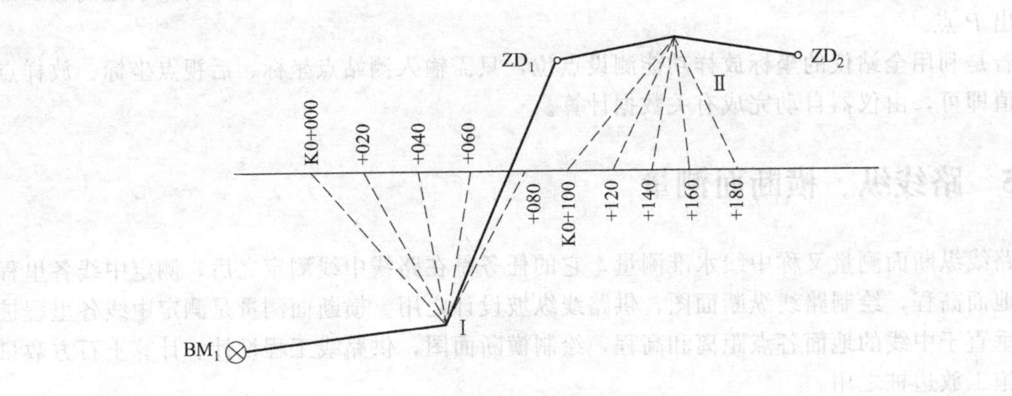

图10-25　中平测量

中平测量一般只作单程观测。一测段观测结束后，应先计算测段高差$\sum h$，它与基平所测两端水准点高差之差，称为测段高差闭合差。高速公路、一级公路工程允许闭合差为$\pm 30\sqrt{L}$（mm）；二级及二级以下公路工程允许闭合差为$\pm 50\sqrt{L}$（mm）（L为测段长度，以km计）。中桩地面高程读数取位至厘米。

中桩的地面高程以及前视点高程应按所属测站的视线高程进行计算。每一测站的计算按下列公式进行：

$$视线高程=后视点高程+后视读数 \tag{10-45}$$

$$中桩高程=视线高程-中视读数 \tag{10-46}$$

$$转点高程=视线高程-前视读数 \tag{10-47}$$

中平测量亦可利用全站仪在放样中桩时同时进行，它是利用全站仪的高程测量功能在定出中桩后随即测定中桩地面高程。这样可省去上述水准测量及计算过程，大大简化测量工作。

表 10-4　中平测量记录计算

测　点	水准尺读数/m			视线高程/m	高　程/m	备　注
	后　视	中　视	前　视			
BM_1	2.191			514.505	512.314	
K0+000		1.62			512.89	BM_1 高程为基平所测
K0+020		1.90			512.61	
K0+040		0.62			513.89	
K0+060		2.03			512.48	
K0+080		0.90			513.61	
ZD_1	3.162		1.006	516.661	513.499	BM_2 已知高程为 524.808
K0+100		0.50			516.16	
K0+120		0.52			516.14	
K0+140		0.82			515.84	
K0+160		1.20			515.46	
K0+180		1.010			515.65	
ZD_2	2.246		1.521	517.386	515.140	
…	…	…	…	…	…	
K1+240		2.32			523.06	
BM_2			0.606		524.782	

$$\sum h_{中}=524.782-512.314=12.468\text{m}$$

$$\sum a-\sum b=(2.191+3.162+2.246+\cdots)-(1.006+1.521+\cdots+0.606)=12.468$$

$$复核：f_h=524.782-524.808=-0.026(\text{m})=-26(\text{mm})$$

$$f_{h容}=\pm 30\sqrt{1.24}=\pm 33\text{mm}\quad f_h<f_{h容}$$

10.5.2.2　纵断面图的绘制

纵断面图是沿中线方向绘制的反映地面起伏和纵坡变化的剖视图，它表示了各路段纵坡的大小和中线位置的填挖尺寸，是路线设计和施工中的重要文件资料。为了明显反映地面的起伏变化，一般里程比例尺取 1∶5000、1∶2000 或 1∶1000，而高程比例尺则比里程比例尺大 10 倍，取 1∶500、1∶200 或 1∶100。

（1）纵断面图的内容　如图 10-26 所示，在图的上半部，从左至右有两条贯穿全图的线；一条细的折线，表示中线方向的实际地面线，是以里程为横坐标、高程为纵坐标、根据中桩地面高程绘制的。另一条是粗线，是包含竖曲线在内的纵坡设计线，是在设计时绘制的。此外，图上还注有水准点的位置和高程，桥涵的类型、孔径、跨数、长度，里程桩号和设计水位，竖曲线示意图及其曲线元素，与公路、铁路交叉点的位置、里程及有关说明等。

图的下半部注有有关测量及纵坡设计的资料，主要包括以下内容。

① 直线与曲线：按里程表明路线的直线和曲线部分。曲线部分用折线表示，上凸表示路线右转，下凸表示路线左转，并注明交点编号和圆曲线半径，带有缓和曲线者应注明其长度。

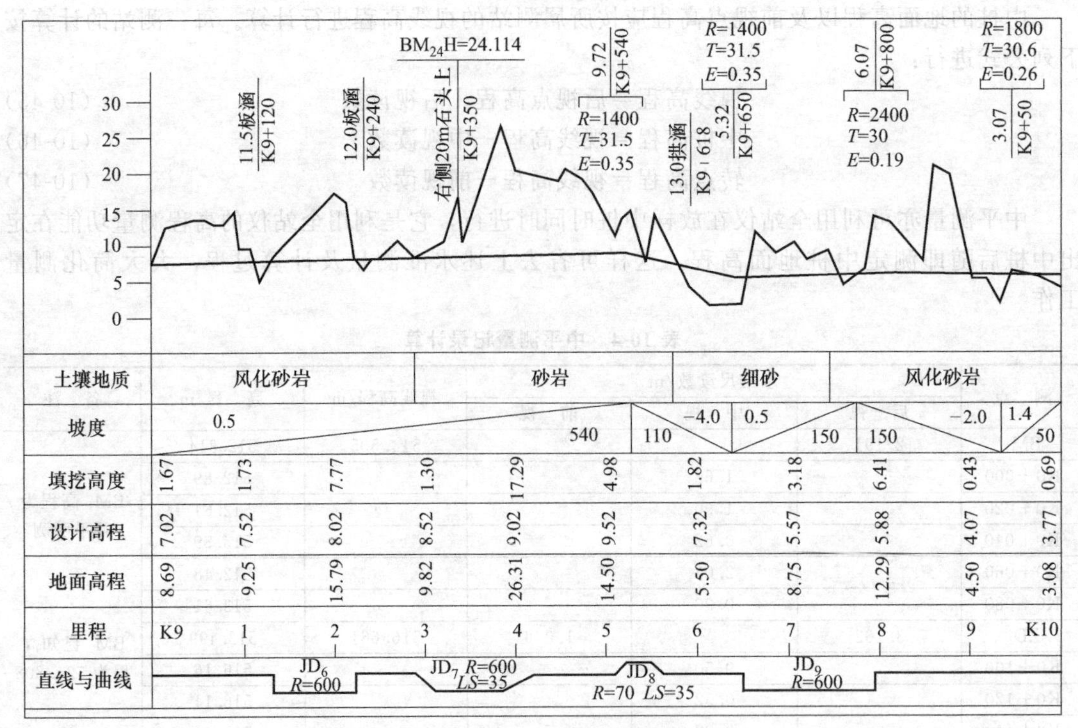

图 10-26　路线纵断面图

② 里程桩号：按里程比例尺标注百米桩、公里桩及其他桩号。

③ 地里高程：按中平测量成果填写相应里程桩的地面高程。

④ 设计高程：根据设计纵坡和相应的平距推算出的里程桩设计高程。

⑤ 坡度与坡长：从左至右向上斜的直线表示上坡（正坡），向下斜的表示下坡（负坡），水平的表水平坡。斜线或水平线上面的数字表示坡度的百分数，下面的数字表示坡长。

⑥ 土壤地质说明：标明路段的土壤地质情况。

（2）纵断面图的绘制　一般可按下列步骤进行。

① 按照选定的里程比例尺和高程比例尺制表，填写里程桩号、地面高程、直线与曲线、土壤地质说明等资料。

② 绘出地面线。首先选定纵坐标的起始高程，使绘出的地面线位于图上适当位置。一般是以 10m 整倍数的高程标注在 5cm 方格的粗线高程标尺上，便于绘图和阅图。然后根据中桩的里程和高程，在图上按纵、横比例尺依次点出各中桩的地面位置，再用直线将相邻点一个个连接起来，就得到地面线。在高差变化较大的地区，如果纵向受到图幅限制时，可在适当地段变更图上高程起算位置，此时地面线将构成台阶形式。

③ 根据设计纵坡计算设计高程和绘制设计线。当路线的纵坡确定后，即可根据设计纵坡和两点间的水平距离，由一点的高程计算另一点的设计高程。

设计坡度为 i，起算点的高程为 H_0，推算点的高程为 H_P，推算点至起算点的水平距离为 D，则

$$H_P = H_0 + iD \tag{10-46}$$

式中，上坡时 i 为正；下坡时 i 为负。

对于竖曲线范围内的中桩，在按上式算出切线设计高程后，还应加以修正。按竖曲线凹凸，加减纵距，才能得出竖曲线内各中桩设计高程。

④ 计算各桩的填挖高度。同一桩号的设计高程与地面高程之差，即为该桩的填挖高度，正号为填高，负号为挖深。可在图中专列一栏注明填挖尺寸。

⑤ 在图上注记有关资料，如水准点、桥涵、竖曲线等。

10.5.3　横断面测量

由于横断面测量是测定中桩两侧垂直于中线的地面线，因此首先要确定横断面的方向，然后在此方向上测定地面坡度变化点至中桩的距离和高差，即可绘制横断面图。横断面测量的宽度，应根据路线工程宽度、填挖高度、边坡大小、地形情况以及有关工程的特殊要求而定，一般要求中线两侧各测 10～50m。横断面测绘的密度，除各中桩应施测外，在大、中桥头，隧道洞口等重点工程地段，可根据需要加密。对于地面点距离和高差的测定，一般只需精确至 0.1m。

10.5.3.1　横断面方向的测定

(1) 直线段横断面方向与路线中线垂直，一般采用简易直角方向架测定　如图 10-27 所示，将方向架置于桩点上，方向架上有两个相互垂直的固定片，用其中一个瞄准该直线上任一中桩，另一个所指方向即为该桩点的横断面方向。

(2) 圆曲线横断面方向的测定

① 方向架法。圆曲线上一点的横断面方向即是该点的圆心方向。测定时一般采用求心方向架，即在方向架上安装一个可以转动的活动片，并有一固定螺旋可将其固定。

如图 10-28 所示，欲测圆曲线上桩点的横断面方向，将求心方向架置于 ZY（或 YZ）点的横断面方向。保持方向架不动，转动活动片 ef 所指方向即为 1 点的横断面方向，在此方向上插一标杆。圆曲线上其他各点亦可按照上述方法进行。

② 经纬仪法。对横断面方向准确度要求较高时，可用此法。欲测设圆曲线上 B 点的横断面方向，先计算出 BA 的弦切角：

$$\Delta=\frac{l}{R}\times\frac{90^{\circ}}{\pi} \tag{10-49}$$

式中，l 为 AB 之弧长；R 为圆曲线半径。

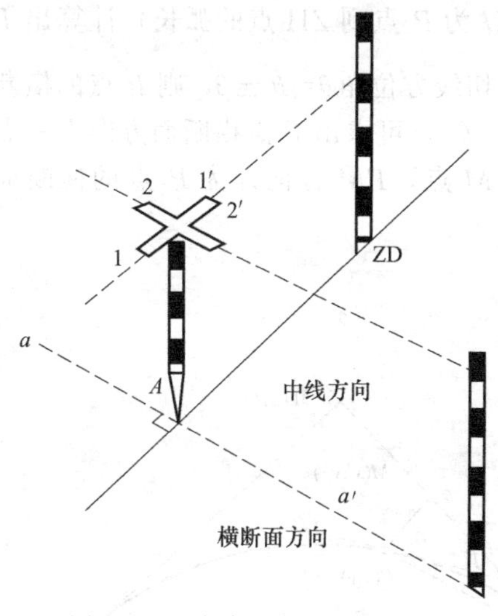

图 10-27　直线段定横断面方向

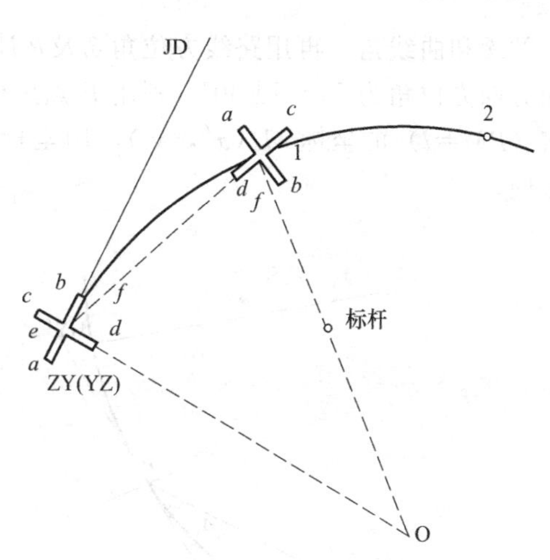

图 10-28　曲线上定横断面方向

施测时，将经纬仪置于 B 点，以 0°00′00″照准后视点 A，再顺时针转动照准部使水平度盘读数为 $90^{\circ}+\Delta$，此时经纬仪的视线方向即为 B 点的横断面方向，见图 10-29。

（3）缓和曲线横断面方向的测定　缓和曲线上任一点的横断面方向，就是该点切线的垂直方向。

① 方向架法。如图 10-30 所示，先用公式 $t_\mathrm{d}=\dfrac{2}{3}l+\dfrac{l^3}{360R^2}$（$l$ 为 P 点到 ZH 点的弧长）计算，再从 ZH 点沿切线方向量取 t_d 得 Q 点，将方向架置于测点 P，以固定指针 ab 瞄准 Q 点，则固定指针 cd 方向为 P 点的横断面方向。

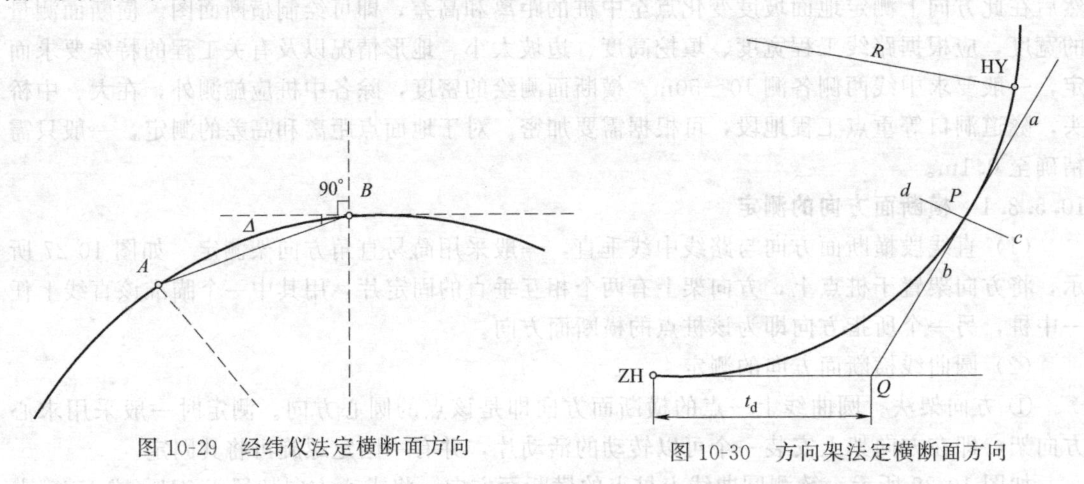

图 10-29　经纬仪法定横断面方向　　图 10-30　方向架法定横断面方向

② 方向盘或经纬仪法。测定横断面方向的原理为"倍角"关系，即缓和曲线上任意一点与起点的弦同该点切线的夹角，等于缓和曲线起点与该点的弦与起点切线夹角的两倍。即 $\Delta_2=2\Delta_1$。如图 10-31 所示，由缓和曲线关系知 $\Delta_1=\dfrac{1}{3}\beta$，$\Delta_2=\dfrac{2}{3}\beta$。置带度盘的方向架（亦称方向盘）或经纬仪于 ZH 点，测出 P 点偏角 Δ_1，再将仪器移到 P 点瞄准 ZH 点，拨角 $\Delta_2=2\Delta_1$ 即为 P 点的切线方向，然后旋转方向盘指针或经纬仪照准部 90°（或 270°）即为 P 点的横断面方向，以后各点依次进行。

③ 全站仪。如图 10-32 所示，先用公式 $\beta=\dfrac{l^2}{2RL_\mathrm{s}}$（$l$ 为 P 点到 ZH 点的弧长）计算出 P 点的缓和曲线角，再用路线方位角 θ_i 及 β 计算出 P 点的切线方位角 $\theta=\theta_i\pm\beta$，则 P 点的横断面方向方位角为 $\theta_m=\theta\pm 90°$。利用 P 点坐标 P（x，y）、θ_m，可求出 P 点横断面方向上一点 M（$PM=l$）的坐标 M（x'，y'），用坐标法实地放出 M 点，PM 方向即为 P 点的横断面方向。

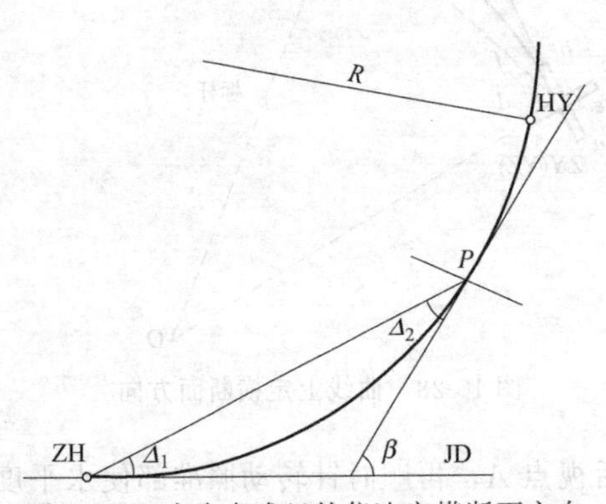

图 10-31　方向盘或经纬仪法定横断面方向

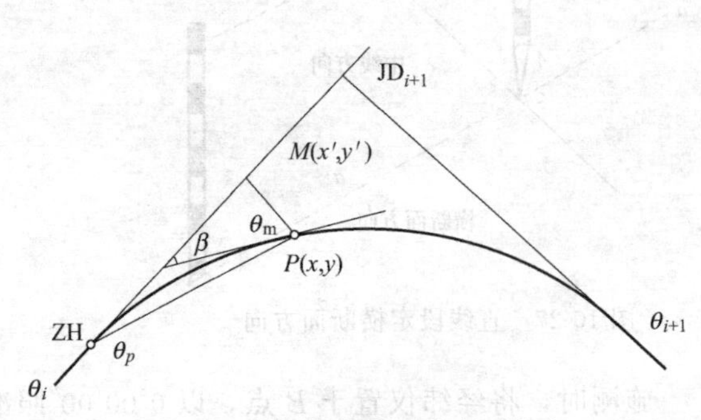

图 10-32　全站仪法定横断面方向

10.5.3.2　横断面的测量方法

(1) 标杆皮尺法　如图 10-33 所示，A、B、C…为横断面方向上所选定的坡度变化点，将标杆立于 A 点，从中桩处地面将皮尺拉平量出至 A 点的距离，并测出皮尺截于标杆位置的高度，即 A 相对于中桩地面的高差。同法可测得 A 至 B、B 至 C……的距离和高差，直至所需要的宽度为止。中桩一侧测完后再测另一侧。

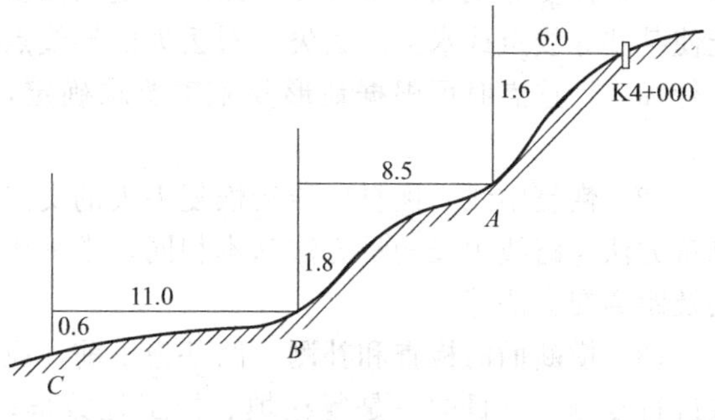

图 10-33　标杆皮尺法测横断面

记录表格如表 10-5 所示，表中按路线前进方向分左侧、右侧。分数的分子表示测段两端的高差，分母表示其水平距离。高差为正表示上坡，为负表示下坡。

表 10-5　横断面测量记录表

左　侧	桩　号	右　侧
…	…	…
$\frac{-0.6}{11.0}$ $\frac{-0.8}{8.5}$ $\frac{-1.6}{6.0}$	K4＋000	$\frac{+1.5}{4.6}$ $\frac{+0.9}{4.4}$ $\frac{+1.6}{7.0}$ $\frac{+0.5}{10.0}$
$\frac{-0.5}{7.8}$ $\frac{-1.2}{4.2}$ $\frac{-0.8}{6.0}$	K3＋980	$\frac{+0.7}{7.2}$ $\frac{+1.1}{4.8}$ $\frac{-0.4}{7.0}$ $\frac{+0.9}{6.5}$

(2) 水准仪法　在平坦地区可使用水准仪测量横断面。施测时，以中桩为后视，以横断面方向上各变坡点为前视，测得各变坡点高程。用钢尺或皮尺分别量取各变坡点至中桩的水平距离，根据变坡点的高程和至中桩的距离即可绘制横断面图。

(3) 经纬仪法　在地形复杂、山坡较陡的地段可采用经纬仪施测。将经纬仪安置在中桩上，用视距法测出横断面方向各变坡点至中桩的水平距离和高差。

(4) 全站仪法　利用全站仪的横断面测量功能可测得横断面上各点相对中桩的水平距离和高差。

10.5.3.3　横断面图的绘制

横断面图一般采用现场边测边绘的方法，以便及时对横断面进行核对。但也可在现场记录（见表 10-5），回到室内绘图。绘图比例尺一般采用 1∶200 或 1∶100。手工绘图时一般绘在毫米方格纸上。绘图时，先将中桩位置标出，然后分左、右两侧，按照相应的水平距离和高差，逐一将变坡点标在图上，再用直线连接相邻各点，即得横断面地面线。图 10-34 为道路横断面图，粗线为路基横断面设计线。

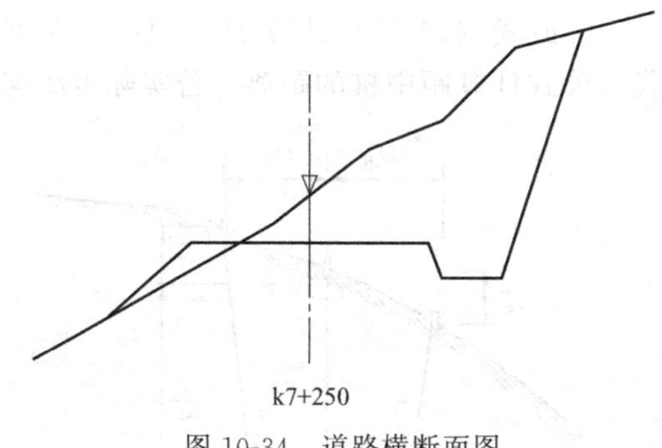

图 10-34　道路横断面图

10.6　道路施工测量

道路施工主要包括恢复中线、测设竖曲线和测设路基边桩等项工作。

(1) 恢复导线点、水准点　路线经过勘测设计后，往往要经过一段时间才施工，这有可能使某些导线点或水准点丢失。对丢失的导线点或水准点要求恢复补测或根据施工具体要求进行加密。选点时可根据地形及施工要求确定，精度应符合要求，方法采用前述基本测量方法。

(2) 恢复中线　恢复中线指恢复丢失的交点、转点及中桩点的桩位。恢复中线所采用的测量方法与路线中线测量方法基本相同，常采用直角坐标法、偏角法、极坐标法、角度交会法及距离交会法等。

(3) 横断面的检查和补测　路基施工前，应详细检查、校对横断面，发现错误或怀疑时应进行复测。其目的一是复核填、挖工程数量；二是复核设置构造物处地形是否与设计相符。检查和补测按横断面测量方法进行。

(4) 路基边桩的测设　路基边桩测设就是在地面上将每一个横断面的路基边坡线与地面的交点用木桩或白灰标定出来。边桩的位置由两侧边桩至中桩的距离来确定。常用的测设方法有下列几种。

① 图解法。直接在横断面图上量取中桩至边桩的距离，然后在实地用皮尺沿横断面方向测定其位置，当地面平坦、填挖方不大、精度要求不高时，采用此法较简便。

② 解析法。路基边桩至中桩的平距通过计算求得，边桩至中桩的距离随着地面坡度的变化而变化。如图 10-35 所示，路堤边桩至中桩的距离为：

$$\left.\begin{aligned}\text{斜坡上侧}:D_{上}&=\frac{B}{2}+m(h_{中}-h_{上})\\\text{斜坡下侧}:D_{下}&=\frac{B}{2}+m(h_{中}+h_{下})\end{aligned}\right\}\tag{10-50}$$

如图 10-36 所示，路堑边桩至中桩的距离为：

$$\left.\begin{aligned}\text{斜坡上侧}:D_{上}&=\frac{B}{2}+S+m(h_{中}+h_{上})\\\text{斜坡下侧}:D_{下}&=\frac{B}{2}+S+m(h_{中}-h_{下})\end{aligned}\right\}\tag{10-51}$$

式中，B、S 和 m 为已知；$h_{中}$ 为中桩处的填挖高度，也是已知。$h_{上}$、$h_{下}$ 为斜坡上、下侧边桩与中桩的高差，在边桩未定出之前为未知数。因此在实际工作中采用逐渐趋近法测设边桩。先根据地面实际情况，参考路基横断面图，估计边桩的位置。然后测出该估计位置与中桩的高差，并以此作为 $h_{上}$、$h_{下}$ 代入式（10-50）或式（10-51）计算 $D_{上}$、$D_{下}$，并据此在实地定出其位置，再测此点与中桩的高差，代入公式计算距中桩的距离。若实际距离与

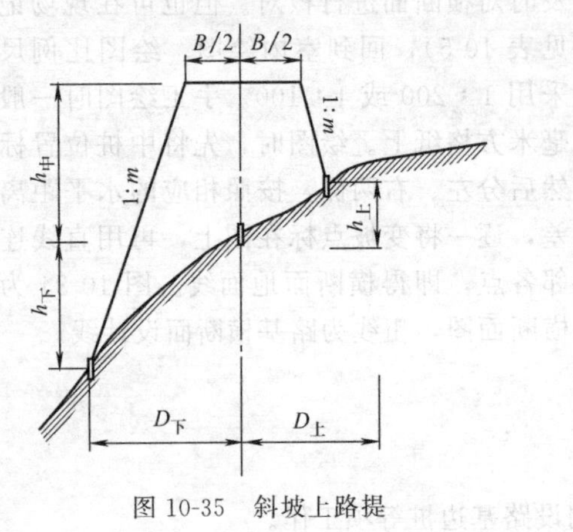

图 10-35　斜坡上路提

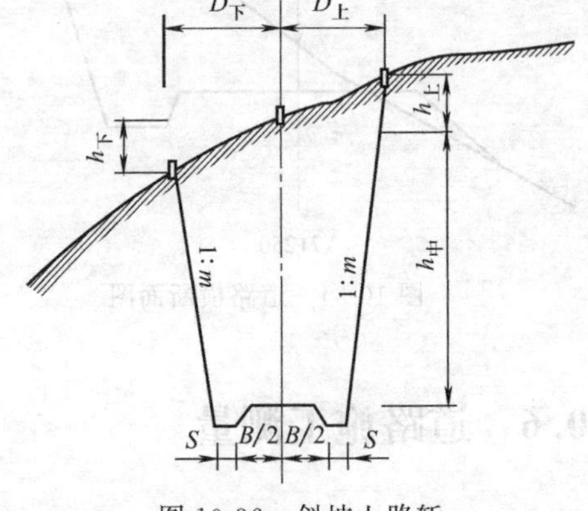

图 10-36　斜坡上路堑

计算距离之差在容许范围内，此点即为边桩位置。否则应按实测资料重新估计边桩位置，重复上述工作，直到满足要求为止。

(5) 路基边坡的放样　在放样出边桩后，为了保证填、挖的边坡达到设计要求，还应把设计边坡在实地标定出来，以方便施工。

① 用竹竿、绳索放样边坡。如图 10-37 所示，O 点为中桩，A、B 为边桩，CD 为路基宽度。放样时在 C、D 处竖立竹竿，于高度等于中桩填土高度 H 之处的 C'、D' 点用绳索连接，同时由点 C'、D' 用绳索连接到边桩 A、B 上，则设计边坡就展现于实地。当路堤填土不高时，可按上述方法一次挂线。当路堤填土较高时，可随路基分层填筑分层挂线，如图 10-38 所示。

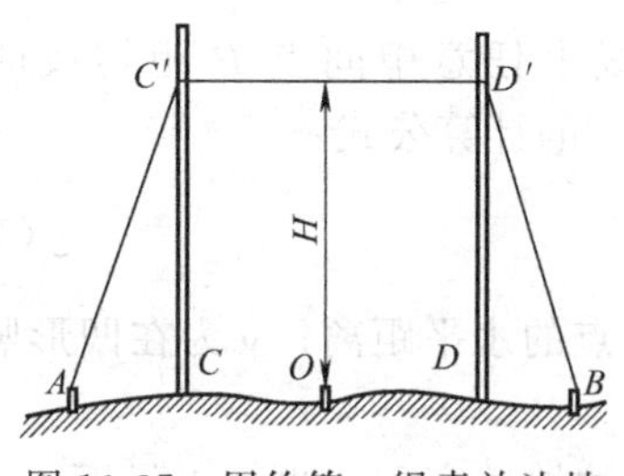

图 10-37　用竹竿、绳索放边坡

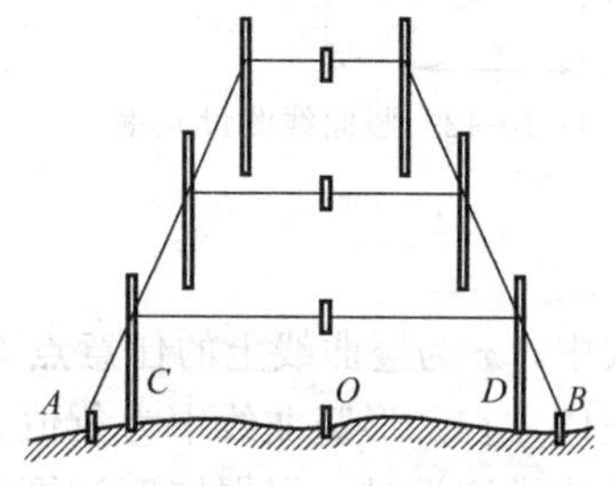

图 10-38　分层挂线放边坡

② 用边坡样板放样边坡。施工前按照设计边坡度做好边坡样板，施工时，按照边坡样板进行放样。

用活动边坡尺放样边坡，做法如图 10-39 所示，当水准器气泡居中时，边坡尺的斜边所指示的坡度正好为设计坡度，借此可指示与检核路堤的填筑。同理，边坡尺也可指示与检核路堑的开挖。

用固定边坡样板放样边坡，做法如图 10-40 所示，在开挖路堑时，于坡顶桩外侧按设计坡度设立固定样板，施工时可随时指示并检核开挖和整修情况。

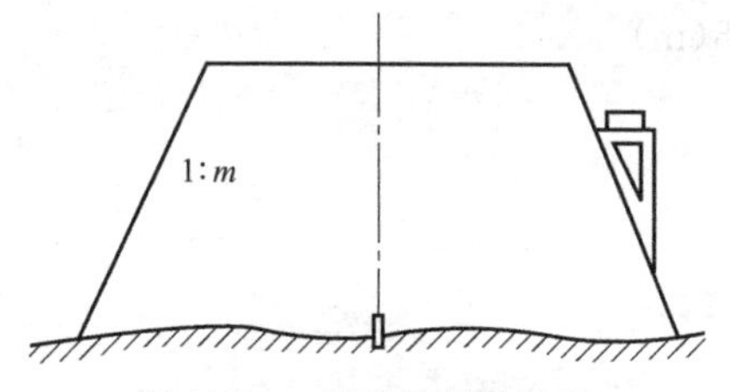

图 10-39　活动坡板放边坡

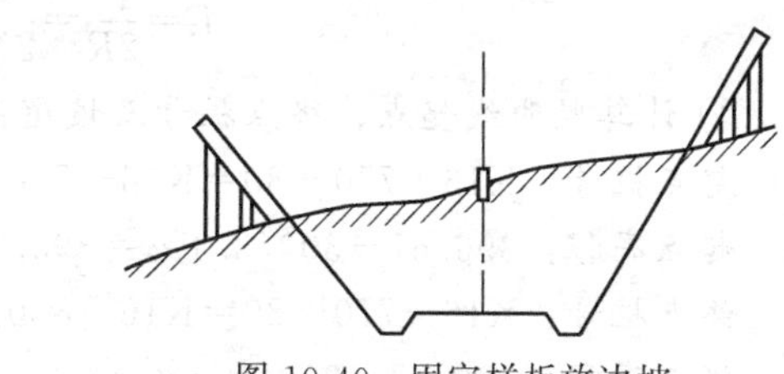
图 10-40　固定样板放边坡

(6) 竖曲线测设　为了满足行车的平稳和视距的要求，路线的纵坡变更处，在竖直面内应以曲线连接起来，这种曲线称为竖曲线。如图 10-41 所示为凸形竖曲线和凹形竖曲线。竖曲线一般采用圆曲线。

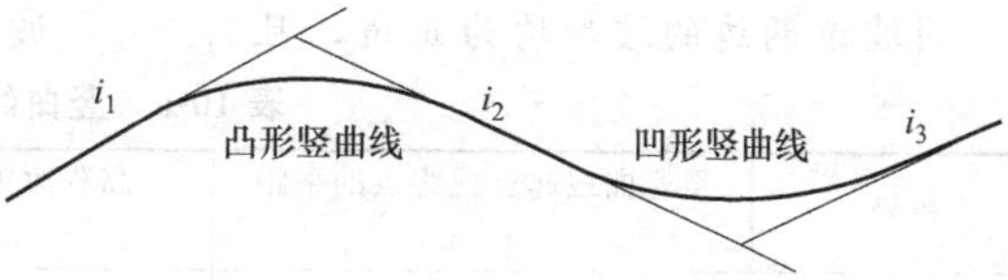

图 10-41　竖曲线

竖曲线测设时，根据设计的竖曲线半径 R 和相邻坡度 i_1、i_2 计算测设元素。如图 10-42 所示。

切线长：$T=R\tan\dfrac{\alpha}{2}$；曲线长：$L=\alpha R$；外距 $E=R\left(\sec\dfrac{\alpha}{2}-1\right)$；

由于竖曲线的坡度转折角 α 很小，计算公式可以简化，故可以认为：

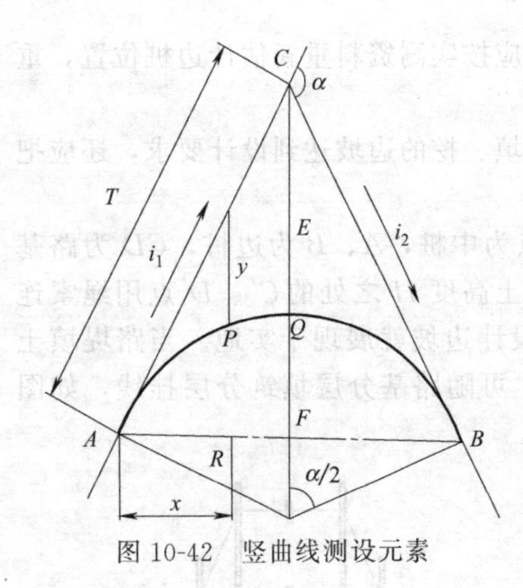

图 10-42 竖曲线测设元素

$$\alpha=i_1-i_2,\quad \tan\frac{\alpha}{2}\approx\frac{\alpha}{2}=\frac{i_1-i_2}{2}$$

所以

$$L=\alpha R=R(i_1-i_2) \tag{10-52}$$

$$T=R\frac{\alpha}{2}=\frac{L}{2}=\frac{1}{2}R(i_1-i_2) \tag{10-53}$$

因为 α 角很小，可以认为 $DF\approx E$，$AF\approx T$。

由于三角形 ACO 与三角形 ACF 相似，则：$\frac{R}{T}=\frac{T}{2E}$。

外距：

$$E=\frac{T^2}{2R} \tag{10-54}$$

同理，可导出竖曲线上任意中间点 P 距切线的纵距（也称为高程改正值）的计算公式：

$$y=\frac{x^2}{2R} \tag{10-55}$$

式中，x 为竖曲线上的任意点 P 到竖曲线的起点或终点的水平距离；y 为在凹形竖曲线中为正值，在凸形竖曲线中为负值。

竖曲线测设时，根据坡度计算中桩在竖曲线切线方向的坡道高程，再加上纵距 y，即得中桩的竖曲线高程。竖曲线高程计算出后，可采用水准仪进行测设。

【例 10-4】 设竖曲线半径 $R=3000$m，相邻坡段的坡度 $i_1=+3.1\%$，$i_2=+1.1\%$，变坡点的里程桩号为 K16+770，其高程为 396.67m。如果曲线上每隔 10m 设置一桩，试计算竖曲线上各桩点的高程。

解：①计算竖曲线测设元素：

$$L=R(i_1-i_2)=3000\times(3.1\%-1.1\%)=60(\text{m})$$

$$T=\frac{L}{2}=\frac{60}{2}=30(\text{m})$$

$$E=\frac{T^2}{2R}=\frac{30^2}{2\times3000}=0.15(\text{m})$$

② 计算竖曲线起点、终点桩号及坡道高程：

起点桩号：K16+770−30=K16+740

起点高程：396.67−30×3.1%=395.74（m）

终点桩号：K16+770+30=K16+800

终点高程：396.67+30×1.1%=397.00（m）

③ 计算各桩号竖曲线高程：

因坡道两边的坡度均为正值，且 $i_1>i_2$，坡道为凸形竖曲线。计算结果见表 10-6。

表 10-6 竖曲线高程计算

桩号	至竖曲线起点或终点的平距 x/m	高程改正值 y/m	坡道高程 /m	竖曲线高程 /m	备注
起点 K16+740	0	0.00	395.74	395.74	
K16+750	10	−0.02	396.05	396.03	
K16+760	20	−0.07	396.36	396.29	
变坡点 K16+770	30	−0.15	396.67	396.52	
K16+780	20	−0.07	396.78	396.71	
K16+790	10	−0.02	396.89	396.87	
终点 K16+800	0	0.00	397.00	397.00	

竖曲线高程计算出后，可采用水准仪进行测设。

(7) 路面放样　在路面底基层（或垫层）施工前，首先应进行路床放样，包括：中线恢复放样、中平测量及路床横坡放样。各结构层（除面层外）横坡按直线形式放样，路拱（面层顶面横坡）须根据具体类型（有抛物线形、屋顶线形和折线形 3 种）进行计算和放样。

(8) 竣工测量　路基土石方工程完成后，应进行全线的竣工测量，包括中线测量、中平测量及横断面测量。路面完工后，应检测路面高程和宽度等。另外，还应对导线点、水准点、曲线交点及长直线转点等进行加固，并重新编制各种固定点表。

习　题

1. 道路中线测量的内容是什么？

2. 什么是路线的转角？如何确定转角是左转角还是右转角？

3. 已知路线导线的右角 β：(1) $\beta=210°42'$；(2) $\beta=160°06'$，试计算路线转角值，并说明是左转角还是右转角。

4. 已知交点的里程桩号为 K4＋300.18，测得转角 $\alpha_Z=17°30'$，圆曲线半径 $R=500$m，若采用切线支距法并按整桩号法设桩，试计算各桩坐标，并说明测设步骤。

5. 已知交点的里程桩号为 K10＋110.88，测得转角 $\alpha_Z=24°18'$，圆曲线半径 $R=400$m，若采用偏角法按整桩号设桩，试计算各桩的偏角及弦长（要求前半曲线由曲线起点测设，后半曲线由曲线终点测设），并说明测设步骤。

6. 已知交点的里程桩号为 K21＋476.21，转角 $\alpha_y=37°16'$，圆曲线半径 $R=300$m，缓和曲线长 L_s 采用 60m，试计算该曲线的测设元素、主点里程以及缓和曲线终点的坐标，并说明主点的测设方法。

7. 第 6 题在定出主点后，若采用切线支距法按整桩号详细测设，试计算各桩坐标。

8. 第 6 题在定出主点后，若采用偏角法按整桩号详细测设，试计算测设所需要的数据。

9. 路线纵断面测量的任务是什么？什么是横断面测量？

10. 中平测量中的中视与前视有何区别？

11. 完成表 10-7 中平测量记录的计算。

12. 直线、圆曲线和缓和曲线的横断面方向如何确定？

表 10-7　中平测量记录计算表

测　点	水准尺读数/m			视线高程/m	高　程/m	备　注
	后　视	中　视	前　视			
BM_1	1.426				417.628	
K4＋980		0.87				
K5＋000		1.56				
＋020		4.25				
＋040		1.62				
＋060		2.30				
ZD_1	0.876		2.402			
＋080		2.42				
＋092.4		1.87				
＋100		0.32				
ZD_2	1.286		2.004			
＋120		3.15				
＋140		3.04				
＋160		0.94				
＋180		1.88				
＋200		2.00				
ZD_3			2.186			

第11章 管道工程测量

11.1 概述

管道是工业和市政设施的重要组成部分，管道工程是市政建设的基础性工程。随着经济的发展和人民生活水平的不断提高，管道已从原来单纯用于输水（给水和排水），现在则作为载体可用以输送多种介质，如蒸气、燃气、热水、油料、电力、电信以及各种化学液体等，从输送的条件看，有承压输送和常压输送。从设置状况看，有架空敷设、沿地表敷设和地下敷设，也有单独敷设和集中于管沟敷设等。

管道工程测量是为各种管道的设计和施工服务的。其任务是：为管道工程设计提供现状图，即地形图或带状地形图以及纵横断面图和相关测量资料；按设计要求进行管道施工测量。

管道工程测量的内容如下所述。

① 测绘地形图。测绘管线区域地形图或沿管线方向测绘带状地形图。如已有可利用的地形图，可结合实际情况进行修测或补测。

② 管道中线测量。根据设计要求，在实地标定出管道中心线（中线桩）。

③ 纵断面测量。测绘管道中心线方向的地面的高低起伏情况。

④ 管道施工测量。根据设计要求和施工进程在实地测设施工标志。

⑤ 管道竣工。测绘竣工管道位置，用以反映施工结果，作为使用期间管理、维修及改扩建的依据。

管道工程测量和测设，也应严格遵守“从整体到局部，先控制后碎部”的测量组织工作原则。

11.2 管道中线测量

管道中线即管道（或多管并行的管沟）的设计中心线。中心线由起点、转折点及终点等主点顺次连接组成。中线测量就是将管道设计中心线用若干桩位标定在实地的工作。桩位包括主点桩、里程桩和加桩。里程桩是按一定距离间隔所设置的整桩。加桩是在重要地貌和地物处所设置的标志桩。整桩和加桩统称中线桩，简称中桩；管道中线测量的内容包括主点的测设、中线桩的测设、转向角的测量等。

11.2.1 管道主点的测设

管道主点的测设和房屋建筑定位一样，即点的平面位置测设。如第8章所述，可以根据精度要求、现场条件以及仪器设备，选择不同的方法进行测设。测设数据可以用图解法或解析法求得。

（1）图解法　当管道设计图的比例尺较大且管道主点附近有明显参照物或控制点时，可用图解法来采集测设数据。如图11-1所示，原管线上编号为263、264两点是检查井位置，A、B、C是设计管线上的主点，现测设A、B、C等三个主点，可以从图上量出a、b、c、d、e的长度，并按图比例尺大小求出相应实地水平距离，即为测设数据。

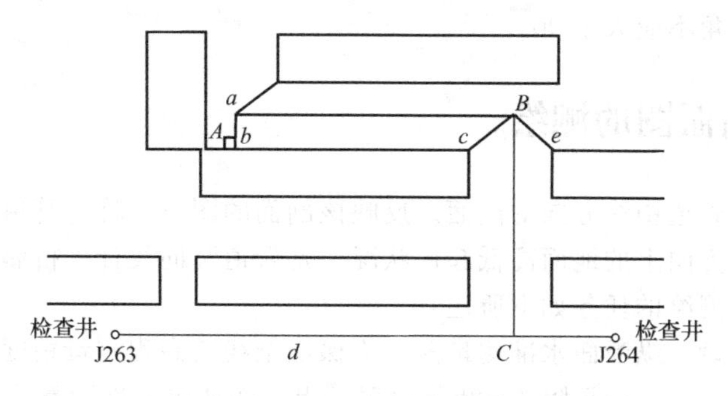

图 11-1　图解法采集测设数据

测设时，沿原管线从 263 中心向 264 方向量 d 得 C 点；用距离交会法从两建筑角分别量 a、b 交会出 A 点，量 c、e 交会出 B 点。最后用管线 AB 及 BC 的长度 D_{AB}，D_{BC} 进行校核。

图解法受图的精度及图解精度的限制，仅在管道工程精度要求不高时采用。

(2) 解析法　管道主点的坐标已知、主点附近也有控制点时，可用解析法来解算测设数据。

管道主点测设方法确定后，即可按第 8 章所述计算测设数据。实际测设可用经纬仪、钢尺，也可以用全站仪。

测设同样需要进行校核。

解析法计算测设数据，测设精度较高，是管道主点测设常用方法。

11.2.2　中线桩的测设

管道主点经测设在实地标定后，还需沿管道中线方向每隔一定距离设计中线桩（里程桩）。根据不同管线及不同的勘测阶段，桩间距一般为 20m、50m 或 100m 等，按固定桩间距设置的中线桩，称为整桩、里程桩。管道穿越重要地物及地面坡度变化处也要设桩，称为加桩。

管道中桩按管道起点至该桩的里程进行编号，并以"整千米数＋米数"的形式表达，如桩号"1＋200"表示此桩距起点 1200m，"＋"号前为整千米数 1，后为 200m 整桩。又如桩号"2＋128"表示此桩距起点 2128m，是加桩。

测设中桩一般用钢尺丈量两次，精度应达到 1/1000。当精度要求不高时，也可用皮尺丈量。打桩时，桩号写在木桩的侧面。

11.2.3　转向角测量

管道在改变方向处其原方向与前进方向间的夹角称为转向角或称转角。和道路转向一样，转向角也有左、右之分，即当管道向右偏离原方向时其转向角称为右转向角，向左偏离原方向时其转向角称为左转向角。

表示管道方向改变的另一个量叫转折角 β，即前、后方向间的夹角。该角也有左、右之分，即沿管道前进方向右侧的叫右角，左侧的叫左角。测角时应沿线一致，以免发生错误。

转折角与转向角关系如下：

$$\alpha_{右}=180°-\beta_{右}=\beta_{左}-180° \tag{11-1}$$

$$\alpha_{左}=180°-\beta_{左}=\beta_{右}-180° \tag{11-2}$$

上述角度一般用经纬仪测一测回。

有些管道转向使用定型弯头，如 90°、45°、$22\frac{1}{2}°$、$11\frac{1}{2}°$等。当管道主点间距离较短时，设计管道的转向角与定型弯头的转向角之差不应超过 1°～2°。在排水管道方向上，为防止阻水现象，其转向角不应大于 90°。

11.3 管道纵断面图的测绘

管道纵断面即沿管道中线方向的剖面。反映该剖面的图形，称为管道纵断面图。管道纵断面图表示管道中线方向上的地面高低起伏状况，是管道竖向设计、桥涵设计、土方计算的主要依据。纵断面图测绘的任务如下所述。

(1) 水准点的布设　纵断面水准测量前，为保证全线的高程测量精度，应事先沿线按一定密度设置若干水准点，一般每隔 1～2km 设置一点，按四等水准测量要求施测，获得各水准点的高程。水准点的位置，应选在管线施工场地附近、地基稳固且不易受破坏的地方。有条件的要尽量设永久性水准点。

(2) 纵断面水准测量　纵断面水准测量一般以相邻两水准点之间为一测段，从一个水准点出发，逐点测量中桩的高程，再附合到另一水准点上，以作校核。

纵断面水准测量采用仪高法进行测量，如图 11-2 所示，视线长度可至 100m。转点可选在中线桩上，也可另选。每测站除观测后、前视读数，还可观测若干个中线桩，称为中间视。后、前视读数读至毫米，中间视读数读至厘米。

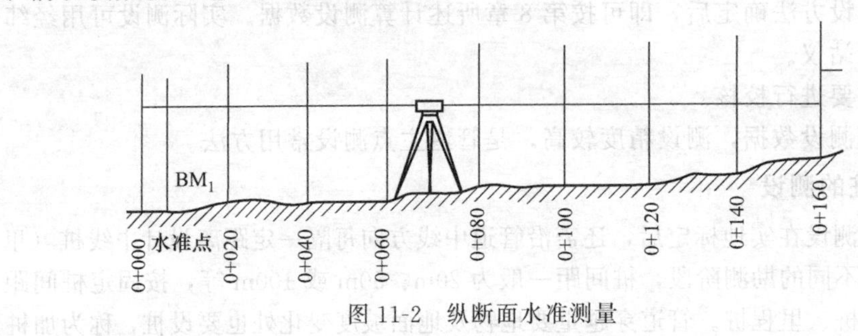

图 11-2　纵断面水准测量

表 11-1 是纵断面水准测量记录。计算观测成果，首先按附合（闭合）水准路线用各测站后、前视读数计算闭合差。如闭合差在容许值$\pm 40\sqrt{L}$mm（L 为水准路线长度，以 km 为单位），或$\pm 12\sqrt{N}$mm（N 为测站数）范围以内，则成果可用，闭合差也无需调整。若闭合差大于容许值，则应检查原因，重新测量。

各中线桩高程的计算按如下方法进行。首先计算测站视线高程。如表中第一测站，已知水准点 BM_1 的高程 $H_1=418.000$m，后视读数为 1.258m，则视线高程 $H_{i1}=418.000+1.258=419.258$m。

中间视各点高程等于视线高程分别减去各中间视读数，即：

桩号0＋000 高程　　419.258－1.13＝418.128

　　0＋000　　　　419.258－1.18＝418.078

　　……　　　　　……

由此求出管道中线上各桩点高程，为纵断面图的绘制提供数据。

在纵断面水准测量中应特别注意与其他管道交叉情况的调查，记录管道交叉点桩号，测量原有管道的高程及管径等数据，并在纵断面图上标出其位置，以供设计参考。

(3) 纵断面图的绘制　绘制纵断面图，一般是在坐标方格纸上进行绘制，以管道的里程为横坐标、高程为纵坐标。为了显著表示地面起伏状况，纵断面图的高程比例尺一般要比水平比例尺大 10 倍或 20 倍。绘制方法如下（以图 11-3 为例）。

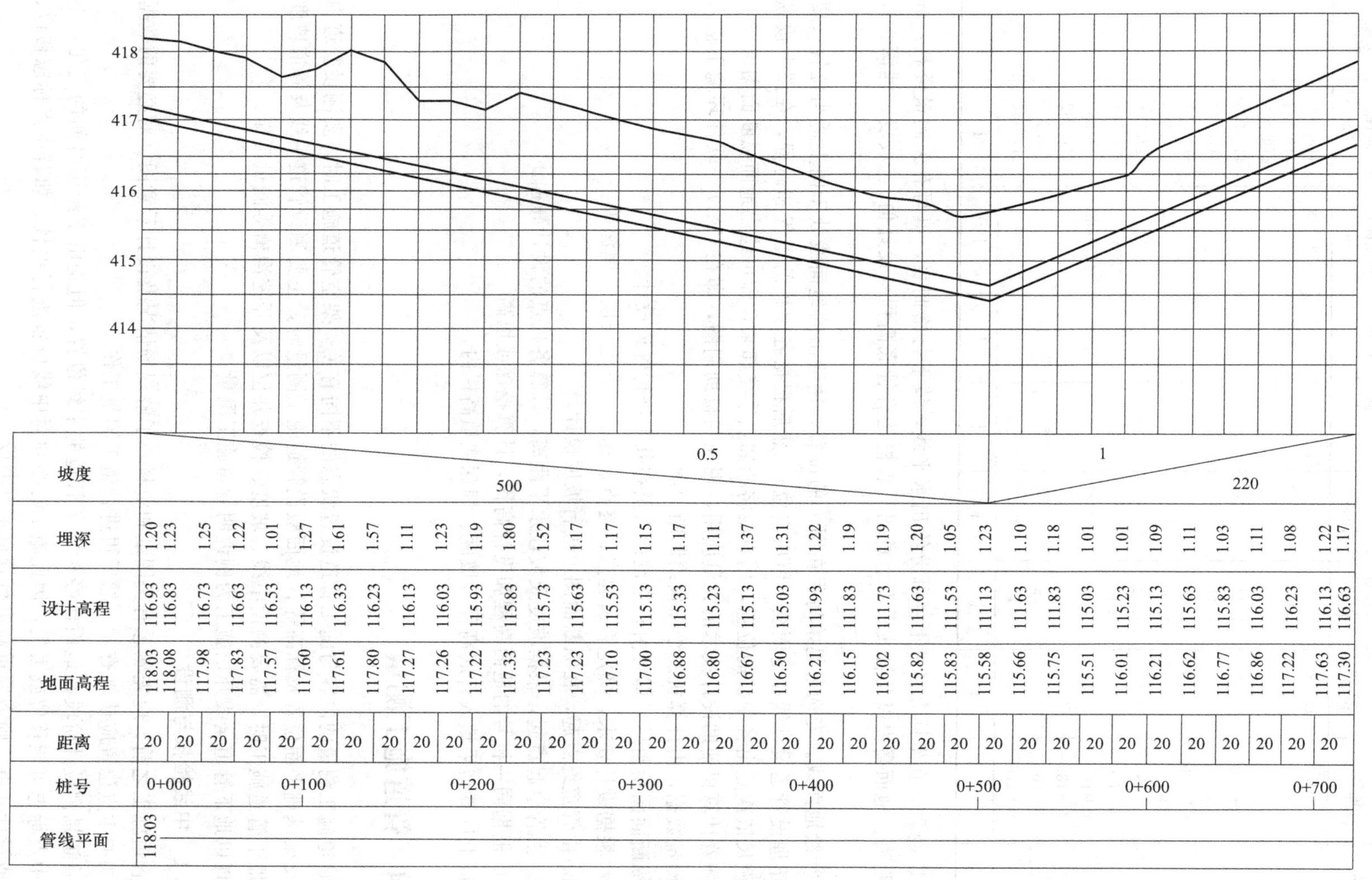
418
417
416
415
414
坡度
0.5
500
1
220
埋深
1.20 1.23 1.25 1.22 1.01 1.27 1.61 1.57 1.11 1.23 1.19 1.80 1.52 1.17 1.17 1.15 1.17 1.11 1.37 1.31 1.22 1.19 1.19 1.20 1.05 1.23 1.10 1.18 1.01 1.01 1.09 1.11 1.03 1.11 1.08 1.22 1.17
设计高程
116.93 116.83 116.73 116.63 116.53 116.13 116.33 116.23 116.13 116.03 115.93 115.83 115.73 115.63 115.53 115.13 115.33 115.23 115.13 115.03 111.93 111.83 111.73 111.63 111.53 111.13 111.63 111.83 115.03 115.23 115.13 115.63 115.83 116.03 116.23 116.13 116.63
地面高程
118.03 118.08 117.98 117.83 117.57 117.60 117.61 117.80 117.27 117.26 117.22 117.33 117.23 117.23 117.10 117.00 116.88 116.80 116.67 116.50 116.21 116.15 116.02 115.82 115.83 115.58 115.66 115.75 115.51 116.01 116.21 116.62 116.77 116.86 117.22 117.63 117.30
距离
20 20 20 20 20 20 20 20 20 20 20 20 20 20 20 20 20 20 20 20 20 20 20 20 20 20 20 20 20 20 20 20 20 20 20 20
桩号
0+000 0+100 0+200 0+300 0+400 0+500 0+600 0+700
管线平面
118.03

图 11-3　纵断面图

表 11-1 纵断面水准测量记录

测站	桩号	水准尺读数/m			高差/m		视线高程/m	高程/m	备注
		后视	中视	前视	+	−			
	BM_1	1.258					419.258	418.000	
	0+000		1.13					418.128	
	0+020		1.18					418.078	
	0+040		1.28					417.978	
	0+060		1.41					417.848	
①	0+080		1.69					417.568	
	0+100		1.56					417.698	
	0+120		1.32					417.938	
	0+140		1.46					417.798	
	0+160	1.216		1.992		0.734	418.482	417.266	
	0+180		1.22					417.262	
	0+200		1.36					417.122	
②	0+220		1.15					417.332	
⋮	⋮	⋮	⋮	⋮	⋮	⋮	⋮	⋮	

① 制表。在坐标方格纸下半部分绘出水平线，线下打格制表，填写有关测量资料：桩号、距离、地面高程以及管线平面示意图。表格还有管底高程（设计值）、坡度、埋深、管径等。

② 绘地面线。先选定起始高程在图上的位置，使绘出的地面线处于图上适当位置（要考虑给埋设管道设计线在地面线下留出空位）。然后根据各中桩的里程和高程，在图上按纵横比例尺依次点出各中桩的位置，用直线将相邻点连接起来，即可绘出地面纵断面图。

随着计算机辅助设计技术的大量应用，现在用机助制图，即在 CAD 等软件环境下输入已知测量数据，由计算机及绘图仪绘制断面图。

纵断面图绘制后，即可由管道设计人员在其上进行管道设计。

a. 根据设计要求，确定管道起点、终点、标高，管道坡度、埋深等。

b. 由管道终点起，在纵断面图上进行坡度设计。

c. 由管道起点起，根据坡度及坡段水平距离，计算各桩点的设计高程。

d. 根据同一桩号的地面高程和设计高程，计算挖深或填高。

以上计算结果填入管底高程、坡度、埋深或填高栏内。

11.4 管道施工测量

管道施工测量的内容与施工管道设置状态的不同有关。架空管道施工时，要测设管道中线，支架基础平面位置及标高等；地面敷设管道施工测量时，主要测设管道中线及管道坡度等。地下管道施工时，需要测设中线、坡度、检查井位以及开挖沟槽等测量工作。

现以地下管道全线开挖施工为例说明管道施工测量。

11.4.1 中线检核与测设

管道施工之前，应先熟悉有关图纸和资料，了解现场情况及设计示意图。对必要的数据和已知的主点位置应认真查对，然后再进行施工测量工作。

管道勘测设计阶段在地面已经标定了管道的中线位置，但是由于经历时间的变化，主点、中点标志可能移位或丢失，因此施工时必须对中线位置进行检核。如若主点标志移位、丢失或设计变更，则需要重新进行管道主点测设。

勘测时中线桩一般比较稀疏，施工时则需要适当加密中线桩。

11.4.2　标定检查井位置

检查井是地下管道工程中的一个组成部分，需要独立施工，因此应标定其位置。标定井位一般用钢尺沿中线逐个进行，并用大木桩加以标志。

11.4.3　设置施工控制桩

管道施工期间，中线上各桩将被挖掉，为了便于恢复中线和检查井的位置，应在施工开挖沟槽外不受施工破坏、引测方便、易于保存的地方设置施工中线控制桩和检查井控制桩。如图 11-4 所示，主点控制桩可在中线的延长线上，设置两个控制桩，检查井控制桩可在垂直于中线方向两侧各设置一个控制桩或建立与周围固定地物之间的距离关系，使井位可以随时恢复。

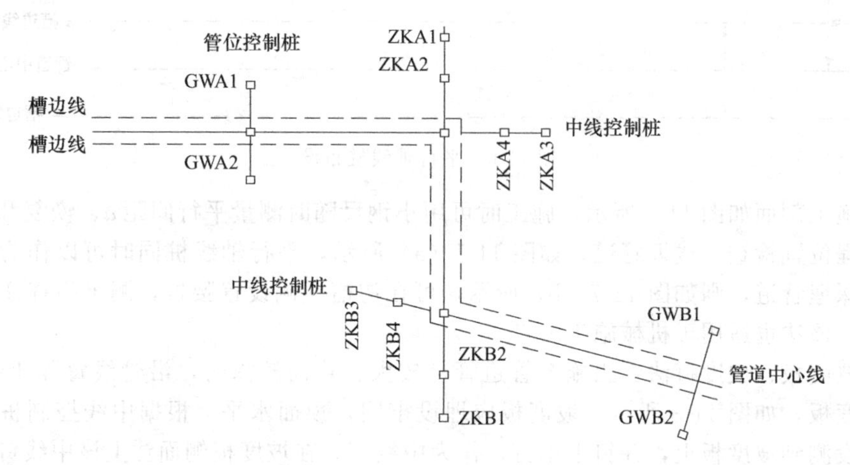

图 11-4　主点控制桩布设

11.4.4　槽口放线

管道施工槽口宽度与管径、埋深以及土质情况有关。施工测量前应查看管道横断面设计图，如图 11-5 所示，沟槽口宽度首先决定槽底宽度 b，该值大小主要取决于管径、挖掘方式和敷设容许偏差等因素。土质情况主要考虑边坡稳定。埋深则由设计图上取得，于是当地面横向坡度比较平缓时（见图 11-5），开挖槽口宽度可按下列公式计算：

$$B=b+2mh \tag{11-3}$$

式中，b 为槽底宽度；h 为中线上的挖土深度；$1/m$ 为灌草边坡的坡度。

当地面横向高低不同时（见图 11-5 右图），开挖槽口宽度按下列公式计算：

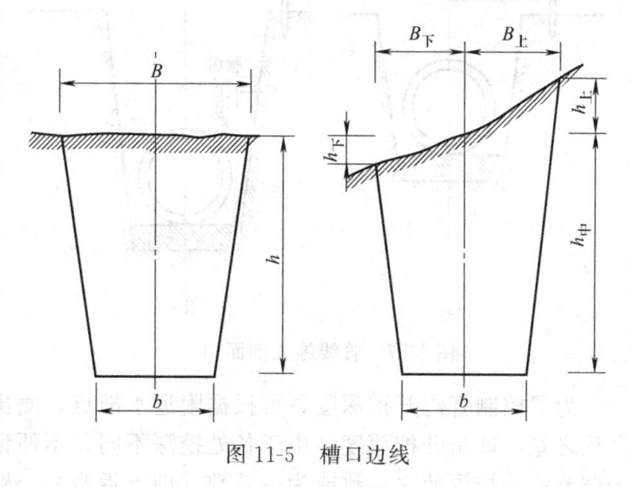

图 11-5　槽口边线

斜坡上侧　$$B_{上}=\frac{b}{2}+m\cdot(h_{中}+h_{上}) \tag{11-4}$$

斜坡上侧　$$B_{下}=\frac{b}{2}+m\cdot(h_{中}-h_{上}) \tag{11-5}$$

$$B=B_{上}+B_{下} \tag{11-6}$$

沟槽口宽度 B 计算出来后即可以中线为准，向两侧分别开挖边界，即为沟槽开挖边线。

11.4.5 施工测量标志的设置

管道施工时，为了随时恢复管道中线及检查施工标高，一般在管线上要设置专用标志。常用方法有如下几种。

（1）平行轴线桩法　当施工管道管径较小、埋深较浅时，在管线一侧设置一排平行于管道中线的轴线桩；如图 11-6 所示，平行间距 a 的大小与管径和埋深有关，以不受施工影响和方便测设为准。

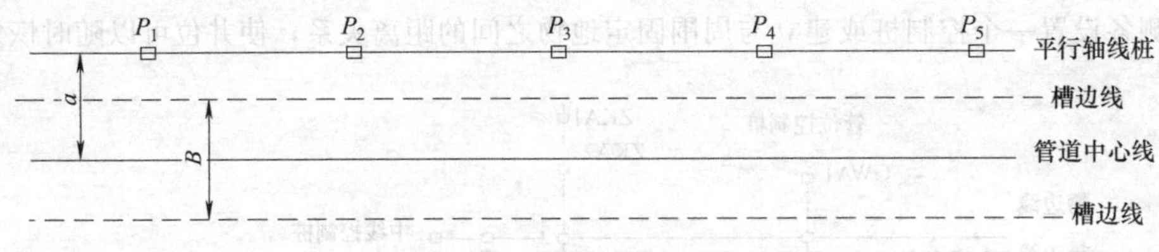

图 11-6　平行轴线桩布设

管道施工剖面如图 11-7 所示，施工时可用小钢尺随时测量平行间距 a，恢复和检查中线位置。高程位置检查、浅埋管道，如图 11-7（a）所示，平行轴线桩同时可以作为高程测设依据。若深埋管道，则如图 11-7（b）所示，可在沟槽一侧设置腰桩，测出高程作为高程测设的依据。该法也适用于机械施工。

（2）坡度板、坡度钉法　当施工管道管径较大、管沟较深时，沿管线每隔 10～20m 设置跨槽坡度板，如图 11-8 所示。坡度板应埋设牢固，顶面水平。根据中线控制桩，用经纬仪将中线投测到坡度板上，并钉上小钉，作为中线钉。在坡度板侧面注上该中线钉的里程桩号。相邻中线钉的连线，即为管道中线方向，在其上悬挂垂线，即可将中线位置投测到槽底，用于控制沟槽开挖和管道安装。

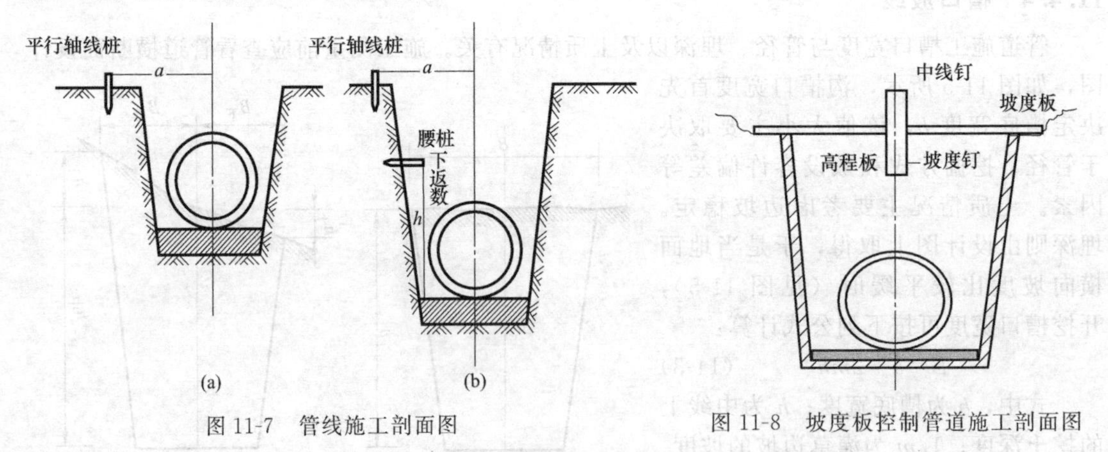

图 11-7　管线施工剖面图

图 11-8　坡度板控制管道施工剖面图

为了控制管沟开挖深度，可根据附近水准点，测出各坡度板顶端高程。板顶高程与管底高程之差，就是开挖深度。由于各处挖深不同，不便记忆，于是在坡度板上设置高程板，用于调节各处挖深使之一致或为一整数（即下返数），然后在高程板上钉设坡度钉，由坡度钉向下量下返数（即为管沟底）。

11.5 顶管施工测量

当管道穿越铁路、公路、江河或重要建筑时，为了避免因开挖沟槽而影响正常的交通运输或需要大量拆迁建筑物，多采用顶管施工的方法。为此，需要有相应的测量方法为顶管施工服务，这就是顶管施工测量。随着机械化施工程度的提高，这种施工方法已被广泛的采用。

顶管施工如图 11-9 所示，在管线一端或两端挖好工作坑，在工作坑内安放导轨，并将管道放在导轨上，然后一边从管内挖出土方，一边将管道沿管道中线方向向前顶进，直至贯通。顶管施工测量工作的主要任务，是控制好顶管的中线方向、高程和坡度。

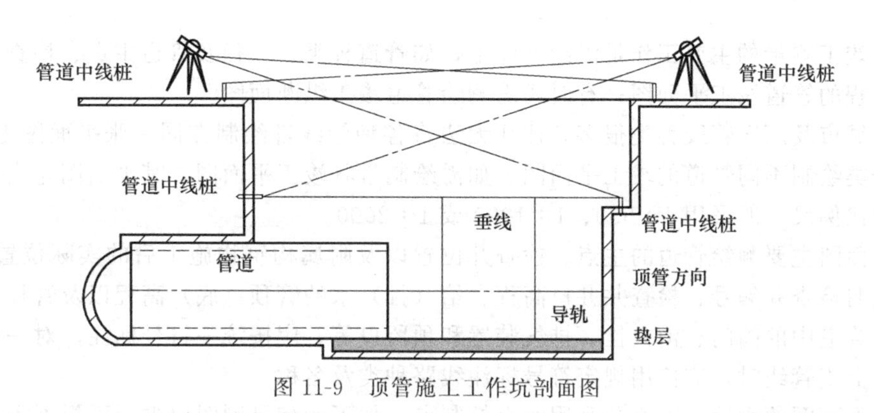

图 11-9　顶管施工工作坑剖面图

11.5.1　中线测量

顶管工作坑开挖前，应将管道中线桩设置在拟开挖工作坑两端，然后以此进行工作坑长、宽放样并开挖。随着工作坑开挖深度的增加，在地面中线桩上无法进行坑底中线测设可使用经纬仪进行中线投测，在两端坑壁上打桩，如图 11-9 所示，建立坑壁中线桩。

进行顶管导轨安装以及顶管施工导向时，用细绳连接量坑壁上的中线桩，并在两端各悬挂一个皮球，由此即将管道中线投测到坑底，用于导轨安装；顶管施工导向上在量垂球线一侧拉紧一条水平细线，紧靠垂球线并直指顶管工作面。这时在管道前端内用水准器放平一中线木尺，木尺长度等于或略小于管径，木尺上的分划上以尺的中央为零向两端增加的。如果两垂球连线通过木尺零点则表示顶管在中线上；如不与零点重合，则有偏差。若左右偏差超过±1.5cm，则需要对管子进行中线校正。

11.5.2　高程测量

当工作坑开挖至设计标高后，为了方便控制管道按设计高程和坡度进行顶管施工，需要在坑底或坑壁上设置临时水准点 2～3 个（以便相互检核）。

顶管时的高程和坡度测设是将水准仪安置于工作坑内，以临时水准点为后视点，在管内待测点竖一根小于管径的标尺为前视，将测得的高程与设计高程进行比较；其偏差超过±1cm 时，需要对管子进行校正。当施工要求不高或工作坑内仪器工作不便，在条件容许时，也可采用塑料软管用静力水准的方法对顶进端高程与设置高程比高。

在顶管过程中，为保证施工质量，每顶进 0.5m 就需要对管子进行一次中线测量和高程测量，其限差：横向为±1.5cm；高程为±1.0cm。

顶管施工距离小于 50m 时，一端施工即可。当距离较长时，应两端相向施工，或每隔 100m 设一工作坑，采用分段对向顶管施工方法，贯通误差不得大于±3cm。

对于采用套管的顶管施工，施工精度可适当放宽。

当顶管距离较长、管径较大并采用机械化施工时，可用激光指向仪进行导向。

11.6 管道竣工测量

管道竣工测量的目的，就是客观地反映管道施工后的实际位置和尺寸，以便查明与原设计的符合程度，这是检验管道施工质量的重要内容，并为建成后的使用、管理、维修和扩建提供重要的依据。它也是建筑区域规划的必要依据和城市基础地理信息系统的重要组成部分。

管道竣工测量的主要工作是测绘并注记，如管道种类、管径及管道主点、检查井等标注其相关高程的管道竣工平面图；有时还需测绘管道竣工纵断面图。

由于城市及厂区管线种类很多，往往无法将各种管线都绘制在同一张平面图上，因此，也可以分类绘制不同管道的竣工平面图。如需绘制带状竣工平面图，其平面图宽度根据需要确定，图比例尺一般采用1∶500、1∶1000或1∶2000。

竣工面图主要测绘管道的主点、检查井位置以及附属构筑物施工后的实际位置和高程。图上应注明检查井编号、检查井井口高程、给（排）水的管顶（底）高程以及管径等相关数据。对于管道中的阀门、消火栓、排气装置和预留口等，应按统一符号标注。对一张图上有两种及以上正管线时，应使用规定符号标注线路种类及名称。

竣工平面图的测绘，可充分利用原有控制点，如不能满足测图要求，可根据需要重新布设施测加密控制。当已有实测的大比例尺地形图时，可以利用其永久建筑物用图解法量测绘制出管道及其构筑物的位置。

当管线竣工测量的精度要求较高时，需测定管线的主点坐标及准确高程，并注记于图上，其点位中误差应满足相应规范要求（一般不大于5cm）。

由于管道工程多属地下隐蔽工程，竣工测量的时效性很强，应在回填土之前及时进行，以提高工效并保证测量的质量。

对于旧有地下管线没有竣工图而需对其测绘时，应尽量收集旧管道资料，再实地核对，对有检查井的管线应逐井打开井并用塔尺等工具量取管径、管顶或管底比高等数据，并详细记录。一井中有多方向管道时，要逐一量取并测量其方向，以便连线弄清楚线路走向。必要时需开挖进行测量，也可借助探地雷达、金属探管仪等设备进行管道调查测量。

调查清楚后，逐点测量并绘制成图。对确实无法核实的直埋管道，可在图上画虚线示意。

进行下井调查应特别注意人身安全，需先了解有关管线的安全知识，并严格遵守用火用电等作业要求，防止有毒、易燃、易爆气体及腐蚀液体等的危害。特殊管线的调查更应办理相应手续并在相关部门的配合下调查、施测。

习　题

1. 已知设计管道上主点1、2及控制点A、B的坐标，试选择一种测设方法，计算其测设数据，并提出校核方法及数据。

$x_A=6130.652\text{m}$　　$y_A=13002.500\text{m}$

$x_B=6130.728\text{m}$　　$y_B=13103.618\text{m}$

$x_1=6250.800\text{m}$　　$y_1=13130.500\text{m}$

$x_2=6190.800\text{m}$　　$y_2=13130.500\text{m}$

2. 整理表11-2纵断面水准测量记录，并绘制出纵断面图（水平比例尺1∶1000，高程比例尺1∶100）。

表 11-2　纵断面水准测量记录

测站	桩号	水准尺读数/mm			高差/m		视线高程/m	高程/m	备注
		后视	中间视	前视	+	－			
①	BM_3	1516							BM_3＝416.526
	1＋120		1602						
	1＋140		1513						
	1＋151		1462						
	1＋160		1411						
	1＋180			1325					
②	1＋180	1781							
	1＋195		1701						
	1＋200		1665						
	1＋220		1600						
	1＋240		1523						
	1＋260			1408					
③	1＋260	1800							
	1＋280		1795						
	1＋286		1700						
	1＋300		1686						
	1＋309		1652						
	1＋320			1525					

3. 已知龙门板个板顶高程、板号及设计坡度如表 11-3 所列，试按表中有关数据，选定一“下返数”计算板顶调整数及坡度钉高程。

表 11-3　坡度钉测设手簿

板号	距离/m	坡度	管底高程/m	板顶高程/m	板管间高差/m	预定下返数/m	板顶高程调整数/m	坡度钉高程/m
1＋120			410.232	412.814				
1＋140				412.757				
1＋160				412.687				
1＋180				412.620				
1＋200		－3‰		412.583				
1＋220				412.500				
1＋240				412.465				
1＋260				412.403				

第12章　矿山测量

12.1　矿山测量的任务和作用

矿山测量是以矿山建设和生产为研究对象，用测量、计算和绘图为手段研究和处理采矿过程中由矿体到围岩，从井下到地面，在静态和动态条件下工作空间的各种几何问题，确保矿山资源的合理开发、安全生产和矿区生态环境的治理。

在矿山开发过程中，矿山测量起着举足轻重的作用。在地质勘探阶段、在建井和生产过程中，需要大量的日常性测量工作，不仅要准确标定工程位置，还要及时填绘各种矿图，为矿井管理人员和工程技术人员了解生产、指挥生产、制定生产计划，编制远景规划提供准确的资料；通过对地表与岩层移动的观测，为“三下”采煤、留设保护矿柱、矿压研究提供理论和方法；还要为造地复田、环境治理提供服务。

具体说来，矿山测量的任务有：

① 精确建立井上、井下控制测量系统；

② 及时而准确地测绘各种矿图；

③ 正确标定井上、井下各工程位置；

④ 研究地表与岩层移动规律。

矿山测量工作贯穿于矿山建设、矿井生产的整个过程。测量工作者不仅是矿业开发中的先锋和尖兵，而且在资源开发过程中，由于测量工作在保证均衡生产、质量监督、安全生产等方面起着重要作用，所以矿山测量学又被誉为“矿山的眼睛”，起到了服务、先锋、眼睛的作用，这是测绘工作者的光荣。

12.2　矿区控制测量

在一个矿区内，当国家控制点较少时，为了满足地质勘探、矿井建设和生产的需要，应根据矿区范围的大小，顾及发展远景，在国家控制点的基础上，加密矿区首级控制网，网中的控制点也要埋石造标，永久保存。控制点的测算成果是矿区一切测量工作的基本依据。

矿区控制网的主要作用，在于保证矿区开发的各个阶段中所进行的地形测图和工程测量的需要。例如在地质勘探阶段，需要测绘比例尺为1∶5000或者1∶10000的地形图；在矿井设计、施工和生产阶段，需要测绘1∶500～1∶5000的地形图。而且各个阶段有许多工程需要进行施工测量，例如钻孔位置的标定，矿区内的公路、铁路、输电线测量，井口定位、工业广场的布置以及两井间的巷道贯通等，都要以矿区控制网为依据。

我国矿区进行的大量的平面控制测量工作，都是严格按照国家有关规范测设的，例如《1∶1000　1∶2000　1∶5000比例尺地形测量规范》、《工程测量规范》、《城市测量规范》等。这些都是建立矿区测量控制网的重要技术文件。表12-1是矿区平面控制测量的主要技术规格与精度要求。

目前，各地小煤矿发展较快。那些面积小于10km^{2}的小矿区，由于附近缺少国家控制点，又缺少原始测量资料，联测比较困难。遇到这种情况时，参照表12-1布设独立的5″或

表 12-1　平面控制测量的主要技术规格与精度要求

等级	平均边长/km	测角中误差/(″)	最弱边的相对中误差	测回数			三角形最大闭合差/(″)
				J_1	J_2	J_6	
三	5～8	1.6	1/80000	9	12		7
四	2～5	2.5	1/50000	6	9		9
5″	0.8～2	5	1/20000		3	6	15
10″	0.5～1	10	1/10000		2	3	30

10″小三角作为矿区首级平面控制网。采用独立平面直角坐标系统，合理选择坐标原点，将测区置于第一象限内，避免 X，Y 值出现负数。可假定网中某点的起算坐标精确测量出网中三角形某边的磁方位角作为起算方位角，该边的磁北方向即为坐标纵轴方向。这样布测的小矿区首级控制网是小矿区一切测量工作的基本依据。

矿区基本高程控制应在国家等级水准点的基础上建立。一般来说，大矿区应测设三等水准作为基本高程控制，中等矿区应测设四等水准，小矿区可用等外水准作为基本高程控制。由于矿区需要测绘大比例尺的地形图，以及要进行井上、井下各种工程建筑物的定位和施工放样工作，因此，作为矿区基本高程控制的水准路线长度应予适当缩短，以加大水准点的密度，保证各种高程测量的精度。矿区各级水准路线的布设长度，一般不应超过表 12-2 的规定。

表 12-2　矿区各级水准路线的布设要求

等　级	闭合环线周长与高级点间路线长/km	结点间路线长/km	支线长/km
三等水准	60	35	15
四等水准	25	15	10
等外水准	10	6	4

图根控制测量，直接用于测绘地形图的控制点称为图根控制点，简称图根点。对图根点进行的平面测量和高程测量称为图根控制测量，其任务是通过测量和计算，得到各点的平面坐标和高程，并将这些点精确地展绘在有坐标方格网的图纸上，作为测图控制。

测图平面控制网（或称图根网）是在国家三、四等三角点或矿区首级控制点的基础之上加密测设的。这些高等级点的分布密度比较稀，不能满足测图的要求。以四等三角点为例，相邻两点间的距离通常为 2～5km，而地形图要求两图根点的平均距离对 1∶5000 的比例尺来说应不大于 500m，对 1∶2000 的比例尺应不大于 350m，对 1∶1000 的比例尺应不大于 170m，对 1∶500 的比例尺应不大于 100m，因此需要在等级控制网下进一步加密，建立等级更低的控制。加密图根控制点的主要方法有小三角测量、导线测量，其次是交会定点。目前多数测绘单位已用 GPS 测量代替图根控制测量。

图根高程控制测量是以三、四等水准网作为基本高程控制，其下布设等外水准和三角高程网即可作为小测区的首级控制，又可作为测图控制。

12.3　矿井联系测量

12.3.1　矿井联系测量的意义和任务

为使矿山井下与地面采用统一的测量坐标系统所进行的工作称为联系测量。联系测量包括平面联系测量与高程联系测量两部分，前者又称定向，后者亦称导入标高。

联系测量对矿井建设、安全生产、矿区地面建设、矿区与相邻地域的生产、生活、安全有着至关重要的意义。主要表现为：绘制井上、井下对照图，及时了解地面建筑物、铁路以及水体与井下巷道、回采工作面之间的相互位置关系；确定相邻矿井间的位置关系；解决同一矿井或相邻矿井间的巷道贯通问题；由地面向井下指定巷道打钻时标定钻孔的位置。

联系测量的任务是：①确定井下经纬仪导线起始边的方位角；②确定井下经纬仪导线起始点的平面坐标；③确定井下水准基点的高程。

在联系测量前，应在井口附近测设平面控制点（即近井点），作为定向的依据。在井口附近埋设2～3个水准点（即水准基点），作为导入标高的依据。

联系测量的主要技术要求见表12-3。

表12-3　联系测量的主要技术要求

联系测量关系	限差项目	要求精度
几何定向	从近井点推算两次独立定向结果的互差	两井定向<1′ 一井定向<3′ 一井定向条件较差，互差可放宽到<3′ 井田一翼长不超过300m的小矿井互差可放宽到<10′
陀螺经纬仪定向	井下定向边坐标方向角的中误差（对地面测定常数边而言）	可根据定向测量的要求和采用仪器的精度而定，当定向要求精度<30°，采用一次测定方向中误差为20″的仪器
导入高程测量	两次独立导入高程测量结果的互差	$<\frac{h}{8000}$，h为井筒深度

12.3.2　平面联系测量

平面联系测量的任务是将地面的已知平面坐标和方位角传递到井下经纬仪导线的起始点和起始边上，使井上、井下采用统一的坐标系统。在平面联系测量中，方位角传递误差对工程的影响是主要的。因此，把平面联系测量简称为矿井定向，并用井下经纬仪导线起始边方位角的误差作为衡量定向精度的标准。

矿井定向的方法可分为：几何定向和陀螺经纬仪定向。几何定向又分为：通过平硐或斜井的几何定向；通过一个井筒的几何定向，简称一井定向；通过两个井筒的几何定向，简称两井定向。

通过平硐或斜井的几何定向，可以直接由井口敷设经纬仪导线至井下，进行坐标和坐标方位角的传递，定向工作较为简单，而且无特殊要求，故此处不赘述。

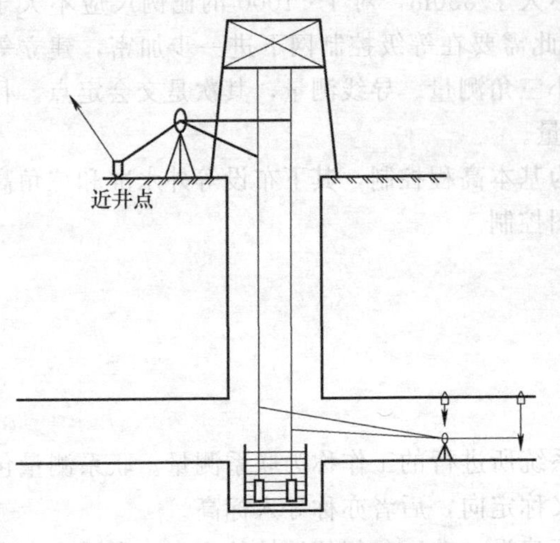

图12-1　一井定向原理

12.3.2.1　一井定向

如图12-1所示，在井筒内悬挂两根钢丝，钢丝的一端固定在井口上方，另一端系上重锤自由悬挂至定向水平。根据地面坐标系统求出两根钢丝的平面坐标及其连线的方位角；在定向水平通过测量把垂线和井下永久导线点联系起来，从而将地面的坐标和方向传递到井下，达到定向的目的。因此，定向工作分为投点与连接两部分。

(1) 投点　所谓投点，就是在井筒内悬挂重锤传递至定向水平的测量工序。由于井筒内风流、滴水等因素的影响，致使钢丝偏斜，产生的误差称为投点误差。由投点误差引起的两垂球线连线方向的误差称为投向误差。通常情况下，由于井筒直径有限，两垂线间的距离一般不超过 3～5m。当有 1mm 的投点误差时，便会引起方位角误差达 2′多。因此，在投点时必须采取措施减少投点误差。通常采用方法如下：

① 采用高强度小直径的钢丝，以便加大垂球重量，减少风流的阻力；

② 将重锤置于稳定液中，以减少钢丝摆动；

③ 测量时，关闭风门或暂时停扇风机，并给钢丝安上挡风套筒，以减少风流的影响等。

此外，挂上重锤后，应检查钢丝是否自由悬挂。常用的检查方法有两种：一是比距法，二是信号圈法。比距法是分别在井口和井底定向水平用钢尺丈量两根钢丝间的水平距离，若距离相差小于 4mm，说明钢丝处于自由悬挂状态。信号圈法是自地面沿钢丝下放小铁丝圈，看是否受阻。当确认钢丝自由悬挂后，即可开始连接工作。

（2）连接　连接的方法很多，通常有连接三角形法和瞄直法等。

① 连接三角形法。在井上、井下筒附近选定连接点 C 和 C'，形成以两垂球线连线 AB 为公共边的两个三角形 ABC 和 ABC'。为提高精度，尽可能将连接点 C 和 C'设在 AB 延长线上，尽量靠近一根垂球线。

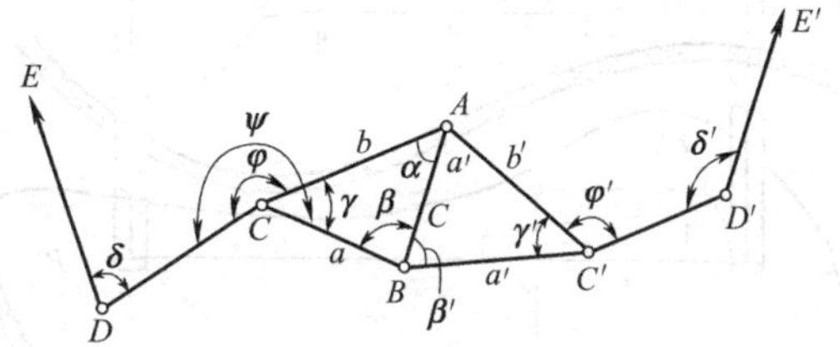

图 12-2　一井定向的联系三角形示意图

连接三角形法的外业工作：a. 测角。投点工作符合要求后，应立即同时在井上、井下进行水平角测量。井上测出 δ、φ、γ 角，井下测出 δ'、φ'、γ' 角。b. 量边。井上量出边长 AB、BC、AC；井下量出边长 $A'B'$、$B'C'$、$A'C'$。边长丈量时应采用经过鉴定的钢尺，施以检校时的拉力，并记录温度。每边长丈量三次，每次互差不应大于 2 mm。满足要求后取其平均值作为最后结果。

连接三角形法的内业工作：包括解三角形和导线计算两部分。

首先利用正弦定理解三角形，求出 α 和 β 角，即

$$\sin\alpha=\frac{a}{c}\sin\gamma;\ \sin\beta=\frac{b}{c}\sin\gamma$$

同样方法，解算出井下连接三角形中的 α_1 和 β_1 角。然后，根据上述角度和丈量的边长，将井上下看成一条由 E-D- C-A-B- C'-D'-E'组成的导线，按一般导线计算的方法求出井下经纬仪导线起始边的方位角 α_{DE}和起始点的坐标 x'_D、y'_D。

为了校核，一井定向应独立进行两次，两次定向求得的井下起始边的方位角互差不超过 2′。

② 瞄直法。在连接三角形中，如使连接点 C 和 C'位于 AB 延长线上，即成瞄直法。这时只要在 C 和 C'点安置经纬仪，测出 β_C、$\beta_{C'}$ 角；量出 CA、AB、BC'边长，就可完成定向任务。但实际上把连接点 C 和 C'精确地设在 AB 延长线上是比较困难的。因此，该方法只在精度要求不高的小矿井定向时才较为适用。

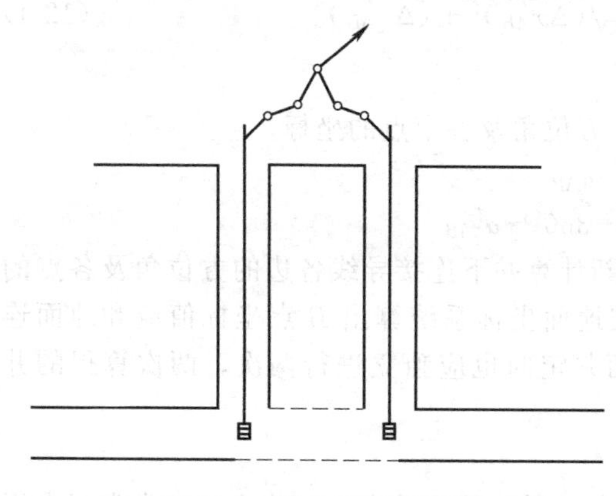

图 12-3　两井定向原理图

12.3.2.2　两井定向与导入标高

当一个矿井有两个立井，且在定向水平有

巷道相通时，应首先考虑两井定向。如图12-3 所示，在两个立井中各挂一根垂球线，然后在地面和井下定向水平用导线测量的方法把两垂球线连接。同一井定向一样，两井定向的全部工作包括投点、连接和内业计算。

(1) 投点　投点的方法与一井定向相同，只是每个井筒悬挂一根钢丝，投点工作比一井定向简单，而且占用井筒时间短。

(2) 连接　当矿井有两个竖井，且在顶向水平有巷道相同，并能进行测量时，就可采用两井定向。

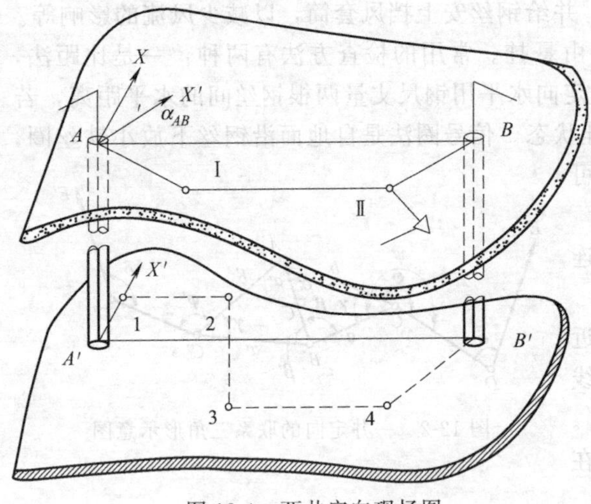

图 12-4　两井定向现场图

两井定向的外业测量与一井定向类似，也包括投点，地面和井下连接，两井定向的井上，井下连接测量的现场图见图 12-4。

(3) 内业计算　由于每个井筒内只投一个点，不能直接推算井下导线边的方位角。因此，首先采用假定坐标系统，然后经过换算求得与地面坐标系统一致的方位角。

① 根据地面导线计算 A、B 点坐标，通过坐标反算原理求出两垂球线连线在地面坐标系统中的方位角、边长。

$$\tan\alpha_{AB}=\frac{y_B-y_A}{x_B-x_A}=\frac{\Delta y_{AB}}{\Delta x_{AB}} \tag{12-1}$$

$$S_{AB}=\frac{y_B-y_A}{\sin\alpha_{AB}}=\frac{x_B-x_A}{\cos\alpha_{AB}}=\sqrt{(\Delta x_{AB})^2+(\Delta y_{AB})^2} \tag{12-2}$$

② 建立井下假定坐标系统，计算在定向水平上两垂球线连线的假定方位角、边长。通常为了计算方便，假定 $A'-1$ 边为 x' 轴方向，与 $A'-1$ 垂直方向为 y' 轴，A 点为坐标原点，即

$$\alpha'_{A1}=0°00'00'' \quad ,\ x'_A=0 \quad ,\quad y'_A=0$$

计算井下连接导线各点假定坐标，直至垂线 B 的假定坐标 x'_B 和 y'_B。再通过反算公式计算 AB 的假定方位角及其边长：

$$\tan\alpha'_{AB}=\frac{y'_B-y'_A}{x'_B-x'_A}=\frac{y'_B}{x'_A} \tag{12-3}$$

$$S'_{AB}=\frac{y'_B-y'_A}{\sin\alpha'_{AB}}=\frac{x'_B-x'_A}{\cos\alpha'_{AB}}=\sqrt{(\Delta x'_{AB})^2+(\Delta y'_{AB})^2} \tag{12-4}$$

理论上讲，S_{AB} 和 S'_{AB} 应相等。

③ 按地面坐标系统计算井下连接导线各边的方位角及各个点的坐标。

$$\alpha_{A1}=\alpha_{AB}-\alpha'_{AB}$$

式中　若 $\alpha_{AB}<\alpha'_{AB}$ 时，
$$\alpha_{A1}=\alpha_{AB}+360°-\alpha'_{AB}$$

然后根据 α_{A1} 之值，以垂线 A 的地面坐标重新计算井下连接导线各边的方位角及各点的坐标，最终求得垂线 B 的坐标。井下连接导线按地面坐标系统算出 B 点坐标值应和地面连接导线所算得的 B 点坐标值相等。为了检核，两井定向也应独立进行两次，两次算得的井下导线起始边的方位角互差不得超过 1′。

12.3.2.3　陀螺经纬仪定向简介

采用立井几何定向时，设备多，组织工作复杂，需要较多的人力、物力，且常常因占用

井筒时间长而影响生产。陀螺经纬仪定向是一种物理定向方法，采用该方法既可克服上述缺点，又可大大提高定向精度。

（1）陀螺经纬仪的工作原理　陀螺仪是根据自由陀螺仪的定轴性和进动性两个基本特征，并考虑到陀螺仪对地球自转的相对运动，使陀螺轴在测站子午线附近作简谐摆动的原理而制成的。陀螺经纬仪则是由陀螺仪和经纬仪结合而成的定向仪器。它通过陀螺仪测定出子午线方向；用经纬仪测出定向边与子午线方向的夹角，就可以根据天文方位角和子午线收敛角求得地面和井下任意定向边的大地方位角。图 12-5 为 JT_{15} 陀螺仪的基本结构图。图 12-6 为 GAK-1 陀螺仪的基本结构图。

（2）陀螺经纬仪的定向方法　运用陀螺经纬仪进行矿井定向的常用方法主要有逆转点法和中天法。两种方法间的主要区别是在测定陀螺北方向时，逆转点法的仪器照准部处于跟踪状态，而中天法的仪器照准部是固定不变的。

采用逆转点法测定井下未知边方位角的过程如下所述。

① 在地面已知边上测定仪器常数 。实质上是测定已知边的陀螺方位角；根据已知边的陀螺方位角便可求出仪器常数。

② 在井下定向边上测定陀螺方位角。

③ 返回地面后，再次在已知边上测定仪器常数。

④ 计算井下未知边的坐标方位角。

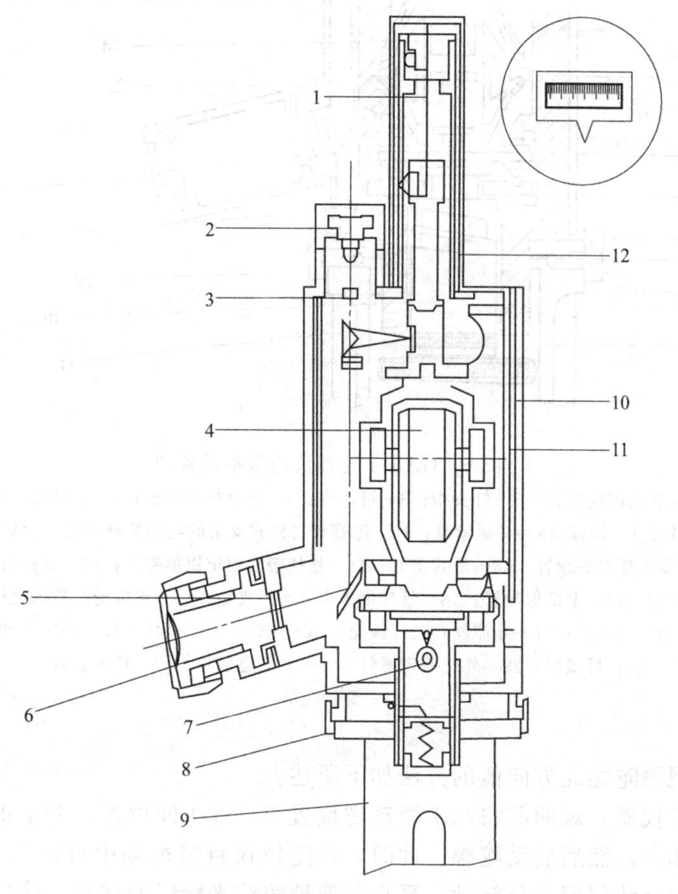

图 12-5　JT_{15} 陀螺仪的基本结构图

1—悬挂带；2—光源；3—光标镜；4—陀螺马达；5—分划板；6—目镜；7—凸轮；8—限幅盘；9—连接支架；10—磁屏蔽；11—支架；12—悬挂柱

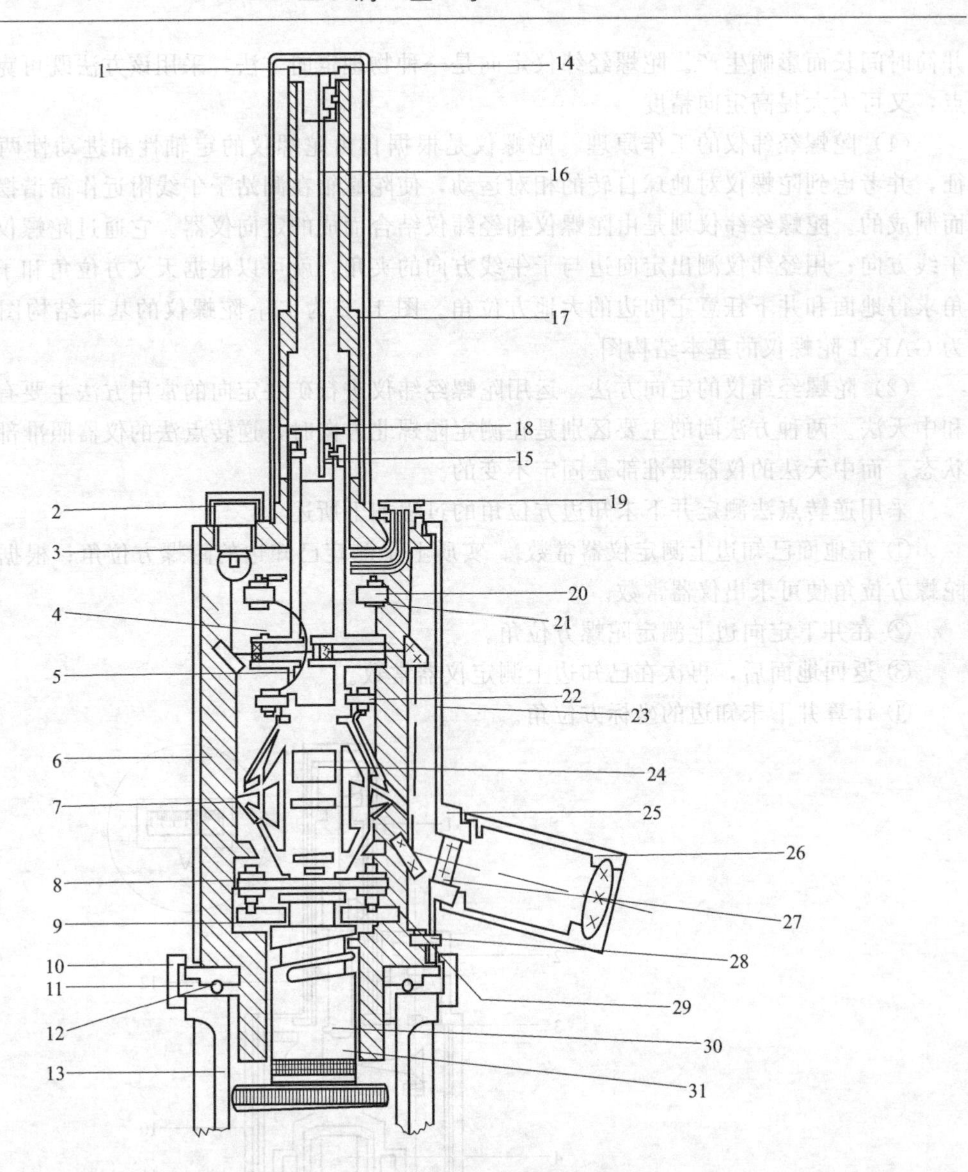

图 12-6 GAK-1 陀螺仪的基本结构图

1—上钳形夹头的固定螺钉；2—灯头帽；3—灯泡座；4—光学指示系统；5—悬挂柱；6—框架柱；7—陀螺轴；8—限幅盘；9—锁紧盘；10—陀螺仪与桥式支架的喉结螺母；11—“V”形槽；12—桥式支架的球形头顶针；13—桥式支架；14—悬挂带上固定钳形夹头；15—悬挂带固定螺钉；16—悬挂带；17—上部保护管；18—悬挂带下固定钳形夹头；19—连接逆交器的电缆插座；20、22—绝缘板；21—导流丝；23—外壳；24—陀螺；25—短柱凸块；26—分划板；27—目镜筒；28—外壳固定螺钉；29—锁紧盘触点；30—锁紧装置；31—警告红带

按逆转点法观测陀螺北方向值的方法如下所述。

在测站上安置仪器，观测前将水平微动螺旋置于行程中间位置，并于正镜位置将经纬仪照准部对准近似北方，然后启动陀螺。此时，在陀螺仪目镜视场中可以看到光标线在摆动，用水平微动螺旋使经纬仪照准部转动，平稳匀速地跟踪光标线的摆动，使目镜视场中分划板上的零刻度线与光标线重合。当光标达到东西逆转点时，读取经纬仪水平盘上的读数。连续读取 5 个逆转点时的读数 u_i，便可按以下公式求得陀螺北方向值 N_T。

$$N_1=\frac{1}{2}\left(\frac{u_1+u_3}{2}+u_2\right)$$

$$N_2=\frac{1}{2}\left(\frac{u_2+u_4}{2}+u_3\right)$$

$$N_3=\frac{1}{2}\left(\frac{u_3+u_5}{2}+u_4\right)$$

$$N_T=\frac{1}{3}(N_1+N_2+N_3) \tag{12-5}$$

12.3.3 高程联系测量

高程联系测量又称导入标高，目的是建立井上、井下统一的高程系统。其任务就是将地面水准点的高程传递到井下高程测量的起始点上，确定井下水准基点的高程。

采用平峒或斜井开拓的矿井，导入标高可以采用水准测量和三角高程测量方法完成；采用立井开拓的矿井，导入标高实质是丈量井筒深度，必须采用专门的方法来传递高程。常用的方法有钢尺法、钢丝法和光电测距法。钢尺法和钢丝法导入标高的方法基本相似，只是钢丝法需要在地面通过专门的仪器设备测量其长度。这里以钢尺法和光电测距法为例说明导入标高的全过程。

12.3.3.1 钢尺导入标高

用来导入标高的钢尺有 100m、200m、500m 等几种。

如图 12-7 所示，由地面向井下自由悬挂一根钢尺，在其下端挂上重锤，重锤的重量等于钢尺检验时的拉力。在井上、井下各安置一架水准仪，A、B 水准尺上读数分别为 a、b，然后照准钢尺，井上、井下同时读数为 N_1 和 N_2。则

$$H_B=H_A-h$$

式中 $$h=(N_1-N_2)-a+b$$

为了检核和提高精度，导入标高应进行两次，两次互差不得大于井筒深度 1/8000。

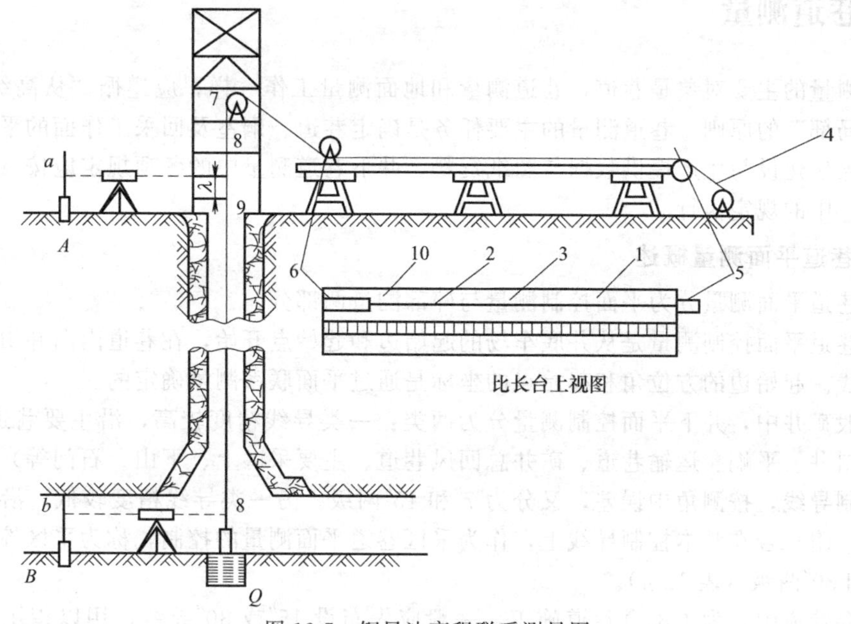

图 12-7　钢尺法高程联系测量图

1—比长台；2—检验过的钢尺；3—钢丝；4—手摇绞车；5,6—小滑轮；
7—导向滑轮；8—标线夹；9—地面水准仪读数位置；10—出车平台

12.3.3.2 光电测距法导入标高

光电测距法导入标高精度高，占用井筒时间短，因此，是一种值得推广的导入标高方法。

如图 12-8 所示，在井口附近的地面上安置光电测距仪，在井口和井底分别安置反射镜；井上的反射镜与水平面成 45°夹角，井下的反射镜处于水平状态；通过光电测距仪分别测量出仪器中心至井上及井下反射镜的距离 l、s，从而计算出井上、井下反射镜中心间的铅垂距离 H 为

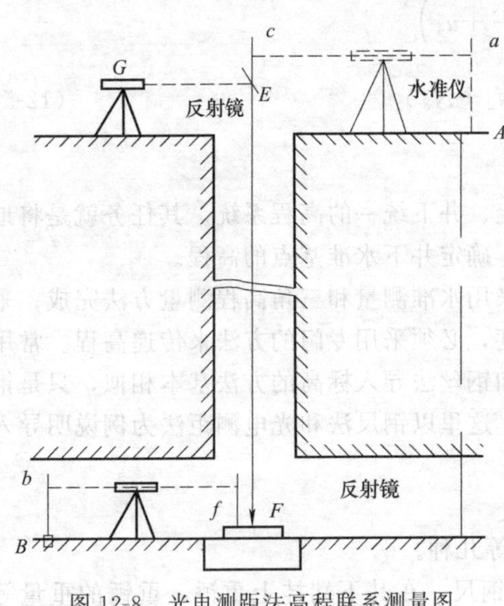

图 12-8 光电测距法高程联系测量图

$$H=s-l+\Delta l \tag{12-6}$$

式中，s 为仪器中心至井上到井下反射镜的距离；l 为仪器中心至井上反射镜的距离；Δl 为光电测距仪的总改正数（包括气象改正、加常数、乘常数等项改正）。

然后，分别在井上、井下安置水准仪。测量出井上反射镜中心与地面水准基点间的高差和井下反射镜中心与井下水准基点间的高差从而计算出井下水准基点 B 的高程。

$$\begin{aligned} H_B &= H_A+h_{AE}+h_{FB}-H \\ h_{AE} &= a-c \\ h_{FB} &= f-b \end{aligned} \tag{12-7}$$

式中，a、b、c、f 分别为井上、井下水准基点和井上、井下反射镜处水准尺的读数。

为了检核和提高精度，导入标高应进行两次，两次互差不得大于井筒深度 1/8000。

12.4 巷道测量

井下测量的主要对象是巷道，巷道测量和地面测量工作一样，应遵循“从高级到低级，从整体到局部”的原则。巷道测量的主要任务是确定巷道、硐室及回采工作面的平面位置与高程，为煤矿建设与生产提供数据与图纸资料。井下巷道测量中的各项规定应按《煤矿测量试行规程》中的规定执行。

12.4.1 巷道平面测量概述

井下巷道平面测量分为平面控制测量与碎部测量两部分。

井下巷道平面控制测量是从井底车场的起始边和起始点开始，在巷道内向井田边界布设经纬仪导线。起始边的方位角和起始点的坐标是通过平面联系测量确定的。

在一般矿井中，井下平面控制测量分为两类：一类导线精度较高，沿主要巷道（包括：斜井、暗斜井、平峒、运输巷道、矿井总回风巷道、主要采区上、下山、石门等）布设，称为基本控制导线，按测角中误差，又分为 7″和 15″两级。另一类导线精度较低，沿次要巷道布设，闭（附）合在基本控制导线上，作为采区巷道平面测量的控制，称为采区控制导线它分为 15″和 30″两级（表 12-4）。

在主要巷道中，为了配合巷道施工，一般应先布设 15″或 30″导线，用以指示巷道的掘进方向。巷道每掘进 30～200m 时，测量人员应按该等级的导线要求进行导线测量。完成外业工作后即进行内业计算，将计算结果展绘在采掘工程平面图上，供有关部门了解巷道掘进

表 12-4　井下平面控制导线测量分类

导线类别	测角中误差 /(″)	一般边长 /m	最大角度闭合差		最大相对闭合差	
			闭(附)合导线 /(″)	复测支导线 /(″)	闭(附)合导线	复测支导线
基本控制	±7 ±15	40～140 30～90	$\pm14\sqrt{n}$ $\pm30\sqrt{n}$	$\pm14\sqrt{n_1+n_2}$ $\pm30\sqrt{n_1+n_2}$	1/8000 1/6000	1/6000 1/4000
采区控制	±15 ±30	— —	$\pm30\sqrt{n}$ $\pm60\sqrt{n}$	$\pm30\sqrt{n_1+n_2}$ $\pm60\sqrt{n_1+n_2}$	1/6000 1/3000	1/4000 1/2000

进度、方向、坡度等，以便做出正确的决策。若测量人员填绘矿图之后，发现掘进工作面接近各种采矿安全边界，例如积水区、发火区、瓦斯突出区、采空区、巷道贯通相遇点以及重要采矿技术边界等，应立即以书面形式向矿领导和负责人报告，同时书面通知安全检查、施工区、队等有关部门，避免发生事故。

每当巷道掘进300～800m时，就应布设基本控制导线，并根据基本控制导线成果展绘基本矿图。这样做，不仅可以起检核作用，而且能保证矿图的精度，提高巷道施工的质量。

在煤矿建设中，当井田一翼长超过5km时，应布设7″导线作为基本控制，布设15″或30″导线作为采区控制：当井田一翼小于5km时，根据矿区井田范围大小等具体条件，可以选择7″或15″导线作为基本控制，布设15″或30″导线作为采区控制，井田一翼长度小于1km的小煤矿，则可布设15″或30″导线作为基本控制，相应的采区控制等级更低。由此可见，井下巷道平面控制测量的等级是根据井田范围的大小来决定的。不仅如此，井下巷道测量精度还必须与工程要求相适应，例如上述导线不能满足工程要求时，应另行选择更高的导线等级，这样才能保证井下巷道的正确施工，避免不必要的返工浪费。井下导线测量的技术规格和精度要求参见表12-4。

12.4.2　巷道平面测量的外业

井下巷道平面控制测量的方式是导线测量，井下导线的布设形式和地面一样，有闭合导线（交叉闭合导线）、附合导线和支导线三种。当布设支导线时，应进行往、返测量，亦称复测支导线。

12.4.2.1　井下导线测量外业

井下导线测量的外业步骤与地面导线一样，包括选点、埋点、测角、量边，其基本原理与地面经纬仪导线相同。

(1) 选点埋点　选点时应注意：通视良好；边长不宜太短；便于安置仪器；测点易于保存，便于寻找（通常设在坚硬岩石顶板上，巷道分岔处必须设点）。

井下导线点分为永久点和临时点两种，如图12-9所示。在木棚梁架的巷道中，可用弯铁钉钉入棚子，作为临时测点。永久点一般埋设在主要巷道的顶板上，每间隔300～800m设置一组，每组由相邻的三点组成。有条件时，也可以在主要巷道中全部埋设永久点。永久点应在观测前一天选埋好，临时点可以边选边测。

为了便于管理和使用，导线点应按一定规则进行编号，例如“ⅠS25”，表示一水平（中段）南翼第25号导线点。为了便于寻找，在测点附近巷道帮上筑设水泥牌，将编号用油漆写在牌子上，或刻在水泥牌子上，涂上油漆，做到清晰、醒目，便于寻找。

(2) 水平角观测　经纬仪安置方法与地面测量相同，由于导线点设在顶板上，仪器安置在导线点之下，故要求仪器有镜上中心，以便进行点下对中。对中时，望远镜必须处于水平位置，风流较大时，要采取挡风措施；如果边长较短（例如小于30m），为了提高测角精度，

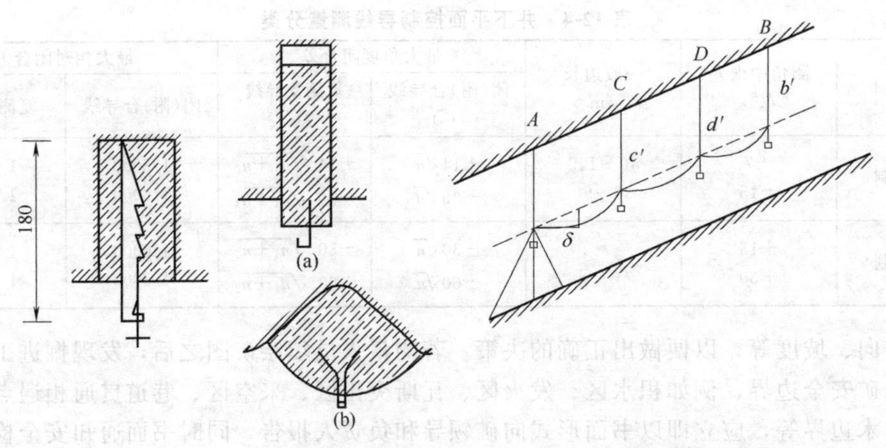

图 12-9　井下导线点设置图

应按规程要求增加对中次数和测回数。我国上海第三光学仪器厂生产的一种垂球，其垂球长度可以伸缩，点下对中十分方便。杭州光学仪器厂生产的一种光学对中器可以装置在脚架上或望远镜的镜筒上方，用于点下对中，不仅对中精度高，而且能提高工作效率。

观测水平角时，在前、后视点上悬挂垂球，以垂球线作为觇标，如果需要测量倾角，还要在垂球线上作临时标志（如插小铁钉）。矿灯上蒙上一层透明纸，在垂线后面照明，以便观测。在整个测角过程中，用“灯语”进行指挥。测角方法可采用测回法或复测法，观测导线的左转角，当方向数超过两个以上时，采用方向观测法测角。在测量水平角时，为了将导线边的倾斜距离换算成水平距离，还应同时观测导线边的倾角。当各项限差符合表 12-5 中的规定时，方可迁往下一个测站。

表 12-5　井下观测水平角各项限差表

仪器级别	同一测回中半测回互差/(″)	检查角与最终角之差/(″)	两测回间互差/(″)	两次对中测回(复测)间互差中/(″)
DJ_2	20	—	12	30
DJ_6	40	40	30	60

（3）边长丈量　在井下导线测量中，边长丈量通常在测角之后进行。量边工具有钢尺、拉力计和温度计。量边方法有悬空丈量和沿底板丈量两种。基本控制导线的边长必须用经过比长的钢尺丈量，同时用拉力计对钢尺施以比长时的拉力，并测定温度。丈量时，每尺段应于不同的位置读数三次，读至毫米，三次测得长度互差不得超过 3mm。计算一条边的正确长度应加入比长、温度、垂曲及倾斜改正数，当加入各种改正数之后的往返水平边长互差不大于平均长度的 1/6000 时，取其平均值作为最后结果。丈量采区控制导线的边长可凭经验施拉力，不测温度，但必须往返丈量或错动钢尺位置 1m 以上丈量两次，其互差不大于边长的 1/2000 时，取其平均值作为最后结果，否则重新丈量。

当边长超过一尺段时，可用经纬仪进行定线。如经纬仪设置在 A 点，望远镜照准 B 点垂球线上的标志 b 将望远镜制动，在略小于钢尺一整尺段的距离处设置临时点 C、D，挂上垂球线，使 A、C、D、B 在一条直线上。然后，在 C、D 垂球上设置标志 c、d，使 c、d、b 与望远镜里的十字丝交点重合，定线便完成了。此后即逐段丈量，最后累加得到总的倾斜长度。测出倾角 δ 后，按下式计算边长水平长度，即

$$S=L\cos\delta$$

式中，S 为水平长度；L 为倾斜长度；δ 为倾斜角。

在测量采区导线时，需要 4 人一组，一人观测，一人记录，前后视司光各一人，测量基本控制导线时，需要增加一人帮助量距、定线等工作，全组应合理分工，密切配合，共同完成外业工作。

在巷道测量中，工作环境黑暗、潮湿、狭窄，来往行人、车辆较多，巷道内又有各种管线障碍，所以，无论测角或量边，都必须注意安全，爱护仪器工具。

应当指出的是，目前国内外有的矿井采用陀螺仪配合防爆电磁波测距仪布设井下高级控制导线，精度高、速度快，但成本较高。一般在大型矿井、长距离铁路隧道和修建地铁等重要工程中使用。

12.4.2.2　碎部测量

为了将巷道、硐室、采煤工作面的水平投影轮廓展绘在矿图上，应在平面控制测量的基础上，进行碎部测量。

在测角过程中，前视司光者应用小钢尺量出前视照准点到测点的铅直距离，称为量上高；量出照准点到底板的铅直距离，称为量下高；量出照准点至巷道左、右帮的距离，称为量左和量右，丈量结果记入手簿，以便计算导线点的高程和展绘矿图。

测量巷道、硐室和采煤工作面的碎部，可以用支距法或极坐标法进行。无论用支距法或坐标法，都必须用经纬仪导线或罗盘仪导线作为控制。

支距法多用在巷道与工作面碎部测量中。如图 12-10 (a) 所示，以导线边为基准线，量取巷道或工作面的特征点至导线边的垂距，并量出其垂足至测点的距离，然后绘制草图。

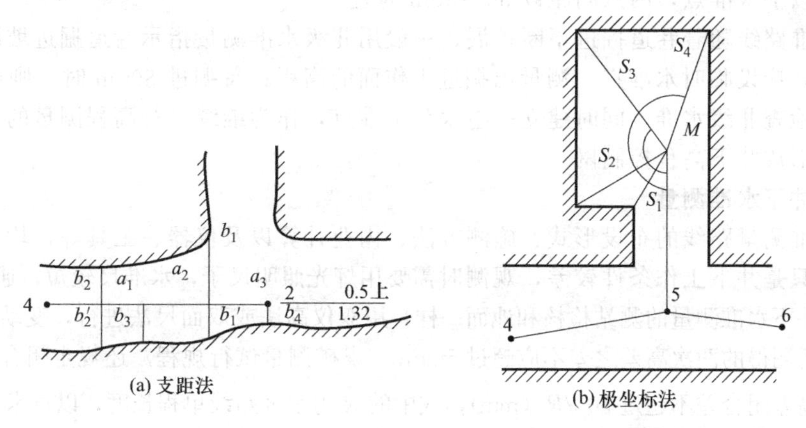

图 12-10　井下导线点设置图

极坐标法多用在硐室碎部测量中。如图 12-10 (b) 所示，导线测至硐室，在导线点上用仪器测出测点至各特征点方向线与导线边之间的夹角，并丈量出仪器至特征点的水平距离，同时绘出草图，根据所测数据展绘矿图。

12.4.2.3　巷道平面测量内业

井下导线测量的内业计算与地面导线相同。经验证计算无误且各项要求符合规定时，即可展绘矿图。

展绘矿图（又叫填绘矿图）是在绘有坐标方格网的图纸上进行的。根据计算的导线点坐标、碎部测量的记录和草图，将巷道、硐室和工作面的位置轮廓展绘出来，并在点的旁边注上点号和高程。展绘矿图按有关章节的要求进行。

12.4.3　巷道高程测量

为了检查和标定巷道的坡度，确定巷道及矿体在竖直面上的投影位置，以及绘制各种竖直面投影图与纵剖面图，必须进行巷道高程测量。如图 12-11 所示井下巷道竖直面投影图，即根据巷道的高程绘制的。

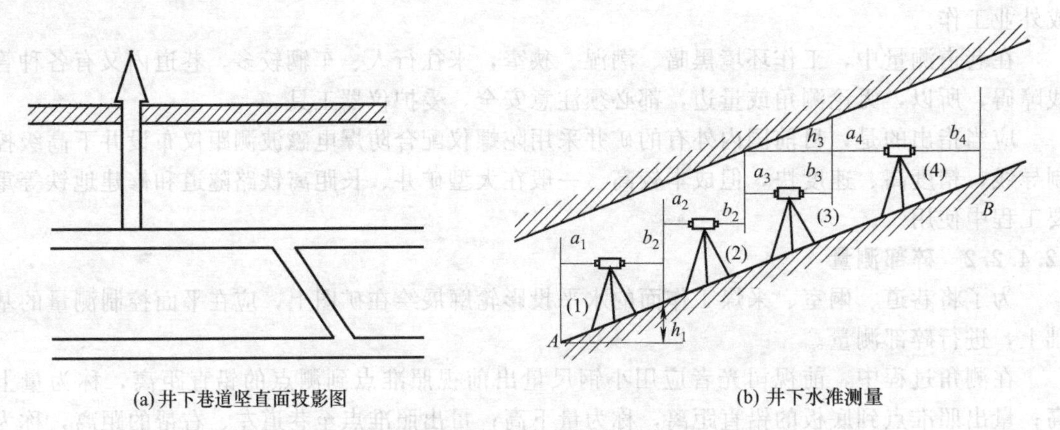

图 12-11　巷道高程测量图

巷道高程测量通常分为井下水准测量和井下三角高程测量。当巷道的坡度小于 8°时，用水准测量；坡度大于 8°时，用三角高程测量。

井下高程点的设置方法与导线点相同，无论永久点或临时点，都可以设在巷道顶板、底板或两帮上。井下高程点也可以和导线点共用，永久水准点每隔 300～800m 设置一组，每组埋设两个以上水准点，两点间距以 30～80m 为宜。

井下水准路线随着巷道掘进不断扩展，一般用Ⅱ级水准测量指示巷道掘进坡度，每掘进 30～50m 时，应设临时水准点，测量出掘进工作面的高程；每掘进 800m 时，则应布设Ⅰ级水准，用以检查Ⅱ级水准，同时建立一组永久水准点，作为继续进行高程测量的基础，如此不断扩展，形成井下高程控制网。

12.4.3.1　井下水准测量

井下水准测量路线的布设形式、施测方法、内业计算以及仪器、工具等，均与地面水准测量相同，只是井下工作条件较差，观测时需要用灯光照明尺子，水准尺较短，通常是 2m 长的水准尺。井下水准测量的测站检核和地面一样，用双仪高法或双面尺法进行，变动两次仪器高或红黑面尺所测得的两次高差之差不应超过 5mm；《煤矿测量试行规程》还规定闭合、附合及支水准路线的高差闭合差不超过 $50\sqrt{R}$ (mm)，式中的 R 为水准路线单程长度，以百米为单位。

井下水准测量原理与地面基本相同，但由于井下水准点大多数埋设在顶板上，观测时要倒立水准尺，所以，计算立尺点之间的高差可能出现的四种情况，现分别说明如下：

(1) 前后视立尺点都在底板上，如测站 (1)，有

$$h_1 = a_1 - b_1 \tag{12-8}$$

(2) 后视立尺点在底板上，前视立尺点在顶板上，如测站 (2)，有

$$h_2 = a_2 + b_2 = a_2 - (-b_2) \tag{12-9}$$

(3) 前后视立尺点都在顶板上，如测站 (3)，有

$$h_3 = -a_3 + b_3 = (-a_3) - (-b_3) \tag{12-10}$$

(4) 后视立尺点在顶板上，前视立尺点在底板上，如测站 (4)，有

$$h_4 = -a_4 - b_4 = (-a_4) - b_4 \tag{12-11}$$

在上述四种情况中，不难看出：凡水准尺倒立于顶板时，只要在读数前冠以负号，计算两点间的高差，仍然和地面一样，等于后视读数减去前视读数，即 $h = a - b$。因此，当尺子倒立在顶板时，立尺员应将此种情况告诉记录员，使之在记录簿上注记清楚。用符号“┯”

表示立尺点位于顶板上，符号“┴”表示立尺点位于底板上，“├”或“┤”表示立尺点位于左、右帮上。外业工作完成之后，即可进行内业计算，其计算方法与地面水准测量相同。井下水准测量的外业记录格式略。

12.4.3.2　井下三角高程测量

井下三角高程测量由水准点开始，沿倾斜巷道进行。它的作用是把矿井各水平的高程联系起来，即通过倾斜或急倾斜巷道传递高程，测出巷道中导线点或水准点的高程。

井下三角高程测量通常与导线测量同时进行。

如图 12-12 所示，安置经纬仪于 A 点，照准 B 点垂球线上的标志，测出倾角 δ，并丈量测站点 A 的仪器中心至 B 点标志的倾斜距离 L，量出仪器高 i 和觇标高 ν，然后按地面三角高程测量公式计算两点之间的高差，即

$$h=L\sin\delta+\nu-i \tag{12-12}$$

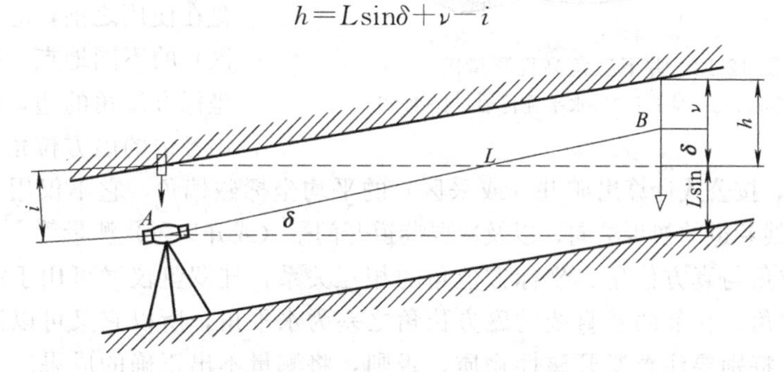

图 12-12　井下三角高程测量图

由于井下测点有时设在顶板或底板上，因此，在计算高差时，也会出现和井下水准测量相同的四种情况，所以在使用上式时，应注意：测点在顶板上时，i 和 ν 的数值之前应冠以负号，δ 为仰角时函数值符号为正，俯角时为负。如图 12-12 所示，则 $h=L\sin\delta-i+\nu$。

三角高程测量的倾角观测，一般可用一个测回，通过上山传递高程应不少于两测回，仪器高和觇标高用小钢卷尺在观测开始前和结束后各量一次，两次丈量的互差不得大于 4mm，取其平均值作为丈量结果。基本控制导线的三角高程测量应往、返进行，相邻两点往、返测高差的互差及三角高程闭合差不超过规定时，按边长成比例进行分配，然后算出各点高程，见表 12-6。

表 12-6　三角高程闭合差的规定

导线类别	相邻两点往返测高差的允许互差/mm	三角高程允许闭合差/mm
基本控制 采区控制	$10+0.3i$	$50\sqrt{L}$

12.4.4　罗盘仪测量

罗盘仪是一种测量磁方位角的低精度仪器，它具有构造简单、使用和携带方便、工作迅速等特点。在矿井中、罗盘仪多用于测量次要巷道和回采工作面，以及初步给定施工巷道的掘进方向等。在小煤矿中，它使用更为广泛，甚至用于小型贯通工程测量。

罗盘仪测量的主要工具有矿山挂罗盘仪、半圆仪、皮尺和测绳。

12.4.4.1　矿山挂罗盘仪的构造及用途

（1）矿山挂罗盘仪　井下罗盘仪一般制成悬挂式，故称为挂罗盘仪。它的构造及用途与手罗盘相仿，如图 12-13 所示，罗盘盒利用螺钉与圆环相连，当挂钩挂在测绳上时，不论测绳的倾角如何，罗盘盒由于自重作用，保持其水平。

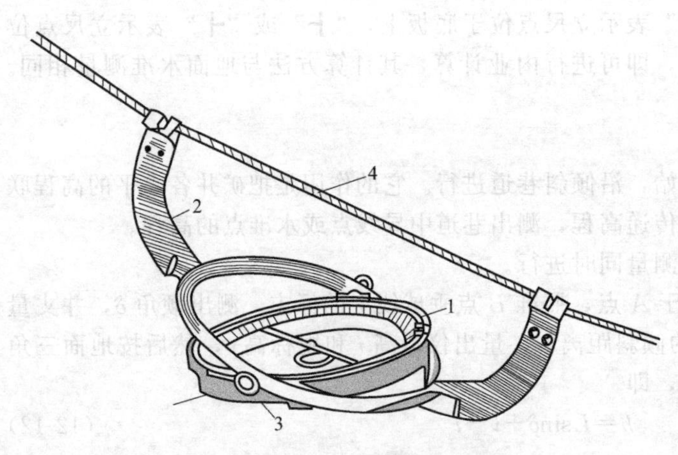

图 12-13　井下三角高程测量图
1—罗盘盒；2—悬架；3—水平旋转轴；4—线绳

罗盘盒的度盘刻画按逆时针方向由 0°～360°，最小分划值为 30′。在 0°和 180°的位置，注有北（N）和南（S）字样。罗盘盒的背面有一制动磁针的螺钉，不用时将其旋紧，使用时须旋松。罗盘盒内的磁针静止时，绕有铜丝端指向南，另一端指向北。

挂罗盘仪主要用于测量直线的磁方位角，为了方便使用，每个罗盘在使用之前，应当在井下（或采区）的不同地点，选择若干条已知坐标方位角的边，用该罗盘分别测出各边的磁方位角。根据不同地点测得的磁方位角，按公式计算出矿井（或采区）的平均坐标磁偏角，它不仅用于罗盘仪导线测量，而且用于直线巷道的初步给向，以及次要巷道开门子（或开口子）测量等。

根据磁方位角与真方位角、坐标方位角的相互关系，挂罗盘仪又可用于测量直线的真方位角和坐标方位角。相邻两条直线的磁方位角之差为水平角，所以它又可以测量水平角。使用挂罗盘仪时，特别要注意避开磁性物质，否则，将测量不出正确的成果。

（2）半圆仪　半圆仪常用铝质等轻金属制成，形状和刻画方法如图 12-14 所示，其刻画由半圆环中点 0°起，向两端刻至 90°，最小分划值为 20′或 30′，半圆仪两端有挂钩，通过半圆环的圆心小孔，用细线挂一小垂球，当两挂钩挂水平时，垂球线正好对准 0°分划线。而当线绳倾斜时，挂于线绳上的半圆仪 90°～90°的连线平行于线绳，此时，半圆仪的小垂球沿铅垂方向下垂，垂球线切着半圆上的分划值，就是该直线的倾斜角，一般用 δ 表示。

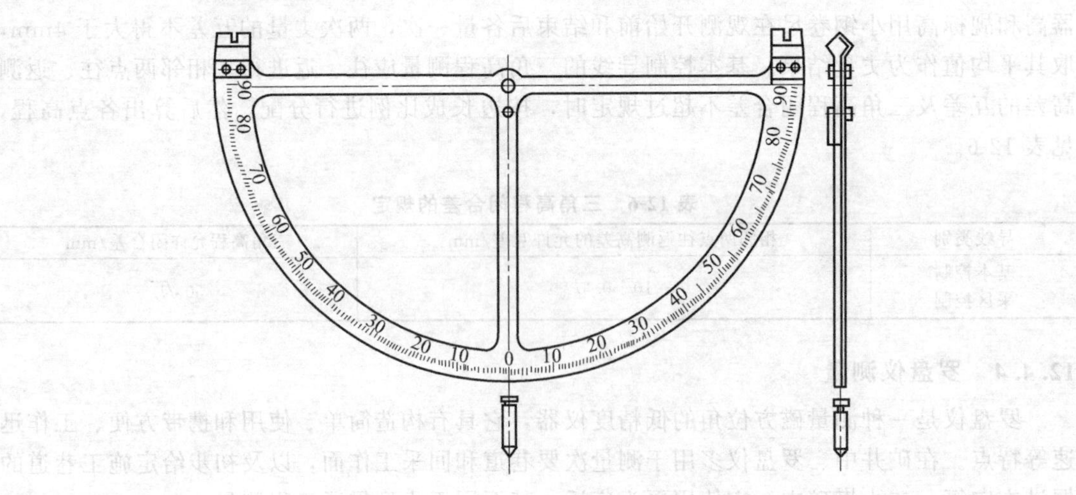

图 12-14　悬挂半圆仪

12.4.4.2　罗盘仪导线测量

罗盘仪导线布设须在采区导线控制之下，根据道道和采煤工作面的不同情况，可以布成闭合，附合和支导线三种形式。

罗盘仪导线测量的主要步骤如下：

（1）选点　从已知点开始，边选边测；一般在木棚子上钉入小钉作为临时测点。

（2）挂绳　将线绳挂在相邻两点之间，并拉紧。

（3）测倾角　将半圆仪分别挂在1/3边长与2/3边长处，用正、反两个位置测出倾斜角，取平均值为最后结果。

（4）测磁方位角　将挂罗盘的N端（零读数端）指向导线前进方向，然后，在靠近导线边的两端点处悬挂罗盘仪，分别按磁针北端读出磁方位角，互差不超过2°时，取平均值作为最后结果。

（5）量边　罗盘仪导线边长一般不得超过20m。量边时，应拉紧皮尺往返丈量，读到厘米，当往、返丈量的差值与平均值之比不超过1/200时，取平均值作为最后结果。

罗盘仪导线外业工作结束后，可用图解法或计算法确定巷道或工作面位置。

图解法用量角器和比例尺进行，将外业资料直接展绘在图纸上，并根据碎部测量草图展绘次要巷道或工作面的轮廓。

在罗盘仪导线测量时，导线的最远点距已知的起始点不得超过200m，内业计算出的导线相对闭合差不得大于1/200，高程闭合差不得超过1/300。罗盘仪导线的内业计算与井下经纬仪导线基本上相同。不同点在于：计算前，应将导线边的磁方位角换算为坐标方位角，然后进行坐标计算。采用独立坐标系的小煤矿，如果标准方向为磁北方向时，坐标方位角就是磁方位角，计算坐标时不需要换算。

12.5　巷道施工测量

在井巷开拓和采矿工程设计时，对巷道的起点、终点、方向、坡度、断面规格等几何要素，都有明确的规定和要求。巷道施工时的测量工作，就是根据设计要求，将其标定在实地上，其中主要的测量工作就是给出巷道的中线和腰线。

中线是巷道在水平面内的方向线，通常标设在巷道顶板上，用于指示巷道掘进时的方向。巷道腰线是巷道在竖直面内的方向线，标设在巷道帮上，用于控制巷道掘进时的坡度。同一矿井的腰线高于轨面设计高程应为一个定值，例如1m或1.5m。

巷道施工测量是生产矿井的日常测量工作。它是在井下平面控制测量和高程控制测量的基础上进行的，而且直接与生产联系，所以在施工测量之前，应该认真、仔细审阅设计图纸，了解巷道的性质和用途，弄清新老巷道的几何关系，以及设计巷道周围的地质条件、水、火、瓦斯、采空区等情况。必要时，应该用解析法或图解法检查设计要素，然后才能到现场进行标定。在巷道掘进过程中，应及时给出中、腰线，随时检查并填绘矿图。

巷道施工测量直接关系着采矿工程的质量，关系到施工人员及矿井的安全，矿山测量人员必须认真、及时、细心地配合施工部门进行工作。

为了提高经济效益，实施科学管理，原煤炭部生产司制定的《煤矿地质、测量若干规定》中指出，测量人员"具有施工生产和技术管理的双重职能"。明确了矿山测量人员在生产中的参谋、指导、保证、监督等作用。所以测量人员在施工测量中不仅要给出中、腰线，而且要监督、检查、验收施工巷道的质量，丈量各类巷道的掘进进尺，并填表上报。根据采矿企业的要求，填报进尺可以是月末、半月末、旬末。对各种原因造成的无效进尺和返工浪费，以及由设计或管理不善造成的呆滞巷道、报废巷道等，均应实事求是地丈量和统计，然后填表上报，这些均是反映一个采矿企业的管理水平和技术工作优劣的重要标志。

12.5.1　直线巷道中线的标定

图12-15中，虚线表示将要开拓的直线巷道，*AB*为设计中线，*A*为中线上一点，并位

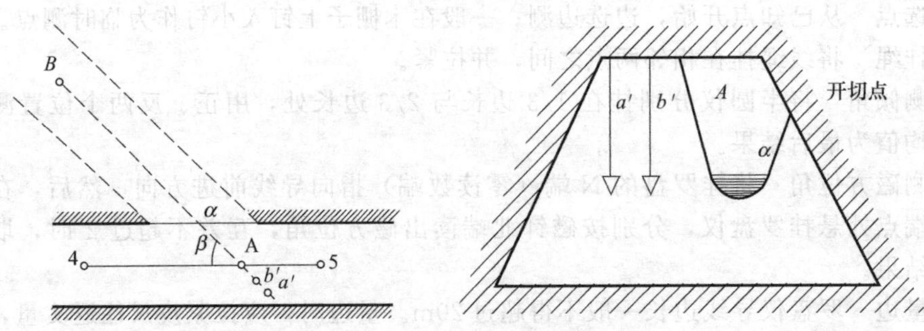

图 12-15　直线巷道中线的标定

于导线边 S_{45} 上。

12.5.1.1　直线巷道开切点及中线的初步标定

初步标定直线巷道的中线，一般用挂罗盘仪、皮尺、测绳等工具进行，标定步骤如下。

(1) 用图解法确定标定数据

① 用量角器和三棱尺在设计图纸上量取 AB 的坐标方位角和距离 S_{4A}、S_{A5}。

② 根据 AB 直线巷道的设计方位角和坐标磁偏角计算出 AB 的磁方位角。

(2) 现场标定

① 用皮尺或钢尺从点 4 沿边长 45 量出距离 S_{4A}，定出 A 点，并丈量 S_{A5} 作为检核。

② 在 A 点挂测绳，另一端至开切帮，将挂罗盘仪的 N 端（零读数端）朝着开切帮方向悬挂罗盘仪。

③ 左右移动开切帮一端的测绳，使罗盘静止后的指北针对准 AB 的磁方位角值。这时，罗盘的 N 端方向即为新开巷道的中线方向，如图 12-15 中的 Aa 即为开切巷道的中线方向。

④ 固定测绳 Aa，并在 aA 的延长线上，标出 b'、a' 等点，如图 12-15 所示。

⑤ 用灰浆或油漆沿 $a'b'Aa$ 画出中线。

12.5.1.2　直线巷道中线的精确标定

新开直线巷道掘进了 4～8m 以后，应精确标定出中线，一般用经纬仪、钢尺等工具进行，标定步骤如下。

(1) 用解析法确定标定数据

① 根据设计巷道中线的坐标方位角 α_{AB} 与原巷道中 4～5 边的坐标方位角 α_{45}，计算出水平夹角 β（见图 12-15）。

② 根据设计巷道的起点坐标 x_A、y_A 与 4、5 点的坐标，用坐标反算公式分别计算出边长 S_{4A}、S_{AB}。

(2) 现场标定

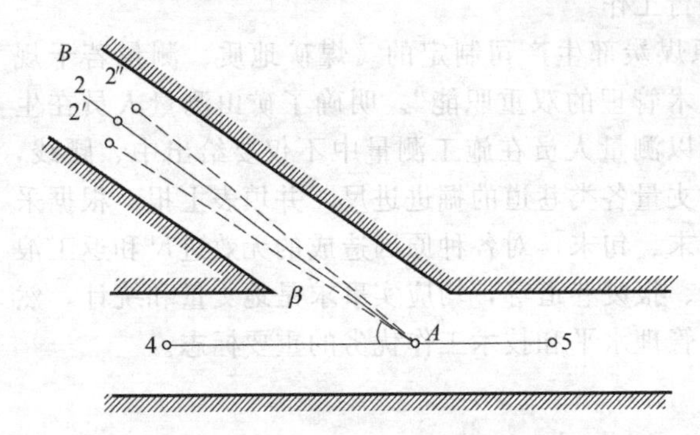

图 12-16　直线巷道中线的精确标定

① 在 4 点安置经纬仪，瞄准 5 点，使望远镜置于水平位置，用钢尺量出 S_{4A}、定出 A 点，并丈量 S_{A5}，作为校核。

② 在 A 点安置经纬仪，用正倒镜给出角 β。

这时，由于测量误差影响，正镜时给出的点 2′和倒镜时给出的点 2″往往不会重合。取 2′2″连线的中点 2 作为中线点（图 12-16）。

③ 用测回法或复测法重新检测角 β，

以避免发生错误。

④ 瞄准 2 点，在 $A2$ 方向上再设一点 1，得到 A、1、2 三点，即一组中线点，以此作为巷道掘进方向。

⑤ 用测绳连接 A、1、2 三点，用油漆或灰浆在顶板上画出中线。

12.5.1.3　巷道中线的延长与使用

在巷道掘进过程中，巷道每掘 30～40m，就要延设一组中线点。为了保证巷道的掘进质量，测量人员应不断把中线向掘进工作面延长。目前，在巷道掘进过程中，通常采用瞄线法和拉线法延长中线。

(1) 瞄线法　如图 12-17 (a) 所示，在中线点 1、2、3 上挂垂球线，一人站在垂球点 1 的后面，用矿灯照亮三根垂球线，并在中线延长线上设置新的中线点 4，系上垂球，沿 1、2、3、4 方向用眼睛瞄视，反复检查，使四根垂球线重合，即可定出 4 点。

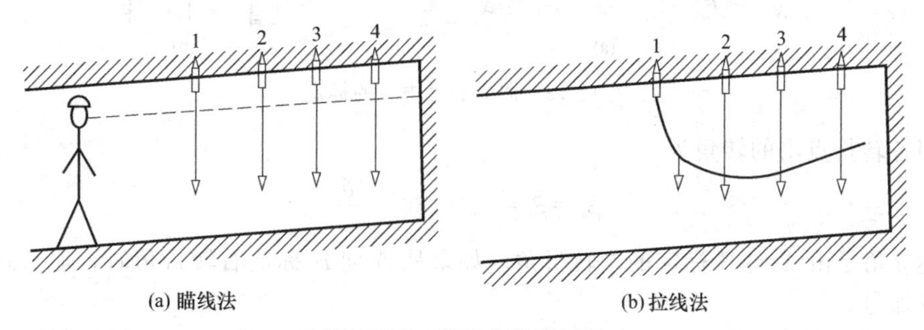

图 12-17　巷道中线的延长

施工人员需要知道中线在掘进工作面上的具体位置时，可以在工作面上移动矿灯 [见图 12-17 (a)]，用眼睛瞄视，当四根垂球线重合时矿灯的位置就是中线在掘进工作面上的位置。

(2) 拉线法　如图 12-17 (b) 所示，将测绳的一端系于 1 点上，另一端拉向工作面，使测绳与 2、3 点的垂球线相切；沿此方向在顶板上设置新的中线 4，只要使其垂球线也与测绳相切即可。这时测绳一端在工作面的位置即为巷道中线位置。

12.5.2　曲线巷道中线的标定

井下巷道的转弯部分，一般都用圆曲线连接。曲线巷道的起点、终点、曲线半径 R 和圆心角 θ 的大小，在设计图上都有规定。因为曲线巷道的中心线是弯曲的，不能像直线巷道那样直接标定出来，只能用弦线来代替圆曲线指示巷道的掘进方向。所以，曲线巷道中线的标定应先计算标定数据，然后，到井下进行标定。

12.5.2.1　标定数据（要素）计算

如图 12-18 (a) 所示，A 为曲线巷道的起点，B 为终点，半径为 R，圆心角为 θ。现用 n 段相等的弦线来代替圆弧中心线。从平面几何知道，圆弧分的段数越多，折线越接近曲线，但测量工作量也越大。反之，弦越少，弦线就与弧线相差越大。除此之外，弦线长短还与曲线半径、圆心角以及巷道的宽度、车速、车长等有关。设计弦线长度时应特别注意保证通视。

当曲线巷道的圆心角在 45°～90°时，分 2～3 段弦；当曲线巷道的圆心角在 90°～180°时，分 4～6 段弦。若将图 6 中的圆弧中心线分成 n 等分，弦长用 l 表示，由图可知

$$l=2R\sin\frac{\theta}{2n} \tag{12-13}$$

从图 12-18 (a) 还可以看出，起点和终点的转角为

$$\beta_A=\beta_B=180°-\frac{\theta}{2n} \tag{12-14}$$

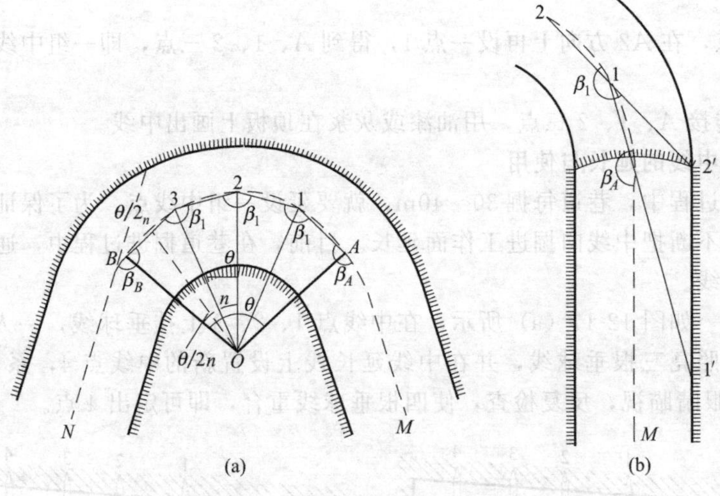

图 12-18 曲线巷道中线的标定

中间各转折点出的转角为

$$\beta_1=\beta_2=\beta_3=180^\circ-\frac{\theta}{n} \tag{12-15}$$

上述 β 角是由 A 向 B 标定的左转折角。如果从 A 向 B 标定右转折角时，那么式中的减号应变成加号。

【例 12-1】 设中心角 $\theta=90^\circ$，$R=12\mathrm{m}$，若三等分中心角，即 $n=3$。每弦所对中心角为

$$\frac{\theta}{n}=\frac{90^\circ}{3}=30^\circ$$

弦长为 $$l=2R\sin\frac{\theta}{2n}=2\times\sin15^\circ=6.213$$

转角为 $$\beta_A=\beta_B=180^\circ-\frac{\theta}{2n}=180^\circ-15^\circ=165^\circ$$

$$\beta_1=\beta_2=180^\circ-\frac{\theta}{n}=180^\circ-30^\circ=150^\circ$$

标定曲线巷道的中线，有时会遇到圆心角不便于等分的情况，例如巷道转弯时，设计图上圆心角为 75°45′就不便于等分，这时，可按下面例子计算标定要素。

设圆曲线巷道的圆心角 $\theta=75^\circ45'$，$R=12\mathrm{m}$，将圆心角分为 30°、30°、15°45′三个小角(不等分圆心角)，求标定数据。

解：三个小角所对的弦长分别为

$$l_1=l_2=2\times12\times\sin\frac{30^\circ}{2}=6.212\mathrm{m}$$

$$l_3=2\times12\times\sin\frac{15^\circ45'}{2}=3.310\mathrm{m}$$

转向角分别为

$$\beta_A=180^\circ-\frac{30^\circ}{2}=165^\circ$$

$$\beta_1=180^\circ-30^\circ=150^\circ$$

$$\beta_2=180^\circ-\left(\frac{30^\circ}{2}+\frac{15^\circ45'}{2}\right)=157^\circ07'30''$$

$$\beta_B=180^\circ-\frac{15^\circ45'}{2}=172^\circ07'32''$$

12.5.2.2 实地标定

如图12-18（b）所示，当巷道从直线巷道掘进到曲线起点位置A后，先标定出该点，在A点安置经纬仪，后视中线点M，转动望远镜给出β_A角，即得出$A1$方向；倒转望远镜，在顶板上标出$1'$点。用$1'A$方向指示A—1段掘进方向。继续掘进到1点位置后，再置经纬仪于A点，再次给出A—1方向，用钢尺量取弦l，并标出1点，然后将仪器安置于1点，后视A点转角β_1给出1—2方向，再倒镜于顶板上标出$2'$点，用$2'1$方向批示1—2段的掘进。余类推，直至B点，然后在B点安置经纬仪，转β_B角，给出直线巷道方向。

12.5.2.3 用图解法确定边距

曲线巷道是根据弦线方向掘进的，弦线到巷道两帮的距离是变化的。为了掌握掘时巷道两帮的弯曲程度，通常绘制曲线巷道的大样图，比例尺为1∶50或1∶100，图上绘出巷道两帮与弦线的相对位置，然后在图上量出弦线到巷道两帮的边距。确定边距的方法有半径法与垂线法两种。

（1）垂线法　当弯道部分砌旋时，采用垂线法绘制边距大样图12-19（a）。绘制的方法是沿弦线每隔1m作弦的垂线，然后从图上量取弦到巷道两帮的边距，并将数值注在图上，以便施工。

（2）半径法　当弯道部分采用金属、水泥或木支架支护时，需要沿半径方向绘制边距大样图，如图12-19（b）所示。边距沿半径方向量取，并计算出内、外帮棚腿间距$d_{内}$和$d_{外}$，使棚子按设计架在半径方向上。由图12-19（b）可以看出，内、外棚腿间距可由下式计算：

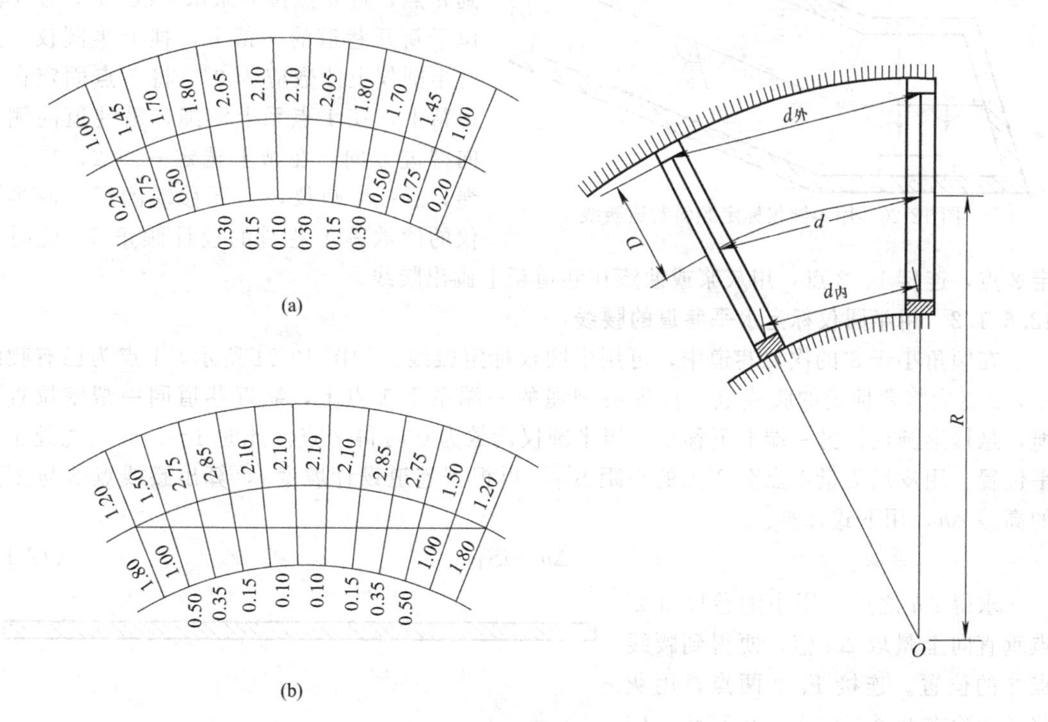

图12-19　半径法和垂线法

$$d_{内}=d-\frac{dD}{2R} \tag{12-16}$$

$$d_{外}=d+\frac{dD}{2R} \tag{12-17}$$

式中，d为设计的棚间距；D为巷道净宽；R为曲线巷道设计半径。

12.6 巷道腰线的标定

巷道的坡度和倾角是用腰线来控制的，标定巷道腰线的测点称为腰线点，腰线点成组设置，每三个为一组，点间距不得少于 2m，腰线点离掘进工作面的距离不得超过 30～40m，标定在巷道的一帮或两帮上，若干个腰线点连成的直线即为巷道的坡度线，又称腰线，用其指示掘进巷道在竖直面内的方向。

根据巷道的性质和用途不同，腰线的标定可采用不同的仪器和方法。次要巷道一般用半圆仪标定腰线；倾角小于 8°的主要巷道，用水准仪或连通管标定腰线，倾角大于 8°的主要巷道则用经纬仪标定腰线。对于新开巷道，开口子时可以用半圆仪标定腰线，但巷道掘进 4～8m 后，应按上述要求用相应的仪器重新标定。现将各种标定方法分述如下。

12.6.1 半圆仪标定腰线

12.6.1.1 用半圆仪标定倾斜巷道腰线

如图 12-20 所示，1 点为新开斜卷的起点，称起坡点。1 点高程 H_1 由设计给出，H_A 为已知点 A 高程，从图可知

$$H_A-H_1=h_{Aa} \tag{12-18}$$

在 A 点悬挂垂球，自 A 点向下量 h_{Aa}，得到 a 点，过 a 点拉一条水平线 11′，使 1 点位于新开巷道的一帮上，挂上半圆仪，此时半圆仪上读数应为 0°。将 1 点固定在巷道帮上，在 1 点系上测绳，沿巷道同侧拉向掘进方向，在帮上选定一点 2，拉直测绳，悬挂半圆仪，上下移动测绳，使半圆仪的读数等于巷道的设计倾角 δ，此时固定 2 点，连接 1、2 点，用灰浆或油漆在巷道帮上画出腰线。

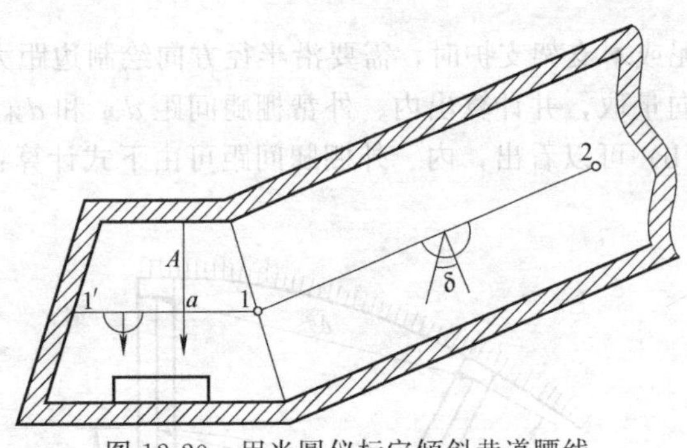

图 12-20 用半圆仪标定倾斜巷道腰线

12.6.1.2 用半圆仪标定水平巷道的腰线

在倾角小于 8°的次要巷道中，可用半圆仪标定腰线，如图 12-21 所示，1 点为已有腰线点，2 点为将要标定的腰线点。首先将测绳的一端系于 1 点上，靠近巷道同一帮壁拉直测绳，悬挂半圆仪，另一端上下移动，当半圆仪读数为 0°时得 2′点。此时 1～2′间测绳处于水平位置。用皮尺丈量 1 点至 2′点的平距 S'_{12}，再根据巷道设计坡度 i，算出腰线点 2 与 2′点的高差 Δh，用下式计算：

$$\Delta h=iS'_{12} \tag{12-19}$$

求得 Δh 之后，用小钢卷尺由 2′点垂直向上量取 Δh 值，便得到腰线点 2 的位置。连接 1、2 两点，用灰浆或油漆在巷道帮壁上画出腰线。应当指出的是，如果巷道的坡度为负值，则应由 2′点垂直向下量取 Δh 值。

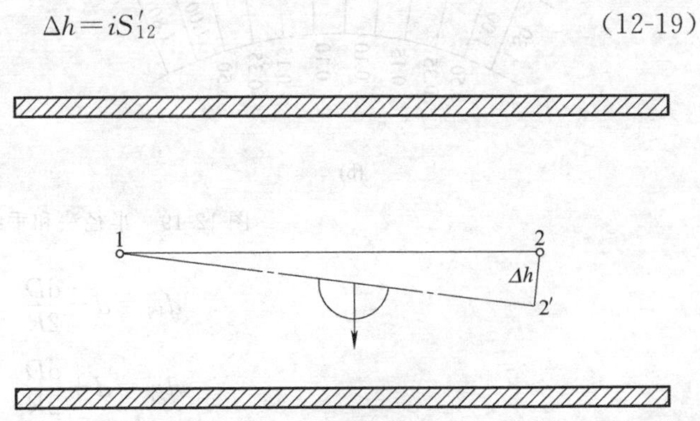

图 12-21 半圆仪标定平卷腰线

12.6.2 水准仪标定腰线

倾角小于 8°的主要巷道，一般用

水准仪标定巷道腰线。水准仪的作用是提供出一条水平视线。

在图12-22中，设A为已有腰线点，巷道设计坡度为i，要求标定出巷道同一帮壁上的腰线点B。标定步骤如下：

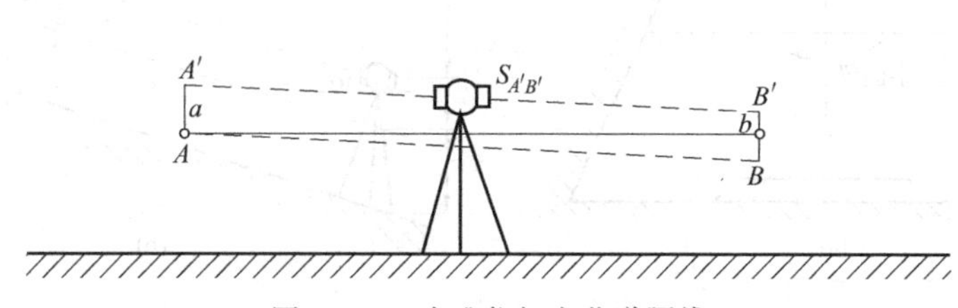

图12-22　水准仪标定巷道腰线

(1) 将水准仪安置在A、B之间的适当位置，后视A处巷道帮壁，画一水平记号A'。并量取$A'A$的铅垂距离a。

(2) 前视B处巷道，在帮壁画一水平记号B'。这时，$A'B'$为水平线，用尺量出$A'B'$的水平距离。按下式计算A、B两点间的高差：

$$\Delta h_{AB}=i\cdot S_{A'B'} \tag{12-20}$$

(3) 从B'铅直向下量了a值，得到一条与$A'B'$平行的水平线AB''（图12-22）。然后从B''向上量出Δh_{AB}，得到新设腰线点B。A和B的连线即为腰线，并用油漆或灰浆画出。

另外，可按$b=a-\Delta h_{AB}$计算出b值，从B'点向下量出b值，得到新设腰线点B。

在第三步骤中，若坡度为负值，则应从B''点向下量出Δh_{AB}。

用水准仪给腰线虽然很简单，但容易出错误，放线时，特别注意前、后视点上应该向上量或向下量的值是多少。

12.6.3　用经纬仪标定腰线

在主要倾斜巷道中，通常采用经纬仪标定腰线，其方法较多，这里介绍三种。

(1) 利用中线点标定腰线

图12-23 (a) 为巷道横断图，图12-23 (b) 为巷道纵断面图。标定方法如下。

① 在中线点1安置仪器，量取仪高i。

② 使竖盘读数为巷道的设计倾角δ，此时的望远镜视线方向与腰线平行。然后瞄准掘进方向已标定的中线点2、3、4的垂球线，分别作临时记号，得到$2''$、$3''$、$4''$。倒镜再测一次倾角δ作为检查。

③ 由下式计算K值

$$K=H_1-(H_1'+h)-i \tag{12-21}$$

式中，H_1为1点处的高程；H'_1为1点处轨面设计高程；i为仪器高；H为轨面到腰线点的铅垂距离。

④ 由中线点的记号$2'$、$3'$、$4'$分别向下量K值，得到的$2''$、$3''$、$4''$即为所求的腰线点。

⑤ 用半圆仪分别从腰线点拉一条垂直中线的水平线到两帮上。

⑥ 用测绳连接帮壁上的$2''$、$3''$、$4''$点，并用石灰浆或油漆沿测绳画出腰线。

(2) 用伪倾角标定腰线　从图12-23 (c) 可知，如果AB为倾斜巷道中线方向，巷道的真倾角为δ，BC垂直于AB，C点在巷道左帮上，与B点同高，那么，水平距离AC'大于AB'，则AC的倾角δ'（巷道伪倾角）小于AB倾角δ。δ'可如下计算：

$$AC'\cdot\tan\delta'=AB'\times\tan\delta$$

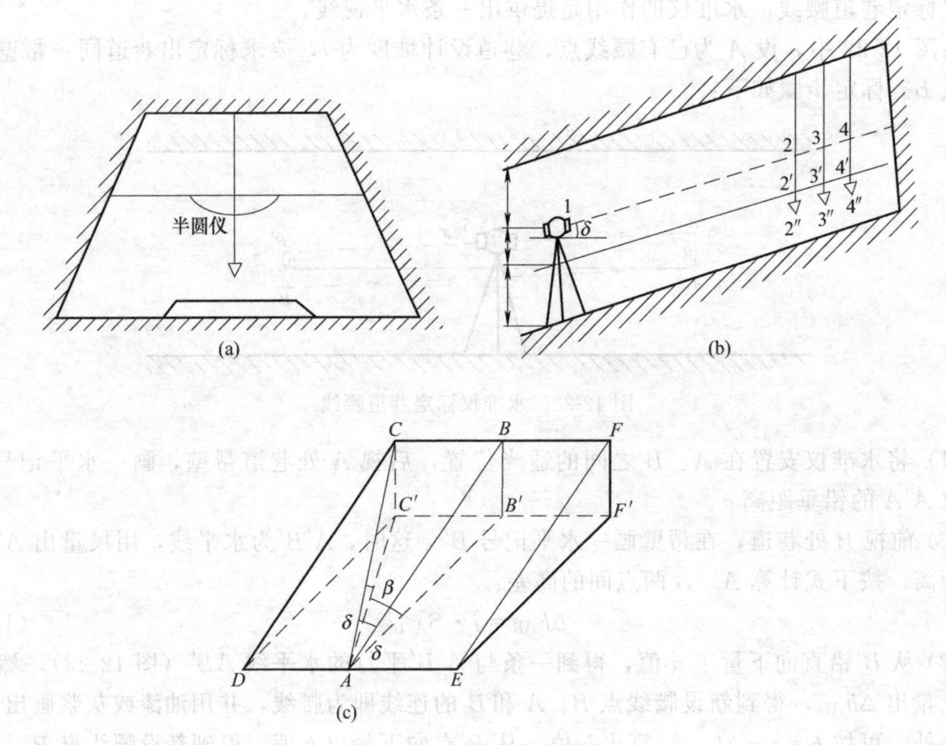

图 12-23 经纬仪标定腰线

$$\tan\delta' = \frac{AB'}{AC} \times \tan\delta$$

$$\cos\delta' = \frac{AB'}{AC'}$$

所以 $$\tan\delta' = \cos\beta \times \tan\delta \tag{12-22}$$

式中，β 角为 AB 与 AC 的水平夹角，该角用经纬仪测得；δ 为设计巷道的真倾角。图 12-24（a）为巷道纵断面图。图 12-24（b）为巷道平面图。

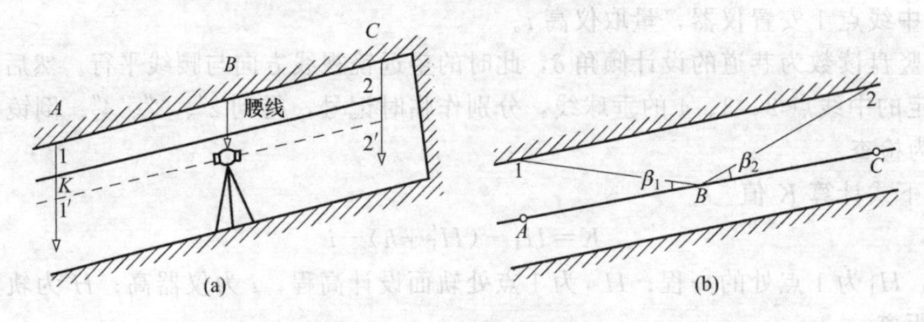

图 12-24 伪倾角标定腰线

用伪倾角标定腰线的方法如下：

① 在 B 点下安置仪器，测出 B 至中线点 A 及原腰线点 1 之间的水平夹角 β_1［图 12-24（b）］。

② 根据水平角 β_1 和真倾角 δ_1，按式计算得伪倾角 δ_1'。

③ 瞄准 1 点，固定水平度盘，上下移动望远镜，使竖盘读数为 δ_1'，在巷道帮上作记号 $1'$，用小钢卷尺量出 $1'$到腰线点 1 的铅垂距离 K［图 12-24（a）］。

④ 转动照准部，瞄准新设的中线点 C，然后松开照准部瞄准在巷道帮上拟设腰线点处，

测出 β_2 角［图 12-24（b）］。

⑤ 根据水平角 β_2 和真倾角 δ_2，计算得伪倾角 δ_2'。

⑥ 望远镜照准部拟设腰线处，并使竖盘读数为 δ_2'，在巷道帮上作记号 $2'$，用小钢卷尺从 $2'$ 向上量出距离 K，即得到新标定的腰线点 2。

⑦ 用测绳连接 1、2 两点，用灰浆或油漆沿测绳画出腰线。

(3) 靠近巷道一帮标定腰线　将经纬仪安置在靠近巷道一帮处标定腰线时，其伪倾角 δ' 与巷道的真倾角 δ 相差很小，可以直接用真倾角标定巷道腰线。图 12-25（a）为标定时的巷道横断面图，图 12-25（b）为标定时的巷道纵断面图，标定方法如下：

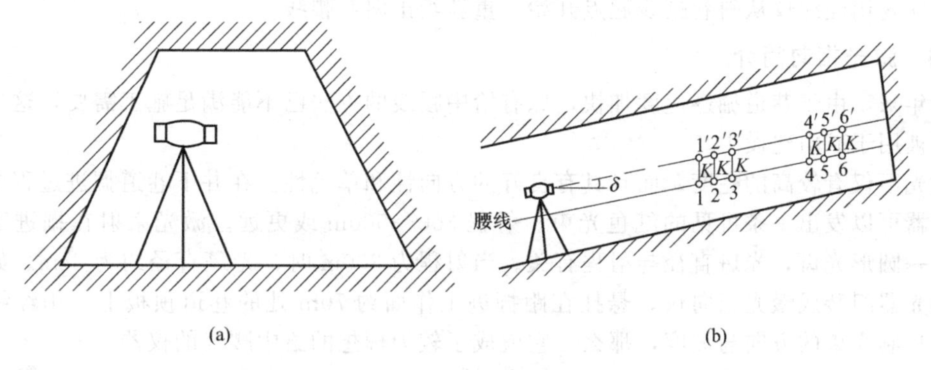

图 12-25　靠近巷道一帮标定腰线

① 将仪器安置在已设腰线点 1、2、3 的后面，并靠近巷道一帮（图 12-25）。

② 使竖盘读数为巷道的设计倾角 δ，然后，瞄准 1、2、3 上方，作标记 $1'$、$2'$、$3'$ 同时，沿视线方向在掘进工作面附近巷道帮上标定点 $4'$、$5'$、$6'$。

③ 用小钢卷尺分别向下量出 $1'$、$2'$、$3'$ 点到 1、2、3 点的铅垂距离 K，如图 12-25（b）所示。

④ 用小钢卷尺分别从 $4'$、$5'$、$6'$ 点向下量出铅垂距离 K，得到 4、5、6 腰线点。

⑤ 以测绳连接两组腰线点，用灰浆或油漆沿测绳画出腰线。

(4) 平巷与斜巷连接处腰线的标定　如图 12-26 所示，平巷与斜巷连接处是巷道坡度变化的地方，腰线到这里要改变坡度。巷道底板在竖起面上的转折点 A 称为巷道变坡点。它的坐标或它与其他巷道的相互位置关系是由设计给定的。

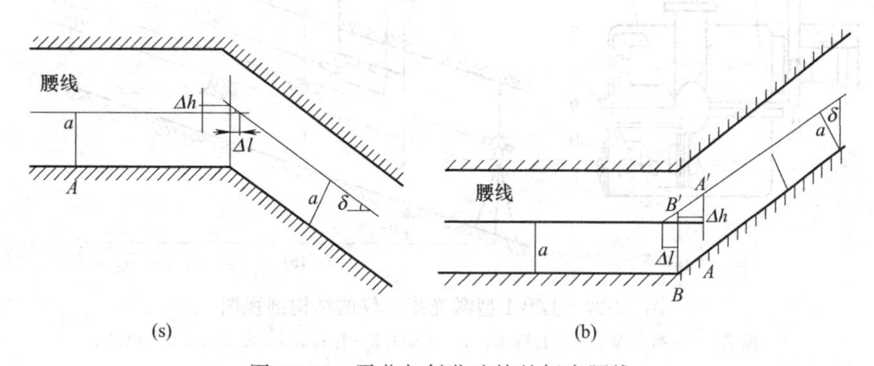

图 12-26　平巷与斜巷连接处标定腰线

在图 12-26 中，设平巷腰线到轨面（或底板）的距离为 a，斜巷腰线到轨面（或底板）的法线距离也保持 a，那么，在变坡点处，平巷腰线必须抬高 Δh，才能得到斜巷腰线起坡点，或者自变坡点处向前［图 12-26（a）］或向后［图 12-26（b）］量取距离 Δl，得到斜巷

腰线起坡点，由此标定出斜巷腰线。Δh 和 Δl 值按下式计算

$$\Delta h=\frac{a}{\cos\delta}-a=a(\sec\delta-1)$$

$$\Delta l=\Delta h\cdot\cot\delta \tag{12-23}$$

标定时，测量人员首先应在平巷的中线点上标定出 A 点的位置，然后在 A 点垂直于巷道中线的两帮上标出平巷腰线点，再从平巷腰线点向上量取 Δh（也可向前或向后量取 Δl），得到斜巷腰线起坡点位置 。

斜巷掘时的最初 10m，可以用半圆仪在帮上按 δ 角画出腰线的，主要巷道掘进到 10m 之后，就要用经纬仪从斜巷腰线起点开始，重新给出斜巷腰线。

12.6.4 激光指向简介

近年来，由于巷道掘进速度加快，原有给中腰线的方法已不能满足施工需要，这样，激光技术被用于矿山建设中。

激光不仅有较高的亮度，而且具有良好的方向性和单色性。在井下巷道掘进过程中，利用激光器可以发出一条可见的红色光束。射程 300～500m 或更远。激光束射在掘进工作面上，为一圆形光斑，光斑直径与射程有关。当射程为 300m 时，光斑直径约为 3cm。如果将这种激光器组装成激光指向仪，悬挂在距掘进工作面约 70m 处的巷道顶板上，用经纬仪和水准仪控制光束的方向与坡度，那么，它就成了较为理想的给中腰线的仪器。

目前，有许多生产单位已采用防爆型激光指向仪给定平巷、斜巷的中腰线，有的矿山为了方便工人使用，还在仪器中增加了自动控制设备，掘进人员到达工作面时，开启激光指向仪，到达工作面后，检查中腰线方向，并根据光斑位置布设炮眼，然后，仪器自动断电关闭，使用十分方便。

(1) 激光指向仪的构造简介　图 12-27 是我国江苏煤矿电器厂生产的 JZB-1 型激光指向仪的结构剖视图。它是一种防爆型激光指向仪，主要由隔爆壳体、激光管和电源、望远镜以及悬挂和调节装置等组成。这种仪器具有结构简单、调节方便，重量较轻等优点。它利用氦氖气体激光器发光，射程为 500m，外形尺寸为：长×宽×高＝445mm×200mm×250mm，约重 12kg。

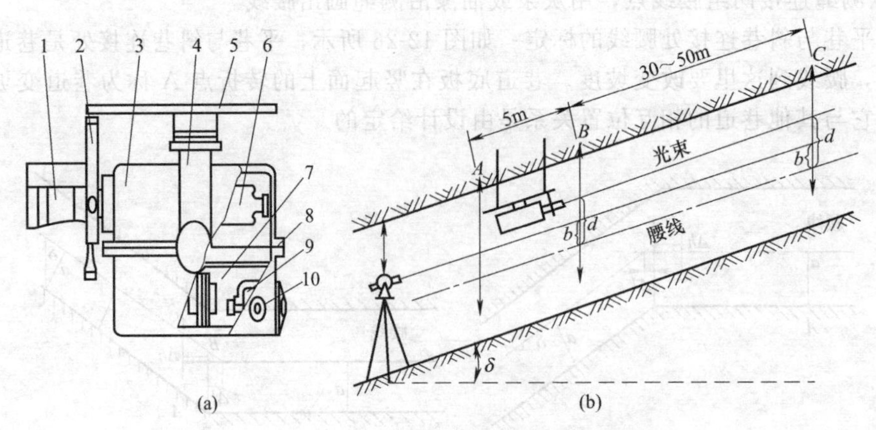

图 12-27　JZB-1 型激光指向仪的结构剖视图

1—镜筒；2—微动架；3—上箱体；4—支架；5—托板；6—激光器；7—电源；8—下箱体；9—退线箱；10—进线喇叭口

(2) 激光指向仪的安装和使用　激光指向仪标定中腰线如图 12-28 所示。其安装方法如下：

① 按《煤矿测量试行规程》要求，在距掘进工作面约 70m 处，选择安装仪器的位置。一般应选在基岩坚硬的顶板上。

② 按仪器托板螺钉孔的孔距，事先在顶板适当位置钻孔。然后将锚杆放入孔中，校正尺寸，并灌注水泥，固定锚杆。

③ 待水泥凝固后，即可将指向仪悬挂在顶板上，如图12-28所示。

④ 用经纬仪给出巷道中线。中线点不得少于3个，点间距不少于30m。调节仪器，使激光束通过中线。

⑤ 用水准仪在中线的垂线上给出腰线，并作记号，腰线点不得少于3个，点间距不得少于30m，然后调节仪器，使激光束平行于巷道腰线。

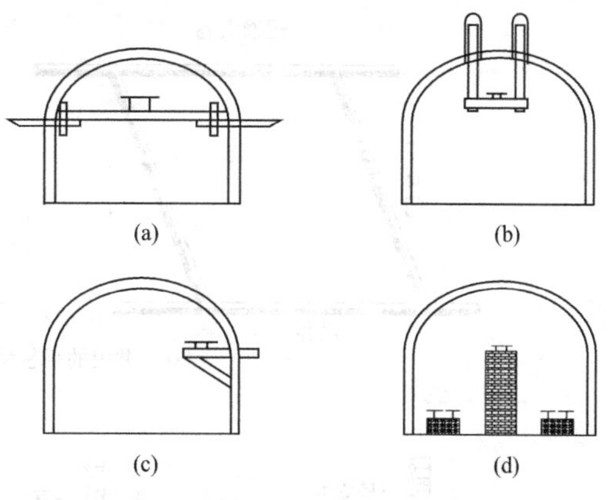

图12-28　激光指向仪安装方式

反复校核激光束给出的巷道中、腰线，直至合乎要求时为止。

激光指向仪在使用过程中，为了防止仪器碰动而影响中、腰线位置，应经常检查激光束的方向和坡度，并根据检查情况随时调整。

12.7　贯通测量

12.7.1　概述

一条巷道按设计要求掘进到指定地点与另一条巷道相通，称为巷道贯通，简称贯通。巷道贯通往往是一条巷道在不同的地点以两个或两个以上的工作面分段掘进，而后彼此相通的。如果两个工作面掘进方向相对，叫相向贯通[图12-29（a）、(b)]；如果两个工作面掘进方向相同，叫同向贯通[图12-29（c)]；如果从巷道的一端向另一端指定处掘进，叫单向

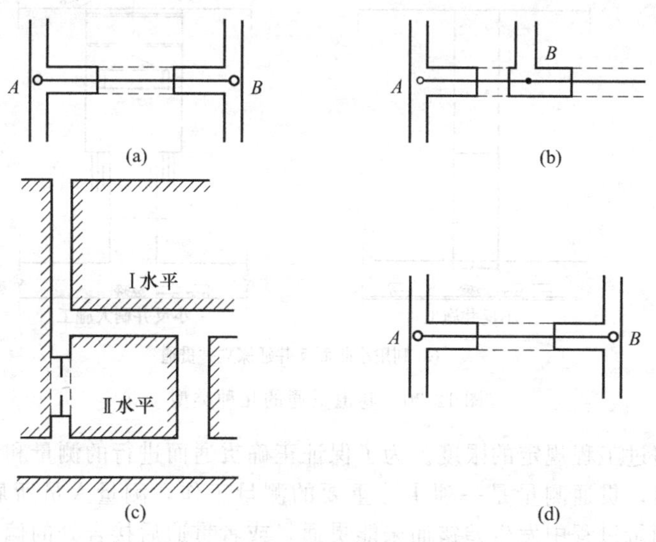

图12-29　巷道贯通方式示意图

贯通[图12-29（d)]。巷道贯通的几种类型见图12-30。

同一巷道用多个工作面掘进，可以大大加快施工速度，改善通风状况和工人的劳动条件，有利于安排生产。它是矿山、交通、水利等工程中普遍采用的一种施工方法。

井巷贯通时，矿山技术人员的任务是保证各掘进工作面沿着设计的方向掘进，使贯通后

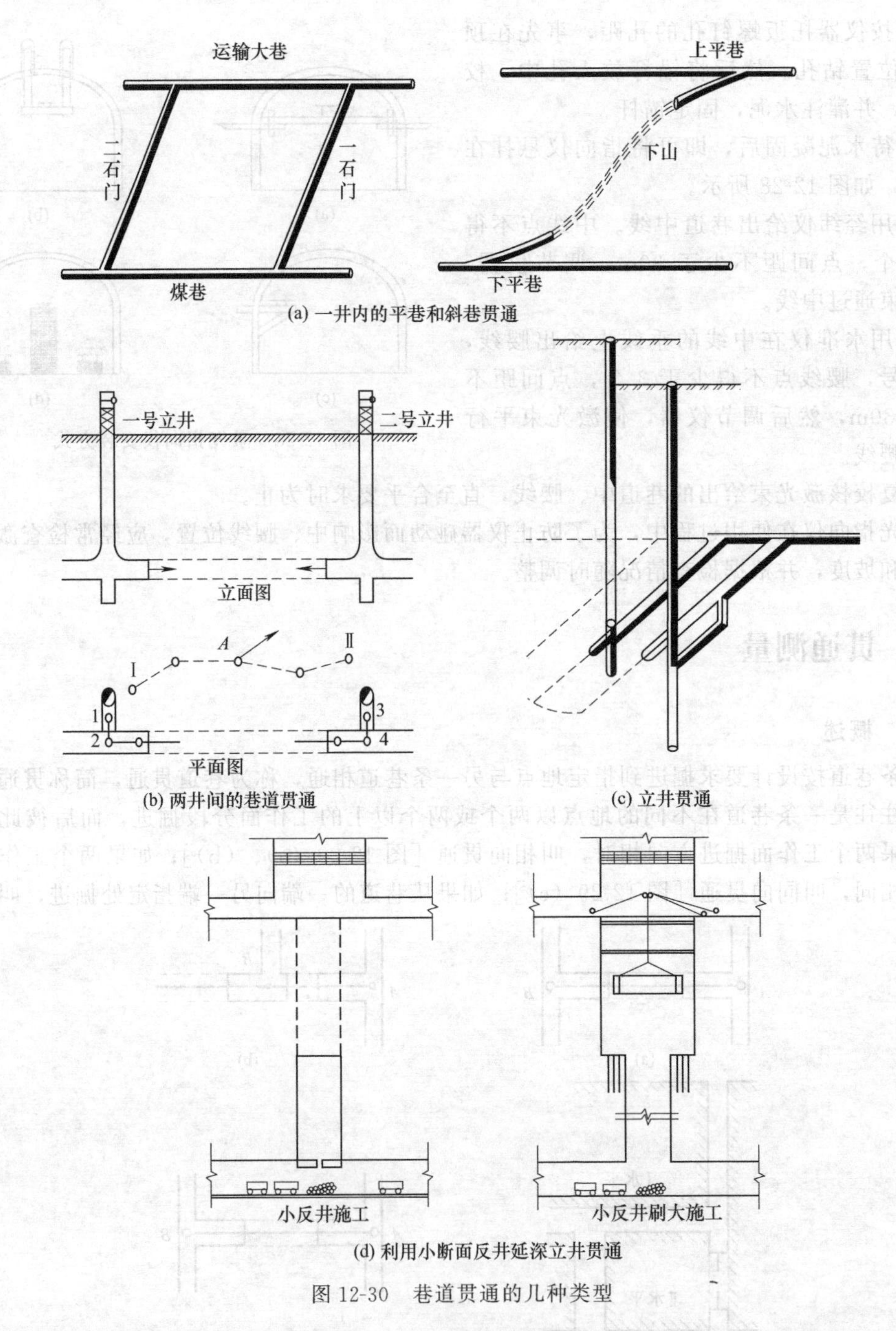

(a) 一井内的平巷和斜巷贯通

(b) 两井间的巷道贯通

(c) 立井贯通

(d) 利用小断面反井延深立井贯通

图 12-30 巷道贯通的几种类型

接合处的偏差不超过工程规定的限度。为了保证正确贯通而进行的测量和计算等工作就称之为贯通测量。显然，贯通测量是一项十分重要的测量工作，测量人员所肩负的责任是重大的。如果因贯通测量过程中发生差错而未能贯通，或者贯通后接合处的偏差超过限值，都将严重影响巷道质量，甚至使巷道报废，在经济上和时间上造成很大损失。因此，要求矿山测量技术人员必须一丝不苟，严肃认真地对待贯通测量工作，以保证贯通工程的顺利完成。

在巷道开拓时，一般将贯通分为沿导向层（煤、岩层等标志层）的贯通和不沿导向层的贯通。按巷道的性质又可分为水平巷道的贯通、倾斜巷道的贯通和竖直巷道的贯通。

由于贯通测量中不可避免地带有误差，因此，贯通实际上总是存在偏差的。如果巷道贯通接合处的偏差达到某一数值，但仍不影响巷道的正常使用，则称该值为贯通的容许偏差。这种容许偏差的大小是随采矿工程的性质和需要而确定的，也叫贯通的生产限差。

根据《煤矿测量试行规程》的规定，各种巷道贯通测量的容许偏差值，不应超过表12-7的规定。

表 12-7　巷道贯通的容许偏差值

贯通种类	贯通巷道名称	在贯通面上的容许偏差/m	
		两中线之间	两腰线之间
第一种	沿导向层开凿的水平巷道	—	0.2
第二种	沿导向层开凿的倾斜巷道	0.3	—
第三种	在同一矿井中开凿的倾斜或水平巷道	0.3	0.2
第四种	在两矿井中开凿的倾斜或水平巷道	0.5	0.2
第五种	用小断面开凿的立井井筒	0.5	—

贯通测量工作一般按下列程序进行。

(1) 为贯通而进行的测量准备工作

① 展绘井下经纬仪导线点；

② 确定巷道贯通中心线；

③ 确定巷道开切地点；

④ 确定贯通测量方案；

⑤ 对于贯通距离较长的重要井巷，还应进行必要的贯通测量精度的估算工作。

(2) 计算贯通几何要素　贯通几何要素有开切地点的坐标、巷道中心线的方位角 α、指向角 β、巷道的倾角 δ、水平距离 S 和倾斜距离 L。

其计算方法有图解法和解析法两种。

① 图解法。在贯通距离较短，或巷道贯通精度要求较低时可以采用图解法，即巷道的方向、坡度和斜长，在设计图或施工图上直接量取。

② 解析法。这是一种常用的方法，其实质就是测量中坐标反算法的应用。

(3) 确定相遇点和贯通时间　根据巷道的掘进速度、贯通距离、施工日期等确定相向工作面的相遇点和贯通时间。

(4) 标定贯通巷道的中线和腰线　在实地根据贯通巷道的方位角或指向角、倾角或坡度标定贯通巷道的中线和腰线。

(5) 贯通巷道中线和腰线的延长与检查　根据工程进度，应及时延长巷道的中线和腰线。巷道每掘进 100m，必须用导线测量和高程测量的方法，对中线和腰线进行检查，及时填图，并根据测量结果及时调整中线和腰线的位置。最后一次标定贯通方向时，两个工作面间的距离，不得小于 50m。各种测量和计算都必须有可靠的检验。当两个工作面间的距离在岩巷中剩下 15～20m、煤巷中剩下 20～30m 时（快速掘进应于贯通前两天），测量负责人应以书面方式报告矿井总工程师，并通知安全检查部门及施工区队，要停止一头掘进及准备好透巷措施，以免发生安全事故。

(6) 贯通巷道实际偏差的测定　巷道贯通后，应立即测量贯通的实际偏差值，同时将两边的导线连接起来，测量与计算各项闭合差、填绘平面图和断面图，并对最后一段巷道的中、腰线进行调整。

(7) 技术总结　重要巷道贯通完成后，应对测量工作进行精度分析，作出技术总结。

12.7.2　水平巷道的贯通测量

12.7.2.1　不沿导向层贯通的水平巷道

如图 12-31 所示，为同一矿井中，如在 A、B 两个石门之间欲开凿的一条运输平巷。测

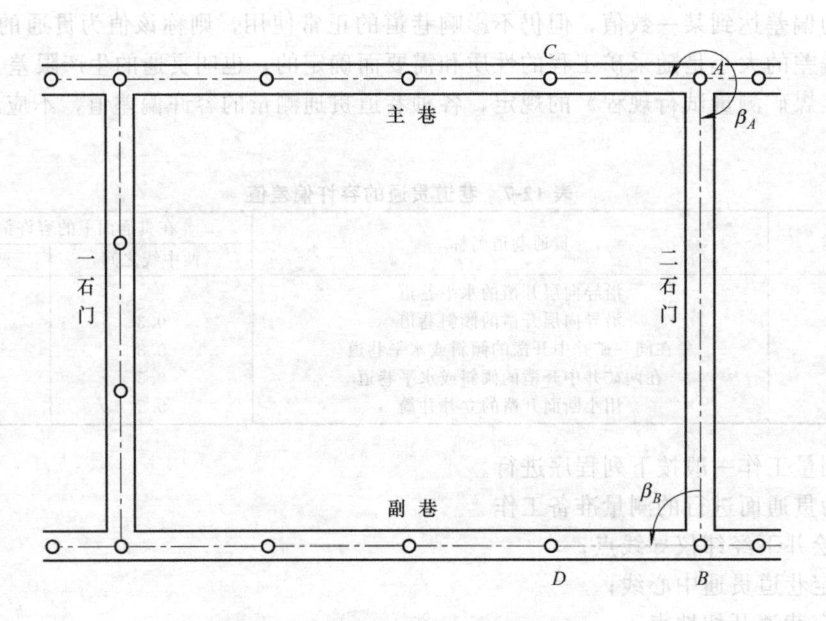

图 12-31 在主巷与副巷之间贯通两石门

量工作大致可分为以下几个阶段。

第一阶段：为求得贯通几何要素而进行的测量工作。

首先，在 A、B 两点敷设经纬仪导线，并进行高程测量。然后计算出 A、B 两点的平面坐标（x_A、y_A）（和 y_B、y_B），以及高程 H_A 和 H_B。如果在掘进好的巷道里已建立了平面控制点和高程控制点，可在这些点上进行引测。

由于在 A、B 之间的导线是不闭合的，这就使得测量和计算缺少必要的检核条件，因此在进行重要巷道贯通时，测量工作应不少于两次。

第二阶段：贯通几何要素的计算。

(1) 根据 A、B 两点坐标计算贯通巷道中心线的方位角 α_{AB} 和水平距离 S_{AB}。

$$\tan\alpha_{AB}=\frac{y_B-y_A}{x_B-x_A}$$

$$S_{AB}=\frac{y_B-y_A}{\sin\alpha_{AB}}=\frac{x_B-x_A}{\cos\alpha_{AB}}=\sqrt{(\Delta x_{AB})^2+(\Delta y_{AB})^2} \tag{12-24}$$

(2) 求指向角 β。

因 α_{AC}、α_{BD} 和 α_{AB} 已知，故 $\beta_A=\alpha_{AB}-\alpha_{AC}$； $\beta_B=\alpha_{BA}-\alpha_{BD}$

(3) 计算贯通巷道的坡度。

设 H_A 和 H_B 是 A、B 两点处巷道底板面或轨道面的设计高程，则巷道坡度为

$$i_{AB}=\tan\delta_{AB}=\frac{H_B-H_A}{S_{AB}} \tag{12-25}$$

(4) 贯通巷道实际长度 L_{AB} 的计算。

巷道实际长度可根据水平距离、高差或坡度计算，即

$$L_{AB}=\frac{H_B-H_A}{\sin\delta_{AB}}=\frac{S_{AB}}{\cos\delta_{AB}}=\sqrt{(H_B-H_A)^2+(S_{AB})^2} \tag{12-26}$$

对于平巷，如果贯通距离较短，斜长与水平长度相差无几，也可不计算。

第三阶段：标定工作。

在 A、B 两点分别安置经纬仪，标出 β_A 和 β_B，给出巷道的中线，同时根据坡度 i_{AB} 给出

巷道的腰线。

第四阶段：检查测量。

给出巷道的中线和腰线后，测量人员必须经常检查掘进方向的正确性。检查的方法是：当巷道掘进到一定距离后，随即进行导线测量，在掘进迎头处，导线点应为中线点。根据测量结果，反算巷道中线的方位角，将它与原来计算的巷道中线的方位角相比较，根据差值的具体情况，适当调整中线方向，以保证巷道按预计方向掘进。同时用水准测量的方法检查腰线点的高程，不断地调整巷道的坡度并及时填图，以保证巷道的最后贯通。当巷道两端相距一定距离时，应书面通知有关部门，以便及时采取安全措施。

巷道贯通后，应立即测量巷道贯通的偏差值（即把巷道的中、腰线引向另一端），以检验所选择测量方案的正确性和评定测量精度，为以后的贯通工程资鉴。

12.7.2.2 沿导向层贯通水平巷道

沿导向层贯通水平巷道，当导向层倾角大于30°时，由于水平面内的方向受导向层的限制，可以不给巷道的中线，只给出腰线即可。但标定腰线的精度必须严格掌握，因为，腰线的误差会引起巷道在水平方向的偏移。在开采倾斜或急倾斜煤层时，贯通平巷顺槽就是沿导向层贯通水平巷道。如下平巷已由一号下山的 A 点开切，二号下山已掘进到 B 点。为了加快下平巷的掘进，当二号下山掘到 C 点后，便向 A 点进行贯通。

贯通测量步骤如下：

(1) 用水准测量或三角高程测量测得 A、B 两点的高程为 H_A 和 H_B。

(2) 计算 C 点高程。在巷道平面图上量得 AC 之间的距离，设下平巷由 A 向 C 的坡度为 $+5‰$，则 C 点高程为

$$H_C = H_A + \frac{5}{1000} S_{AC}$$

(3) 计算从 B 点到 C 点的下掘深度和斜长，其中

下掘深度： $h = H_B - H_C$

BC 斜长： $L = h / \sin\delta$（δ 为煤层倾角）

当二号下山掘进斜长 L 米后，在工作面标设 C 点，用三角高程求出 H_C，并与计算的 C 点高程相比较，符合后就可以作为下平巷掘进的起点。

设 $H_A = -237.514\text{m}$；$H_B = -199.40\text{m}$；$i_{AB} = +5‰$；$S_{AB} = 400\text{m}$；$\delta = 45°$

则

$$H_C = -237.514 + 400 \times \frac{5}{1000} = -235.514\text{m}$$

$$h = -199.410 - (-235.514) = 36.104\text{m}$$

$$L_{AB} = 36.104 / \sin 45° = 51.059\text{m}$$

(4) 控制平巷的坡度。掘进时要用水准测量测设腰线点，随时检查坡度并及时填图。

12.7.3 倾斜巷道的贯通测量

在同一矿井内不沿导向层贯通倾斜巷道，可能有下列两种情况：巷道尚未开切和巷道的一端已经开切。

12.7.3.1 巷道尚未开切情况下的贯通测量

如果要在 AB 之间贯通二号下山。贯通测量工作可归纳为三个阶段。

第一阶段：先在大比例尺设计图上量出贯通中心线上的 A 点至巷道中原来的导线点 F 之间的距离 $FA = d_1$，同样量出 $BC = d_2$，根据 d_1、d_2 在巷道中实地标出 A、B 两点。然后进行经纬仪导线测量和高程测量，从而得到 A、B 两点的坐标和高程。

第二阶段：计算贯通巷道的几何要素。

(1) 计算贯通中心线的方位角 α_{AB} 和 AB 间水平距离 S_{AB}

$$\tan\alpha_{AB}=\frac{y_B-y_A}{x_B-x_A};S_{AB}=\frac{y_B-y_A}{\sin\alpha_{AB}}=\frac{x_B-x_A}{\cos\alpha_{AB}} \tag{12-27}$$

(2) 计算指向角 β_1、β_2

$$\beta_1=\alpha_{AB}-\alpha_{AF};\beta_2=\alpha_{BA}-\alpha_{BC} \tag{12-28}$$

(3) 计算巷道倾角 δ

$$\tan\delta=\frac{H_B-H_A}{S_{AB}} \tag{12-29}$$

(4) 计算 AB 的倾斜长度 L（贯通距离）

$$L=\frac{S_{AB}}{\cos\delta} \tag{12-30}$$

根据贯通距离和掘进速度，可预测贯通所需要的时间和地点。

第三阶段：当巷道两端各掘进 4～5m 后，在 A、B 点安置经纬仪，标设出巷道的中、腰线。巷道每掘进一段距离，应进行中腰线的检查与调整，直至巷道安全贯通。

12.7.3.2 巷道一端在测量前已经开切时的贯通测量

贯通测量工作可分为四个阶段。

第一阶段：为取得标定数据而进行的经纬仪导线测量，得到 A、B、C、D 等点的坐标。

第二阶段：计算标定数据

(1) 计算方位角 α_{BC}：

$$\tan\alpha_{BC}=\frac{y_C-y_B}{x_C-x_B} \tag{12-31}$$

(2) 计算距离 S_{BC}：

$$S_{BC}=\frac{y_C-y_B}{\sin\alpha_{BC}}\frac{x_C-x_B}{\cos\alpha_{BC}} \tag{12-32}$$

(3) 计算三角形内角 α、β 和 γ：

$$\alpha=\angle ACB=\alpha_{CB}-\alpha_{CA}$$

$$\beta=\angle CBP=\alpha_{BP}-\alpha_{BC}=\alpha_{DB}-\alpha_{BC}$$

$$\gamma=\angle CPB=\alpha_{PC}-\alpha_{PB}=\alpha_{AC}-\alpha_{BD}$$

检核

$$\alpha+\beta+\gamma=180^\circ \tag{12-33}$$

(4) 确定线段 $CP=b$ 及 $PB=a$ 的长度：

$$b=\frac{S_{BC}}{\sin\gamma}\sin\beta;a=\frac{S_{BC}}{\sin\gamma}\sin\alpha \tag{12-34}$$

(5) 计算 P 点的平面坐标：

$$x_P=x_c+b\cos\alpha_{CA};y_P=y_c+b\sin\alpha_{CA} \tag{12-35}$$

用 P、B 点坐标反算其方位角 α_{BP}，该值应等于 α_{DB}，以此检核计算的正确性。

第三阶段：根据标定数据，实地标定出 P 点，并在 P 点标定出贯通中线。

第四阶段：在 P、B 点之间进行高程测量，得到 H_P、H_B。求出巷道的倾角 δ

$$\tan\delta=\frac{H_P-H_B}{S} \tag{12-36}$$

在巷道的两端标设出巷道的腰线。

每当巷道掘进一段距离，应进行中腰线的检查与调整，直至巷道安全贯通。

上述情况的巷道贯通，也可用图解法在设计图上求得开切点 P，并标定于实地，然后按第一种情况的步骤进行贯通测量。

习　　题

1. 矿山测量的主要任务有哪些？
2. 比较隧道地面控制测量各方法的优缺点。
3. 用 GPS 建立隧道地面控制网有何优点？
4. 试述联系测量的目的。
5. 论证一井定向最有利图形的理论根据。
6. 试述用陀螺经纬仪定向的步骤。为什么说用陀螺经纬仪定向是一种先进的方法？
7. 何谓伪倾斜？标定腰线时为何要用伪倾斜？
8. 试述贯通测量的工作步骤。
9. 说明贯通测量误差预计的重要性。
10. 巷道测量的主要工作有哪些？
11. 如何标定新开巷道的方向？
12. 说明经纬仪伪倾角法标定腰线的过程。

第 13 章　GPS 原理及应用

13.1　GPS 概述

GPS（Global Positioning System）即全球定位系统，是由美国建立的一个卫星导航定位系统。从 1989 年 2 月 14 日第一颗卫星发射成功，到 1994 年 3 月 28 日完成第 24 颗卫星的发射，GPS 共发射了 24 颗卫星，其中的工作卫星 21 颗，备用卫星 3 颗，目前在轨卫星数已超过 32 颗。卫星均匀分布在 6 个相对于赤道的倾角为 55°的近似圆形轨道上，每个轨道上有 4 颗卫星运行，它们距地球表面的平均高度约为 20200km，运行速度为 3800m/s，运行周期为 11h58min。每颗卫星可覆盖全球 38%的面积，卫星的分布，可保证在地球上的任意地点、任意时刻、在高度 15°以上的天空能同时观测到 4 颗以上卫星，如图 13-1 所示。

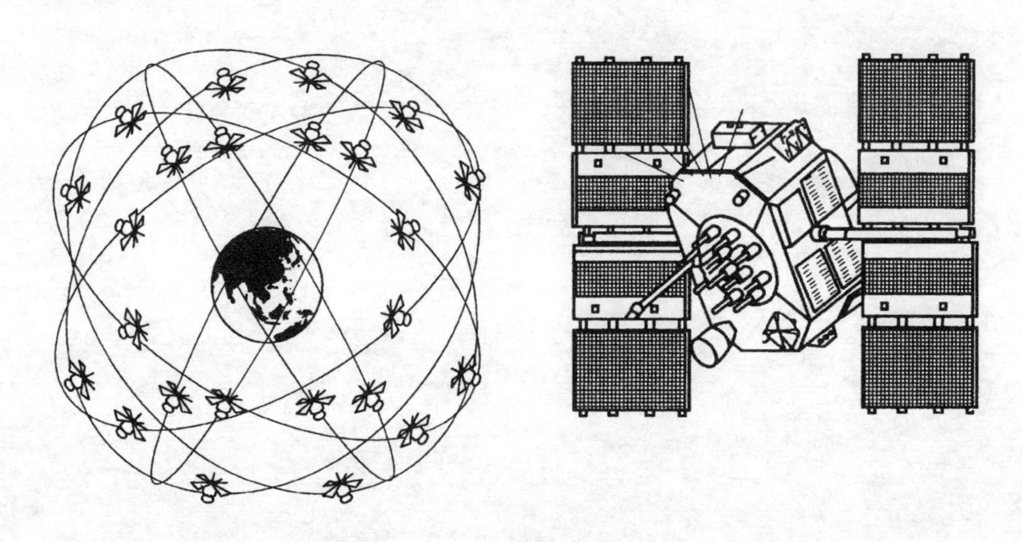

图 13-1　GPS 卫星星座与卫星结构

13.1.1　GPS 系统的组成

GPS 系统主要由三大部分组成，即空间卫星部分、地面监控部分和用户部分。

（1）空间卫星部分　GPS 的空间部分是由 24 颗 GPS 工作卫星所组成，这些 GPS 工作卫星共同组成了 GPS 卫星星座，每颗 GPS 工作卫星都发出用于导航定位的信号。GPS 用户正是利用这些信号来进行工作的。

（2）地面监控部分　GPS 的控制部分由分布在全球的由若干个跟踪站所组成的监控系统所构成，根据其作用的不同，这些跟踪站又被分为主控站、监控站和注入站。主控站有一个，位于美国科罗拉多（Colorado）的法尔孔（Falcon）空军基地，它的作用是根据各监控站对 GPS 的观测数据，计算出卫星的星历和卫星钟的改正参数等，并将这些数据通过注入站注入到卫星中去；同时，它还对卫星进行控制，向卫星发布指令，当工作卫星出现故障时，调度备用卫星，替代失效的工作卫星工作；另外，主控站也具有监控站的功能。监控站有五个，除了主控站外，其他四个分别位于夏威夷（Hawaii）、阿松森群岛（Ascencion）、狄哥伽西亚（Diego Garcia）、卡瓦加兰（Kwajalein），监控站的作用是接收卫星信号，监测卫星的工作状态；注入站有三个，它们分别位于阿松森群岛、狄哥伽西亚、卡瓦加兰，注入站的作用是将主控站计算出的卫星星历和卫星钟的改正数等注入到卫星中去。

(3) 用户部分　GPS 的用户部分由 GPS 接收机、数据处理软件及相应的用户设备如计算机气象仪器等所组成。它的作用是接收 GPS 卫星所发出的信号，利用这些信号进行导航定位等工作。

以上这三个部分共同组成了一个完整的 GPS 系统。

13.1.2 GPS 定位技术的特点

相对于经典的测量技术来说，GPS 定位技术主要有以下特点。

(1) 观测站之间无需通视　既要保持良好的通视条件，又要保障测量控制网的良好结构，这一直是经典测量技术在实践方面的问题之一。而 GPS 测量不需观测站之间互相通视，因而不再需要建造觇标。这一优点既可大大减少测量工作的经费和时间，同时也使点位的选择变得更加灵活。

不过也应指出，GPS 测量虽不要求观测站之间相互通视，但必须保持观测站的上空开阔（净空），以便接收 GPS 卫星的信号不受干扰。

(2) 定位精度高　大量实验表明，目前在小于 50km 的基线上，其相对定位精度可达 $1\times10^{-6}\sim2\times10^{-6}$，而在 100～500km 的基线上可达 $10^{-6}\sim10^{-7}$。随着观测技术与数据处理方法的改善，可望在大于 1000km 的距离上，相对定位精度达到或优于 10^{-8}。

(3) 观测时间短　目前，利用经典的静态定位方法，完成一条基线的相对定位所需要的观测时间，根据要求精度的不同，一般约为 1～3h。为了进一步缩短观测时间，提高作业速度，近年来发展的短基线（不超过 20km）快速相对定位法，其观测时间仅需数分钟。

(4) 提供三维坐标　GPS 测量中，在精确测定观测站平面位置的同时，可以精确测定观测站的大地高程。GPS 测量的这一特点，不仅为研究大地水准面的形状和确定地面点的高程开辟了新途径，同时也为其在航空物探、航空摄影测量及精密导航中的应用，提供了重要的高程数据。

(5) 操作简单　GPS 测量的自动化程度很高，在观测中测量员的主要任务只是安装并开关仪器、量取仪器高、监视仪器的工作状态和采集环境的气象数据，而其他观测工作，如卫星的捕获、跟踪观测和记录等均由仪器自动完成。另外，GPS 用户接收机一般重量较轻、体积较小，携带和搬运都很方便。

(6) 全天候作业　GPS 测量工作，可以在任何地点、任何时间连续地进行，一般不受天气状况的影响。因此，GPS 定位技术的发展是对经典测量技术的一次重大突破。一方面，它使经典的测量理论与方法产生了深刻的变革；另一方面，也进一步加强了测量学与其他学科之间的相互渗透，从而促进了测绘科学技术的现代化发展。

13.1.3 GPS 测量的误差来源

GPS 测量是利用接收机接收卫星播发的信息来确定点的三维坐标。影响测量结果的误差来源于 GPS 卫星、卫星信号的传播过程和地面接收设备。在高精度的 GPS 测量中（地球动力学研究），还应考虑与地球整体运动有关的地球潮汐、负荷潮及相对论效应等。为了便于理解，通常将各种误差的影响投影到观测站至卫星的距离上，以相应距离误差来表示，称之为等效距离误差。表 13-1 列出了 GPS 测量的误差类型及等效的距离误差。

表 13-1 GPS 测量误差分类及对距离影响

项目	误差来源	对距离测量的影响/m
卫星部分	星历误差;钟误差;相对论效应	1.5～15
信号传播	电离层;对流层;多路径效应	1.5～15
信号接收	钟的误差;位置误差;天线相位中心变化	1.5～5
其他影响	地球潮汐;负荷潮	1.0

若根据误差的性质，上述误差可分为系统误差和偶然误差两类。偶然误差主要包括信号的多路径效应及观测误差等；系统误差主要包括卫星的轨道误差、卫星钟差、接收机钟差以及大气折射误差等。其中系统误差远大于偶然误差，它是 GPS 测量的主要误差源。同时系统误差有一定的规律可循，根据其产生的原因可采取不同的措施加以消除或减弱。主要的措施有：①建立系统误差模型，对观测量进行修正；②引入相应的未知参数，在数据处理中同其他未知参数一并求解；③将不同观测站对相同卫星进行的同步观测值求差。

13.2 GPS 定位的基本原理

利用 GPS 进行定位的基本原理，就是把卫星视为“飞行”的控制点，在已知其瞬时坐标（可根据卫星轨道参数计算）的条件下，以 GPS 卫星和用户接收机天线之间的距离（或距离差）为观测量，进行空间距离后方交会，从而确定用户接收机天线所处的位置。其测定空间距离的方法主要有伪距测量和载波相位测量两种。GPS 按定位模式不同，可分为绝对定位和相对定位（又称差分定位）。按待定点的状态不同，可分为静态定位，快速定位和动态定位。

13.2.1 伪距测量和载波相位测量

(1) 伪距测量是通过测定某颗卫星发射的 GPS 测距码信号到达接收机天线的传播时间和电磁波在大气中的传播速度而解得卫星至接收机天线的距离。由于存在卫星钟误差、接收机钟误差以及卫星信号在大气中传播的延误误差，接收机的时间测定存在误差，所以求得的距离并非测站至卫星的真正几何距离，通常称之为“伪距”。利用伪距作空间交会来定点位的方法称为伪距定位法。

伪距测量定位法的优点是对定位的条件要求低，数据处理简单，不存在“整周模糊度”（见后）的问题，容易实现实时定位。缺点是时间不易测准，观测值精度低。单伪距测量还可用于在载波相位测量中解决整周模糊问题。

(2) 载波相位测量　载波相位测量是测定卫星的 GPS 载波信号在传播路程上的相位变化（一种间接测定时间的方法）。以解得卫星至接收机天线的距离，如图 13-2 所示。利用电磁波的相位法测距，通常只能测定不足一整周的相位差 $\Delta\Phi$，无法确定整周数 N_0。

当接收机连续跟踪卫星信号，不断测定相位差，而从观测初始时刻 t_0 至某一时刻 t_k 的累计整周相位 $\mathrm{Int}(\Phi)$ 可以用整波计数器测定。如果观测过程中跟踪卫星信号没有中断，则初始时刻整周相位 N_0 是未知数，但在观测过程中为一常数，称为“整周模糊度”（整周未知数）。确定整周模糊度常用的方法有以下几种：伪距法；采用两台仪器同时观测同一卫星的相对定位法；将整周未知数作为数据处理中的待定参数来求定的方法。

13.2.2 绝对定位和相对定位

13.2.2.1 绝对定位

绝对定位又称单点定位，是一台 GPS 接收机进行定位的模式，用伪距测量或载波相位

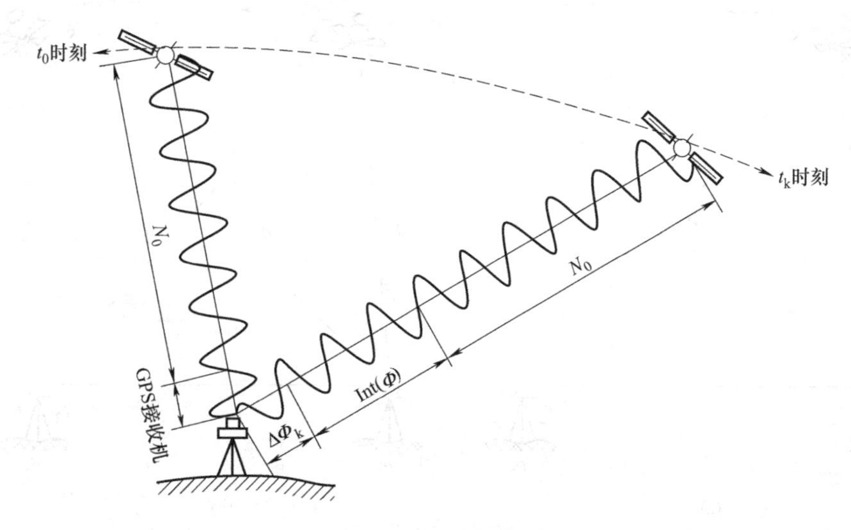

图 13-2　载波相位测距原理

测量的方法确定接收机天线的绝对坐标。由于受卫星星历误差、大气延迟误差等影响，定位精度为米级。一般用飞机、船舶、车辆等交通工具的定位以及勘探作业等。

13.2.2.2　相对定位

相对定位又称差分定位，是不同测站采用两台或两台以上 GPS 接收机同步跟踪相同卫星信号，以载波相位测量方法确定多台接收机（多个测站点）天线间的相对位置（三维坐标差或基线向量），地面点中如有若干已知坐标点，根据 GPS 测定的相对位置，即可求得待定点的绝对坐标。

由于多台接收机同步观测相同的卫星，因此接收机的钟差、卫星的钟差、卫星星历误差和大气（电离层和对流层）对于电磁波的延迟改正几乎是相同的。通过多个载波相位观测值的线性组合，解算各个测点的坐标时，可以消除或削弱上述各项误差，从而达到较高的定位精度（±1～5mm），因而被广泛应用于大地测量、工程测量和地形测量等方面。

载波相位观测值的线性组合方式有卫星间求差、测站间求差等的单差法和双差法等。

(1) 单差法　单差法是在两个测站 T_1，T_2 同步观测同一卫星 S_i，如图 13-3 (a) 所示，按所得的相位观测值 Φ_1，Φ_2 求测站（接收机）间的一次差（站间差分）$\Delta\Phi$。此时，卫星钟差对 Φ_1，Φ_2 的影响相同，因此 $\Delta\Phi$ 可消除卫星钟差。当两测站相距较近（例如，小于 10km）时，大气延迟的影响也明显削弱。

(2) 双差法　双差法为两个测站 T_1，T_2 同步观测一组卫星 S_i，S_j，…，如图 13-3 (b) 所示，得到单差值之差，即在接收机和卫星间求二次差，其结果称为站间星间双差观测值。双差法除了有单差法的消除误差功能外，还可以消除两个接收机间的相对钟差改正数。因此，在 GPS 相对定位中，都采用双差法作为基线向量解算的基本方法，双差计算模型在接收机所附软件中应用广泛。

13.3　静态定位和动态定位

13.3.1　静态定位

静态定位是在 GPS 定位过程中测站接收机天线的位置相对固定，用多台接收机在不同的测站上进行相对定位的同步观测，测量时间由几分钟至几小时。通过大量的重复观测测定

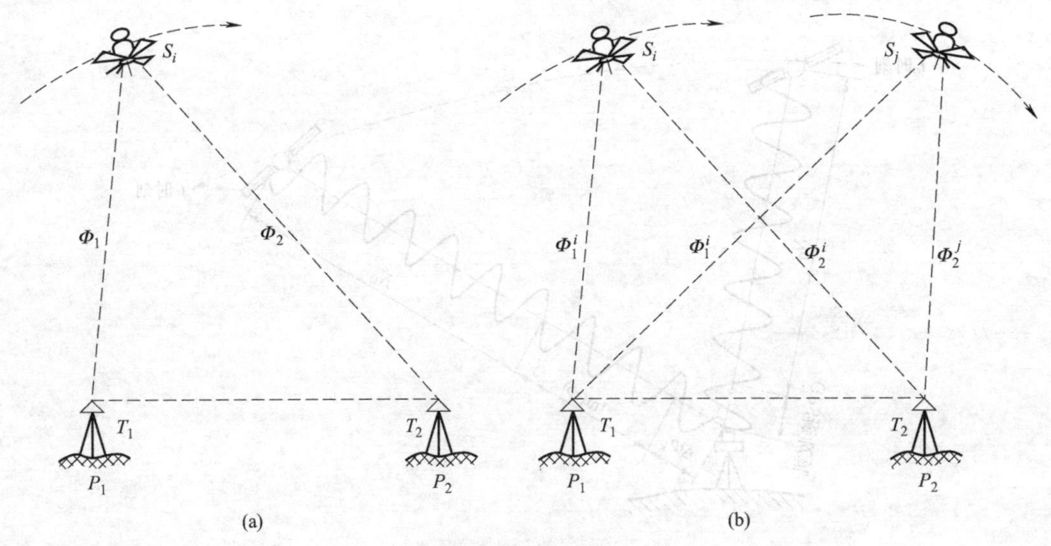

图 13-3 载波相位定位

测站间的相对位置，其中包括与若干已知点的联测，以求得待定点的坐标，成果处理是在外业观测结束以后（非实时的后处理），测量的精度较高，一般用于控制测量。

13.3.2 实时动态定位

实时动态定位的原理：将测站分为基准站（一般选测站坐标已知的点）和流动站（用户站，测站坐标待定的点），如图 13-4 所示；在基准站上安置 GPS 接收机，对所有可观测卫星进行连续观测；根据基准站的已知三维坐标，求出各观测值的校正值（距离改正数、坐标改正数等），并通过无线电台将校正值实时发送给各用户的流动观测站，称为数据通信链；流动站接收机将其接收的 GPS 卫星信号与通过无线电台传来的校正值进行差分计算，实时解算得到流动站点的三维坐标。实时动态定位作业效率高，精度低于静态定位，一般用于细部测量。

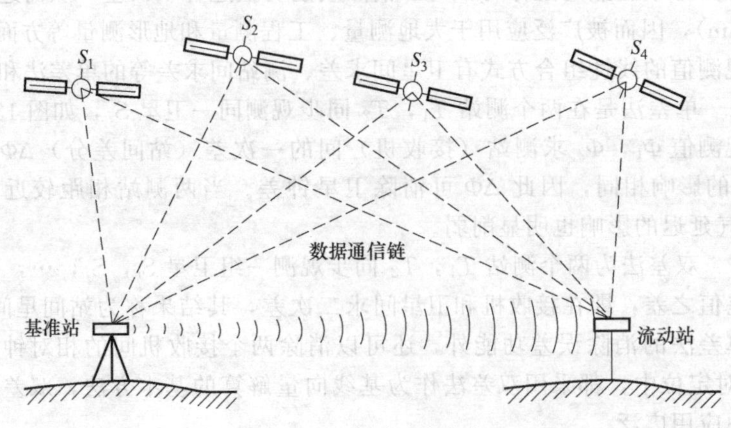

图 13-4 实时动态定位

13.4 Trimble 5700 GPS 接收机的使用

13.4.1 Trimble 5700 GPS 接收机简介

Trimble 5700 GPS 接收机（图 13-5）是 Trimble 公司在 2001 年最新推出的双频大地测

量 GPS 系统。它采用半集成、模块化设计（非常简单的拼装）。GPS 接收机和无线电调制解调器、电源系统内置为一体，接收机和天线分离。Trimble 5700 GPS 接收机，采用了多种世界领先的专利技术，成为最新一代双频 GPS 测量系统的典范。

图 13-5 Trimble 5700 GPS 接收机

Trimble 5700 GPS 接收机技术指标如下。

标准特性：

镁铝合金封装

内置 USB（通用串行总线）数据快速传输

单一按键执行缺省测量模式，文件删除以及 PC 卡格式化

RTCM V2 格式输入、输出

CMRⅡ、CMR＋输入、输出

10HZ NMEA-0183 输出

内置 Flash PC 卡存储器

RTK/OTF（on the fly）

先进特性：

先进的 Maxwell 4 技术

高精度的多重相关 L1/L2 伪距测量

无滤波、无平滑的伪距测量数据用于低噪声，低多路径、低时域相关和高动态测量

低噪声的 L1/L2 载波观测值在 1HZ 带宽内优于 1mm 的精度

Trimble 低仰角信号跟踪技术

支持 GSM 和 CDPD 调制方式用于 eRTK 和 VRS

双事件标表（even makers）输入

技术指标：

物理指标

尺寸：11.9cm$W$×6.6cm$H$×20.8cm$L$

重量：1.4kg 接收机（含内置电台，内置充电器）4kg RTK 移动站（全部）

电气指标（CE Mark、FCC、认证）

接收机电源：10.5～28V 直流，带过电保护功能。

功耗：　2.5W 静态

　　　　3.5W 动态

电池：　＞8h，RTK 操作（内置电台，TSCI 手簿）

环境

工作温度：－40～＋65℃

存储温度：－40～＋80℃

湿度：100％全密封，防水，可漂浮。MIL-STD-810F

防震：2m 下落

性能指标：

静态（后处理）

模式：静态，快速静态

精度：

水平：5mm＋0.5ppm

垂直：5mm＋1ppm

角度：1 弧度＋5/基线长度

动态（后处理）

模式：连续，走走停停

精度：

水平：1mm＋1ppm

垂直：2mm＋1ppm

测量时间：

连续：1s

走停：2s

最快采样率：20Hz

RTK RTD 测量

模式：RTK RTD

RTD 精度 0.2m＋1ppm

eRTK 精度：（最大距离 30km）

模式		延迟	精度
水平：	1Hz	0.4s	1cm＋1ppm
	20Hz	0.02s	1cm＋1ppm
垂直	1Hz	0.4s	1cm＋2ppm
	20Hz	0.021s	2cm＋2ppm

初始化

模式：自动动态初始化（OTF），静态初始化

可信度：≥99.9％

时间：<1min（典型）

10s＋0.5/基线长

WAAS 差分位置改正精度<5M

一般性能：

通道：24 通道（Total Station）

跟踪信号：GPSL1 C/A 码，L1/L2 全波位

数据记录：① 接收机中的 Flash PC 卡

② TSC1 手簿中

③ TSC1 手簿选件 PC 卡中

数据存储：接收机 2500h（L1/L2，6 颗星，15s 采样间隔）

TSC1 60h（典型）

数据输入、输出：RTCM SC104 2.20

NEMA0183 2.20

1PPS 输出

显示、按键：5 个 LED 指示灯，1 个功能按键

天线指标：

天线类型：L1/L2 零相位微对中天线

尺寸：　15.2cm$D$×5.7cm$H$
重量：　0.45kg
使用温度：　－40～＋70℃
存储温度：　－55～＋80℃
湿度：　100%防水，无冷凝

13.4.2　Trimble 5700 GPS 静态测量

GPS 静态定位在测量中主要用于测定各种用途的控制点。其中，较为常见的方面是利用 GPS 建立各种类型和等级的控制网，在这些方面，GPS 技术已基本上取代了常规的测量方法，成为了主要手段。

13.4.2.1　布设GPS基线向量网的工作步骤

布设 GPS 基线向量网主要分测前、测中和测后三个阶段进行。

（1）测前工作　一项 GPS 测量工程项目，往往是由工程发包方、上级主管部门或其他单位或部门提出，由 GPS 测量队伍具体实施。对于一项 GPS 测量工程项目，一般有如下一些要求。

① 测区位置及其范围：包括测区的地理位置、范围，控制网的控制面积。

② 用途和精度等级：包括控制网将用于何种目的，其精度要求是多少，要求达到何种等级。

根据我国 1992 年所颁布的全球定位系统测量规范，GPS 基线向量网被分成了 A、B、C、D、E 五个级别。

GPS 网的精度指标，通常是以网中相邻点之间的距离误差来表示的，其具体形式为：

$$\sigma=\sqrt{a^2+(b\times D)^2}$$

式中，σ 为网中相邻点间的距离中误差，mm；a 为固定误差，mm；b 为比例误差，ppm；D 为相邻点间的距离，km。

对于不同等级的 GPS 网，参见表 13-2 中的精度要求。

表 13-2　GPS 控制网等级及精度要求

测量分类	固定误差 a/mm	比例误差 b/×10^{-6}	相邻点距离/km
A	≤5	≤0.1	100～2000
B	≤8	≤1	15～250
C	≤10	≤5	5～40
D	≤10	≤10	2～15
E	≤10	≤20	1～10

A 级网一般为区域或国家框架网、区域动力学网；B 级网为国家大地控制网或地方框架网；C 级网为地方控制网和工程控制网；D 级网为工程控制网；E 级网为测图网。

③ 点位分布及点的数量：包括控制网的点位分布、点的数量及密度要求，是否有对点位分布有特殊要求的区域。

对选点要求：

a. 为保证对卫星的连续跟踪观测和卫星信号的质量，要求测站上空应尽可能的开阔，在 10°～15°高度角以上不能有成片的障碍物。

b. 为减少各种电磁波对 GPS 卫星信号的干扰，在测站周围约 200m 的范围内不能有强电磁波干扰源，如大功率无线电发射设施、高压输电线等。

c. 为避免或减少多路径效应的发生，测站应远离对电磁波信号反射强烈的地形、地物，如高层建筑、成片水域等。

d. 为便于观测作业和今后的应用，测站应选在交通便利，上点方便的地方。

e. 测站应选择在易于保存的地方。

④ 提交成果的内容：包括用户需要提交哪些成果，所提交的坐标成果分别属于哪些坐标系，所提交的高程成果分别属于哪些高程系统，除了提交最终的结果外，是否还需要提交原始数据或中间数据等。

⑤ 时限要求：包括对提交成果的时限要求，即何时是提交成果的最后期限。

⑥ 投资经费：包括对工程的经费投入数量。

⑦ 技术设计：负责 GPS 测量的单位在获得了测量任务后，需要根据项目要求和相关技术规范进行测量工程的技术设计。

⑧ 测绘资料的搜集与整理：在开始进行外业测量之前，现有测绘资料的搜集与整理也是一项极其重要的工作。需要收集整理的资料主要包括测区及周边地区可利用的已知点的相关资料（点之记、坐标等）和测区的地形图等。

⑨ 仪器的检验：对将用于测量的各种仪器包括 GPS 接收机及相关设备、气象仪器等进行检验，以确保它们能够正常工作。

⑩ 踏勘、选点埋石：在完成技术设计和测绘资料的搜集与整理后，需要根据技术设计的要求对测区进行踏勘，并进行选点埋石工作。

（2）测量实施

① 实地了解测区情况。由于在很多情况下，选点埋石和测量是分别由两个不同的队伍或两批不同的人员完成的，因此，当负责 GPS 测量作业的队伍到达测区后，需要先对测区的情况作一个详细的了解。主要需要了解的内容包括点位情况（点的位置、上点的难度等）、测区内经济发展状况、民风民俗、交通状况、测量人员生活安排等。这些对于今后测量工作的开展是非常重要的。

② 卫星状况预报。根据测区的地理位置，以及最新的卫星星历，对卫星状况进行预报，作为选择合适的观测时间段的依据。所需预报的卫星状况有卫星的可见性、可供观测的卫星星座、随时间变化的 PDOP 值、随时间变化的 RDOP 值等。对于个别有较多或较大障碍物的测站，需要评估障碍物对 GPS 观测可能产生的不良影响。

③ 确定作业方案。根据卫星状况、测量作业的进展情况以及测区的实际情况，确定出具体的作业方案，以作业指令的形式下达给各个作业小组，根据情况，作业指令可逐天下达，也可一次下达多天的指令。作业方案的内容包括作业小组的分组情况，GPS 观测的时间段以及测站等。

④ 外业观测。各 GPS 观测小组在得到作业指挥员所下达的作业指令后，应严格按照作业指令的要求进行外业观测。在进行外业观测时，外业观测人员除了严格按照作业规范、作业指令进行操作外，还要根据一些特殊情况，灵活地采取应对措施。在外业中常见的情况有不能按时开机、仪器故障和电源故障等。

⑤ 数据传输与转储。在一段外业观测结束后，应及时地将观测数据传输到计算机中，并根据要求进行备份，在数据传输时需要对照外业观测记录手簿，检查所输入的记录是否正确。数据传输与转储应根据条件，及时进行。

⑥ 基线处理与质量评估。对所获得的外业数据及时地进行处理，解算出基线向量，并对解算结果进行质量评估。作业指挥员需要根据基线解算情况作下一步 GPS 观测作业的安排。

重复确定作业方案、外业观测、数据传输与转储以及基线处理与质量评估四步，直至完成所有 GPS 观测工作。

（3）测后工作

① 结果分析（网平差处理与质量评估）。对外业观测所得到的基线向量进行质量检验，并对由合格的基线向量所构建成的 GPS 基线向量网进行平差解算，得出网中各点的坐标成果。如果需要利用 GPS 测定网中各点的正高或正常高，还需要进行高程拟合。

② 技术总结。根据整个 GPS 网的布设及数据处理情况，进行全面的技术总结。

③ 成果验收

13.4.2.2　静态外业操作

在进行野外观测之前，最好提前 1 天做星历预报以选择星况最好的观测时段，同时根据星况做好次日外业时间安排，静态操作流程。

① 对中，整平；

② 量取天线高，三个方向取均值；

③ 开机；

④ 按记录按钮；

⑤ 测完以后先关机，再搬站，迁站前再测天线高。

在野外观测时，需要记录以下资料，以方便以后处理，它们分别是：

① 点名称；

② 天线高；

③ 开机时间；

④ 关机时间；

⑤ 接收机序列号（S/N）后四位数字。

[注] 野外观测的时候开机时要提高警惕性，按下电源按钮五个 LED 灯一亮就松手，不要按住长时间不松手，这样会导致接收机内以前的文件丢失，再则，野外观测时量取仪器高的时候，建议统一测量斜高，大圆盘天线从测点量到槽口的底部，小圆盘天线从测点量到槽口的顶部。

13.4.2.3　观测数据后处理准备工作

（1）建立地方坐标系　野外观测的静态数据都是基于 WGS84 椭球的，但当地坐标系依赖的椭球一般情况下都是克拉索夫斯基椭球（长半轴：6378245m　扁率：298.3）或 IAG75 椭球（长半轴：6378140m　扁率：298.257）。北京 54 坐标系统常用的椭球是克拉索夫斯基椭球，而西安 80 坐标系统常用的椭球是 IAG75 椭球。

（2）数据下传　将接收机内的数据文件下传到你的台式计算机前，先新建一个文件夹用来存放野外的原始数据。当你利用 DATA TRANSFER 下传数据时，你可以选择有用的文件下传，同时系统会提示你选择存放原始文件的目标文件夹。为避免数据丢失，建议对原始数据做备份。另外，在野外的记录资料应及时整理成文档资料保留下来。

13.4.2.4　静态数据后处理步骤

（1）新建项目。

（2）数据导入。

（3）基线处理。

（4）闭合差处理。

（5）无约来平差。

（6）约束平差。

（7）成果的导出。

13.4.3 Trimble 5700 GPS 动态测量

工作流程如下所述。

(1) 新建任务/选择任务。

(2) 键入控制点的坐标。

(3) 配置基准站（只做一次，以后就不需要了）。

(4) 启动基准站。

(5) 配置流动站（只做一次，以后就不需要了）。

(6) 启动流动站。

(7) 点校正。

(8) 测量/放样。

13.5 GPS 静态定位在测量中的应用

13.5.1 全国性的 GPS 网建立

1991 年国际大地测量协会（LAG）决定在全球范围内建立一个 IGS（为国际 GPS 地球动力学服务）观测网，并于 1992 年 6～9 月实施了第一期会战联测，我国借此机会由多家单位合作，在全国范围内组织了一次盛况空前的“中国 92GPS 会战”，目的是在全国范围内确定精确的地心坐标，建立起我国新一代地心参考框架，并求出该系统与原有国家坐标系统的转换参数，以优于 10^{-8} 量级的相对精度确定测站间基线向量，布设成国家 A 级网，作为国家高精度卫星大地网的骨架，并奠定地壳运动及地球动力学研究的基础。

建成后的国家 A 级网共由 28 个点组成，经过精细的数据处理，平差后在 ITRF91 地心参考框架中的点位精度优于 0.1m，边长相对精度一般优于 1×10^{-8}，随后在 1993 年和 1995 年又两次对 A 级网进行了复测，其点位精度已提高到厘米级，边长相对精度达 3×10^{-9}。

作为我国高精度坐标框架的补充以及为满足国家建设的需要，在国家 A 级网的基础上建立了国家 B 级网（又称国家高精度 GPS 网）。布设工作从 1991 年开始，经过 5 年努力完成外业工作，内业计算也已基本完成。全国基本均匀布点，共布测 730 个点左右，总独立基线数 2200 多条，平均边长在我国东部地区为 50km，中部地区为 100km，西部地区为 150km。经整体平差后，点位地心坐标精度达±0.1m，GPS 基线边长相对中误差可达 2×10^{-8}，高程分量相对中误差为 3×10^{-8}。

13.5.2 在隧道贯通控制测量中的应用

隧道的贯通测量，是铁路、公路隧道和海底隧道工程，以及城市地铁等地下工程的重要任务。隧道贯通测量的基本要求是，在隧道两端的开挖面处（有时还有中间开挖面），通过联测建立起始的基准方向，以控制隧道开挖的方向，保证隧道的准确贯通。经典的测量方法，由于要求控制点之间必须通视，致使测量工作变得甚为复杂。在此，GPS 测量的特点具有特别重要的意义。

在横跨英法海峡的欧洲海底隧道工程中，GPS 成果被应用。在隧道的初步设计阶段，曾用经典方法在两岸各布设了一个平面测量控制网，经平差后，其相对误差达 4×10^{-6}，也就是说，对约 50km 长的隧道，其横向与纵向中误差可达约 20cm。为了改善隧道控制测量的精度，在 1987 年，在两岸使用了 TI4100GPS 接收机，同时观测了 3 个控制点，并将观测结果与经典网进行了联合平差，结果使控制网的相对精度提高到 1×10^{-6}。由此，上述隧道的纵向与横向中误差降为 5cm，显著地改善了控制网的精度，从而保障了隧道的准确贯通。

在此，GPS 精密定位技术，在欧洲隧道这一世界性的伟大工程中，做出了具有深远意义的贡献。

13.5.3　GPS 在工程变形监测中的应用

工程变形包括建筑物的位移和由于人为因素而造成的建筑物或地壳的形变。由于 GPS 测量具有高精度的三维定位功能，所以它是监测各种工程变形的极为有效的手段。工程变形主要类型包括：大坝的变形、陆地建筑物的变形和沉陷、海上建筑物的沉陷、资源开采区的地面沉降等。

隔河岩水库大坝监测（隔河岩水库位于湖北省长阳县境内，是清江中游的一个水利水电工程，坝长 653m，坝高 151m）成功应用了 GPS 精密定位技术，与经典测量方法相比，不仅可以满足大坝变形监测工作的精度要求（0.199～1.099m），而且便于实现监测工作的自动化。

13.6　GPS-RTK 定位技术在测量中的应用

实时动态定位测量称 RTK（Real-Time Kinematic）测量，是卫星动态相对定位的一种技术。其方法是至少在一个已知点（固定点）上安置卫星定位接收机和无线电发射装置，将接收到的卫星观测数据和已知点的坐标等有关信息按照一定的编码格式发射；另外，在位置待定的流动站上安置便于移动的 GPS 接收机、无线电接收装置和控制器，利用接收到的卫星数据和已知点发射的数据在控制器上进行实时处理，现场解算出流动站的三维坐标，可达到厘米级精度。

GPS-RTK 定位技术就是基于载波相应观测值的实时动态定位技术，基准站通过数据链将其观测值和测站坐标信息一起传送给流动站。流动站通过数据链接收来自基准站的数据，并结合本站 GPS 观测数据，在系统内组成差分观测值进行实时处理，获得流动站的坐标。流动站可处于暂时静止状态，也可处于运动状态。

13.6.1　RTK 技术在图根控制测量中的应用

常规控制测量如三角测量、导线测量，均需要测站之间相互通视，这样不但费工费时，而且精度不均匀，外业测量中不可能知道测量成果的精度。而 GPS 静态相对定位虽然无需测站之间通视．但却需要事后进行数据处理，不能实现实时定位并知道定位精度，必须经过内业处理后方可得到测量结果和相应的精度，若此时发现精度不合乎要求，则必须进行外业返工测量。而用 GPS-RTK 技术进行图根控制测量，既可实时知道定位结果，又可知道定位精度，这样可大大提高作业效率。

目前 GPS-RTK 技术进行实时定位精度可达厘米级，因此，对于一般的图根控制测量的精度是完全可以满足的。

13.6.2　GPS-RTK 技术在碎部测量中的应用

碎部测量一般是首先根据控制点进行图根点加密，然后在图根点上用经纬仪或平板仪进行碎部测图。这种方法均要求测站与碎部点之间相互通视，且至少应有 2～3 人操作。

利用 RTK 技术进行土地资源调查（碎部测量）时，只要在基准站上安置 1 台 GPS 接收机，流动站仅需 1 人背着仪器在待测的碎部点上滞留上 1～2s 并同时输入特征编码，通过电子手簿或便携微机记录，在点位精度合乎要求的情况下，则可将某一个区域内的地形点位通过专业绘图软件绘制成地形图。

13.6.3　GPS 用于道路工程定线测量

利用 GPS 的实时动态定位技术（RTK）可以高效、方便地进行道路中线测量。由于

GPS 测量可以同时测定三维坐标，因此，在测定中线平面位置的同时，也能测定其高程。

习 题

1. GPS 有几颗工作卫星？距离地表的平均高度是多少？
2. 简述 GPS 定位原理。
3. 简述 GPS-RTK 测量方法。

附录一 测量实验与实习须知

一、测量实验的一般规定

测量学是一门实践性很强的技术基础课，测量实验与实习是测量学教学中不可缺少的环节。只有通过实验与实习，才能巩固课堂所学的基本理论知识，进而掌握测量仪器操作的基本技能和测量作业的基本方法。因此，必须对测量实验与实习予以高度重视。

1. 实验或实习前，必须阅读《测量学》的有关章节及《测量学实验与实习》的相应项目；实验时，必须携带《测量学实验与实习指导书》，便于参考、记录有关数据和计算。

2. 实验或实习分小组进行，组长负责组织和协调工作，办理所用仪器、工具的借领和归还手续。

3. 实验或实习应在规定时间内进行，不得无故缺席或迟到、早退，应在指定的场地进行，不得擅自改变地点。

4. 必须遵守实验室的《测量仪器工具的借用规则》，应该听从教师的指导，严格按照实验或实习要求，认真、按时、独立地完成任务。

5. 测量记录应该用正确书写文字和数字，不可潦草，记录应该用 2H 或 3H 铅笔。在规定表栏中，应将仪器型号、编号、日期、天气、观测者、记录者、测站和已知数据等填写齐全。

6. 记录者听取观测者报出读数后，应向观测者回报读数，以免记错。

7. 记录数字若发现有错误，不得涂改，也不得用橡皮擦拭，而应该用纫横线划去错误数字，在原数字上方写出正确数字，并在备注栏内说明原因。观测数据的尾数不得更改。记录数据要完整（如水准尺读数 1542，度盘读数 134°28′06″），不可将零尾数省略。

8. 根据观测结果，应当场做必要的计算，并进行必要的成果检验，以决定观测成果是否合格，是否需要进行重测。只有在确认无误后，方可搬站或结束。

9. 数据运算中，按“4 舍 5 入，5 前奇进偶舍”的规则进行凑整，如 1.2324m，1.2316m，1.2315m，1.2325m 等，这些数字若取至毫米位，则均可记为 1.232m。

在实验或实习结束时，应把观测记录和实验报告交指导教师审阅。经教师认可后，可收拾仪器和工具，做必要的清洁工作，向实验室归还仪器和工具，结束实验。

二、测量仪器的使用规则和注意事项

测量仪器的正确使用、精心爱护和科学保养，是从事测量工作的人员必须具备的素质相应该掌握的技能，也是保证测量成果的质量、提高测量工作效率、发挥仪器性能和延长其使用年限的必要条件。为此，特制定下列测量仪器使用规则和注意事项，在测量实验或实习中应严格遵守和参照执行。

1. 仪器的携带

携带仪器前，检查仪器箱是否扣紧，拉手和背带是否牢固。

2. 仪器的安装

（1）安放仪器的三脚架必须稳固可靠，特别注意伸缩腿稳固。

（2）从仪器箱提取仪器时，应先松开制动螺旋，用双手握住仪器支架或基座，放到三脚架上。一手握住仪器，一手拧连接螺旋，直至拧紧。

（3）仪器取出后，应关好箱盖，不准在箱上坐人。

3. 仪器的使用

（1）仪器安装在三脚架上之后，无论是否观测，观测者必须守护仪器。

（2）应撑伞，给仪器遮阳。雨天禁止使用仪器。

（3）仪器镜头上的灰尘、污痕，只能用软毛刷和镜头纸轻轻擦去。不能用手指或其他物品擦，以免磨坏镜面。

（4）旋转仪器各部分螺旋要有手感。制动螺旋不要拧得太紧，微动螺旋不要旋转至尽头。

（5）在仪器发生故障时，应及时报告指导教师，不得擅自处理。

4. 仪器的搬迁

（1）在行走不便的地方或远距离搬站时，必须将仪器装箱后再搬迁。

（2）短距离搬迁时，可以仪器和脚架一起搬，其方法是：检查并旋紧中心连接螺旋，松开各制动螺旋（经纬仪物镜应对向度盘中心，水准仪物镜应向后）；再收拢三脚架，左手抓住仪器，右手抱住脚架，近于垂直地搬移。严禁斜扛仪器，以防碰摔。

（3）搬迁时，小组其他人员应协助观测员带走仪器箱和其他工具。

5. 仪器的装箱

（1）每次使用仪器之后，应及时清除仪器的灰尘及脚架上的泥土。

（2）仪器拆卸时，应先将脚螺旋旋至大致同高的位置，再一手握住仪器，一手松开连接螺旋，双手取下仪器。

（3）仪器装箱时，应先松开各制动螺旋，使仪器就位正确，试关箱盖确认放妥后，关箱上锁或上扣，切不可强压箱盖，以防压仪器。

（4）清点所有附件和工具，防止遗失。

三、外业记录与计算规则

测量手簿是外业观测成果的记录和内业数据处理的依据。在测量手簿上记录或计算时，必须严肃认真，一丝不苟，严格遵守下列规则。

1. 在测量手簿上书写之前，应准备好硬性（2H 或 3H）铅笔，熟悉表格各项内容及记录、计算方法。记录观测数据之前，应将表头的仪器型号、日期、天气、成像、观测者及记录者姓名等无一遗漏地填写齐全。

2. 观测者读数后，记录者应回报以检核并现场记录，不得事后转抄。

3. 记录时要求字体端正清晰、数位齐全、数字齐全，字体大小一般占格宽的 1/2～1/3，字脚靠底线，零位不能省略。

4. 对错误的原始记录数据，不得涂改，也不得用橡皮擦掉，应用横线划去错误数字，把正确的数字写在原数字的上方，并在备注栏说明原因。

5. 记录者记录完一个测站的数据后，当场应进行必要的计算和检核，确认无误后，观测者才能搬站。

附录二　测量实验指导书

实验一　水准仪的使用

一、实验目的

1. 了解 DS_3 水准仪的基本构造，熟悉各部件的名称和作用。

2. 练习水准仪的正确安置、瞄准和读数。

3. 掌握用 DS_3 水准仪测定地面上两点间高差的方法。

二、实验任务

每人用变动仪器高法观测并记录两组以上实验数据。

三、实验所用仪器工具

DS_3 水准仪一台，水准仪脚架一个，水准尺两根，尺垫两个，记录板一个，2H 铅笔（自备）。

四、操作步骤

1. 安置仪器：先将三脚架张开，使其高度适当，架头大致水平，并将架腿踩实，再开箱取出仪器，将其固连在三脚架上。

2. 认识仪器：指出下列各部件的名称和位置，了解其作用并熟悉使用方法。同时弄清水准尺分划注记。

（1）准星和照门　　（4）水准管和圆水准器

（2）目镜调焦螺旋　　（5）制动、微动螺旋

（3）物镜调焦螺旋　　（6）微倾螺旋

3. 水准仪操作

（1）粗略整平——调节三个脚螺旋使圆水准器气泡居中。

（2）目镜对光——转动目镜调焦螺旋，看清十字丝。

（3）粗略瞄准——在地面上选定 A、B 两立尺点，用粗瞄器瞄准其中一点 A 上的水准尺，固定制动螺旋。

（4）物镜对光——调节物镜对光螺旋，看清水准尺。

（5）精确瞄准——转动微动螺旋，使十字丝竖丝平分标尺。

（6）视差消除——若有视差，仔细进行物镜和目镜对光，消除视差。

（7）精确整平——调节微倾螺旋，使水准管气泡两端的半影像吻合成抛物线，即气泡居中。

（8）读数——从望远镜中观察十字丝在水准尺上分划位置，读取四位数，即直接读出米、分米、厘米，并估读毫米数值，此读数为后视读数。

(9) 用粗瞄器瞄准另一点 B 上的水准尺，固定制动螺旋。重复（3）～(8) 中的步骤，读取 B 点水准尺读数，此读数为前视读数。并计算出 A、B 两点高差。

$$h_{AB}=\text{后视读数}-\text{前视读数}$$

(10) 变动仪器高后，重新测定上述两点间高差。

按此方法，每人测两组以上高差。

五、记录格式

表1 水准测量手簿

日期：　　　　　　　　　　天气：　　　　　　　　　　观测者：

仪器：　　　　　　　　　　地点：　　　　　　　　　　记录者：

测站	点号	后视读数	前视读数	高差/m	备注

六、限差要求

采用变动仪器高法测得的相同两点间的高差之差不得超过±5mm。

七、注意事项

1. 读取中丝读数前，一定要使水准管气泡居中，并消除视差。

2. 不能把上、下丝看成中丝读数。

3. 观测者读数后，记录者应回报一次，观测者无异议时，记录并计算高差，一旦超限及时重测。

4. 每人必须轮流担任观测、记录、立尺等工作，不得缺项。

5. 各螺旋转动时，用力应轻而均匀，不得强行转动，以免损坏。

八、上交资料

每人交实验报告一份（含实验原始记录及计算）。

九、思考题

1. 水准观测中读数时应注意什么问题？

2. 水准观测的步骤有哪些？

实验二 普通水准测量

一、实验目的

1. 掌握使用 DS_3 水准仪进行普通水准测量的观测、记录与计算方法。

2. 掌握普通水准测量校核方法和成果处理方法。

二、实验任务

在指定场地选定一条闭合或附合水准路线，其长度以安置4～6个测站为宜，采用双面尺（黑面、红面）一次仪器高法或两次仪器高法施测该水准路线。

三、实验所用仪器工具

DS_3 水准仪一台，水准仪脚架一个，水准尺两根，尺垫两个，木桩（水泥钉）四个，铁锤一个，2H 铅笔（自备）。

四、实验操作步骤

1. 选定一条闭合或附合水准路线，将各待求高程点用木桩标定。

2. 安置仪器于距起点一定距离的测站Ⅰ，粗平仪器，一人将尺立于起点即后视点，另一人在路线前进方向的适当位置选定一点即前视点 1，设立木桩（水泥钉）或稳定标志，将尺立于其上。

3. 瞄准后视尺，精平、读数 ，记入表格中，转动仪器瞄准前视尺，精平、读数 ，记入表格中，计算高差 。

4. 将仪器搬Ⅱ站，第一站的前视尺变为第二站后视尺，起点的后视尺移至前进方向的点 2，为第二站的前视尺，重复第 3 步操作。

5. 同法继续测量，经过各待求点，最后闭合回到起点，构成一闭合圈，或附合到另一已知高程点，构成一附合水准路线。

6. 计算高程闭合差。

五、实验限差要求

普通水准测量一般要求达到以下要求：

1. 视距长≤±100m；

2. 前后视差≤±10m；

3. 前后视距累计差≤±50m；

4. 黑、红面读数差≤±4mm；

5. 黑、红面高差之差≤±6mm；

6. 检核计算：后视读数总和－前视读数总和＝高差代数和。

7. 高差闭合差：平地$\pm 40\sqrt{L}$mm；山地$\pm 12\sqrt{n}$ mm；L 为水准路线长度，n 为测站数。

六、记录格式

表 2　水准测量手簿

日期：　　　　　　　　　　仪　器：　　　　　　　　　　观测者：

天气：　　　　　　　　　　地　点：　　　　　　　　　　记　录：

测站	点号	视距/m	后视读数/mm	前视读数/mm	高差/mm	平均高差/mm	备注

七、实验注意事项

1. 起始点和待定高程点上不能放尺垫，转点上要求放尺垫。
2. 读完后视读数后仪器不能搬动，读完前视读数后尺垫不能动。
3. 读数时，注意消除视差，水准尺不得倾斜。
4. 做到边测边记边计算边检核。

八、实验上交资料

每人交实验报告一份（含实验原始记录及计算）。

九、思考题

1. 水准测量中水准起始点是否放置尺垫？为什么？
2. 水准测量中读完后视读数后仪器能搬动吗？为什么？

实验三　经纬仪的使用

一、实验目的

1. 了解光学经纬仪的基本构造，各部件的名称和作用。
2. 掌握经纬仪对中、整平、瞄准和读数的基本方法。

二、实验任务

每人至少安置一次经纬仪，用盘左、盘右分别瞄准两个目标，读取水平盘读数。

三、实验所用仪器工具

DJ_6 经纬仪一台，经纬仪脚架一个，记录板一个，2H 铅笔（自备）。

四、实验操作步骤

1. 各组在指定场地选定测站点并设置点位标记。

2. 仪器开箱后，仔细观察并记清仪器在箱中的位置，取出仪器并连接在三脚架上，旋紧中心连接螺旋，及时关好仪器箱。

3. 认识经纬仪各部分的名称和作用。

4. 经纬仪的对中、整平。

① 对中：眼睛从光学对点器中看，看到地面和小圆圈；固定一条架腿，左、右两只手握另两条架腿，前后、左右移动这两条架腿，使点位落在小圆圈附近。踩紧三条架腿，并调脚螺旋，使点位完全落在圆圈中央。

② 粗略整平：转动照准部，使水准管平行于任意两条架腿的脚尖连接方向，升降其中一条架腿，使水准管气泡大致居中，然后将照准部旋转 90°，升降第三条架腿，使气泡大致居中。

③ 精确整平：转动照准部，使水准管平行于任意两个脚螺旋的连线方向，对向旋转这两个脚螺旋（左手大拇指旋进的方向为气泡移动的方向），使水准管气泡严格居中；再将照准部旋转 90°，调节第三个脚螺旋，使气泡在此方向严格居中，如果达不到要求需重复②、③步，直到照准部转到任何方向，气泡偏离不超过一格为止。

④ 经过①～③三个步骤应多次进行，最后对中、整平同时满足。否则，需重复以上操作。

5. 瞄准：利用望远镜的粗瞄器，使目标位于视场内，固定望远镜和照准部制动螺旋，调目镜调焦螺旋，使十字丝清晰；转动物镜调焦螺旋，使目标清晰；转动望远镜和照准部微动螺旋，精确瞄准目标，并注意消除视差。读取水平盘读数时，使十字丝竖丝单丝平分目标或双丝夹准目标；读取竖盘读数时，使十字丝中横丝切准目标。

6. 读数：调节反光镜的位置，使读数窗亮度适当；调节读数窗的目镜调焦螺旋，使读数清晰，最后读数，并记入手簿。

五、记录格式

表 3　水平读盘读数记录

日期：　　　仪器：　　　班级：　　　观测者：　　　记录者：

测回	测站	竖盘位置	目标	度盘读数（°　′　″）	半测回角值(°　′　″)	一测回角值(°　′　″)	备注

六、实验注意事项

1. 使用螺旋时，用力应轻而均匀。
2. 经纬仪从箱中取出后，应立即用中心连接螺旋连接在脚架上，并做到连接牢固。
3. 各项练习均要认真仔细完成，并能熟练操作。

七、实验上交资料

每人交实验报告一份（含实验原始记录及计算）。

八、思考题

1. 如何进行经纬仪的对中？
2. 如何进行经纬仪的整平？

实验四　角度测量

一、实验目的

1. 掌握测回法测量水平角的方法、记录及计算。
2. 掌握竖直角观测的方法、记录及计算。
3. 了解竖盘指标差的计算方法。

二、实验任务

每人完成二测回测回法观测水平角和同一方向一测回竖直角的观测。

三、实验所用仪器和工具

DJ_6 经纬仪一台，经纬仪脚架一个，记录板一个，2H 铅笔（自备）。

四、实验方法和步骤

(一) 测回法观测水平角（两测回）

1. 准备工作

① 按要求在地面点安置经纬仪和竖立目标。（目标设置在距离地面点标志 30～40m 的两个方向上，即安置标杆。）

② 选定起始方向。

③ 根据观测方向的相应距离做好望远镜的对光。对光时选择平均距离上的假定目标作为对光的对象。如果距离大于 500m，可认为同等距离长度对待。

④ 根据需要进行水平度盘配置。初始观测瞄准起始方向时，度盘读数应稍大于 0°。

2. 观测方法

(1) 盘左观测

① 按顺时针方向转动照准部瞄准目标。(A、B)

② 在分别瞄准目标后立即读数，记录。

(2) 盘右观测

① 沿横轴纵转望远镜 180°，转动照准部使仪器处于盘右位置。

② 按逆时针转动照准部的方向瞄准目标。(B、A)

③ 在分别瞄准目标后立即读数，记录。

(3) 观测第二测回时，应将起始方向的度盘读数安置于 90°附近。

(二) 竖直角观测方法

1. 准备工作

① 在测站点上安置经纬仪。

② 目标设置：距离地面点标志 30～40m 的两个方向设置目标。

2. 先观察一下竖盘注记形式并写出竖直角计算公式：盘左将望远镜大致放平，观察竖盘读数，然后将望远镜慢慢上仰，观察读数变化情况，若读数减小，则竖直角等于视线水平时的读数减去瞄准目标时的读数，反之，则相反。

3. 盘左，瞄准目标，用十字丝中横丝切于目标顶端，或目标像的顶面平分十字丝的双横丝；转动竖盘指标水准管微动螺旋，使竖直度盘指标水准管气泡居中，读取竖盘读数 L，记录并算出竖直角。

4. 盘右，同上述盘左观测，读取盘右读数 R，记录并算出竖直角。

5. 计算竖盘指标差。

6. 计算竖直角平均值。

7. 同法测定另一目标的竖直角并计算出竖盘指标差。检查指标差的互差是否超限。

五、实验限差要求

1. 水平角观测上、下半测回角值之差不得超过 $\pm 40''$，各测回角值互差不得大于 $\pm 24''$。

2. 竖直角观测 x 及 Δx 的限差：一般说来，经纬仪的指标差 x 不要太大，$x \leqslant 1'$。Δx 称为指标差之差，$\Delta x \leqslant 25''$。

3. 竖直角互差 $\Delta \alpha$ 的限差：同 Δx 的限差。

六、实验注意事项

1. 观测过程中，对同一目标应使十字丝中横丝切准目标顶端（或同一部位）；

2. 每次读数前应使竖盘指标水准管气泡居中；

3. 计算竖直角和指标差时，应注意正、负号。

七、记录格式

表4　测回法观测水平角的记录

测回	测站	盘位	目标	水平方向值 度盘读数 /(° ′ ″)	半测回角值 /(° ′ ″)	一测回角值 /(° ′ ″)	各测回平均值 /(° ′ ″)	备注
		盘左						
		盘右						
		盘左						
		盘右						

表5　竖直角测量的记录与计算

测站	目标	竖盘位置 /(° ′ ″)	竖盘读数 /(° ′ ″)	半测回竖直角 /(° ′ ″)	指标差	一测回竖直角 /(° ′ ″)	备注
		左					
		右					
		左					
		右					

八、实验上交资料

每人交实验报告一份（含实验原始记录及计算）。

九、思考题

1. 测回法观测水平角的步骤是什么？
2. 竖直角观测应注意哪些问题？

实验五 距离测量

一、实验目的

1. 掌握钢尺量距的一般方法。

2. 了解光电测距仪的使用方法。

二、实验任务

每组完成距离大约 100 m 的钢尺量距，并用红外测距仪检测该段距离。

三、实验所用仪器和工具

50M 钢尺一把，标杆 3 根，木桩（水泥钉）3 个，J6 光学经纬仪一台。

D30E 红外测距仪一台，J2 级光学经纬仪一台，反射棱镜一个。

四、钢尺量距方法和步骤

1. 定点：用木桩定出需要量距的两端点的位置（两点桩面各钉一小钉，表示精确位置)。为了使观测者能从远处看到点位标志，可竖立测钎等。

2. 定线：有目测定线法和经纬仪定线法。

目测定线法：A、B 为地面上互相通视的两点。为了在直线 AB 上定出中间点，可先在 A、B 两点上竖立标杆，然后观测者站在 A 点标杆后 1～2m 处，用眼睛自 A 点标杆后面瞄准 B 点标杆，使 A、B 两点标杆与观测者成一条直线。另一人持标杆由 B 点走向 A 点，到距离 B 点大约一尺段的地方，按照观测者的指挥，左右移动标杆，直到标杆在直线 AB 上为止，插上标杆或测钎，得点 1。然后再带一标杆前进，用同样的方法在直线 AB 上设置第二根标杆或测钎，得 2 点，以此类推。这种从直线远端 B 走向 A 的定线方法，称为走近定线法。反之，由近端 A 走向远端 B 的定线方法，称为走远定线法。

经纬仪定线法：当丈量距离的精度要求较高或与测角量边同时进行时，可直接用经纬仪定线。把经纬仪安置在 A 点后，瞄准 B 点，然后固定仪器照准部，在望远镜的视线方向上，用标杆或测钎定出 1、2、3 等点。

3. 量距：丈量工作一般由两人进行，后司尺员持尺的零端位于 A 点，前司尺员持尺的末端并携带一组测钎，沿 AB 方向前进，行至一尺段处停下，后司尺员以尺的零点对准 A 点。当两人同时把钢尺拉紧、拉平、拉稳后，前司尺员在尺的末端刻线处竖直地插下一测钎得到点 1，这样便量完一个尺段，如此继续丈量下去，直至 n 点到 B 点最后不足一整尺段的长度，这一长度称之为余长 c，丈量余长时，前司尺员将尺上某一整数分划对难 n 点，由后司尺员对准 B 点，读出读数，即可求得不足一尺段的余长，则 A、B 两点之间的水平距离为：

$$D_{往}=nl+q(n—整尺段数;l—钢尺长度;q—余长)$$

为了防止读数错误、提高量距精度，量距要往返丈量。

同法由 B 向 A 进行返测，但必须重新进行直线定线，计算往、返丈量结果的平均值及相对误差，检查是否超限。

4. 成果计算：把往返丈量所得距离的差数除以往返测距离的平均值即得丈量的相对误差。

五、记录格式

表 6　钢尺量距记录、计算表

日期：　　　仪器：　　　班级：　　　观测者：　　　记录者：

单位：m

测段	点号	直线丈量	整尺段数	余长	直线长度	平均长度	距离往返差	相对误差
		往测						
		返测						
		往测						
		返测						
		往测						
		返测						

六、测距仪测距

（一）了解 D3030E 红外的主要部件

主机外貌：

1. 前面板：发射、接收物镜，数据接口。

2. 后面板（操作面板）：

（1）显示窗

（2）操作键

V. H	天顶距、水平角输入
T. P. C	温度、气压、棱镜常数的置入、手动减光
SIG	显示电池电压、光强值
AVE	单次测量、平均测距、手动增加光强
MSR	连续测距
X. Y. Z	输入测站坐标及高程
$\underline{X}$. $\underline{Y}$. $\underline{Z}$	显示未知坐标及高程（以测站为参考点）
S. H. V	斜距、平距、高差转换
SO	定线放样预置
TRK	跟踪测距
ENT	输入、清除、复位
PWR	开机、关机

（3）照准望远镜、照准轴水平调整手轮、俯仰角锁定手轮等部件。

反射器：由反射棱镜和觇牌组成。

（二）D3030E 红外测距仪的使用

1. 经纬仪安置在测站上，将连接件装在经纬仪上，完成对中、整平工作。

2. 反射器安置在测点上，完成对中、整平工作。

3. 测距仪的安置。

（1）安装电池：将充满电的电池插入测距仪下方槽位，扣紧。

（2）测距仪与经纬仪连接：把测距仪安放在经纬仪的连接件上（不松手），松开锁紧螺钉，调整 U 形架与连接件相接的两点间距离，使适合连接件，接入，锁紧，检查固定后才松手。

4. 瞄准反射器

(1) 经纬仪瞄准反射器的觇牌中心。

(2) 测距仪瞄准反射器的棱镜中心。瞄准时，利用座架的俯仰制动手轮和照准轴水平调整手轮，使测距仪目镜内十字丝中心与棱镜中心重合。

5. 开机检查：按 PWR 键，校对机内各常数并自检。在仪器工作正常的情况下，屏幕显示“Good”。如瞄准棱镜，返回光强正常，则出现“*”。

6. 测距（有 4 种测距模式）：

(1) 平均测距：按 AVE 键，启动平均测距功能，再按 ENT 键，输入平均测量的次数，最后按 MSR 键测距并显示测距的平均值。

(2) 单次测距：按平均测距方法，将平均测量的次数置为 1，即可得到单次测距方式。

(3) 连续测距：按 MSR 键，启动连续测距功能。以正常测距的规定动作，每 3 秒自动测量一次，并显示单次测距的倾斜距离。

(4) 跟踪测距：按 TRK 键，启动跟踪测距功能，约 0.8s 的间隔连续测距和显示每次测量的倾斜距离。

(5) 水平距离的显示：依次按 V. H 键、ENT 键，输入天顶距（从经纬仪竖盘读取），按 MSR 键，显示倾斜距离，按 S. H. V 键，显示水平距离（如果再按 S. H. V 键，则显示高差）。

七、实验限差要求

往、返丈量距离，相对误差不大于 1/2000。

八、注意事项

1. 钢尺拉出或卷入时不应过快，不得握住尺盒来拉紧钢尺。

2. 测量工作中，量完一段距离进行下一段量距时，前、后司尺人员应该托起钢尺（钢尺离开地面）前进，不允许拖着钢尺前行，以免磨损钢尺刻画。

3. 量距结束后，应用软布擦去钢尺上面的灰尘和脏物，然后卷进尺盒。

九、实验上交资料

每人交实验报告一份（含实验原始记录及计算）。

十、思考题

1. 钢尺量距中如何利用经纬仪进行定向？

2. 丈量距离的相对闭合差如何进行计算？

实验六 全站仪的使用

一、实验目的

了解全站仪的构造与使用方法，各部件的名称和作用，以及全站仪内设的各种测量程序的应用及测距参数的设置。

二、实验任务

每人至少安置一次全站仪，分别瞄准两个目标，读取水平盘读数及距离测量。

三、实验所用仪器工具

全站仪一台，全站仪脚架一个，棱镜一个，对中杆一个。

四、实验操作步骤

1. 仪器开箱后，仔细观察并记清仪器在箱中的位置，取出仪器并连接在三脚架上，旋紧中心连接螺旋，及时关好仪器箱。

2. 熟悉全站仪各部件的名称和作用。

3. 全站仪的安置：包括对中、整平、调焦与照准等。

4. 参照说明书了解全站仪的键基本操作和键盘显示功能。

5. 掌握模式转换、参数设置。

6. 了解全站仪距离测量、角度测量和坐标测量的步骤。

五、实验注意事项

1. 使用各螺旋时，用力应轻而均匀。

2. 全站仪从箱中取出后，应立即用中心连接螺旋连接在脚架上，并做到连接牢固。

3. 各项练习均要认真仔细完成，并能熟练操作。

六、实验上交资料

每人交实验报告一份（含实验原始记录及计算）。

七、思考题

1. 如何安置全站仪？

2. 使用全站仪应注意些什么？

实验七　全站仪点位放样

一、实验目的

在了解全站仪使用基础上掌握全站仪点位放样方法。

二、实验任务

每人至少安置一次全站仪，分别用角度和距离放样及坐标放样两种方法进行点位放样。

三、实验所用仪器工具

全站仪一台，全站仪脚架一个，棱镜一个，对中杆一个。

四、实验操作步骤（以索佳 SET630R 为例）

1. 仪器开箱后，仔细观察并记清仪器在箱中的位置，取出仪器并连接在三脚架上，旋紧中心连接螺旋，及时关好仪器箱。

2. 全站仪的安置：包括对中、整平、调焦与照准等。

3. 参照说明书放样测量部分：在测量模式下进入放样测量，然后按照仪器提示依次进行测站定向—放样数据—测量，移动棱镜（当差值小到一定范围内）测设出放样点的位置。

4. 按 ESC 结束放样返回放样测量，继续放样其他点位，直至全部放样结束。

五、实验注意事项

1. 使用各螺旋时，用力应轻而均匀。

2. 全站仪从箱中取出后，应立即用中心连接螺旋连接在脚架上，并做到连接牢固。

3. 各项练习均要认真仔细完成，并能熟练操作。

六、实验上交资料

每人交实验报告一份（含实验原始记录及计算）。

七、思考题

1. 全站仪放样测量的步骤是什么？

2. 全站仪放样测量中应注意哪些问题？

实验八 建筑物设计标高的测设

一、实验目的

培养学生综合应用所学的知识，独立思考问题、解决问题的能力，并掌握利用水准仪来测设点的高程的方法。

二、实验任务

每人测设 2 个以上地物点的高程位置。

三、实验所用仪器工具

DS_3 水准仪一台，水准仪脚架一个，水准尺一支，木桩四个，铁锤一个，油漆或彩笔若干。

四、实验操作步骤

1. 在已知水准点 A 与待测高程点 B（钉一木桩）之间安置水准仪，读取后视 A 点的中丝读数 a。

2. 根据已知水准点 A 高程 H_A 待测设点 B 的 H_B 高程和后视已知点的中丝读数 a 来计算出待测设点的前视读数 b。

$$b=H_A+a-H_B$$

3. 使水准尺贴紧 B 点木桩侧面上下移动，使前视读数为计算出待测设点 B 的前视读数 b 时，沿尺底在木桩上标记出测设的位置，即为待测设点 B 的高程位置。

4. 重新测定上述标记出的高程，检查误差是否超限。

五、实验限差要求

两次标定限差≤±10mm。

六、实验注意事项

1. 读取中丝读数前，一定要使水准管气泡居中，并消除视差。

2. 不能把上、下丝看成中丝读数。

3. 测设 B 点高程位置时水准仪应保持与测定 A 点后视读数在同一水平视线。

4. 各螺旋转动时，用力应轻而均匀，不得强行转动，以免损坏。

七、实验上交资料

每人交实验报告一份（含实验原始记录）。

八、思考题

1. 高程放样应注意哪些问题？

2. 如何标定测设点的位置？

附录三　测量教学实习指导书

一、实习目的

《测量学》是一门技术性很强的课程，既有丰富的理论，又有大量的实际操作技术。测量教学实习是《测量学》教学中的重要组成部分，是强化理论联系实际和加强学生测绘基本技能培训所必不可少的教学环节，对提高《测量学》教学质量有重要作用。加强学生动手能力的锻炼，使学生在测、记、算、绘等方面得到全面的训练，培养学生灵活运用所学知识独立解决测量实际问题的能力和吃苦耐劳与团结协作的精神。

二、实习任务与要求

1. 掌握图根导线的布设、施测和计算方法。

2. 了解大比例尺地形图测绘的基本方法和步骤。

3. 掌握经纬仪配合量角器测绘地形图的方法。

4. 实地熟悉地形，合理选定地物地貌特征点，立尺、观测、绘图、计算密切配合。

5. 每组测绘 1∶500 的地形图一张。

三、实习所用仪器工具

水准仪、水准尺、尺垫、DJ_6 经纬仪、地形尺、量角器、计算器、图板、图纸、小钢卷尺、皮尺、1∶500 的比例尺、铅笔、针、斧头等。

四、实习内容

1. 图根平面控制测量

在指导教师指定范围内，选择导线点，组成闭合或附合导线，选点时注意经纬仪导线点的选点要求，在选好的导线点上做好标记，使其在一定时期内不至于被破坏。

(1) 水平角测量　用测回法观测导线的左（右）角，每个角测两测回，并将观测数据记入手簿，边较短时，为了提高照准精度，可在桩顶上悬挂垂球。尽量与测区附近的已知高级控制点进行连测。

(2) 边长测量

① 用钢尺量距：往、返丈量边长，并记入手簿，若相对误差在容许范围内，取其平均值。

② 视距法量距：观测经纬仪的上、下丝间隔和竖直角，计算出导线点间的水平距离。

③ 测距仪测距：往、返测量边长，并记入手簿，若相对误差在容许范围内，取其平均值。

2. 图根高程控制测量

高程控制点可布设在平面控制的导线点上，布设成闭合或附合水准路线，用等外水准测量方法，可采用双面尺法或两次仪器高法进行观测。

3. 碎部测量

(1) 在已绘制好坐标格网（图幅大小为 50cm×50cm）的图纸上，展绘平面控制中的各导线点，然后用 1∶500 比例尺测绘一定区域的地形图。

（2）在指定测区内的选择一通视良好的控制点 A 作为测站，在测站点 A 上安置经纬仪，量取仪器高（桩顶至仪器横轴中心的高度，量至厘米）。

（3）选择较远一地面控制点 B 作为起始方向（零方向），在 B 点竖立照准标志，经纬仪盘左位置照准 B 点并将水平度盘配置为 $0°00'00''$，首先检核控制点是否正确。

（4）绘图员在已展好控制点的图纸上，在相应的测点上钉好量角器，根据起始控制点的方向画好零方向指示线（注意：只需画出在量角器刻画范围内的一线段，用完后修图时擦掉）。

（5）立尺员按照地形地貌合理选定特征点进行竖立标尺，观测员瞄准标尺测出碎部点的水平角读数、视距 L、中丝读数 V 和竖盘读数 α（注意调平竖盘水准管气泡，若为竖盘自动归零装置，打开相应旋钮即可读取竖盘读数），记录员记入表中。

（6）计算员根据观测员的观测数据进行数据处理，计算出各碎部点的水平距离 D、高差 h 和高程 H。

$$D=KL\cos^2\alpha \qquad h=D\tan\alpha \qquad H_B=H_A+D\tan\alpha+I-V$$

（7）根据所测得的碎部点，用量角器按极坐标法将碎部点展绘到图纸上。

（8）重复（4）～（7）步，测定并计算其余各碎部点，逐点展绘到图纸上，并根据《地形图图示》绘出相应的地物和地貌符号，绘制成地形图，并进行图面整饰。

五、实习限差要求

1. 角度闭合差不得超过 $\pm 60''$；

2. 钢尺量距时，边长的相对误差不得超过 1/2000，视距法量距时，边长的相对误差为 1/200～1/300，同一边往返距离相对误差、高差之差应小于 ±5cm，其他参照视距导线的有关精度要求；

3. 1：500 的碎部测量对中要求＜±2.5cm；

4. 地形点间距 15m；最大视距：对于地物为 60m，地貌为 100m；

5. 经纬仪竖盘指标差不得超过 $\pm 1'$，否则应校正仪器；

6. 应及时对经纬仪进行归零检查，归零差应不大于 $4'$；

7. 水平距离、高差算至厘米，三角函数的运算应将角度化为十进制。

六、实习注意事项

1. 在测站点上要注意检核控制点。

2. 标尺要立直，尤其防止前后倾斜。

3. 立尺员跑尺要有次序，以方便绘图，对个别不易跑到的碎站点，可用方向交会或其他几何处理方法处理。

4. 读竖盘时，要注意指标水准管气泡居中或自动开关打开。

5. 绘图员要根据所展绘的碎部点对照实地进行检查，以防出错或遗漏，绘图要以《图式》为依据。

6. 有关的精度要达到《规范》的要求。

7. 观测与计算的取位如下：

角度 $1.0'$；视距 0.1m；高差 0.01m；高程 0.1m；仪器高 0.01m；目标高 0.01m。

七、记录格式

碎部测量记录

日期________　　测站________　　仪器高________　　观测者________

测站高程________　　标定图板方向________　　记录者________

点号	水平角 /(° ′ ″)	视距 /m	水平距离 /m	竖盘读数 /(° ′ ″)	竖角 /(° ′ ″)	目标高 /m	高差 /m	高程 /m

八、实习上交资料

实习报告一份，每组交地形图一张。

参考文献

[1] 熊春宝，姬玉华. 测量学. 天津：天津大学出版社，2001.
[2] 宁津生，陈俊勇，李德仁，刘经南，张祖勋，等. 测绘学概论. 武汉：武汉大学出版社，2004.
[3] 邹积亭. 建筑测量学. 北京：中国建筑工业出版社，2009.
[4] 严莘稼，王侬，李晓莉，等. 建筑测量学教程. 北京：测绘出版社，2006.
[5] 顾孝烈，等. 测量学. 上海：同济大学出版社，2005.
[6] 潘正风，等. 数字测图原理与方法. 武汉：武汉大学出版社，2004.
[7] 覃辉主编. 土木工程测量. 上海：同济大学出版社，2004.
[8] 高井祥. 测量学. 徐州：中国矿业大学出版社，2004.
[9] 河海大学测量教研室. 水利工程测量. 北京：水利水电出版社，2000.
[10] 张坤宜. 交通工程测量. 武汉：武汉大学出版社，2003.
[11] 林文介. 测绘工程学. 广州：华南理工大学出版社，2003.
[12] 邹永廉. 土木工程测量. 北京：高等教育出版社，2004.
[13] 张正禄. 工程测量学. 武汉：武汉大学出版社，2005.
[14] 杨德麟. 大比例尺数字测图的原理方法与应用. 北京：清华大学出版社，1998.
[15] 卢秀山，等. 大比例尺地形图全解析测绘基本原理及其应用. 北京：地震出版社，1998.
[16] 刘大杰，等. 全球定位系统（GPS）的原理与数据处理. 上海：同济大学出版社，2001.
[17] 全球定位系统城市测量技术规程（CJJ 73—2010X）. 北京：测绘出版社，2010.
[18] 工厂建设测量手册编写组. 工厂建设测量手册. 北京：测绘出版社，1990.
[19] 城市测量规范（CJJ/T 8—2011）. 北京：中国建筑工业出版社，2011.
[20] 工程测量规范（GB 50026—2007）. 北京：中国计划出版社，2008.
[21] 杨松林. 测量学. 北京：中国铁道出版社，2002.
[22] 王侬，过静珺. 现代普通测量学. 北京：清华大学出版社，2001.
[23] 孔祥元，梅是义. 控制测量学. 武汉：武汉测绘科技大学出版社，2000.
[24] 王兆祥. 铁道工程测量. 北京：铁道出版社，2001.
[25] 过静珺. 土木工程测量. 武汉：武汉工业大学出版社，2000.
[26] 罗聚胜，杨晓明. 地形测量学. 北京：测绘出版社，2002.
[27] 赵建三. 测量学. 北京：中国电力出版社，2008.
[28] 何东坡. 测量学. 北京：科学出版社，2009.
[29] 杨正尧. 测量学. 北京：化学工业出版社，2009.
[30] 张剑锋. 测量学. 北京：中国水利电力出版社，2009.